COMPUTATION

王伟 李浥东 刘吉强 / 著

隐私保护计算

人民邮电出版社
北京

图书在版编目（CIP）数据

隐私保护计算 / 王伟，李浥东，刘吉强著. -- 北京：人民邮电出版社，2023.8
ISBN 978-7-115-61352-3

Ⅰ. ①隐… Ⅱ. ①王… ②李… ③刘… Ⅲ. ①计算机网络－网络安全 Ⅳ. ①TP393.08

中国国家版本馆CIP数据核字(2023)第044678号

内容提要

数据作为第五大生产要素，已成为数字经济发展的重要引擎，正在深刻影响着全社会生产生活的方方面面。隐私保护计算是在保障数据要素和隐私安全的同时实现高效计算的技术体系，在加速数据要素流通和释放数据要素价值等方面发挥着核心作用。本书旨在阐释隐私保护计算的基础知识和核心技术，为隐私保护计算相关应用的落地和数据价值的释放提供重要参考。

本书共分为 3 个部分：第一部分介绍隐私保护计算的基础知识，第二部分介绍联邦学习、同态加密、零知识证明、安全多方计算、可信执行环境、差分隐私、数据删除及智能合约等隐私保护计算的核心技术；第三部分介绍隐私保护计算的应用实践，包括应用指南（法律法规、标准体系和应用准则等）、产业发展及对未来的展望等。

本书适合隐私保护计算领域的研究人员、工程技术人员，以及金融科技、互联网和数字经济等领域的从业人员阅读，也可供计算机、人工智能等专业的研究生学习、参考。

◆ 著　　　王　伟　李浥东　刘吉强
责任编辑　贺瑞君
责任印制　李　东　焦志炜
◆ 人民邮电出版社出版发行　　北京市丰台区成寿寺路 11 号
邮编　100164　　电子邮件　315@ptpress.com.cn
网址　https://www.ptpress.com.cn
北京瑞禾彩色印刷有限公司印刷
◆ 开本：787×1092　1/16
印张：21　　　2023 年 8 月第 1 版
字数：498 千字　　　2023 年 8 月北京第 1 次印刷

定价：149.00 元

读者服务热线：(010)81055552　印装质量热线：(010)81055316
反盗版热线：(010)81055315
广告经营许可证：京东市监广登字 20170147 号

序

随着信息技术的发展和应用，用户的电子医疗档案、互联网搜索历史、社交网络记录等信息的收集、发布等过程中涉及的用户隐私泄露问题越来越受到人们的重视。尤其是在大数据场景下，多个不同来源的数据基于数据相似性和一致性进行链接，在产生新的、更丰富的数据内容的同时，也给用户隐私保护带来了更严峻的挑战。通俗地讲，用户不愿意公开的所有信息都属于隐私，不仅包括个人身份、地址、照片、消费记录、轨迹信息等，还包括商业文档、技术秘密等。隐私保护问题的解决一方面需要配套的法规、政策的支持和严格的管理手段，另一方面也需要可信赖的技术手段支持。

王伟教授团队多年来扎根在隐私保护计算领域，在理论、技术和应用方面展开了一系列研究，《隐私保护计算》一书正是他们团队在这一领域耕作多年的收获。王伟教授邀请我为此书写一篇序，因此，我概览了一遍此书，认为有以下几个特点。

（1）表述清晰。此书涉及的概念比较多，有些概念也比较抽象，书中的表述图文并茂，并采用表格、伪码等形式，增强了可读性，适合初学者阅读。

（2）内容丰富。此书不仅包括联邦学习、同态加密、零知识证明、安全多方计算、可信执行环境、差分隐私、数据删除、智能合约等技术，还介绍了相关的法规、政策和标准。

（3）实践性强。此书介绍了隐私保护计算技术在智慧交通、智慧园区等场景中的应用实例，能够指导人们使用隐私保护计算技术来解决实际中遇到的隐私保护问题，具有很强的实践性。

在此，我向对隐私保护计算技术感兴趣的高年级本科生和研究生，以及相关科技人员推荐此书。通过阅读本书，读者可以了解隐私保护计算技术的基本原理和方法，深刻认识隐私保护的内涵和意义。

2023 年 2 月于北京

前 言

信息化和智能化已成为现代社会经济发展的重要特征。从购物、出行、医疗到办公，信息化带来的社会变革一直在加速。数据深度服务于经济建设、社会治理和个人生活等各个方面。如今，以数字经济为重要代表的新经济已经成为社会经济增长的新引擎。数据作为重要的生产要素，已经成为基础性战略资源，在数字经济中起着举足轻重的作用。对数据进行处理（包括数据分析、计算和训练等），以得到智能化模型并构建智能系统，从而形成智能化和精准化的决策，是人工智能赋能社会经济发展的一般过程。然而，数据处理所包括的数据收集、存储、使用、加工、传输、提供、公开等环节面临着数据安全与隐私泄露的风险和挑战。一方面，数字经济的发展需要数据要素的支撑；另一方面，数据拥有方因为个人隐私等考虑不愿意开放数据共享，从而形成了数据孤岛。数据的高效利用与隐私保护形成了一个突出矛盾。

隐私保护计算就是为了化解这一矛盾，实现“数据可用不可见”这一目标而发展出来的重要理论和技术。它是在隐私保护的前提下，针对数据进行分析和计算，从而实现数据价值挖掘、完成决策任务的一套技术体系。隐私保护计算一方面能够保护数据中蕴含的隐私信息，另一方面能针对数据进行充分的计算或处理，形成智能化和精准化的决策与应用。打破数据孤岛、加速数据流通、释放数据价值，是隐私保护计算的重要目标和主要内容。

隐私保护计算是兼顾数字经济发展和个人隐私保护双重目标的重要技术，其中既包括过去基于密码学的同态加密、零知识证明，也包括近年来迅速发展的差分隐私和联邦学习。随着数据应用需求的不断增长，隐私保护计算技术也在不断进化和发展。各种新技术融合创新，多门学科交叉发展，是隐私保护计算技术快速发展的重要特征。同时，隐私保护计算也在多种场景下得到应用，推动了数字经济的发展。

2021 年下半年，《中华人民共和国数据安全法》和《中华人民共和国个人信息保护法》的相继施行，使得隐私保护计算成为部分产业发展的必然选择。过去几年来，隐私保护计算的相关技术在快速发展，相关的国内和国际标准已发布或正在制定中，大批从事隐私保护计算的公司也在快速诞生和崛起。作者团队从 2020 年 10 月开始主持国家重点研发计划项目“城市智能系统可信任机理与关键”，研究多智体的可信性评估方法、可信协同计算和隐私数据共享理论与技术，构建面向隐私保护的数据聚合平台，并开展强隐私保护的民生众包服务和保障消费者隐私的智慧零售示范应用。在研究过程中，项目团队提出了相关的隐私保护计算理论与技术，并开发了松耦合、可插拔、可扩展的隐私保护计算平台，还基于该平台开发了面向隐私保护的工单分配系统和个性化商品推荐系统。在项目的实施与研究过程中，我们发现有关隐私保护计算的中文图书还比较少。为了应对新技术的快速发展，响应隐私保护计算需求，加强隐私保护计算技术的教学及与之相关的科研和应用，我们总结了相关的文献和著作，并综合我们过去已有的一些工作基础，撰写了本书。在书中，我们首先介绍了隐私保护计算的基础知识；然后，从输入隐私、输出隐私和策略执行 3 个方面对隐私保护计算技术进行了分类，并对这 3 个类别的核心技术进行了详细讲解；最后，介绍了隐私保护计算的应用与实践。

作者团队早在 2016 年就创建了智能交通数据安全与隐私保护技术北京市重点实验室，几位作者从事隐私保护和智能算法研究已有十几年，并且已有一些成果得到发表和应用。本书早在 2021 年 9 月就开始策划，经过近两年的反复雕琢才最终成稿。在作者团队撰写本书的过程中，隐私保护计算相关技术也在不断发展，特别是随着一些技术标准的不断出台、应用场景的不断创新，隐私保护计算的内涵与外延也在不断地发展和变化。基于此，作者团队对之前撰写的很多标准和应用都进行了大幅调整，以期使本书内容尽量贴近发展前沿。尽管作者团队在本书中努力构建较全面的隐私保护计算技术体系，尽量全面、准确地介绍和分析隐私保护计算相关的技术和应用，但因为认知和水平有限，书中的错误和疏漏在所难免，敬请各位读者批评指正。

内容概览

全书共 13 章，分为 3 个部分。

第一部分包括第 1 章、第 2 章，介绍隐私保护计算的基础知识。第 1 章介绍隐私保护计算的背景，走近现代信息的繁荣与危机，回顾隐私意识的觉醒历程，探寻隐私保护的发展动机。第 2 章介绍隐私保护计算的概念，包括隐私保护计算的相关术语、总体模型及技术脉络。

第二部分包括第 3 章 ~ 第 10 章，介绍隐私保护计算的核心技术。第 3 章介绍联邦学习，在数据不出本地的情况下实现联合建模。第 4 章介绍同态加密，直接在密文上进行与明文数据相对应的计算。第 5 章介绍零知识证明，在不揭示有用信息的前提下证明给定语句。第 6 章介绍安全多方计算，在输入和中间结果保密的情况下实现联合计算。第 7 章介绍可信执行环境，通过安全区确保数据和代码的可信运行。第 8 章介绍差分隐私，限制并量化统计算法中的隐私风险。第 9 章介绍数据删除，不留痕迹地从计算结果中删除特定数据。第 10 章介绍智能合约，在区块链和预言机的加持下实现隐私策略的自动执行。

第三部分包括第 11 章 ~ 第 13 章，介绍隐私保护计算的应用实践。第 11 章介绍隐私保护计算的应用指南，概述隐私保护计算的政策法规和标准体系，并给出隐私保护计算的应用准则。第 12 章介绍隐私保护计算产业的发展，讨论隐私保护计算潜在的业务场景，并列举现有的隐私保护计算平台框架。第 13 章对全书进行总结，并介绍未来的发展方向。

致谢

我们要感谢许多数学和计算机领域的同行，他们为本书提供了极好的基础素材。由于篇幅有限，我们并没有将这些素材的相关文献全部放入书中，而是在每章最后列选了一些优秀书目和前沿方向，帮助读者夯实背景、开阔视野。

本书从筹备到成稿，得到了一群优秀研究生的协助。博士研究生振昊参与撰写了本书第 1 章、第 2 章及第 8 章，还组织了全书的修订工作。多位研究生也参与了本书的撰写工作。对他们的辛苦工作一并表示感谢：

第 3 章	刘鹏睿、吕晓婷
第 4 章	于锦汇、吕红梅
第 5 章	王斌、易龙杨
第 6 章	原笑含、江文彬
第 7 章	陈颢瑜、李珊
第 8 章	郝玉蓉
第 9 章	许向蕊、刘敬楷
第 10 章	陈国荣、孙阳阳
第 11 章	韩昫、张云肖、赵双、谢智强
第 12 章	刘文博、曹鸿博、伍羽放

此外，感谢人民邮电出版社高级策划编辑贺瑞君等人的帮助。本书得到了国家重点研发计划项目“城市智能系统可信任机理与关键技术”（2020YFB2103800）、北京交通大学教学改革和建设项目，以及工信学术出版基金项目的资助。

数学符号

类别	符号	含义
	$\wedge$	合取
	$\vee$	析取
	$\oplus$	异或
	$\forall$	全称量词
	$\exists$	存在量词
	A	集合或多重集
	$a \in A$	元素 a 属于集合 A
	$a \leftarrow A$	从集合 A 中随机抽取元素 a
	$\lvert A \rvert$	集合 A 的势
	$A \subseteq B$	集合 A 包含于 B
逻辑与集合	$d(A, B)$	集合 A 与 B 的距离
	$A \simeq B$	集合 A 与 B 相邻
	$A \cap B$	集合 A 与 B 的交
	$A \cup B$	集合 A 与 B 的并
	$\bar{A}$	集合 A 的绝对补
	$A \setminus B$	集合 A 在 B 中的相对补
	$A \triangle B$	集合 A 与 B 的对称差
	$A \times B$	集合 A 与 B 的直积
	A^n	集合 A 的 n 次直积，即 $\underbrace{A \times A \times \cdots \times A}_{n次}$
	A^*	由集合 A 中元素构成的全部有限字符串的集合
	$S \| T$	字符串 S 和 T 的拼接
	$\mathbb{R}$	实数集
	$(a, b]$	大于 a 且小于等于 b 的实数集
	$\mathbb{Z}, \mathbb{N}, \mathbb{Z}^+$	整数集、自然数集与正整数集
	$\mathbb{Z}_n, \mathbb{Z}_n^*$	整数模 n 加法群与乘法群
	G	群
代数与数论	$\langle g \rangle$	由生成元 g 构成的循环群
	R	环
	L	格
	a	标量
	$\lvert a \rvert$	a 的绝对值
	$\lfloor a \rfloor, \lceil a \rceil, \lfloor a \rceil$	对 a 向下、向上与就近取整

(续表)

类别	符号	含义
代数与数论	$a \mid b$	a 整除 b
	$\gcd(a,b)$	a 和 b 的最大公约数
	$\mathrm{lcm}(a,b)$	a 和 b 的最小公倍数
	$a=b \mod n$	a 和 b 在模 n 下同余
	$\boldsymbol{a}$	向量，a_i 表示 $\boldsymbol{a}$ 中第 i 个元素
	$\\|\boldsymbol{a}\\|_p$	向量 $\boldsymbol{a}$ 的 L_p 范数
	$\boldsymbol{e}_i$	标准基向量，即只有 $e_i=1$，其余元素均为 0
	$\boldsymbol{A}$	矩阵，a_{ij} 表示 $\boldsymbol{A}$ 中第 i 行第 j 列的元素
	$\boldsymbol{A}^{\mathrm{T}}$	矩阵 $\boldsymbol{A}$ 的转置
微积分	$\sum_{i=1}^{n} x_i$	数列 $x_1,\cdots,x_n$ 的和
	$\prod_{i=1}^{n} x_i$	数列 $x_1,\cdots,x_n$ 的积
	$x \to a$	x 趋近于 a
	$f:\mathbb{A}\to\mathbb{B}$	定义域为 $\mathbb{A}$ 且陪域为 $\mathbb{B}$ 的函数
	$g \circ f$	函数 g 作用于函数 f 的结果上
	$O,o,\varTheta,\varOmega,\omega$	渐进记号
	$\frac{\mathrm{d}f}{\mathrm{d}x}$	函数 f 关于 x 的导数
	$\frac{\partial f}{\partial x}$	函数 f 关于 x 的偏导数
	$\nabla_{\boldsymbol{x}} f$	函数 f 的梯度
	$\nabla_{\boldsymbol{x}}^2 f$	函数 f 的黑塞（Hessian）矩阵
	$\int_A f(x)\mathrm{d}x$	函数 f 在集合 A 上关于 x 的积分
	$\log x$	自然对数
概率与信息	x	随机变量
	$\Pr(\mathsf{x}\in A)$	随机变量 x 属于集合 A 的概率
	$P_{\mathsf{x}}(x)$	随机变量 x 的累积分布函数
	$p_{\mathsf{x}}(x)$	随机变量 x 的概率密度函数（或概率质量函数）
	$\mathsf{x}\sim P$ 或 $\mathsf{x}\sim p$	随机变量 x 的分布为 $P_{\mathsf{x}}(x)$ 或 $p_{\mathsf{x}}(x)$
	$\mathrm{E}_{\mathsf{x}}[f(\mathsf{x})]$	随机变量 $f(\mathsf{x})$ 的期望
	$\mathrm{Var}_{\mathsf{x}}[f(\mathsf{x})]$	随机变量 $f(\mathsf{x})$ 的方差
	$M_{\mathsf{x}}(t)$	随机变量 x 的矩母函数
	$K_{\mathsf{x}}(t)$	随机变量 x 的累积量母函数
密码学	κ	安全参数
	$\mathrm{negl}(\kappa)$	可忽略函数
	$\mathrm{poly}(\kappa)$	任意多项式
	$(\mathrm{pk},\mathrm{sk})$	公私钥对
	Gen	密钥生成算法
	Enc	加密算法
	Dec	解密算法
	Eval	评估算法
	Rand	伪随机数生成器
	$\mathcal{A}$	随机算法
	$\mathcal{A}^{-1}$	随机算法 $\mathcal{A}$ 的逆算法

目 录

第二部分　核心技术

第三部分 应用实践

第一部分

基础知识

第1章 绪论

物质、能量和信息被认为是构成现实世界的三大要素。没有信息，物质和能量都会变得杂乱无章，从而失去意义。信息的扩散既是经济活动的核心动力，又是社会进步的重要基础。隐私的故事同样源远流长，它的本质是一种愿望或需求，关乎人类的安宁、自由与尊严。进入数字时代后，信息与隐私愈发交织在一起。如何应对公共利益与个人权利之间的矛盾，成为摆在全社会面前的一道难题。作为具有广阔前景和应用价值的解决方案，隐私保护计算正逐渐从幕后走向前台，从加分项变为必选项。

本章探讨信息与隐私的密切联系，从而为深入理解隐私保护计算做好准备。第 1.1 节介绍数字时代的信息繁荣及其背后的隐私危机。第 1.2 节简述隐私意识和观念的产生、变革与发展。第 1.3 节从外部和内部两个视角剖析隐私保护的动机。

1.1 信息繁荣与隐私危机

从公元前 1 万年的新石器时代到公元前 4000 年的青铜器时代，农业革命用了 6000 年才对文明产生全面而深刻的影响。进入 21 世纪 20 年代，在历经另一个 6000 年后，信息革命终于结出硕果。计算机的诞生开创了一个崭新的时代，技术的蓬勃发展催生了信息的繁荣与兴盛。同时，与之伴生的隐私问题进入大众视野，逐渐演变成了社会焦虑。

1.1.1 数字时代沧海桑田

信息是人类经验传递的一种载体，信息流通则是文明发展的根本需求。事实上，人类一直生活在各种各样的信息社会中，而每一次社会变革都伴随着信息技术的重大突破。信息技术的发展历程如图 1.1 所示。

语言的产生标志着从猿到人的蜕变。大脑对世界的认知通过对话产生联系，最终形成具有共同文化的社会群体。文字的创造使人类迈向文明，书写历史。信息不再转瞬即逝，人们的思想情感、生活经验和文化习俗得以记录下来，并超越时空限制传递出去。造纸术与印刷术的发明促进了文明的交流与融合，使书籍和报刊成为信息的主要媒介，信息的存储质量和传播范围得到进一步改善。电磁理论与技术的发展深刻地影响了人们的生活、工作与娱乐方式。电报、电话和广播电视的普及使得信息的传播效率大大提高，传播形式也趋于多样化。计算机与互联网的诞生彻底地改变了人们生产和使用信息的方式。“比特”（bit）成为信息的基本单位，而“数据”被用来表示“可传输和可存储的计算机信息”。

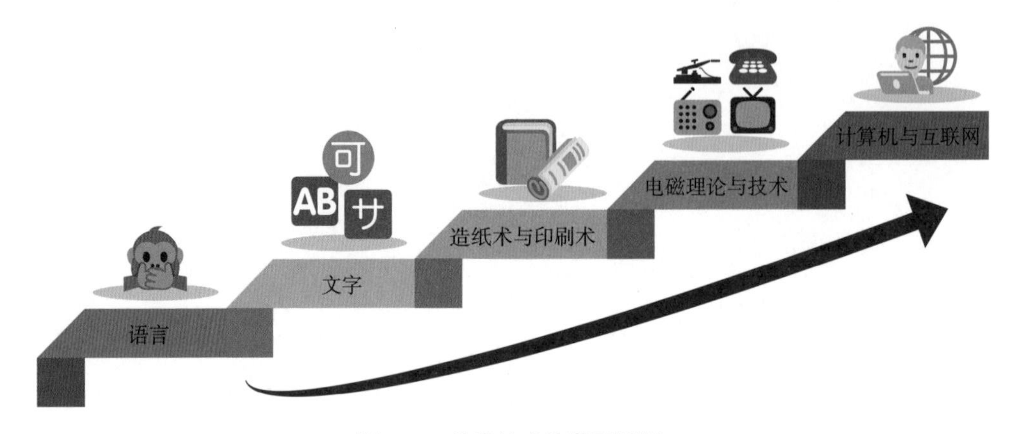

图 1.1 信息技术的发展历程

与大多数文献一样，本书不对“数据”和“信息”进行太多区分，仅在此浅析二者的差异。数据可以看作对信息的记录。它具有特定的表现形式，但其中并不一定包含信息。信息则可以视为对数据的提炼。它能够消除不确定性，为杂乱无章的数据赋予价值。例如，密码编码学的目标是隐藏信息的含义，其通过加密算法将信息深埋在数据之中。只有拥有密钥的一方才能读取有效的信息，否则看到的只是无法理解的符号。密码破译困难重重，而将数据处理成有价值的信息也绝非易事，需要付出很多努力和代价。数据–信息–知识–智慧金字塔（Data-Information-Knowledge-Wisdom Pyramid，DIKW Pyramid）展现了这一过程，如图 1.2 所示。信息可以进一步归纳为知识，而知识亦可以通过灵活运用产生智慧。

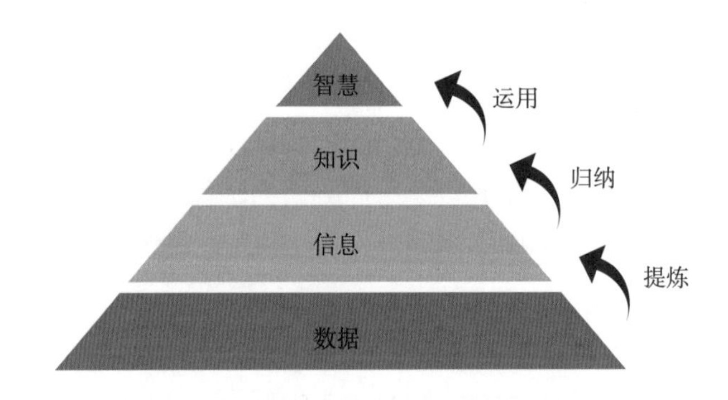

图 1.2 数据–信息–知识–智慧金字塔

过去几十年，信息技术迅猛发展。在这个过程中，久负盛名的摩尔定律（Moore's Law）就像一只看不见的手，准确地预测着半导体行业的发展。摩尔定律指出，集成电路上的晶体管数量每 18 个月便会增加一倍。这意味着在相同的价格下，微处理器的性能每 18 个月就能提高一倍。1971 年，世界上第一款微处理器——英特尔（Intel）4004 宣告问世，其上仅有 2300 个晶体管。而在半个世纪后，由苹果（Apple）制造的 M1 Max 芯片已经可以容纳 570 亿个晶体管，是前者的近 2500 万倍。2015 年，在摩尔定律发表 50 周年之际，埃信华迈（IHS Markit）做出了一个大胆的假设。如果将摩尔定律的周期增加一倍，变为 36 个月，那么全球科技水平将倒退 17 年，回到 1998 年。

随着计算、存储和通信的成本呈指数级下降，数据的规模和种类出现爆炸式增长。据资本视觉（Visual Capitalist）统计，全世界所有人每天会发布 5 亿条推文，进行 50 亿次搜索，传递 650 亿条 WhatsApp 消息，发送 2940 亿封电子邮件，并产生 4 PB 的 Facebook 数据。国际数据公司（International Data Corporation，IDC）预测，全球数据总量将在 2025 年达到 175 ZB。如果将这些数据存储在 DVD 中，那么所用光盘的高度将是地球到月球距离的 23 倍，可以绕地球赤道 222 圈。与此同时，数据在区域内和区域间的流通速度也在持续加快。2019 年，联合国贸易和发展会议（United Nations Conference on Trade and Development，UNCTAD）指出，2022 年全球互联网协议流量将超过 2016 年以前的流量总和，达到 150TB/s。

规模空前的数据共享一方面创造了巨大的经济价值，另一方面为整个社会带来了诸多争议和隐患。计算机与互联网不仅让世人拥有更便捷的连接、更精准的服务和更智能的决策，也让大众饱受勒索病毒、网络诈骗、人肉搜索和版权侵害等问题的困扰。新技术的出现令人们感到双重不安：新的麻烦不断产生，而旧有威胁则变得更加严重。

1.1.2 隐私风险无处不在

数字时代就像一座“全景监狱”，让每个角落都充斥着监控与窥探。数据的非竞争和不可分离特性，令其可以在无损耗的情况下被反复使用，并无法与数据主体完全剥离。这使得数据一旦产生，对其流向及用法的控制便难上加难，越来越多的数据在不为人知的情况下得以联结与整合。电商企业熟知用户的购买偏好，网约车平台掌握用户的出行路线，互联网公司保存用户的搜索记录，社交软件清楚用户的朋友圈和聊天内容……这些数据反映了各个领域的微观现实，它们共同描绘出一幅细致入微的个人肖像，本属隐私的信息也因此一览无遗。

在进一步论述隐私风险前，需要明确个人信息这一目标对象，如图 1.3 所示。个人信息通常是指以电子或其他形式记录的、能够单独或与其他信息结合，从而识别特定自然人身份或反映特定自然人活动情况的各种信息，如个人身份信息、生物识别信息、健康信息及财产信息等。在此基础上，可以定义个人敏感信息。它特指一旦被泄露、非法提供或滥用可能危害人身和财产安全，极易导致个人名誉、身心健康受到损害或歧视性待遇等的个人信息。除个人信息以外的信息统称为非个人信息。

通常，隐私风险源自数据生命周期的各个阶段，包括数据采集、传输、存储、使用和删除等，如图 1.4 所示。数据采集是指直接或间接从个人或机构获取数据的过程。数据传输是指将数据从一个实体发送到另一个实体的过程。数据存储是指使用磁盘、云存储服务等载体将数据持久化保存的过程。数据使用是指对数据进行访问、加工、开发、测试、转让及公开披露等操作的过程。数据删除（Data Deletion，DD）是指使数据处于不可检索、不可访问或不可复原等状态的过程。

图 1.3　个人信息的范畴

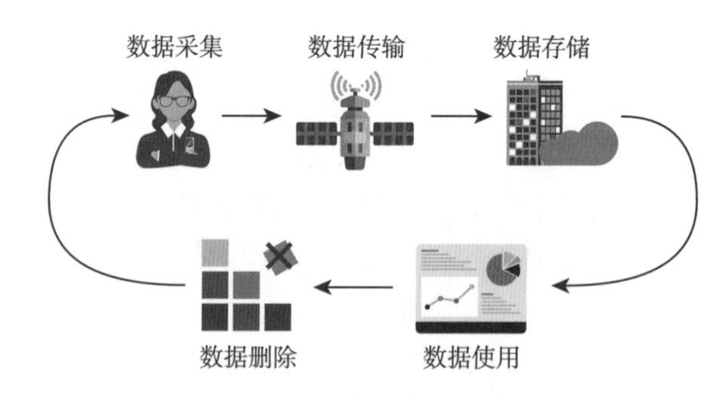

图 1.4　数据的生命周期

在数据采集阶段，不当获取数据的案例比比皆是，个人的知情同意权不断遭受挑战。在法律的要求下，服务提供者往往通过隐私声明履行告知义务，并取得用户的同意。然而，大多数隐私政策的篇幅冗长、结构复杂、内容晦涩。有研究表明，如果想将一年中所用应用程序的隐私政策全部读完，需要花费近 250 小时。某些时候，这些政策不仅沦为企业的免责声明，甚至成为霸王条款的藏身之所。在缺少替代品的情况下，用户只能同意了事，而这种同意显然是迫于无奈、流于形式。退一步说，即使用户获得了一定的书面承诺，他们也难以从技术上对其进行验证。人们唯一能做的便是祈求自己的隐私不会被泄露。

数据传输阶段可能存在针对个人信息的窃取、伪造、重放、篡改等一系列非授权行为。而在数据存储阶段，大量集中存放的有价值数据更易成为攻击者的目标。攻击来源也变得更加多样，外部黑客和内部人员均有可能图谋不轨，甚至彼此勾结。这些问题既属于信息隐私的范畴，又属于数据安全的范畴，需要依靠二者共同的努力来解决。

数据使用阶段的隐私风险主要包括两种：一种是将数据挪作他用，甚至倒买倒卖；另一种则与数据使用的结果，即数据产品相关。尽管机器学习和统计分析的对象是人群而非个体，但对数据的有损压缩处理并不足以抵御算力激增背景下愈发强大的隐私攻击。学习模型会记住用户的敏感信息，而提供太多、太精确的统计量会使隐私完全暴露。已有的攻击手段包括成员辨别攻击、数据重建攻击和属性推断攻击等。通过这些攻击，攻击者可以识别给定样例是否存在于数据集中，也可以对某个或某些样例的值进行恢复，还可以提取不包含在特征中或与学习目标无关的信息。

在数据删除阶段，尽管其目标就是保护隐私，但不恰当的实现方式反而会暴露隐私。正如在前文中所提到的，个人信息的痕迹往往会残留在数据产品中。因此，只删除原始数据本身并不足以完全规避隐私风险。此外，删除操作势必会导致系统状态、产品性能等方面的变化。这些变化几乎不会对常规用户造成影响，但容易令全副武装的攻击者有所察觉。他们可以使用与数据使用阶段相似的手段完成攻击，从而对人们的隐私造成威胁。

1.2　隐私意识的觉醒

可以看到，当代社会对隐私的焦虑大多源自技术的作恶能力。然而，人们对隐私的渴望与追求远在数字时代之前就已出现。人类的隐私意识究竟从何而来？社会的隐私观念又经历了哪些演变呢？

1.2.1 隐私的概念

尽管人们习惯将自己视为这个世界的主宰者，但对隐私的渴望并不是人类特有的活动。关于动物行为和社会组织的研究表明，人类对隐私的需求很可能源自其动物祖先，动物和人类对于在同伴中索要隐私一事存在着诸多共通之处。几乎所有动物都需要短暂的个体独处或小范围的亲密关系，它们使用复杂的距离设定机制来决定个体在群体中的地域间隔。与此同时，动物也需要同类之间社交接触的刺激，努力在隔绝和参与之间取得平衡是动物生活的基本过程之一。从这种意义上说，对隐私的追求是在所有动物的进化和社会化过程中自然产生的。

现代隐私观念起源于 19 世纪 80 年代美国的法律实践。著名的美国最高法院法官路易斯・布兰代斯（Louis Brandeis）将隐私称为“独处权”，认为它是人类尊严、自由、能动性和尊重的基础。如今，隐私权在许多宪法和国际条约中已经被视为一项基本人权，例如《世界人权宣言》《公民权利和政治权利国际公约》和《美洲人权公约》等。中国的《民法典》也明确规定自然人享有隐私权，是其人格权的一部分。对隐私的重视和保护已成为全球各界的广泛共识。

然而，对隐私的在意并不是一个新现象。早在 Brandeis 之前，几乎所有古代文明及宗教著作，都提到了个人和群体的隐私需求。亚里士多德将人的生活区分为公共空间和私人空间，个人对私人空间应当享有更强的控制。《礼记》中也有“将上堂，声必扬”的论述，提醒人们不要悄悄进入别人的隐私空间，教育人们要考虑到他人的隐私。虽然隐私的含义在不同文化、背景和环境中有所不同，包括“控制”“保密”“亲密”“尊严”“自主”“信任”和 Brandeis 提出的“独处权”等，但这些正说明了隐私是人类的基本和普遍需求之一。

尽管在不同的时代，隐私保护的侧重和迫切程度有所不同，但保护隐私的制度安排也有共性，即从来都不是把隐私简单界定为一项不可剥夺的权利，而是将隐私视为控制信息和从自有信息中获得福利的权利。这种思路的背后是认识到信息分享的价值，认可消费者对涉及隐私的信息的控制权，因而允许消费者放弃部分隐私，以便享受信息分享带来的好处。在数字时代，这意味着个性化的营销体验，定制化的金融服务、医疗保健、教育，以及便捷的社交网络。换句话说，为了保护好隐私，而不是流于形式，最有效的做法是将隐私视为一种可交换的商品，使参与者有权选择通过让渡部分隐私，从而得到其他好处。正如著名美国法学家理查德・艾伦・波斯纳（Richard Allen Posner）指出，太多隐私倡导者将“避世”与“保密”混为一谈，前者就是 Brandeis 所说的“独处权”，而后者则是控制信息的权力。

1.2.2 隐私的权利

现代隐私保护法规发轫于“公平信息实践原则”（Fair Information Practice Principles，FIPs）。1973 年，美国健康、教育和福利部（U.S. Department Health，Education，and Welfare，HEW）发布《关于计算机、记录和公民权利》的报告，首次引入了“公平信息实践原则”。该报告呼吁美国国会出台一个公平信息行为准则，并提出了五大原则：通知/知情，选择/许可，接入/参与，完整/安全，执行/纠正。在上述原则的基础上，美国国会通过了 1974 年隐私法案。FIPs 中提出的这些原则反映了一个基本共识：数据隐私保护的关键，不是通过对所有权的定义把数据锁起来，而是注重在数据使用过程中的保护。

1980 年和 1981 年，经济合作与发展组织（Organization for Economic Cooperation and Development，OECD）和欧洲委员会先后在《隐私保护和个人数据跨境流动准则》（简称 OECD 准则）和《对个人数据自动处理进行人权保护的公约》中正式采纳了 FIPs，这是它获得国际影响力的一个重要标志。OECD 和欧洲委员会都明确地将个人信息定义为：从收集、存储到传播的每一个阶段都需要保护的数据。这两个机构的工作对世界各地相关法律的制定产生了深远的影响，包括影响力巨大的欧盟《数据保护指令原则》以及近年颁布的全面隐私法案，如欧盟的《通用数据保护条例》（General Data Protection Regulation，GDPR）和美国的《加利福尼亚州消费者隐私法案》（California Consumer Privacy Act，CCPA）。

OECD 准则旨在“协调隐私立法，并在维护这一人权的同时避免国际数据流动中断”。它强调同时做好隐私保护和数据顺畅流动的重要性，这与数据权衡框架的核心原则一致。欧洲发起《数据保护指令》的契机，部分来自《罗马条约》签订后，欧洲国家要建立“共同市场”和“经济与货币联盟”这一雄心勃勃的计划。

基于 FIPs，隐私立法的关注点也在随着时间的推移发生改变。早期版本的 FIPs 法案旨在保护个人免受不公平或虚假信息的侵害，但后来以 FIPs 为基础的法案，特别是自 1980 年 OECD 准则颁布以后，一直以强化消费者对个人信息的控制为目标。近几年颁布的隐私保护法案，包括 GDPR 和 CCPA，进一步加强了消费者的控制权。GDPR 授予了数据主体 8 项个人数据处理的基本权利。CCPA 基于消费者权益的 5 项原则理念起草，其中 4 项侧重加强消费者对其信息使用和获取方式的控制权。这些动态的、不断改进的原则，是为了通过对数据流动过程的规定，让个人隐私得到更有效的保护。

1.3 隐私保护的动机

在社会舆论和法律监管的共同驱动下，隐私保护已成为所有服务提供者需重点考虑的事项。隐私作为重要人权，是保护和支持人们在民主社会中拥有众多自由和责任的关键所在。层出不穷的隐私泄露事件，使得公众对网络生活和数字时代的安全感不断下降。由此造成的隐私焦虑逐渐演化成社会恐慌和不满，使服务提供者面临的舆论压力与日俱增。在隐私意见表达网络化、传播路径裂变扩散化的今天，社会舆论这股强大的外部约束力正促使服务提供者采取并实施隐私保护措施。

与此同时，数据安全与隐私保护的合规立法进入“深水区”。据 UNCTAD 2021 年 12 月的统计数据，全球范围内已有高达 69% 的国家制定了数据安全与隐私保护法律。从欧盟的 GDPR 到美国的 CCPA，再到我国的《中华人民共和国数据安全法》（以下简称《数据安全法》）和《中华人民共和国个人信息保护法》（以下简称《个人信息保护法》）等，各国均不同程度地加强了隐私保护与数据合规监管的力度。复杂且细粒度的法律监管正迫使服务提供者在数据采集、传输、删除等过程中满足隐私保护合规性。

可以看到，当人们倡导隐私保护时，提及的重点往往集中在隐私被侵犯后造成的负面影响。诚然，由此触发的隐私保护动机至关重要，但并不全面。本小节从隐私保护的内生优势入手，阐述隐私保护为建立信任关系、改善数据质量及维护数据市场秩序这 3 个方面带来的正向激励。

1. 建立信任关系，提升品牌价值

诺贝尔经济学奖获得者保罗•罗默（Paul M. Romer）指出："数字平台发展中，信任和规则的建立同样重要"。隐私机制作为建立信任关系的关键维度，是企业强化品牌效应、塑造品牌形象的重要渠道。虽然数据隐私和算法被滥用的质疑不断侵蚀企业信任，但并非所有企业均受此影响。2021 年，谷歌推出隐私沙盒（Privacy Sandbox）计划，宣布逐渐在 Chrome 浏览器上停止支持跨网站跟踪用户的第三方 Cookie。苹果也本着将隐私保护贯穿于每项产品设计中的理念，从严控外部应用获取用户信息权限到强化自身内部应用程序，提出多项新的隐私保护策略。它推出的"跟踪透明度"①框架被认为是改变隐私保护行业的重磅举措。

网络化、数据化、智能化已成为数字社会经济不可阻挡的趋势，个人数据和隐私保护成为伴随数字产业生命周期的永恒主题。野蛮粗犷式的产业发展不仅不利于人们享受信息技术的美妙成果，更有碍产业整体的长远发展。事实证明，在全球隐私保护政策日趋严苛的时代，谁能够用好数据、在保护数据安全和个人隐私的前提下最大化数据价值，谁就能在竞争中获得优势，脱颖而出。企业唯利益最大化的发展目标已成历史，兼顾社会责任、公众隐私保护等多种价值因素的企业发展模式才是当今潮流。

2. 改善数据质量，提升服务水平

数据已成为第五大生产要素，成为创造私人和社会价值的重要战略资产。数据主体是否愿意提供高质量的个人信息取决于多种因素，包括服务提供者的可信度、所要求数据的敏感度，以及相应服务的提升度等。而数据主体对服务提供者的可信度，往往取决于服务提供者保护隐私的力度。

下面通过一个员工满意度调查案例来解读如何通过隐私保护改善数据质量。员工满意度调查是企业决策者提升经济绩效、改善内部管理的基础性工作，也是员工反映自身意见、提出工作诉求的平台之一。假设企业进行这样一项调查以了解员工对公司工作环境、作息制度、组织政策、福利待遇等方面的满意程度。即使企业事先向参与者说明此举的目的，且保证所发布的结果只是平均水平，参与者也不能完全确定其个人答案会被保密。此时，真正对工作有意见的参与者往往选择做出虚假应答，甚至直接不参加。在这种背景下，企业获取的数据必定存在偏差，数据分析结果自然也不具备代表性。

事实上，绝大多数用户愿意通过参与个人数据分析获得有价值的服务。他们的确在意隐私保护，但如果存在一种隐私保护技术，能使参与者打消隐私顾虑，具备合理否认的权利，那么更多的参与者会有足够的信任参与调查过程并提供高质量的真实数据。也就是说，借助隐私保护技术，数据主体和服务提供者都可从中受益。服务提供者重视数据主体的隐私诉求，打消了数据主体在选择服务、使用服务过程中的隐私顾虑；数据主体为了获取更好的服务，在隐私保护下提供高质量的数据，让服务提供者进行分析并改进服务。与不考虑隐私保护的情形相比，隐私保护技术或许会对统计分析的结果造成些许偏差，但借助高质量的带噪声统计特征，服务提供者依然能够对数据进行合理且有效的分析挖掘，进而实现服务水平的提升。值得一提的是，因隐私保护造成的偏差远小于因隐私顾虑带来的偏差。

① 该功能由用户自主选择是否允许应用跟踪其在应用和网站上的活动，以便用于广告投放或与数据代理商共享。

3. 维护市场秩序，更新商业模式

数据确权作为数据进入开放式交易和商业化利用的前提，不仅是数字经济的基石，也是决定数据产业能否健康可持续发展的重要前提。与石油等实物商品不同，数据具有与传统生产要素截然不同的本质特征，即非竞争性与不可分离性。非竞争性表明数据可以被无限次地生产和使用，而不会对原始数据和数据主体造成损耗。不可分离性则是指数据主体无法与数据的生产、使用完全分离。这两个本质特征也决定了数据拥有不同于其他生产要素的权益和责任机制。将数据所有权交付给数据主体，看似是一个自然选择，却违背了数据的非竞争性，会导致数据使用率大打折扣。

一个合理的数据治理和权益分配机制，应当能够令各参与方有动力参与到数据的生产、交互和使用中，同时保护好数据安全与主体隐私。隐私保护计算技术充分考虑了数据资源的价值，催生了以技术和数据为驱动力的全新商业模式，成为修复数据市场、推动商业竞争和创新的关键环节。与以往个人数据几乎是免费商品的市场有所不同，随着市场需求的不断增加，具有隐私保护特性的个人数据逐渐成为经济物品，市场深度与广度出现了前所未有的发展。以机器学习业务为代表的初创企业不再面临用户与数据间“先有鸡还是先有蛋”的困境。在新兴数据市场中，他们只需付费即可获得数据使用权，并从中提取有效价值。相应地，随着数据具有更多的价值，越来越多的企业开始考虑开放并不断优化其算法，利用数据主体的使用情况进行分析以实现知识共享。隐私保护计算作为驱动商业模式更新的一个重要组成部分，对促进数据流动、实现数据价值变现和增值具有重要意义。

作为强大的内部激励措施，隐私保护计算的内生优势很大程度上推动了企业对隐私保护的重视程度与实施力度，是监管和公众压力等外部激励措施的关键补充。

1.4 延伸阅读

Payton 等 [2014] 和 Davidoff [2019] 列举了大量隐私侵犯和数据泄露案例，并给出了可能的应对方案。[Solove, 2008] 是隐私领域的经典著作，它概述了主流的隐私理论及其短板，充分探讨了隐私的价值，并从信息收集、信息处理、信息传播和信息侵扰等 4 个方面重新对隐私进行了分类。Nissenbaum [2009] 提出了场景一致性理论，他认为隐私的实质是在特定场景下合理的信息流动，而这一观点也受到了社会各界的广泛认可。Wacks [2015] 用简短的篇幅带领读者认识隐私，并针对隐私和言论自由的关系给予了精彩论述。Vincent [2016] 详细地讲述了隐私发展的漫长历史，充分展现了隐私观念的变化和争议。向宏 [2019] 以颇具武侠风格的语言，深入浅出地介绍了隐私信息保护。Baase 等 [2017] 从多个维度审视和探讨了信息技术对人类社会的影响与冲击，弥补了相关领域书籍的空白。

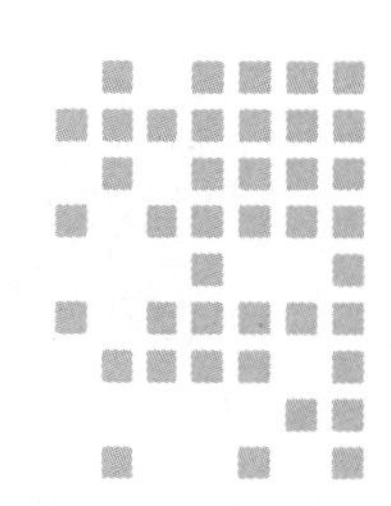

第 2 章 隐私保护计算的基础知识

2006 年，欧洲理事会决定将每年的 1 月 28 日定为数据保护日（Data Protection Day），以纪念《关于个人数据自动化处理的个人保护公约》开放签署。时至今日，这一天已经成为国际公认的隐私盛会，越来越多的人意识到尊重隐私、保护数据和增强信任的重要性。然而，隐私并非免费的午餐，它始终伴随着牺牲、挣扎与妥协。幸运的是，不断发展的隐私保护计算正努力帮助人们应对在计算实践中面临的信息隐私问题。

本章介绍隐私保护计算的基础知识。第 2.1 节介绍一些常见且容易混淆的相关概念，包括隐私设计、隐私工程，以及隐私、安全与效用之间的关系。第 2.2 节定义隐私保护计算模型，阐述隐私保护计算所涉及的具体角色、计算类型和隐私目标。第 2.3 节介绍隐私保护计算技术的历史沿革，并对本书第二部分进行概述。

2.1 隐私保护计算的相关概念

在隐私保护的实践过程中，一种面向隐私开发生命周期的框架——**隐私设计与工程**逐渐衍生出来。它将隐私保护嵌入信息系统构想、设计、实施与应用的全过程中，把“事后补救”变为“事前防控”。与此同时，隐私与安全密切相关，而潜在效用则是隐私保护的恒久命题。本节逐一介绍这些概念。

2.1.1 隐私设计与工程

隐私设计与工程源自两个独立的概念——**隐私设计**（privacy by design）和**隐私工程**（privacy engineering）。EDPS [2018] 率先将它们联系起来，并指出隐私设计原则必须转化为隐私工程方法。图 2.1 描述了隐私设计与工程的整体流程。

隐私设计的核心思想是将隐私特性贯穿于信息系统的整个设计流程中，即设计者应在系统实现前充分考虑隐私需求及政策合规性，提供原生的隐私功能与保障，而不是等到后续阶段再做修补。Cavoukian 等 [2009] 给出了隐私设计的七大原则，具体如下。

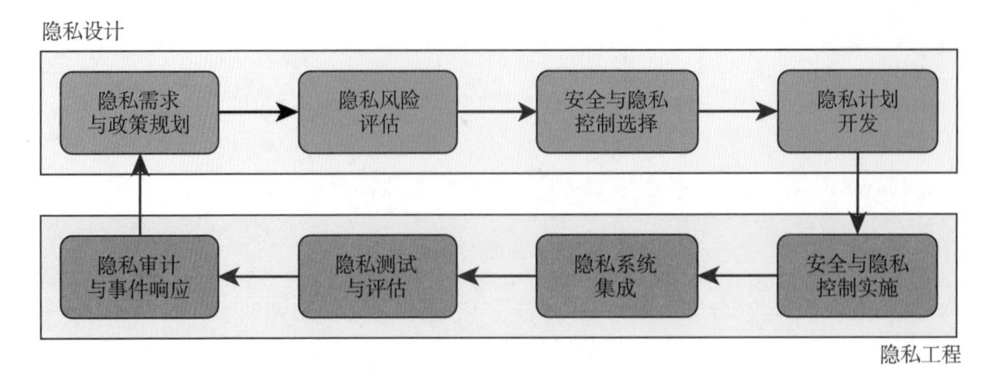

图 2.1　隐私设计与工程的整体流程

（1）**主动而非被动、预防而非补救**（proactive not reactive, preventive not remedial）：设计者必须评估系统中潜在的隐私威胁，并选择相应的保护措施。

（2）**默认采取隐私保护**（privacy as the default）：设计者应确保只处理实现特定目的所需的数据，并在收集、存储、使用和传输阶段保护个人隐私。

（3）**在设计中嵌入隐私保护**（privacy embedded into design）：隐私保护应该是系统的核心与根本功能，而不是在设计完成后附加上去的。

（4）**充分发挥作用——正和而非零和**（full functionality—positive-sum, not zero-sum）：设计者寻求的解决方案不应在隐私保护和系统功能之间存在妥协。

（5）**全流程安全——生命周期防护**（end-to-end security—life cycle protection）：设计者应为个人信息从收集到销毁的每个阶段提供保密性、完整性和可用性。

（6）**可见性和透明性**（visibility and transparency）：设计者应向其他各方提供自身履约的证明，包括明确记录责任、公开管理信息、开展合规检查与矫正等。

（7）**尊重用户隐私**（respect for user privacy）：设计者必须将个人控制和自由选择视为隐私的主要特征，包括征得个人同意、维护信息准确，以及为个人提供访问自身信息、了解信息使用并质疑其使用正确性的接口。

可以看出，隐私设计原则为系统设计和实现方式提供了方向性的指导。在实际应用中，必须将其进一步转化为可操作的具体措施。

回到图 2.1 中，隐私设计部分主要包括隐私需求与政策规划、隐私风险评估、安全与隐私控制选择，以及隐私计划开发 4 个阶段。第一，系统所有者需要明确相关的技术标准和法律法规，规划信息系统整体开发阶段涉及的隐私活动，并确保所有核心参与人员在隐私含义和用户需求等方面达成共识。第二，需要评估隐私侵犯对个人和组织的伤害或影响，确定隐私事件发生的可能性，并在综合考虑后确定风险的级别，最终为安全与隐私控制设置合理的预算。第三，需要进行安全与隐私控制机制的选择，二者缺一不可。安全与隐私控制选择通常与隐私风险评估交替进行：先选择一组基线控制，再根据新的风险评估结果增加额外的控制。第四，需要形成包含隐私计划在内的程序文档。隐私计划主要负责隐私特性的实现及其与系统其余部分的集成，它概述了信息系统的隐私需求，并描述了为满足这些需求而准备实施的安全与隐私控制。

隐私工程涵盖信息系统中与隐私相关的活动，包括隐私特性和隐私控制的实现、部署、运行和管理。隐私工程的主要目标是结合技术和管理手段来满足隐私需求、防止个人信息受损，同时降低个人信息泄露造成的影响。Brooks 等 [2017] 列出了隐私工程的 5 个组件，其中 2 个组件面向隐私工程过程，另外 3 个组件通常用于信息安全管理。

（1）**隐私需求**（privacy requirement）：描述与隐私相关的系统需求，具体包括系统提供的保护能力、系统展示的性能和行为特征，以及用于确定隐私需求被满足的凭证。

（2）**隐私影响评估**（privacy impact assessment）：对信息处理方式的分析，具体包括确定处理方式符合与隐私保护相关的法律法规及政策要求，确定以可识别的形式收集、维护和传播信息的风险和影响，检查和评估处理信息时的保护措施及其替代过程是否能减少隐私风险。

（3）**风险评估**（risk assessment）：确定有价值的系统资产和对这些资产的威胁，从而根据威胁的强度、实际发生的概率和资源存在的漏洞来确定威胁成功实施的可能性，最终根据威胁的潜在影响和成功概率来确定风险的影响、概率和等级。

（4）**风险管理**（risk management）：迭代执行 4 个步骤，包括评估组织资产，选择、实现和评估安全与隐私控制，分配资源、角色和职责并实施控制，以及持续监测和评估风险处理过程。

（5）**隐私工程和安全目标**（privacy engineering and security objectives）：旨在实现公共安全目标和隐私工程目标（将在第 2.1.2 节详细讨论）。其中，隐私工程目标重点关注系统所需要的能力类型，以便向外部证明其信息系统满足了隐私需求。

在图 2.1 中，隐私工程在隐私设计之后进行，分为安全与隐私控制实施、隐私系统集成、隐私测试与评估，以及隐私审计与事件响应 4 个阶段。第一，开发人员需要利用技术手段实现隐私计划中预设的安全与隐私控制，并将其与系统功能集成。在此阶段还需进行基础性测试，以确保集成后的功能按照预期执行。第二，需要集成其他隐私特性并进行测试验证，随后形成关于操作隐私控制列表的系统文档。第三，需要从功能测试、渗透测试和用户测试这 3 个方面对信息系统进行广泛的测试与评估，并确保系统及其隐私特性能够得到权威机构的认证。第四，在系统部署后通过隐私审计与事件响应来持续监控系统的运行状况，确保其与预设的隐私需求保持一致。

2.1.2 隐私、安全与效用

隐私与安全是一对极易混淆的概念，图 2.2 从问题与目标两个角度对它们进行了辨析。隐私问题一方面源自对个人信息的授权处理，另一方面源自对个人信息的非授权访问，而后者被认为是安全问题的子集。因此，安全与隐私并不是简单的包含关系。尽管二者之间有所重叠，但有着不同的关注重点。仅保证安全并不足以保护隐私，反之亦然。有时，过强的安全措施甚至可能侵犯隐私。例如，用于拦截恶意软件的流量监控有可能会检查人们常规的浏览记录。

通常，安全领域关注**机密性**（confidentiality）、**完整性**（integrity）和**可用性**（availability），它们以“CIA 金三角”的形式广为人知。机密性确保信息不被未授权一方获得或披露。完整性包括数据完整性和系统完整性两个方面，前者确保信息和程序只能以指定和被授权的方式进行修改，后者确保系统在执行其预期功能时，不受蓄意或无意的未授权操作损害。可用性确保系统能够及时响应，且不会拒绝向已授权的用户提供服务。

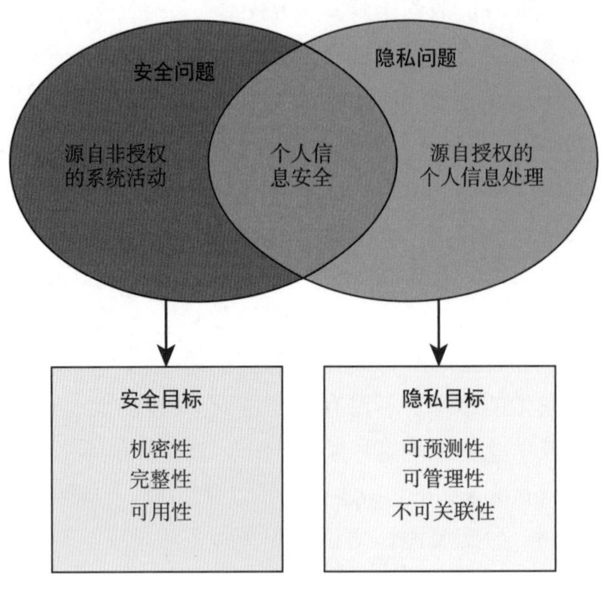

图 2.2 隐私与安全

相较而言，隐私领域更关注**可预测性**（predictability）、**可管理性**（manageability）与**不可关联性**（disassociability），这 3 个性质可被视为信息隐私的“金三角”。可预测性确保提供者、所有者和操作人员能够对个人信息及用于处理信息的系统做出可靠的假设。可管理性提供对个人信息的细粒度管理能力，包括更改、删除及选择性披露。不可关联性确保在处理个人信息或事件时，不与除系统操作要求之外的个人或设备相关联。

隐私保护面临的一个关键问题是隐私与**效用**（utility）之间的冲突。通常，效用一词指在合法情况下，多个数据消费者或使用者的可量化利益。这种利益往往源自信息的流动，而提供隐私则意味着需要对信息流加以限制和规范。图 2.3 体现了隐私与效用的权衡，更先进的隐私理念与技术必将推动隐私与效用的帕累托均衡“由红转绿”。

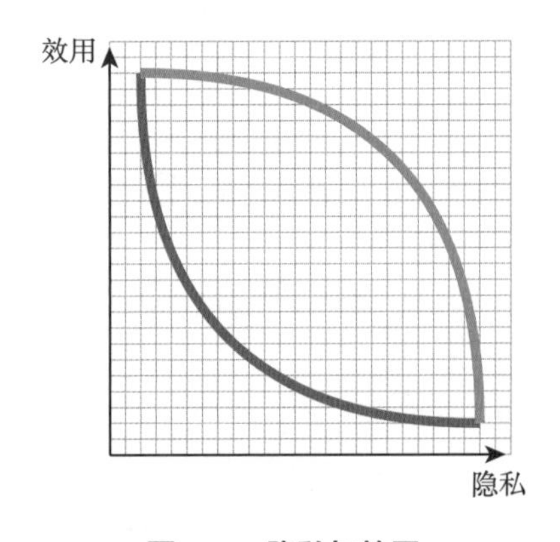

图 2.3 隐私与效用

2.2 隐私保护计算模型

无论采取何种隐私理论和规范，因技术变革而产生的隐私威胁终究要依靠技术本身来缓解，这也是本书的核心内容。**隐私保护计算**（Privacy-Preserving Computation，PPC）是在计算过程中解决隐私问题的一系列技术方案，涉及密码学、统计学、人工智能等诸多学科和领域的知识。长期以来，隐私保护计算以**隐私增强计算**（Privacy-Enhancing Computation，PEC）和**隐私感知计算**（Privacy-Aware Computation，PAC）等名称出现，并蕴含了以下 3 个关键问题。第一，隐私保护计算涉及哪些参与角色，这些角色的具体任务和潜在威胁是什么？第二，隐私保护计算支持哪些计算类型，每种类型的计算方式和性能度量方法是什么？第三，隐私保护计算提供哪些隐私保证，各项保证的基础理论和支撑技术是什么？接下来，本节依次回答这些问题。

2.2.1 角色定义

隐私保护计算的工作流程涉及许多角色，他们往往具有不同的能力，并承担着不同的职能。通常，隐私保护计算的参与方分为**数据提供者**、**隐私服务者**、**结果使用者** 3 类，各方之间的关系如图 2.4 所示。**市场监管者**负责对各参与方进行认证、评估与审计，既不接触数据，也不提供与数据处理相关的服务。

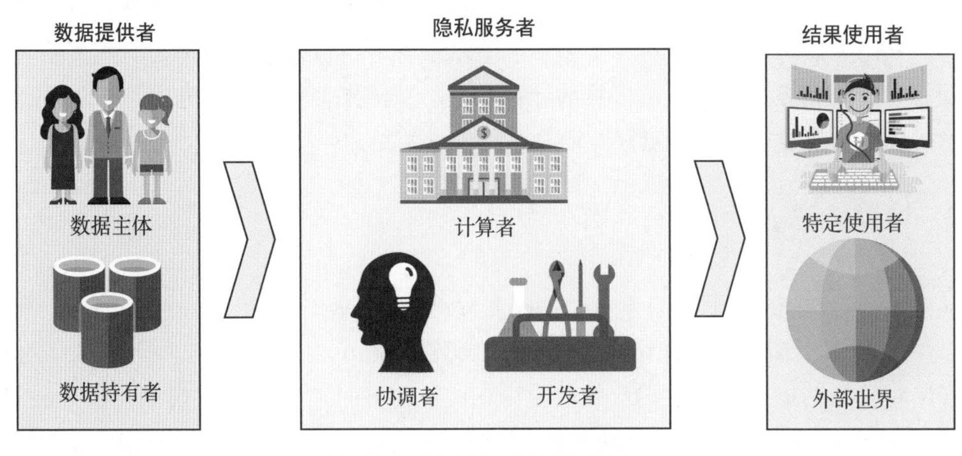

图 2.4 隐私保护计算的参与方

数据提供者负责供应隐私保护计算所需要的数据，并对相应的处理规则进行授权。根据数据来源的不同，数据提供者可以分为数据主体与数据持有者两类。前者是直接生产数据的自然人，因而又称为数据所有者。后者则是持有数据的组织，其事先从数据主体处收集相关数据。隐私保护计算可能涉及多个数据提供者。为实现信任最小化，他们可以采取一系列保护措施，包括将原始数据留存在本地或对其进行预处理等。

隐私服务者负责提供隐私保护计算所需要的技术方案、基础设施及管理能力。根据工作职能的不同，隐私服务者可以分为开发者、计算者及协调者等。开发者负责对算法流程进行设计、开发与验证，必要时可对算法参数进行保密。计算者提供算力支持，其接收数据提供者的输入，并将输出发送给结果使用者。协调者按照约定配置隐私保护计算任务，并将计算所需的信息分发给各参与方。当数据提供者变更授权时，隐私服务者应及时做出响应，如删除相关数据及其依赖数据。

结果使用者负责接收隐私保护计算的成果，并对其进行二次加工与处理。根据限制条件的不同，结果使用者可以分为特定使用者和外部世界两类。前者在使用目的和范围等方面受到制约，因而在进行操作时仍需考虑隐私问题。后者则不受任何限制，也无须存在任何隐私顾虑。隐私服务者应根据结果使用者的不同采取不同等级的保护措施。

在实际应用中，数据提供者、隐私服务者及结果使用者这 3 类角色往往存在重叠。数据提供者经常作为结果使用者，享受隐私保护计算带来的红利；而隐私服务者亦常作为数据提供者和结果使用者，与其他数据提供者一同开展联合计算。本书后续章节中将根据语境进行判别。

在理想情况下，每个角色都各司其职，除了履行自己的义务，不会关心其他任何事情。然而，在好奇与利益的驱使下，无论数据提供者、隐私服务者，还是结果使用者，均有可能改变初心，从而对隐私构成威胁。根据攻击行为的不同，攻击者可以分为**半诚实攻击者**（semi-honest adversary）和**恶意攻击者**（malicious adversary）两类。半诚实攻击者又称为被动攻击者或诚实但好奇（honest-but-curious）攻击者，其会诚实地执行协议，但也会竭尽所能地获得更多信息。恶意攻击者又称为主动攻击者，其可以在协议执行期间采取任意行动，以使协议的执行偏离原有目的。从数据提供者的视角看，半诚实的数据提供者可以监视所有源自隐私服务者的中间计算结果，而恶意的数据提供者则可以在此基础上篡改计算过程。从隐私服务者的视角看，半诚实的隐私服务者可以监视所有源自数据提供者的信息，而恶意的隐私服务者同样可以篡改计算过程。从结果使用者的视角看，半诚实的结果使用者可以通过黑盒模式或白盒模式监视最终的计算结果。

2.2.2 计算类型

从字面上看，隐私保护计算包含“隐私”与“计算”两个要素。在进一步触及“隐私”之前，本小节对“计算”加以介绍。简单来说，**计算**（computation）是一种可机械化的过程，用于在给定输入的情况下产生相应的输出。在讨论计算时，有必要对规范（specification）和实现（implementation）这两个概念进行区分。前者关心需要执行什么任务，即通过函数确定输入与输出的关系，这也是本小节的重点。后者则关心如何执行这项任务，即通过程序设法将输入变换为输出，我们将在本书后续章节中看到各式各样的算法。

根据输出性质的不同，计算任务可以分为面向个人的计算和面向群体的计算，如图 2.5 所示。**面向个人的计算**是指数据的处理结果仍然针对个人，会对个人的活动产生直接或间接的影响，如信息检索、集合求交等。**面向群体的计算**是指数据的处理结果仅与群体相关，不针对具体个人进行识别、分析或评估，如统计推断、机器学习和数据合成等。下面简要介绍这些任务。

信息检索（information retrieval）是一种协议，它允许客户端从拥有数据库的服务器中检索其选择的数据项。信息检索的目标是在消耗较少的情况下快速、全面地返回准确结果，对应的性能指标分别为响应时间、查全率（recall）和查准率（precision）。

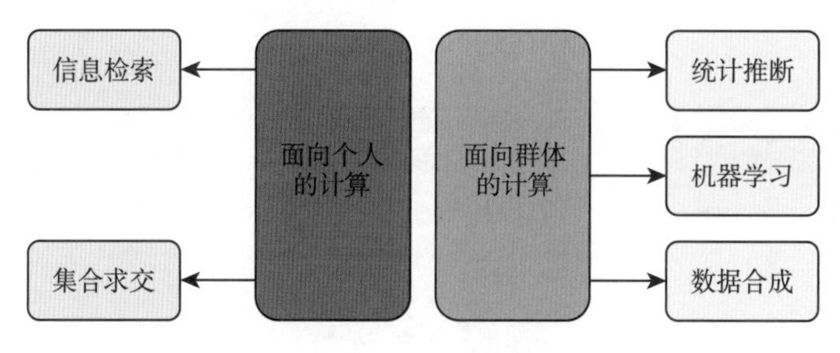

图 2.5　计算类型

集合求交（set intersection）允许持有各自集合的多方共同计算集合的交集。在多方联合参与计算的场景中，集合求交是计算前的关键步骤，用于找到多个数据提供者共有的数据样本，如纵向联邦学习中的数据对齐。在设计集合求交的方案时，通常需要考虑多方集合极度不均衡，以及通信、计算和内存开销等问题。

统计推断（statistical inference）是一种从样本特征推断总体特征的方法，它能够对统计总体的参数（如期望、方差等）做出概率性的陈述。统计推断的基本问题可以分为参数估计和假设检验两大类。其中，参数估计的目标是估计总体参数的真值，而假设检验的目标是判断总体的先验假设是否成立。一个好的估计量应该在多次观测中，其观测值能够围绕被估计参数的真值摆动，具体的衡量指标有无偏性（unbiasedness）、有效性（efficiency）和一致性（consistency）。当试验者决定接受或拒绝原假设时，犯错的概率可以用来评估和比较假设检验。

机器学习（machine learning）专注如何通过计算机来模拟或实现人类的学习行为，以获取新的知识或技能，并不断提高其性能。机器学习算法的核心是通过模型训练提取样本数据的特征和规律，并使用这些信息对未来数据做出预测。机器学习强调所学模型对“新样本”的适用性，即模型的泛化能力，具体的评估指标包括准确率（accuracy）、查全率和查准率等。需要注意的是，相同的性能度量可能会让不同的机器学习模型产生不同的结果，这意味着机器学习模型的“好坏”不仅取决于算法和数据，还取决于任务需求。

数据合成（data synthesis）是通过计算机程序人为地产生模拟数据的过程。该人工模拟数据可以从统计学的角度反映真实数据的分布，还可以节省数据采集的成本。由于潜在目的不同，数据合成的评估需要在保真度（fidelity）和多样性（diversity）两个方面进行权衡。前者指生成的模拟数据与真实数据在统计性质上的逼近程度。

2.2.3　隐私保证

信息隐私与个人对自我信息的控制有关，而这种控制通常可以分为以下 3 个方面，如图 2.6 所示。

输入隐私（input privacy）规定“如何计算”。具体来说，它的作用是确保隐私服务者不能访问或推导数据提供者的任何输入，以及计算过程中所产生的任何中间结果。这无疑很好地限制了个人信息的流动，杜绝了隐私服务者通过侧信道攻击获得原始数据的可能。输入隐私的概念适合各参与方互不信任的环境，任何一方如果获得比约定输出更多的知识，都会被视为隐私侵犯。

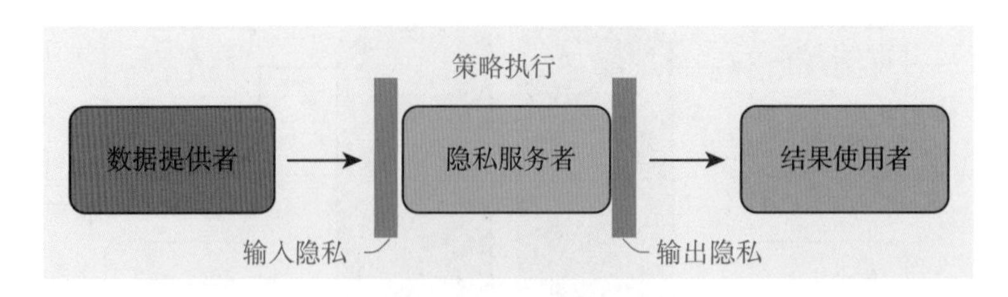

图 2.6 隐私保证

输出隐私（output privacy）决定“披露什么”。具体来说，它的作用是确保隐私服务者的输出中不包含任何超出数据提供者允许范围的可识别信息。这一方面使得结果使用者无法从输出中推断出与数据提供者相关的信息，另一方面也允许数据提供者对隐私泄露的程度进行度量和限制。输出隐私的概念十分适合数据发布场景，它使得敏感数据的公开成为可能。

策略执行（policy enforcement）与控制高度相关，包括但不限于“能算什么”和“向谁披露”。它的作用是确保已制订的隐私策略和计算策略能够按预期执行。与输入隐私和输出隐私不同，策略执行覆盖了所有角色，它能够对各参与方的行为加以规范，使其遵守预先达成的各项协议。

2.3 隐私保护计算技术

如果将隐私保护计算比作一棵树，那么理论和技术就是它的根茎和枝叶。在了解隐私保护计算的模型之后，是时候将目光上移，一同欣赏这棵树上结出的硕果。本节从隐私保护计算的历史出发，对本书涉及的核心技术进行介绍。

2.3.1 历史沿革

隐私保护计算的发展并非一蹴而就，而是历经了半个多世纪的岁月，涉及密码学、统计学、人工智能和计算机体系结构等多个领域。通常，隐私保护计算的历史可以分为**萌芽期（1936—1977 年）**、**探索期（1978—2015 年）**与**应用期（2016 年至今）**3 个阶段，如图 2.7 所示。

在萌芽期中，隐私保护计算相关理论取得了里程碑式的突破。1936 年，Turing 等 [1936] 给出了一种抽象计算模型——图灵机，奠定了电子计算机的理论基础。1948 年，Shannon [1948] 提出了信息熵的概念及信息的基本单位——比特，标志着信息论的诞生。1949 年，Shannon [1949] 开创了用信息理论研究密码的新途径，被视为现代密码学的开端。1960 年，Baran [1960] 证明了分布式中继节点架构的可生存性，成为计算机网络思想的起源。1965 年，Warner [1965] 构建了最早的差分隐私（Differential Privacy，DP）机制——随机应答。1971 年，IBM 提出了 Lucifer 加密密码，它是体现了 Feistel 思想的分组密码算法。1976 年，Diffie 等 [2019] 提出了公钥密码体制。基于此，多种公钥密码算法相继诞生。1977 年，统计披露的语义概念首次形成，揭示了不可能在保证统计效用的同时根除披露的规律。

在探索期中，隐私保护计算技术相继出现，并逐渐从学术界走向工业界。1978 年，Rivest

等 [1978] 首次提出了同态加密（Homomorphic Encrgption，HE）和全同态加密的概念，并证明了 RSA（Rivest-Shamir-Adelman）公钥密加算法具有乘法同态性。1979 年，Shamir [1979] 和 Blakley [1979] 分别提出了最早的秘密共享（Secret Sharing）方案。1981 年，Rabin [2005] 首次提出了不经意传输（Oblivious Transfer，OT），引起了密码学研究人员的广泛关注。1982 年，百万富翁问题为现代密码学引入了新的分支——安全多方计算（Secure Multiparty Computation，SMC）。1985 年，零知识证明（Zero-Knowledge Proof，ZKP）的概念被提出，同时在 NP 问题的证明系统中引入“交互”和“随机性”，构造了交互式证明系统。同年，最早的基于离散对数困难问题的同态加密机制 ElGamal 被提出，该算法具有乘法同态性质。1986 年，第一个基于混淆电路（Garbled Circuit，GC）构造的安全两方计算协议——混淆电路协议（又称姚氏协议）诞生。同年，Meadows [1986] 首次提出了基于 Diffie-Hellmann 密钥协商协议的隐私集合求交（Private Set Intersection，PSI）协议。1988 年，基于公共参考串模型的非交互式零知识证明系统首次被构造出来。1994 年，Nick Szabo 提出了智能合约（Smart Contract，SC）的概念，但是因为缺乏可信的运行平台，智能合约当时没有得到广泛的关注。1996 年，李嘉图合约出现在大众视野，它实现了合约数字化，并从法律角度为智能合约提供了合规的合约模版。1999 年，著名的部分同态加密体制 Paillier 诞生，该算法基于判定合数剩余类问题构建，是目前应用非常广泛的同态加密算法。

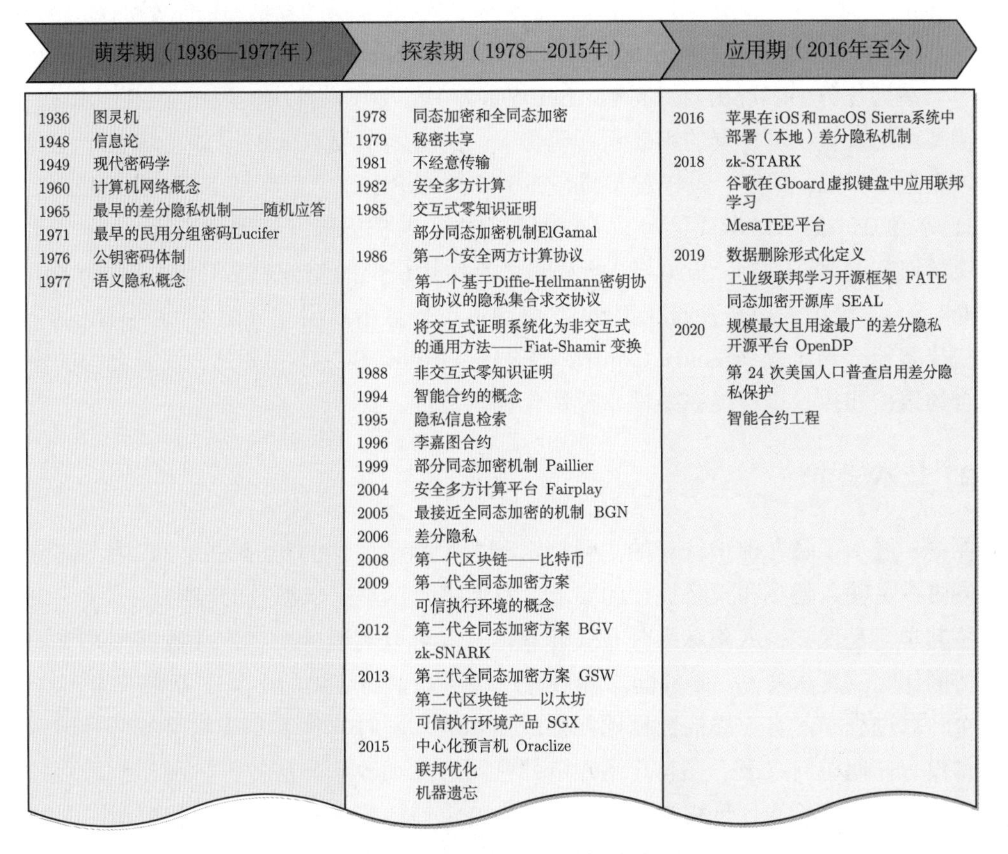

图 2.7 隐私保护计算的发展史

2004 年，安全多方计算平台 Fairplay 发布，标志着安全多方计算研究从理论优化转向实用框架。2005 年，第一个同时支持任意多次加法同态和一次乘法同态的机制 BGN 被提出，它是距离全同态加密方案最近的一项工作。2006 年，差分隐私的定义正式诞生，基于查询敏感度（而非输出维度）的加噪方法成为标配。2008 年，中本聪将比特币带入了公众的视野。2009 年，Gentry 基于理想格设计了第一代全同态加密方案，并创造性地提出了 Bootstraping 的想法。同年，开放移动终端平台组织（Open Mobile Terminal Platform，OMTP）在 [OMTP，2009] 中首次定义了可信执行环境（Trusted Execution Environment，TEE）。2012 年，基于带误差学习（Learning with Error，LWE）困难问题构建的 BGV 算法被提出，这是目前主流的全同态加密方案中效率最高的方案，标志着第二代全同态加密的开始。同年，Bitansky 等 [2012] 首次提出了著名的 zk-SNARK，该方案是零知识证明中最经典的加密算法体系，目前被广泛应用于区块链领域。2013 年，Intel 推出了 SGX 技术，该技术对云计算安全保护的意义重大。同年，Vitalik Buterin 发表了以太坊初版白皮书，以太坊由此诞生。Gentry 等 [2013] 在这一年提出了基于近似特征向量构建的 GSW 算法，标志着全同态加密的研究进入了第三阶段。2015 年，Konečný 等 [2015] 提出了联邦优化，让节点共同训练全局模型，同时保持训练数据在节点本地。同年，中心化预言机 Oraclize 首次被提出。通过将学习算法转换为求和形式，Cao 等 [2015] 提出了一种通用的遗忘算法，这是实现机器学习场景下某些数据被快速遗忘的首次尝试。

在应用期中，隐私保护计算产品如雨后春笋，层出不穷。2016 年，苹果在 iOS 10 和 macOS Sierra 系统中部署（本地）差分隐私机制，掀起了差分隐私应用的浪潮。2018 年，谷歌将联邦学习（Federated Learning，FL）应用于 Gboard 虚拟键盘，并在输入预测和新词发现等一系列任务中表现出众。同年，Ben-Sasson 等 [2018] 首次实现了 zk-STARK，实现了不需要可信设置、可扩展的零知识证明协议。2019 年，WeBank 开源全球首个工业级联邦学习框架 FATE。同年，微软发布同态加密开源库 SEAL，其支持 BFV 和 CKKS 方案。Ginart 等 [2019] 第一次形式化定义了机器学习中的数据删除（机器遗忘），并研究了实现高效机器遗忘的算法原则。2020 年，规模最大且用途最广的差分隐私开源平台 OpenDP 正式发布。同年，美国人口普查局在第 24 次美国人口普查中启用差分隐私保护；Hu 等 [2020] 首次提出智能合约工程（Smart Contract Engineering，SCE），实现了智能合约的设计开发、合约维护和执行过程的系统性、模块化和规范性。

2.3.2 技术概览

图 2.8 展示了隐私保护计算的主要技术与三大隐私保证的对应关系。其中，部分技术可以同时满足输入隐私和策略执行的要求，斜体字表示本书未涉及的技术。

联邦学习是保护输入隐私的分布式计算范式，可以实现各个客户端数据不共享的条件下的协同计算。具体来说，服务器与各个客户端通过中间结果的多轮交互来获得计算结果，在整个计算过程中，客户端的数据始终存储在本地，同时其他客户端和服务器对该客户端的数据没有任何访问权限。在客户端知情并且同意隐私政策的前提下，联邦学习满足数据最小化原则。在每轮迭代过程中，客户端仅为特定的计算任务传输必要的更新，同时，服务器仅短暂存储中间结果以即时完成聚合，并仅发布最终的计算结果。然而，现有工作表明，攻击者可以依据中间结果获得原始数据的一些信息，因此，联邦学习还需结合安全多方计算或同态加密等来增强计算过程的保密性，并结合差分隐私来增强结果发布的匿名性。目前，谷歌、微众银行、达摩院及百度等机构发布了联邦学习开源框架，并且联邦学习已经在政务、金融和医疗等场景中得到应用。

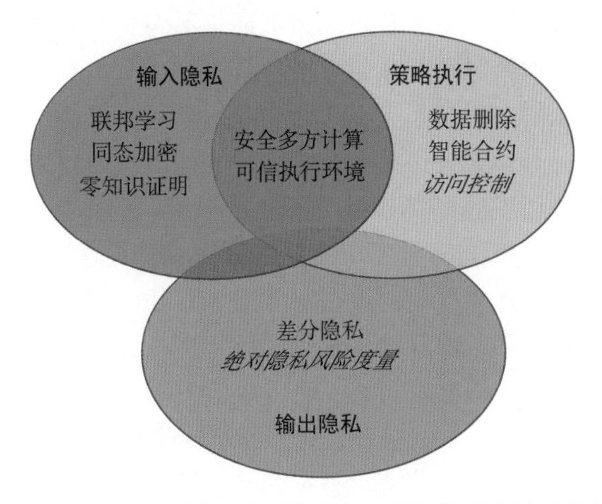

图 2.8　隐私保护计算的主要技术与三大隐私保证的对应关系

同态加密允许隐私数据以密态形式参与运算，并得到与明文运算一致的结果，为输入隐私提供了强有力的保证。具体来说，同态加密算法都是基于数论难题构造的，攻击者无法在多项式时间内破解密钥，也就无从获取加密数据的真实值。对于管护者来说，数据在外包计算的全周期都处于加密状态，计算过程中产生的中间值和统计值也处于密态，这些统计值与密文之间仅存在链式推断关系。因此，管护者始终无法从中推断真实数据。此外，即使非法访问的用户成功获取管护者服务器中其他用户的密文数据，同样无法得到数据明文。

零知识证明通过构造证明协议使得证明者在不透露命题相关数据的情况下向验证者证明该命题，从而保护证明者在协议交互过程中的输入隐私。具体来说，证明协议的实现让证明者在不提供目标命题的具体内容时也能向验证者证明该命题的正确性。其中，“零知识”就是指验证者除了对论断判断的结果之外，无法获取任何额外信息。现有的研究通常将零知识证明的思想应用于设计隐私保护计算协议来解决许多实际场景下的隐私数据证明问题。

安全多方计算借助密码学技术构造多方计算协议，在不泄露隐私数据的前提下，可实现一组互不信任的应答者之间的协同计算。具体来说，应答者先利用混淆电路、秘密共享等技术将原始数据转换成管护者不可识别的密态数据，再交由管护者执行计算，从而为应答者的输入数据提供隐私保护。由于计算的过程通常以协议的形式体现，在半诚实模型下，应答者和管护者会严格遵循协议执行预设的步骤完成计算任务。恶意模型下，虽然恶意的应答者或管护者存在篡改、中止协议等行为，但可以通过引入一些特殊的机制（如切分选择）来阻止该现象发生，最终实现隐私数据的可用、可控、可共享。因此，安全多方计算也能为策略执行目标提供隐私保证。

可信执行环境依靠芯片等硬件和软件协同对数据进行保护，同时保留与系统运行环境之间的算力共享，可用于处理敏感数据、部署计算逻辑，进而执行隐私保护计算。从输入隐私角度来看，可信执行环境通过时分复用 CPU 或划分部分内存地址作为安全空间来建立隔离执行环境，以保证外部环境不能获取甚至篡改其内部的信息。因此，用户可以将自己的隐私数据上传到可信执行环境中，而无须担心自己的数据被其他恶意用户窃取。从策略执行的角度来看，可信执行环境能够通过安装或更新其代码来管理内部隐私内容、控制隐私保护计算过程，还可以通过定义机制来安全地向第三方证明其可信度。与本书介绍的其他技术相比，可信执行环境注重在特定场景下通过不同技术的融合来解决问题，加强技术之间的协同，为隐私保护计算发展注入了新思路。

差分隐私是输出隐私的一种信息论度量，它通过隐私预算这一参数量化并限制统计发布造成的个人信息泄露。具体来说，差分隐私算法能够将任意相邻数据集（仅相差一条记录的两个数据集）映射到相近的概率分布，从而使攻击者无法通过输出结果辨别真实的输入（某条记录的存在或缺失）。与传统的统计披露限制方法（如 k-匿名）不同，差分隐私能够抵御具有任意背景知识和计算能力的攻击，并最大限度地延缓因多次发布而造成的隐私泄露风险。此外，差分隐私不依赖算法和参数的保密性，且任何计算都无法弱化已有的隐私保证。由于严格的数学保证和良好的隐私性质，差分隐私已被谷歌、苹果、微软、脸书、领英及美国人口普查局等机构采纳，并在生产系统中用于保护参与者的隐私。

数据删除指在隐私保护计算过程中，管护者能通过某些方法满足应答者的个人数据删除请求，从而保障应答者对个人隐私数据的被遗忘权。具体来说，管护者在接收到应答者的删除数据请求时，不仅要删除请求的原始数据，还要删除可能推理出原始数据的相关内容，并保证删除后的状态与该请求数据从未出现过的状态一致。上述过程满足隐私保护计算目标中的策略执行，即应答者可以通过发送删除请求来控制其数据是否被管护者使用，也可以控制与之相关的计算结果是否被发布给结果使用者。

智能合约作为自动执行合约内容的计算机化交易协议，在区块链技术支持下，一经部署则难以被篡改，且交易内容可查询、可验证，从而保证智能合约能够严格按照预定义的策略自动执行。具体来说，区块链的赋能使智能合约具有了防篡改、可追溯等特性，保证了调用智能合约的交易记录具有完整性和可审计性。当交易符合合约预设条件时，即可在区块链分布式系统中自动执行，无须第三方验证，避免了对传统方法的依赖。在策略执行方面，当策略决策点将处理规则变成机器语言后，策略实施点保证规则得到遵守，这分别对应了智能合约的生成和在区块链上的执行过程。由于合约生成过程可根据预设策略进行编写和验证，合约执行过程可保证严格按照合约逻辑强制自动执行，因此应答者对隐私保护计算过程的控制得以实现。

2.4 延伸阅读

有别于隐私保护计算，李凤华等 [2016] 引入了隐私计算（privacy computing）这一概念，并给出了它的研究范畴、整体框架及发展趋势。具体来说，“隐私计算是面向隐私信息全生命周期保护的计算理论和方法，是隐私信息的所有权、管理权和使用权分离时隐私度量、隐私泄露代价、隐私保护与隐私分析复杂性的可计算模型与公理化系统。隐私计算包括隐私信息抽取、场景描述抽象、隐私操作选取、隐私方案设计、隐私效果评估 5 个步骤，并具有原子性、一致性、顺序性、可逆性等四大特征。”李凤华等 [2021] 详细地介绍了隐私计算的相关理论与技术。

第二部分

核心技术

第3章 联邦学习

数据是数字经济时代重要的生产要素，是构建新发展格局的重要支撑。由于数据中蕴含着大量的隐私信息和极高的商业价值，数据持有者之间以及数据拥有者和隐私服务者之间不愿意共享数据，这会导致“数据孤岛”现象日益凸显。因此，如何在“数据孤岛”之间架起桥梁，加速数据流动，进一步提升数据蕴含的商业价值，已成为当前社会广泛关注的话题。联邦学习的提出为这一问题的解决提供了可行方案。联邦学习主要用于机器学习模型的协同构建。为了实现协作式的数据统计分析，联邦分析（Federated Analytics，FA）成为主要计算模式。联邦学习和联邦分析均能够实现敏感数据不共享条件下的协同计算。此外，分割学习（Splitting Learning，SL）和辅助学习（Assisted Learning，AL）等协作模式也相继被提出，这些方法同样可以在数据不离开本地的情况下完成模型构建。值得注意的是，尽管联邦学习能够为应答者提供一定的隐私保护能力，但是其自身也面临着隐私风险，需要结合其他的隐私保护计算核心技术来增强隐私保护能力。

本章介绍联邦学习的相关知识。第 3.1 节介绍联邦学习的背景、工作流程及分类与特征，特别对联邦学习的隐私保证进行了详细阐述。第 3.2 节介绍联邦学习的相关算法。为使读者由浅入深地理解联邦学习算法，首先介绍联邦学习的基础算法——联邦平均算法，然后介绍模型性能优化、通信效率提升和个性化联邦学习方法，这些方法能够有效地提升联邦学习在实际场景下的应用效果。第 3.3 节介绍基于统计估计和基于数据变换这两类联邦分析算法。第 3.4 节介绍分割学习、辅助学习这两类协作模式。第 3.5 节介绍联邦学习面临的推断攻击和对抗攻击这两类潜在威胁，并介绍隐私增强的联邦学习和稳健的联邦学习这两类能够有效应对上述威胁的方法。

3.1 联邦学习的基本思想

联邦学习的出现为机器学习的发展带来了新的机遇，使得分散存储、彼此绝缘的小规模数据可以联合起来参与计算，在提升计算结果表现的同时满足人们对隐私保护的需求。在具体介绍联邦学习算法之前，让我们首先了解联邦学习是什么，以及联邦学习是如何保护客户端本地数据的。

3.1.1 联邦学习的背景

深度学习的成功均是建立在大规模、高质量的数据基础之上的。一般而言，计算者可以向数据提供者收集数据，并将其全部传输至高性能服务器上进行模型训练。然而现实的情况是，大部分数据以“孤岛”的形式存在。形成“数据孤岛”的原因主要有以下 3 个方面。

（1）数据汇聚至服务器需要较高的传输成本。在集中式计算场景中，客户端的数据需要先传输至服务器，然后由服务器统一调配并进行计算。然而，由于客户端的数据量较大，以及数据传输距离较长，数据传输这一过程会产生较高的传输成本，阻碍了数据提供者和隐私服务者之间的数据共享。

（2）数据中蕴含巨大的商业价值。一般情况下，计算者难以获得高质量、大规模的数据。在构建数据集的过程中，计算者通常需要付出大量的人力和时间成本来标注数据。基于这些数据，计算者可以提供满足结果使用者多种需求的服务。因此，高质量、大规模的数据已经成为计算者保证自身核心竞争力的重要因素之一，这使得计算者之间不愿意共享数据，阻碍了数据价值的流动和提升。

（3）数据中包含大量的隐私信息。对于应答者而言，数据中往往包含着诸多隐私信息。基于对隐私泄露和数据滥用等风险的考虑，应答者往往不愿意分享这些数据。对于管护者而言，则需要在满足法律法规要求的前提下与他人共享从应答者处采集的数据，而不能简单粗暴地直接共享数据。

如何在保护数据主体隐私的情况下获得高质量模型，是现阶段亟待解决的关键问题。最简单的方法是客户端利用自己的本地数据训练模型。然而，由于有限的数据量和计算资源，客户端通常无法获得高准确率的模型。还有一种方法是：首先，服务器利用自身采集的数据训练一个模型；然后客户端下载该模型，并利用本地数据对模型进行微调。然而，现实的情况是，服务器难以获得高质量、大规模的数据，并且客户端微调后的模型无法学习其他客户端的数据特征。

为了解决上述两种方法的局限性，联邦学习应运而生。作为一种分布式机器学习范式，联邦学习的多个客户端在服务器的协调下协作解决机器学习问题。在联邦学习中，各个客户端的数据始终存储在本地，并且各个客户端和服务器之间仅交换客户端本地训练生成的模型更新。

与传统的分布式学习不同，联邦学习的服务器对各个客户端的数据没有操作的权限，只负责协调不同客户端之间的计算。此外，联邦学习的各个客户端只有访问自身数据的权限，没有任何权限能够操作其他客户端的数据。

此外，与将所有数据集中在一起训练的集中式学习相比，联邦学习的模型性能会有所

损失 [Yang et al., 2019]。令 v_{fed} 表示联邦学习模型的性能，v_{sum} 表示集中式学习模型的性能，并设 δ 为一个非负实数，当满足如下条件时，联邦学习模型具有 δ 性能损失：

$$|v_{\text{fed}} - v_{\text{sum}}| < \delta \tag{3.1}$$

然而，在模型性能相差较小的情况下，由于联邦学习能够提供额外的隐私保护能力，因此在实际应用中更具有价值。

3.1.2 联邦学习的工作流程

联邦学习应用于实际场景中所需的工作流程可依次划分为需求确认、模型开发和模型部署这 3 个阶段。

需求确认阶段用于明确是否开展联邦学习。通常在以下两种情况下可以开展联邦学习：第一，对于计算任务来说，客户端本地数据比服务器代理数据更加相关；第二，客户端本地数据包含的敏感信息或数据量过大。如果确定使用联邦学习，服务器需要根据客户端的计算能力、通信能力及与服务器连接的稳定性等特点，选择合适的联邦学习算法。

模型开发阶段包含模型仿真、模型训练和模型评估 3 个环节。由于联邦学习分布式的特点，联邦学习的超参数与集中式学习相比有所增加，例如需要考虑客户端本地训练的次数、每轮参与聚合的客户端数量等。服务器可以在实际训练开始之前，使用代理数据（proxy data）模拟仿真训练过程以选择合适的模型结构和超参数，指导真实的模型训练。在实际训练过程中，联邦学习可以使用不同的模型结构和超参数获得多个备选的全局模型。典型的联邦学习模型训练通常包含以下 6 个步骤，各个客户端需要在服务器的协调下重复执行这些步骤，直至完成训练过程。典型的联邦学习模型训练过程如图 3.1 所示。

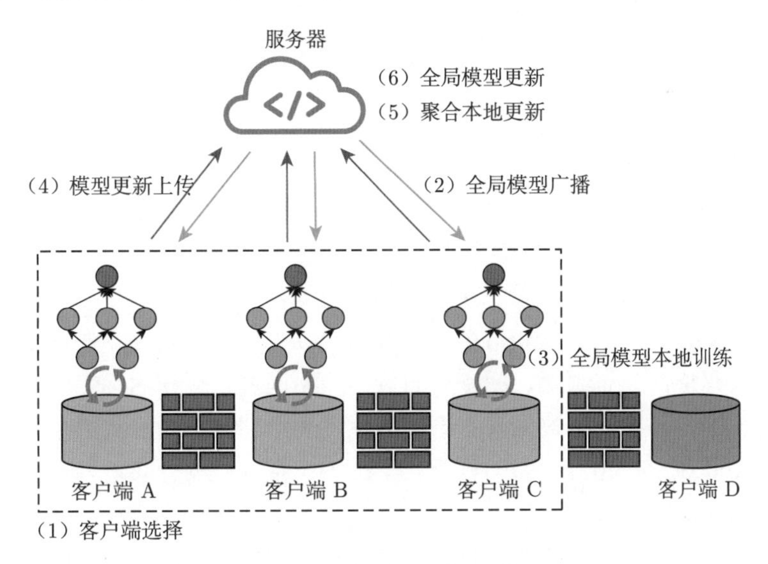

图 3.1 典型的联邦学习模型训练过程

（1）客户端选择：服务器随机选择部分客户端参与模型更新过程。

（2）全局模型广播：服务器将全局模型广播给被选中的客户端。

（3）全局模型本地训练：各个客户端基于本地数据，对接收到的全局模型进行训练更新。

（4）模型更新上传：各个客户端将本地模型更新上传至服务器。

（5）聚合本地更新：服务器对接收到的本地模型更新进行聚合。

（6）全局模型更新：服务器基于聚合后的模型更新对全局模型进行更新。

在评估过程中，服务器可使用联邦分析的方式对多个备选模型进行性能评估：各个客户端计算备选模型在本地数据验证集上的指标，并将这些指标上传至服务器；服务器对指标进行统计分析后选出合适的全局模型。

模型部署是将筛选后的全局模型部署到参与或未参与联邦学习的客户端本地。与集中式训练模式一样，最优的全局模型将通过 A/B 测试和灰度发布（staged rollout）等标准的应用发布方式 [Kairouz et al., 2021] 部署在实际应用环境中。

3.1.3 联邦学习的分类与特征

在实际应用中，联邦学习具有两种不同的设定，即**跨设备联邦学习**（cross-device FL）和**跨筒仓联邦学习**（cross-silo FL）。前者联合大量的移动设备进行协同学习，而后者联合多个大型组织机构进行协同学习。二者的差异主要体现在客户端数量、客户端的稳定性、计算和通信的限制，以及与服务器连接的状态等方面，如表 3.1 所示。

表 3.1 跨设备联邦学习和跨筒仓联邦学习的特点对比

项目	跨设备联邦学习	跨筒仓联邦学习
客户端数量	$> 10^6$	2～100
客户端可用性	低	高
客户端计算和通信限制	受限	不受限
客户端计算状态	无	有
客户端数据分布	非独立同分布	

在客户端数量方面，跨设备联邦学习中的客户端数量基本是百万级以上，远大于跨筒仓联邦学习。跨筒仓联邦学习中的客户端一般情况下仅有几十个，甚至有些情况下只有两个客户端。此外，跨设备联邦学习中每个客户端的本地数据量比跨筒仓联邦学习少很多，这导致了跨设备联邦学习的数据异构性问题。

在不同客户端的数据分布方面，参与联邦学习的各个客户端的数据分布呈现非独立同分布（Non-independent Identically Distributed，Non-IID）的特点。联邦学习中的数据非独立同分布主要有特征分布倾斜、标签分布倾斜、不同客户端相同标签的数据具有不同的特征、不同客户端相同特征的数据具有不同的标签和不同客户端的数据量存在较大差异等多种情况 [Kairouz et al., 2021]。参与联邦学习的客户端的数据分布可能同时存在着上述多种不同类型的非独立同分布。

在客户端可用性方面，跨筒仓联邦学习的客户端可用性要比跨设备联邦学习高。跨筒仓联邦学习的客户端数据通常托管在大型数据中心，这意味着这些客户端能够稳定地参与每一轮的模型更新过程，并且不会主动退出训练过程。跨设备联邦学习的客户端则存在间歇性可用的困扰：受限于网络信号强弱和电源续航能力，客户端在计算时存在随时掉线的可能性。

在客户端计算和通信限制方面，跨设备联邦学习的客户端受限程度要比跨筒仓联邦学习高。由于跨设备联邦学习的客户端主要是小型移动设备，其计算和通信能力有限，难以对大量数据进行计算和传输。同时，不同客户端之间的计算和通信能力也有着明显差异。跨筒仓联邦学习的客户端则可以通过部署计算加速器和高带宽通信链路来提升数据计算和传输能力。

在客户端计算状态方面，跨设备联邦学习通常假设客户端没有标示符，并且在整个训练过程中可能仅参与一次模型更新，服务器不会为客户端建立唯一索引。因此，跨设备联邦学习通常需要无客户端计算状态的算法。跨筒仓联邦学习中的每个客户端通常会参加绝大多数轮次的模型更新，因此，有客户端计算状态的算法更加适用于跨筒仓联邦学习。

根据客户端本地数据重叠方式的不同，联邦学习可以划分为**横向联邦学习**（Horizontal Federated Learning，HFL）、**纵向联邦学习**（Vertical Federated Learning，VFL）和**联邦迁移学习**（Federated Transfer Learning，FTL）。一般情况下，跨设备联邦学习主要采用横向联邦学习的形式，而跨筒仓联邦学习支持以上 3 种类型。如图 3.2 所示，我们分别使用红色和绿色表示两个客户端，分别使用 x、y 和 F 表示数据样本的标识、标签和特征。在横向联邦学习中，各个客户端的数据样本重叠较少、数据特征重叠较多，如图 3.2（a）所示。横向联邦学习根据特征空间的重合特征进行对齐，取出客户端数据中特征相同而样本不相同的数据进行协同训练。与横向联邦学习不同，纵向联邦学习中各个客户端的数据样本重叠较多、数据特征重叠较少，如图 3.2（b）所示。纵向联邦学习根据样本进行匹配，利用各个客户端数据中样本相同而特征不完全相同的数据进行协同训练。在联邦迁移学习中，各个客户端的数据样本和数据特征均重叠较少（几乎不重叠），如图 3.2（c）所示。典型的联邦迁移学习的目标是利用客户端 A 和客户端 B 特征之间的共同表示，以及客户端 B 的数据标签学习模型，使模型能够对客户端 A 的数据进行正确的分类。

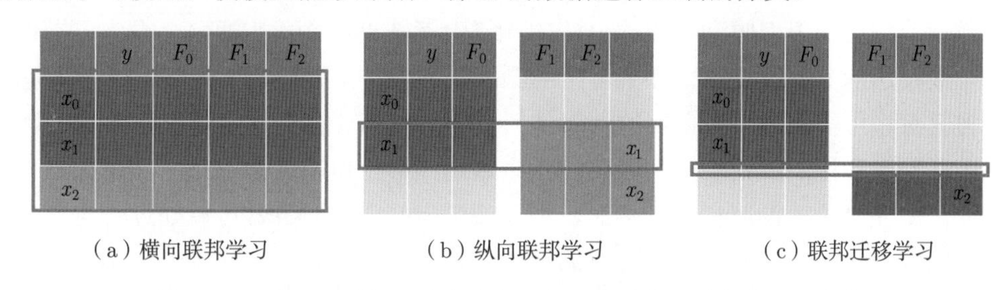

（a）横向联邦学习　（b）纵向联邦学习　（c）联邦迁移学习

图 3.2　不同联邦学习中数据特征空间和数据样本空间的重叠方式

根据联邦学习拓扑结构的不同，联邦学习可以分为**中心化联邦学习**（centralized FL）、**去中心化联邦学习**（decentralized FL）及**层次化联邦学习**（hierarchical FL）。图 3.3 展示了 3 种不同拓扑结构的联邦学习。在中心化联邦学习中，服务器协调模型训练的整个过程，负责聚合各个客户端的本地模型并更新全局模型。与中心化联邦学习不同，去中心化联邦学习不需要服务器，而是用客户端之间的对等通信取代了客户端与服务器之间的通信。去中心化联邦学习降低了中心化联邦学习中的服务器出现故障后模型无法继续训练的风险，但是存在通信开销较大、通信滞后的问题。层次化联邦学习是中心化联邦学习和去中心化联邦学习的折中方案，兼具二者的优点。层次化联邦学习设置有多个子中心节点，客户端与各自对应的子中心节点进行通信，然后由子中心节点与服务器进行通信，协作完成整个联邦学习训练过程。层次化联邦学习避免了大量的客户端与单一的服务器之间的频繁交互，并且能够有效地提升实际场景下模型训练的效率。

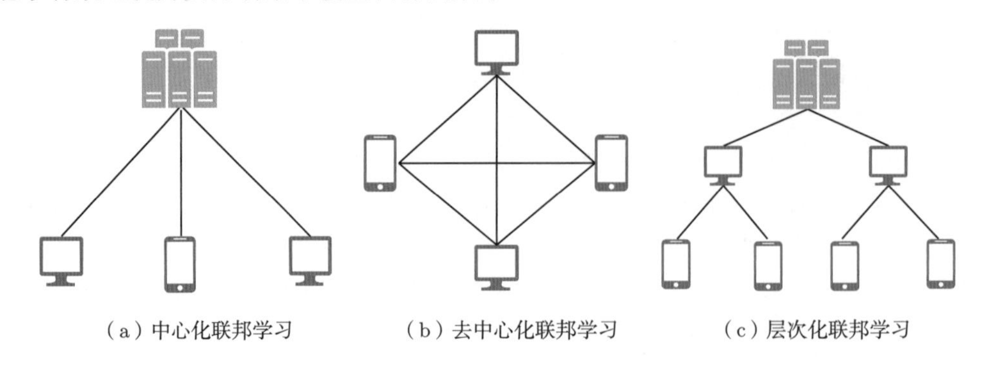

图 3.3　3 种不同拓扑结构的联邦学习示意图

3.1.4　联邦学习的隐私保证

在实际应用中，联邦学习提供的隐私保证立足于数据最小化和结果匿名化两大原则。

联邦学习的实现机制满足数据最小化原则，主要通过服务器仅收集实现特定计算所需的必要数据、即时聚合、短暂存储中间结果，以及仅发布最终结果的方式实现。在集中式学习模式下，服务器将各个客户端的数据进行汇聚以备计算使用。在这一过程中，服务器倾向存储更多的数据，即使某些数据并不会在其业务实现中使用。然而，收集的数据越多，隐私泄露的风险也就越大。为了保护各个客户端的数据隐私，联邦学习在数据不离开客户端且服务器无权访问客户端数据的情况下，仅将从数据中提炼出的中间结果发送至服务器，不会上传任何有关客户端及其数据的额外信息。这些从数据中提炼出的中间结果可以是模型更新或分析统计结果，也可以是对数据编码或添加噪声之后的信息。

联邦学习在服务器接收到客户端上传的计算中间结果后立即执行聚合操作，操作完成后将客户端发送的本地计算结果和聚合结果删除，不会对其进行持续存储。在计算完成后，联邦学习仅对模型需求方发布最终的计算结果，不会发布计算过程中的任何中间信息。

尽管联邦学习因隐私而生，但其防护水平远远不够。值得注意的是，满足数据最小化原则需要一个完全可信的第三方。然而，不仅诚实但好奇的服务器可以通过一定方式推理出客户端的数据信息，甚至诚实但好奇的客户端也可以通过一定方式推理出其他客户端的数据信息。因此，联邦学习依然存在着隐私威胁，并不能提供完全的隐私保护，需要与其他的隐私保护技术联合使用，以进一步保证数据最小化原则。

联邦学习的数据最小化强调如何处理数据和执行计算，而结果匿名化则强调如何对外发布计算结果。为了保证攻击者无法从聚合结果中推断出客户端的隐私信息，我们可以将联邦学习与差分隐私结合使用，以确保发布结果的匿名性。

3.2　联邦学习算法

联邦学习算法的本质是求解优化问题 [Wang et al., 2021a]，其目标函数为

$$\min L(\boldsymbol{\omega}) = \mathrm{E}_{i \sim P}[L_i(\boldsymbol{\omega})] \tag{3.2}$$

其中

$$L_i(\boldsymbol{\omega}) = \mathrm{E}_{\boldsymbol{x}\sim P_i}[l_i(\boldsymbol{\omega},\boldsymbol{x})] \tag{3.3}$$

$\boldsymbol{\omega} \in \mathbb{R}^d$ 表示全局模型参数，$L_i : \mathbb{R}^d \to \mathbb{R}$ 表示客户端 i 的本地目标函数，P 表示客户端的总体分布，P_i 表示客户端数据集 D_i 的数据分布，$l_i(\boldsymbol{\omega},\boldsymbol{x})$ 表示客户端 i 的损失函数。

式 (3.2)中的优化问题通常可以通过梯度下降算法的多轮迭代优化得到计算结果，$\boldsymbol{\omega}^{(t+1)} = \boldsymbol{\omega}^{(t)} - \eta_t \nabla L(\boldsymbol{\omega}^{(t)}), t = 0,1,2,\cdots,\eta_t$ 为第 t 轮的学习率。在适当的条件下，通过交换微分和期望求解顺序，$L(\boldsymbol{\omega}^{(t)})$ 可以通过以下公式计算梯度：$\nabla L(\boldsymbol{\omega}) = \nabla \mathrm{E}_{i\sim P}[L_i(\boldsymbol{\omega})] = \mathrm{E}_{i\sim P}[\nabla L_i(\boldsymbol{\omega})]$。然而，跨设备联邦学习由于客户端数量较多且存在随时掉线的可能性，因而无法直接利用全体客户端的数据计算 $L(\boldsymbol{\omega})$，服务器会每轮随机选取部分客户端进行优化问题计算。跨筒仓联邦学习同样可以为有限数量的客户端建立联邦优化问题，如 $L^{\text{silo}}(\boldsymbol{\omega}) = \sum\limits_{i=1}^{N} p_i L_i(\boldsymbol{\omega})$。

在跨设备联邦学习和跨筒仓联邦学习中，式 (3.2) 中的目标函数可以采用经验风险最小化（Empirical Risk Minimization，ERM）的形式进一步优化：

$$\begin{aligned} &\min L^{\text{ERM}}(\boldsymbol{\omega}) = \sum_{i=1}^{N} p_i L_i^{\text{ERM}}(\boldsymbol{\omega}) \\ &\text{s.t. } \sum_{i}^{N} p_i = 1 \end{aligned} \tag{3.4}$$

其中

$$L_i^{\text{ERM}}(\boldsymbol{\omega}) = \frac{1}{|D_i|} \sum_{\boldsymbol{x}\in D_i} l_i(\boldsymbol{\omega},\boldsymbol{x}) \tag{3.5}$$

此外，N 表示参与联邦学习的客户端总数，p_i 表示客户端 i 的聚合权重。当客户端 i 掉线时，其聚合权重 p_i 为 0。

联邦平均（Federated Averaging，FedAvg）算法 [McMahan et al., 2017] 是解决上述联邦学习优化问题的基础算法。目前，许多研究工作对 FedAvg 算法进行了改进和扩展，提出了更加适用于实际应用环境的算法。例如，设计相应的算法缓解统计异构性和设备异构性问题，从而提高联邦学习的收敛速度、提升模型性能；降低客户端和服务器之间的通信开销；缓解客户端模型需求异构性问题，实现可依据客户端数据特点定制模型的个性化联邦学习方法。本节对 FedAvg 算法及其改进算法进行具体介绍。

3.2.1 联邦平均

FedAvg 算法目前被认为是解决联邦学习优化问题的基础算法。为了说明 FedAvg 算法的本地训练过程，令 B 和 E 分别对应客户端本地训练批大小（batch-size）和本地训练轮数（epoch），$B = \infty$ 表示在一个批次中使用所有样本训练模型。在 FedAvg 算法中，客户端本地分批次使用样本进行多轮梯度下降来计算模型更新，即 $B \neq \infty$、$E \neq 1$。当 $B = \infty$ 且 $E = 1$ 时，FedAvg 算法又被称为联邦随机梯度下降（Federated Stochastic Gradient Descent，FedSGD）算法，即客户端使用拥有的所有样本执行一轮梯度下降计算来模型更新。

具体地，FedAvg 算法在客户端和服务器的第 t 轮通信过程中，首先由服务器随机选取若干个客户端构成集合 $S^{(t)}$，并将第 $t-1$ 轮获得的全局模型 $\boldsymbol{\omega}^{(t-1)}$ 分发给集合中的客户端。然后，被选中的客户端基于本地数据对 $\boldsymbol{\omega}^{(t-1)}$ 进行多轮本地训练，并将最终得到的模型更新 $\varDelta_i^{(t)}$ 发送给服务器。服务器聚合客户端发送的模型更新，并更新全局模型：

$$\boldsymbol{\omega}^{(t)} = \boldsymbol{\omega}^{(t-1)} + \frac{\sum\limits_{i \in S^{(t)}} p_i \varDelta_i^{(t)}}{\sum\limits_{i \in S^{(t)}} p_i} \tag{3.6}$$

其中，p_i 为服务器根据聚合规则分配给客户端 i 的聚合权重。重复上述过程，直至模型收敛。最终，通过客户端与服务器的多轮训练，可以在不公开数据的情况下得到一个适用于所有客户端的全局模型。

上述算法可以扩展为一个灵活的广义 FedAvg（Generalized FedAvg）算法框架，允许算法设计者修改客户端的本地模型更新方法、模型更新聚合方法及全局模型更新方法。具体的广义 FedAvg 算法框架实现过程如算法 3.1 所示。该框架由两个模型优化器组成：ClientOPT 用于更新本地模型，具有客户端学习率 η；ServerOPT 将聚合后的模型更新 $\varDelta^{(t)}$ 的负值视为梯度，并将其应用于全局模型更新，其服务器学习率为 η_{s}。

算法 3.1　广义 FedAvg 算法框架

输入： 全局模型的初始参数 ω_0，服务器与客户端的通信总轮数 T，本地模型训练轮数 E，客户端学习率 η，服务器学习率 η_{s}，不同客户端的聚合权重 p_i。

输出： 全局模型参数 $\boldsymbol{\omega}^{(T)}$。

1 **for** t in $\{0,1,\cdots,T\}$ **do**
2 　服务器随机选择客户端，构成客户端集合 $S^{(t)}$。
3 　**for** 任意客户端 $i \in S^{(t)}$ **do**
4 　　初始化本地模型 $\boldsymbol{\omega}_i^{(t,0)} = \boldsymbol{\omega}^{(t)}$。
5 　　**for** e in $\{0,1,2,\cdots,E\}$ **do**
6 　　　计算本地随机梯度 $g_i(\boldsymbol{\omega}_i^{(t,e)}) = \nabla L_i(\boldsymbol{\omega}_i^{(t,e)})$；
7 　　　更新本地模型 $\boldsymbol{\omega}_i^{(t,e+1)} = \mathrm{ClientOPT}(\boldsymbol{\omega}_i^{(t,e)}, g_i(\boldsymbol{\omega}_i^{(t,e)}), \eta, t)$。
8 　　客户端将本地模型更新 $\varDelta_i^{(t)} = \boldsymbol{\omega}_i^{(t,E)} - \boldsymbol{\omega}_i^{(t,0)}$ 发送给服务器。
9 　服务器聚合客户端上传的本地模型更新 $\varDelta^{(t)} = \dfrac{\sum\limits_{i \in S^{(t)}} p_i \varDelta_i^{(t)}}{\sum\limits_{i \in S^{(t)}} p_i}$；
10 　更新全局模型 $\boldsymbol{\omega}^{(t+1)} = \mathrm{ServerOPT}(\boldsymbol{\omega}^{(t)}, -\varDelta^{(t)}, \eta_{\mathrm{s}}, t)$。

与集中式学习相比，FedAvg 算法由于其分布式多客户端学习的特点存在异构性问题，如数据异构性问题和设备异构性问题，这些问题会造成学习得到的全局模型性能降低。

在设备异构性问题方面，虽然 FedAvg 算法通过增加训练轮数可以有效地减少通信开销，但是在本地训练轮数过多的情况下，由于各个客户端计算能力的不同，会导致客户端可能无法按时完成训练并提交模型更新。在到达模型更新上传和聚合的时刻，服务器无论直接舍弃这部分客户端的本地模型更新，还是利用客户端上传的未完成训练的本地模型更新来进行聚合，都会对最终全局模型的收敛产生不利影响。

在数据异构性问题方面，如果客户端之间的数据是独立同分布的，那么本地模型训练较多的轮数会加快全局模型的收敛。如果客户端之间的数据是非独立同分布的，那么不同客户端在利用本地数据进行多轮模型训练时，本地模型会偏离初始的全局模型。具体来说，每个客户端都是通过优化所有本地数据样本的期望损失，最终让全局模型在本地数据集上表现得更好。但如果客户端之间的数据是非独立同分布的，那么多轮本地模型训练会导致本地模型走向其本地优化目标的最优值，使得每个客户端优化得到的本地模型偏离全局模型的优化方向，导致训练不稳定、全局模型的收敛速度降低，使联邦学习模型难以收敛。

3.2.2 模型性能优化

本小节介绍几类具有代表性的解决联邦学习异构性问题并提高全局模型性能的技术和优化算法，主要包括通过结合动量和自适应方法、减少本地模型更新偏差、正则化约束本地优化目标，以及设计聚合规则等方式提升全局模型的性能 [Wang et al., 2021a]。同时，本小节会解释说明这些算法具体如何解决 FedAvg 算法存在的异构性问题。

第一类算法是通过结合动量和自适应方法来设计优化框架，提升全局模型的性能。众所周知，动量和自适应优化方法已经成为训练深度神经网络的关键组成部分，可以提高随机梯度下降算法的性能。目前，许多工作研究了如何在联邦学习中结合动量和自适应性提高模型的泛化性能，并验证了它们在加速收敛方面的有效性。正如第 3.2.1 节所讨论的，客户端使用 ClientOPT 优化器最小化本地训练损失，服务器则使用 ServerOPT 优化器更新全局模型。而在 ClientOPT 与 ServerOPT 优化器内部，可以使用自适应动量（Adaptive-momentum，Adam）方法等结合动量和自适应方法的算法进行全局模型优化。

第二类算法是减少本地模型更新中的偏差，以此来提升全局模型的性能。如前所述，FedAvg 算法和其他联邦优化算法通常允许客户端执行多轮本地优化迭代来降低通信成本。然而，当客户端数据为非独立同分布时，本地多轮迭代更新实际上会阻碍全局模型收敛，因为由此产生的客户端模型趋向本地优化目标最小化的模型。有一种方法有助于减少客户端本地模型更新的偏差，即控制变量（control variate）方法。该方法是标准凸优化中的一种技术，用于减少有限和最小化问题中随机梯度的方差，可以加快收敛速度。在联邦学习中采用这种技术的代表性算法是 SCAFFOLD 算法 [Karimireddy et al., 2019]，该技术使用控制变量的技术来减少客户端之间的差异。

SCAFFOLD 算法适用于跨筒仓联邦学习，利用了每个客户端存储的持久状态。该存储状态为客户端 i 的控制变量 $\boldsymbol{r}_i$，用于估计与客户端本地损失函数有关的梯度 $[\boldsymbol{r}_i \approx \nabla L_i(\boldsymbol{x})]$。服务器计算所有客户端状态的平均值，并将其作为它自己的控制变量 $\boldsymbol{r}$。客户端在每一轮中执行多步迭代，并在每个随机梯度中添加一个校正项 $\boldsymbol{r}-\boldsymbol{r}_i$，以减少客户端模型更新的偏差，确保它们更接近全局更新 $[\nabla L_i(\boldsymbol{x})+\boldsymbol{r}-\boldsymbol{r}_i \approx \nabla L(\boldsymbol{x})]$。这使得 SCAFFOLD 算法能够比普通 FedAvg 算法更快地收敛，而无须对数据异构性设置进行任何假设。在实现 SCAFFOLD 算法时，控制变量有很多可能的选择。例如，客户端 i 可以选择使用最后一步迭代更新的

平均梯度作为 $\boldsymbol{r}_i$。具体来说，本地训练后，本地控制变量的更新如式 (3.7) 所示，其中 E 为本地训练轮数。

$$\boldsymbol{r}_i^{(t+1)}=\begin{cases}\boldsymbol{r}_i^{(t)}-\boldsymbol{r}^{(t)}+\dfrac{1}{\eta E}[\boldsymbol{\omega}^{(t)}-\boldsymbol{\omega}_i^{(t,E)}] & ,i\in S^{(t)}\\ \boldsymbol{r}_i^{(t)} & ,\text{其他}\end{cases} \tag{3.7}$$

第三类算法是设计算法对本地优化目标进行正则化，即对 ClientOPT 操作进行改进。在 FedAvg 算法中，由于数据异构性问题，本地模型的多轮迭代会进一步增加本地模型与全局模型之间的偏差，使得本地模型朝偏离全局模型的方向优化。为了避免本地模型向本地模型最优值漂移，常见的想法是通过约束本地优化目标来惩罚远离全局模型的本地模型，如式 (3.8) 所示。

$$c_i^{(t)}(\boldsymbol{\omega},\boldsymbol{\omega}^{(t)})=l_i(\boldsymbol{\omega})+k_i(\boldsymbol{\omega},\boldsymbol{\omega}^{(t)}) \tag{3.8}$$

其中，$l_i(\boldsymbol{\omega})$ 表示客户端 i 的本地目标函数，$\boldsymbol{\omega}^{(t)}$ 表示第 t 轮的全局模型，$\boldsymbol{\omega}$ 表示第 $t+1$ 轮本地模型求解的参数，c_i 表示客户端的目标函数，k_i 表示惩罚项。

联邦近端（Federated Proximal，FedProx）算法 [Li et al., 2020a] 是典型的正则化本地优化目标的算法。该算法在客户端的本地目标优化函数中添加了一个近端项（proximal term），用来限制本地模型的更新，当本地模型的更新满足停止条件时，则停止更新，将本地模型上传至服务器，从而进一步缓解了 FedAvg 算法存在的统计异构性问题和系统异构性问题。FedProx 算法的近端项为

$$k_i(\boldsymbol{\omega},\boldsymbol{\omega}^{(t)})=\frac{\mu}{2}||\boldsymbol{\omega}-\boldsymbol{\omega}^{(t)}||_2 \tag{3.9}$$

其中，μ 表示近端项的系数。

对于客户端 i，在第 t 轮通信过程中，若式 (3.8)满足以下条件 [见式 (3.10)]，则称 $\boldsymbol{\omega}^*$ 为目标函数 [式 (3.8)] 的 γ_i^k-不准确度解，其中 $\gamma_i^{(t)}\in[0,1]$。被服务器选中的客户端 i 基于式 (3.8) 优化问题，通过梯度下降算法进行多轮优化，并对本地模型参数进行更新，直至本地模型参数满足预先设置的不准确解条件。

$$||\nabla c_i(\boldsymbol{\omega}^*,\boldsymbol{\omega}^{(t)})||_2\leqslant\gamma_i^{(t)}||\nabla c_i(\boldsymbol{\omega},\boldsymbol{\omega}^{(t)})||_2 \tag{3.10}$$

其中

$$\nabla c_i(\boldsymbol{\omega},\boldsymbol{\omega}^{(t)})=\nabla l_i(\boldsymbol{\omega})+\mu[\boldsymbol{\omega}-\boldsymbol{\omega}^{(t)}] \tag{3.11}$$

FedProx 算法提供了数据非独立同分布情况下的收敛性保证。当设置 FedProx 算法近端项的系数 $\mu=0$ 时，FedProx 算法便简化为 FedAvg 算法。但是，该算法的收敛性理论要求近端项总是存在，因此无法适用于 FedAvg 算法。

联邦原始对偶（Federated Primal-Dual，FedPD）算法 [Zhang et al., 2020] 则是在客户端 i 定义本地目标的正则化项：

$$k_i(\boldsymbol{\omega},\boldsymbol{\omega}^{(t)})=\left\langle\boldsymbol{\lambda}_i^{(t)},\boldsymbol{\omega}-\boldsymbol{\omega}^{(t)}\right\rangle+\frac{\mu}{2}||\boldsymbol{\omega}-\boldsymbol{\omega}^{(t)}||_2 \tag{3.12}$$

其中，$\boldsymbol{\lambda}_i^{(t)}$ 是辅助变量，在每轮结束时更新，即 $\boldsymbol{\lambda}_i^{(t+1)}=\boldsymbol{\lambda}_i^{(t)}+\mu(\boldsymbol{\omega}_i^{(e)}-\boldsymbol{\omega}^{(t)})$。研究证明，利用该正则项，当模型完全收敛时，FedPD 算法的本地目标模型与全局目标模型能够具有相同的极值点。

第四类算法是通过设计聚合规则来提高全局模型的性能。通常，服务器会根据客户端样本大小加权或均匀加权聚合客户端模型更新。尽管加权聚合方案可能不会影响联邦学习算法的收敛速度，但可能影响全局模型最终收敛到的位置。如果加权聚合方案选择不当，全局模型会收敛到本地目标的最优值点，使得全局模型的性能降低。例如，在 FedAvg 算法中，服务器会将各个神经网络中相同位置的神经元参数聚合，这可能会对全局模型的性能产生严重的不利影响。这一问题可能是由神经元的排列不变性（permutation invariance）导致的 [Yurochkin et al., 2019]，即对于不同客户端的本地更新，重要性相同的神经元的位置并不是总是一一对应。

概率联邦神经匹配（Probabilistic Federated Neural Matching，PFNM）算法 [Yurochkin et al., 2019] 在对客户端本地模型的神经元进行聚合平均之前，通过先将重要性相同的神经元进行匹配，然后进行聚合来解决上述问题。联邦匹配平均（Federated Matched Averaging，FedMA）算法 [Wang et al., 2020b] 则是将 PFNM 算法扩展到卷积神经网络（Convolutional Neural Network，CNN）和长短期记忆（Long Short-Term Memory，LSTM）网络。FedMA 算法对提取到的具有相似特征的卷积层的通道或全连接层的神经元等隐元素进行匹配和平均，按层构建共享全局模型。首先，服务器只从客户端收集第一层的权重，并执行单层匹配以获取全局模型的第一层权重。其次，服务器将这些权重广播给客户端，客户端继续对其数据集上的所有连续层进行训练，并使联邦匹配层保持冻结状态。接着，此过程不断重复，直至最后一层。对于最后一层，服务器根据每个客户端数据集的类别比例对最后一层模型参数进行加权平均。FedMA 算法要求通信轮数等于神经网络的层数。

3.2.3　通信效率优化

在联邦学习的训练过程中，服务器和客户端之间需要多轮通信，并且随着参与联邦学习的客户端数量逐渐增多，二者之间的通信效率会受到通信带宽的限制。此外，在每一轮通信中，客户端将训练得到的模型发送给服务器，这会导致巨大的通信开销。因此，联邦学习算法需要充分保证客户端与服务器之间的通信效率，以保证不同地区、不同客户端上传模型更新的时效性和稳定性。本小节主要介绍**增加本地训练轮数**、**减少传输内容**、**客户端选择**等典型的通信效率优化算法。

1. 增加本地训练轮数

在保证模型表现的情况下，增加客户端本地模型训练的轮数，从而降低服务器和客户端的通信频率，能够提升通信效率。这是因为参与联邦学习的客户端之间、客户端与服务器之间是跨区域的，客户端与服务器的多轮通信产生的通信开销大于客户端本地模型训练的计算开销。虽然增加本地模型训练轮数会增加本地的计算开销，但是通过使用高性能专用芯片提升本地计算能力可以解决该问题。

为了解决 FedSGD 算法通信开销过大的问题，目前常见的方法就是牺牲部分本地计算资源换取较低的通信开销，FedAvg 算法其实就是一种通过增加本地模型训练轮数减少通信开销的典型算法。客户端先在本地执行多轮模型训练，然后将迭代的本地模型发送给服务器。联邦学习中客户端的数据基本是非独立同分布的，研究人员需要进一步提出针对非独立同分布数据，增加本地训练轮数以减少通信开销的方法。FedProx 算法可以动态地计算出不同客户端每一轮需要的本地训练轮数。在数据为非独立同分布的条件下，该算法能够在保证模型准确率的同时减少客户端与服务器的通信次数，从而减少通信开销。值得注意的是，一步联邦学习（one-shot federated learning）算法可以最大限度地减少通信轮数，进一步提升通信效率。在该算法中，客户端与服务器只进行一次通信就可以构建具有良好性能的全局模型。

2. 减少传输内容

在保证全局模型泛化性能的前提下，减少客户端与服务器之间传输的内容量，也是一种比较主流的减少通信开销的方法。在联邦学习的相关应用中，特别是图像识别、推荐系统及自然语言处理等领域，通常需要使用大规模深度神经网络模型。目前，大规模深度学习模型（尤其是自然语言处理领的相关模型）通常有数百万、数千万甚至上亿个参数，导致客户端和服务器之间传递的模型参数量也较多，并且这些参数往往是浮点类型，这会导致通信开销进一步增加。

模型压缩通过减少每一轮客户端的模型更新的参数量来实现通信效率提升。例如，在草图更新（sketched update）算法 [Konečný et al., 2016] 中，客户端首先没有任何约束地在本地训练模型，得到模型 $\boldsymbol{C}_i^{(t)}$，然后以编码的方式对 $\boldsymbol{C}_i^{(t)}$ 进行压缩并上传至服务器，服务器在聚合之前对压缩的模型进行解码，还原原始的模型参数。而结构化更新（structured update）直接在受限空间中学习模型 $\boldsymbol{C}_i^{(t)}$，使用较少的参数进行参数化。例如，低秩矩阵方法令 $\boldsymbol{C}_i^{(t)} = \boldsymbol{A}_i^{(t)}\boldsymbol{B}_i^{(t)}$，其中 $\boldsymbol{A}_i^{(t)}$ 为客户端每轮随机产生的种子。客户端不再优化 $\boldsymbol{C}_i^{(t)}$，而是利用本地数据优化低秩矩阵 $\boldsymbol{B}_i^{(t)}$。每一轮优化结束后，客户端将随机种子 $\boldsymbol{A}_i^{(t)}$ 和优化后的低秩矩阵 $\boldsymbol{B}_i^{(t)}$ 发送给服务器，由服务器将收到的信息进行还原并聚合。结构化更新的另一种常见方法就是利用随机掩码。客户端每轮预先设置一个随机稀疏模式，也就是随机掩码。该随机掩码是指只包含 0 或 1 的矩阵，其维度的大小与原始模型 $\boldsymbol{C}_t^i$ 是一致的。客户端利用随机掩码矩阵生成稀疏矩阵，只保存原始模型 $\boldsymbol{C}_i^{(t)}$ 中与随机掩码矩阵中 1 的位置对应的元素。每轮通信过程中，客户端将随机掩码和稀疏矩阵发送给服务器。

与上传压缩后的本地模型相比，仅上传客户端模型的输出，能够进一步提升通信效率。该类方法仅聚合本地模型的输出而非聚合本地模型的参数信息，而传输输出产生的通信量远远小于传输模型参数的通信量，因此可以减少通信开销。例如，特征分布机器学习（Feature Distributed Machine Learning，FDML）算法 [Hu et al., 2019] 是一种仅上传客户端模型输出的算法，又被称为基于学习的联邦模型集成算法，适用于每个客户端数据样本重叠较多，但是特征重叠较少的情况。FDML 算法的框架如图 3.4 所示，可以看出，该算法中各个客户端的本地模型可以是不同的模型。

FDML 算法的各个客户端在同一个训练过程中可以使用不同的机器学习模型。该算法首先采用异步随机梯度下降算法对本地模型进行训练，将数据输入本地模型并获得本地输出结果；然后，利用线性或非线性变换将所有客户端的本地输出结果进行聚合；最后，将结果分发给每个客户端用来更新本地模型。

FDML 算法使用延时同步并行（Stale Synchronous Parallel，SSP）策略进行优化，在有界时延的范围内，参与者的迭代次数可以不是同步的。此外，由于 FDML 算法仅上传模型输出结果进行聚合，因此将原始特征泄露给诚实的服务器或其他客户端的可能性较小。

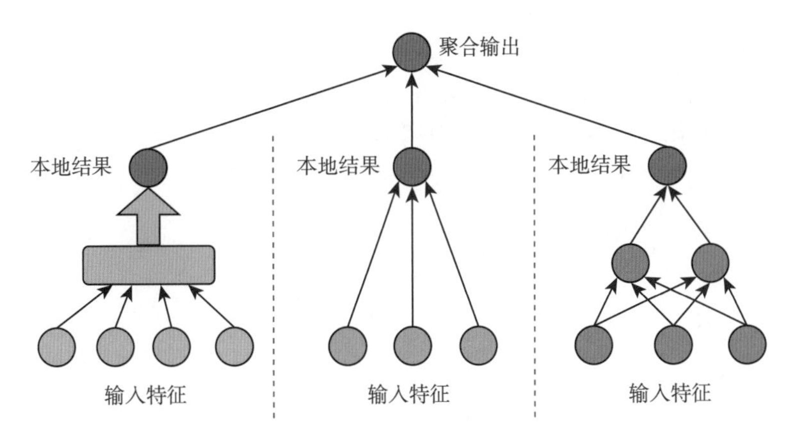

图 3.4　FDML 算法的框架 [Hu et al., 2019]

3. 客户端选择

在联邦学习中，客户端的数量可能非常庞大，尤其是在跨设备联邦学习场景中。但由于模型在客户端与服务器之间传输的带宽有限，选取小部分客户端参与模型训练与聚合过程，可以降低通信成本。需要注意的是，参与聚合的客户端的数量不仅会影响通信效率，还会影响算法的收敛性。因此，客户端选择算法对于联邦学习的通信效率、模型性能及公平性等方面有着重要作用。例如，联邦客户端选择（Federated Client Selection，FedCS）算法 [Nishio et al., 2019] 可以根据客户端的资源信息，选择模型迭代效率高的客户端进行聚合，以此优化联邦学习的通信效率。服务器首先随机选取一定比例的客户端，要求这些客户端向它发送无线信道状态、计算能力及数据资源大小等信息。然后，服务器根据收到的信息估计客户端模型训练和上传模型更新所需的时间，并确定哪些客户端可以参与到联邦学习当中。因此，FedCS 算法能够在有限的时间内聚合尽可能多的客户端模型更新，这使得整个训练过程效率较高，并且减少了训练模型所需的时间开销。

3.2.4　个性化

个性化联邦学习（Personalized Federated Learning，PFL）已经成为联邦学习的一个重要研究方向。由于联邦学习侧重通过提取所有客户端的公共知识来实现高质量的全局模型，因此模型可能无法捕获客户端的个性化信息，导致客户端在使用全局模型进行推理时无法达到预期效果。如图 3.5 所示，客户端 A、客户端 B 和客户端 C 分别是不同年龄段的人群产生的健康数据，其身体状态特征有所不同，导致所获得的相关数据分布存在较大区别。因此，我们需要探索个性化的联邦学习方法，使得各个客户端训练得到的本地模型更加适应本地数据的特点。

现阶段，个性化联邦学习的代表性方法主要包括**迁移学习**（transfer learning）、**元学习**（meta learning）、**多任务学习**（multi task learning）和**知识蒸馏**（knowledge distillation）等。

迁移学习的目标是将知识从源域（source domain）迁移到目标域（target domain）。目前，个性化联邦学习领域的迁移学习主要有两种实现方式。一种实现方式是客户端首先协同训练一个全局模型，该模型包含各个客户端的公共知识 [Chen et al., 2020]；然后，客户端利用本地数据对该全局模型进行微调，以获得个性化模型。为了减少训练开销，可以只对指定层的模型参数进行微调，而不是更新整个模型。另一种实现方式是将本地模型分为基础层（base layer）和个性化层（personalized layer），个性化层的输入层连接着基础层的输出层。在聚合过程中，服务器只聚合更新基础层 [Arivazhagan et al., 2019]。该方法首先使用现有的联邦学习聚合算法获得一个全局基础层，然后各个客户端利用本地数据对基础层和个性化层进行微调，从而使得每个客户端获得个性化模型。

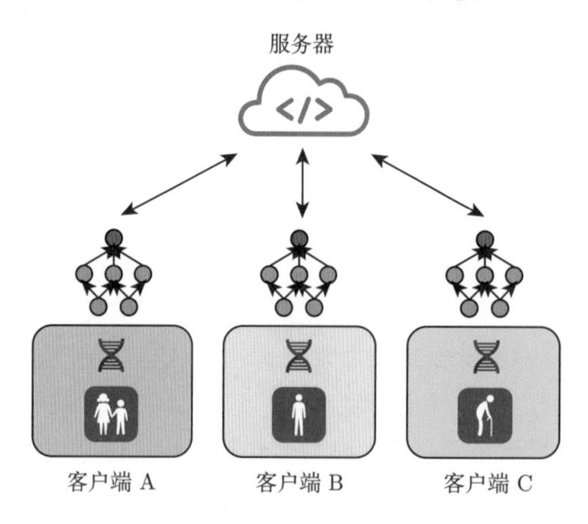

图 3.5　个性化联邦学习需求示例

元学习中，模型由元学习器（meta-learner）训练。元学习器通过学习多个相似任务使获得的模型能够快速地从少量新数据中构建适应新任务的模型。元学习可以分为元训练（meta-training）和元测试（meta-testing）两个阶段。元训练阶段的目标是从多个相似的训练任务中寻找一个函数，这个函数的目标是帮助与训练任务相似的新任务确定合适的模型初始化参数和学习率等。在元测试阶段，当有新的训练任务时，这个新任务可以基于上述模型初始化参数和学习率训练模型。联邦元学习将客户端看作元学习中的多个任务，其目标与元学习一样，都是找到一个初始化模型，使得当前客户端或新客户端只需对它们的本地数据执行一步或几步梯度下降，便可使模型适应它们的本地数据集。当有新的客户端加入时，可以通过一步或几步梯度下降快速获得个性化模型。Per-FedAvg 算法 [Fallah et al., 2020] 是典型的联邦元学习算法，该算法将联邦学习和模型不可知元学习（Model-Agnostic Meta-Learning，MAML）方法进行结合。Per-FedAvg 算法会重复以下步骤直到触发停止条件：服务器初始化模型，并将该模型随机发送给一部分客户端；被选中的客户端进行多轮本地训练，并且在每一轮本地训练中首先对服务器下发的模型进行一步梯度下降，得到元模型，然后对元模型再进行一步梯度下降，得到更新后的元模型并将其发送至服务器；服务器聚合各个客户端上传的元模型，并将聚合后的元模型分发给被选中的客户端。最终，各个客户端会得到一个共享的元模型，每个客户端基于本地数据对该模型进行微调，便可以得到适合本地数据特点的个性化模型。

多任务学习有别于单任务学习，其目标是同时学习多个相关的任务。单任务学习往往忽略了任务之间的关联信息，而多任务学习可以在学习过程中，共享从相关任务学习到的信息，获得比单任务学习更好的泛化性能。联邦多任务学习为每个参与计算的客户端提供了一个更加适合自身数据特点的个性化模型，该模型也包含了与其他客户端数据的相关性。

在联邦多任务学习的训练过程中，每个客户端相当于学习一个任务。首先，服务器根据客户端上传的模型更新学习多个任务之间的模型关系；然后，客户端可以根据其本地数据和从服务器上下载的模型关系更新本地模型。联邦多任务学习通过交替优化服务器中的模型关系和客户端本地任务的模型参数来获得个性化模型。Smith 等 [2017] 提出了基于分布式优化算法 CoCoA 的联邦多任务学习 MOCHA 算法，将联邦学习与多任务学习结合。MOCHA 算法能够提供收敛性保证，在实现客户端模型个性化的同时，有效地缓解了客户端存在的统计异构和系统异构问题。参与联邦多任务学习的每个客户端都需要参与到模型的训练当中，这样才能保证为每个客户端提供个性化的模型。

知识蒸馏的目标是从训练完成的教师模型中提取出所需要的学生模型。研究人员通过知识蒸馏方法，从教师模型中提取出参数较小、模型结构相对简单的学生模型，能够有效地缓解模型在部署阶段存在的瓶颈。联邦知识蒸馏（Federated Model Distillation，FedMD）算法 [Li et al., 2019] 是整合了知识蒸馏和迁移学习的联邦学习框架，该框架支持不同的客户端使用不同的网络结构以适配其计算能力。在该框架中，客户端需要贡献出一部分数据以组成一个全体客户端都可以使用的公共数据集，因此每个客户端都会牺牲一部分隐私。在该算法中，客户端首先使用公共数据集训练模型，然后使用本地数据集对该模型进行微调。客户端通过迁移学习获得本地模型后，FedMD 算法会重复以下步骤直到触发停止条件：每个客户端使用本地模型对公共数据集进行预测，并将预测结果发送给服务器；服务器聚合所有客户端的预测结果并返回给客户端；客户端将聚合后的预测结果设置为公共数据集的软标签（soft label），并基于该软标签进行知识蒸馏以更新本地模型，之后继续在本地数据集上训练。与 FDML 算法一样，FedMD 算法中的各个客户端的模型结构也可以是不同的。

3.3 联邦分析算法

现阶段，被人们所熟知的联邦学习主要是针对模型构建。然而，除了模型构建时需要保护数据隐私信息外，进行统计分析时也需要注意保护数据隐私信息。联邦分析为实现敏感数据不共享的条件下的统计分析提供了可行解。与联邦学习一样，联邦分析中各个客户端利用本地数据进行计算，仅向服务器提供计算结果，而不是来自特定设备的任何数据。

联邦分析与联邦学习具有相同的计算架构和工作流程。目前，联邦分析主要有基于统计估计的联邦分析和基于数据变换的联邦分析两种类型。对于基于统计估计的联邦分析，中间结果可以是客户端本地数据的统计结果，如计数、均值、中位数等，也可以是推理结果，如贝叶斯推理等。对于基于数据变换的联邦分析，客户端首先将本地明文数据转换为无信息泄露的数据，例如，首先向数据中添加随机噪声，然后服务器对转换后的数据进行计算以获得分析结果。本节结合应用场景对这两种联邦分析方法进行介绍。

3.3.1 基于统计估计的联邦分析

基于统计估计的联邦分析算法可用于**全局模型的预测效果分析**、**歌曲识别评估**（song recognition measurement）和**趋势探测**（trend detection）。

全局模型的预测效果分析是谷歌对联邦分析的第一次探索。当没有数据可用于模型评估时，服务器可以将客户端对模型的评估结果进行聚合，以评估联邦学习全局模型的预测效果。例如，参与联邦学习的不同移动设备上的 Gboard 虚拟键盘软件会计算全局模型在客户端的预测结果与客户端实际键入单词的匹配程度，并上传该匹配程度至服务器。服务器将所有客户端上传的匹配程度进行平均，以了解全局模型的总体水平。

歌曲识别评估是谷歌对联邦分析的又一应用。谷歌在 Pixel 手机中内置了“Now Playing”功能，能够通过识别周围物理环境中正在播放的音乐，以了解这首音乐的名称。“Now Playing”会在客户端存储一个音乐库，客户端使用该功能时，可以在离线状态下进行歌曲识别。但是，该音乐库中的音乐并未涵盖所有的音乐，有时会出现歌曲无法被识别的情况。因此，谷歌使用联邦分析提升客户端音乐库中音乐的数量。

“Now Playing”每识别一首歌曲，都会与客户端的音乐库匹配，并记录识别结果。当“Now Playing”闲置并且连接网络时，客户端会参与到联邦分析过程中。此时，客户端计算出所有记录中被成功识别的比例（识别成功率），并将该结果上传至服务器。

在每一轮联邦分析中，服务器使用第 3.5 节所述的安全聚合协议对参与联邦分析的客户端上传的识别成功率进行聚合。聚合后的识别成功率会帮助谷歌确认是否需要更新“Now Playing”客户端音乐库中的音乐。例如，假设有 3 个客户端参与联邦分析，上传至服务器的识别成功率分别是 0.8、1 和 1，聚合结果为 2.8（小于 3），表明音乐库存在不匹配客户端识别的音乐的情况，因此，“Now Playing”的客户端音乐库需要被更新。

趋势探测可以应用于针对微博、Twitter 等社交媒体的舆情分析。趋势探测的目标是在客户端文档不离开客户端的情况下，对备选关键词集合 V 中词的重要性进行排序，选出过去在交互文档（interacted document）中不经常出现但在当前交互文档中经常出现的关键词 v。Chaulwar 等 [2021] 提出了基于贝叶斯的联邦分析方法来实现上述目标。V 中关键词的重要性程度分布可以被形式化地表示为计算后验概率分布 $p(\mathrm{v}=v|W)$。该后验概率分布可以通过贝叶斯公式进行计算：

$$p(\mathrm{v}=v|W)=\frac{p(W|\mathrm{v}=v)p(\mathrm{v}=v)}{p(W)} \tag{3.13}$$

其中，$p(\mathrm{v}=v)$ 表示先验概率分布，$p(W|\mathrm{v}=v)$ 表示数据似然，$p(W)$ 表示边缘分布。假设参与联邦分析的第 i 个客户端含有文档集合 W_i，W_i 可以被视为从总体文档集合 W 中随机采样获得，即 $W_i \in W$。不同的客户端之间可以含有相同的文档。对于客户端 i，为了获得 $p(\mathrm{v}=v|W_i)$，需要分别计算 $p(\mathrm{v}=v)$、$p(W_i|\mathrm{v}=v)$ 和 $p(W_i)$。

首先，$p(\mathrm{v}=v)$ 可以被建模为狄利克雷分布（Dirichlet distribution），其参数为集合 V 中的每个词在之前的交互文档中的逆文档频率（Inverse Document Frequency，IDF）。这是因为，在之前交互文档中频繁出现的关键字作为趋势关键字的先验概率应该较低。每个词的先验概率为 $p(\mathrm{v}=v)$ 的期望。

然后，所有客户端计算数据似然 $p(W_i|\mathrm{v}=v)$，并将其上传至服务器进行聚合。对于客户端 i，计算在其所有文档中出现频率最多的 5 个词，将其作为基本关键词集合。我们将这 5 个关键词出现的文档数作为狄利克雷分布的参数，并基于该分布计算基本关键词集合

中的每个词的数据似然。客户端 i 将获得如下关于数据似然的 $|V|$ 维向量：

$$\boldsymbol{z}_i = \left[\Pr(W_i|\mathrm{v}=v_1), \cdots, \Pr(W_i|\mathrm{v}=v_{|V|})\right] \tag{3.14}$$

客户端 i 将没有出现在基本关键词集合中的词的数据似然设置为 0。接下来，每个客户端将其 $\boldsymbol{z}_i$ 上传至服务器进行聚合，这个过程可以使用第 3.5 节中的安全聚合方法。服务器聚合后的数据似然为

$$p(W|\mathrm{v}=v) = \sum_{i=1}^{N} p(W_i|\mathrm{v}=v) \tag{3.15}$$

最后，由于边缘分布 $p(W)$ 可以视为一个常数，因此，式 (3.13) 可以改写为

$$p(\mathrm{v}=v|W) \propto p(W|\mathrm{v}=v)p(\mathrm{v}=v) \tag{3.16}$$

通过式 (3.16) 可以计算出每个关键词的后验概率。按照后验概率的大小对 V 中的所有词进行降序排序，排名靠前的关键词可作为趋势关键词。

3.3.2　基于数据变换的联邦分析

本地数据变换主要通过差分隐私或加密算法将数据转换为不泄露信息的形式。基于本地数据变换的联邦分析方法主要有**频繁项集挖掘**和**热力图构建**。

频繁项集挖掘的目标是分析出所有客户端经常使用的词，以对移动应用程序的功能进行改进。例如，挖掘客户端经常输入的词可以帮助改善智能键盘的自动补全功能。在联邦分析出现之前，服务提供商首先汇集客户端数据，然后通过集中式频繁项集挖掘算法来获得频繁项集。然而，集中式收集和分析客户端的数据可能会带来隐私泄露风险，违反相关的法律法规。

为了避免这些隐私风险，保护客户端权益，服务提供商可以使用联邦分析的方法来挖掘频繁项集。Zhu 等 [2020] 提出了一种称为“Federated Heavy Hitters”的方法，该方法满足众多客户端数据不出本地的隐私保护策略，将客户端的数据流转换为满足差分隐私定义的数据流，实现与集中式挖掘同等的效用。此外，可以利用安全多方计算来实现安全聚合，使得服务提供商无法看到客户端的投票，只能看到投票结果的总和，进一步保护客户端的隐私信息。下面通过例 3.1 更直观地理解该方法的步骤。

例 3.1　案例分析

假设有 $n=20$ 个客户端参与频繁项集挖掘，每个客户端只含有一个单词。在这 20 个客户端中，单词“star”在 3 个客户端上出现，单词“sun”和单词“moon”在 4 个客户端上出现，剩余的 9 个客户端均出现一个不一样的单词，每个单词以“$”作为结束符。在每一轮中，服务器随机选择 $m=10$ 个客户端参与热点词挖掘，并对 10 个客户端所拥有的单词的前缀（例如，“sun”的前缀可以是“s”或“su”）进行投票。当单词前缀的出现次数 $\theta \geqslant 2$，则将该前缀加入树的构建中。在第 i 轮中，使用长度为 i 的前缀进行投票并构建树。构建树的过程如图 3.6 所示。

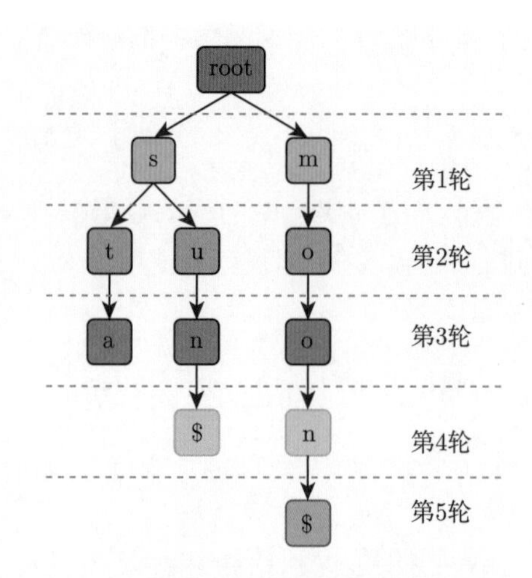

图 3.6 频繁项集挖掘中构建树的过程

在第 1 轮中，假设服务器选择的 10 个客户端中，两个长度为 1 的前缀“s”和“m”均出现至少 2 次，其余的均未达到 2 次，则这一轮使用前缀“s”和“m”构建树。前缀“s”和“m”被选中的概率较大的原因是 20 个客户端中含有这两个前缀的单词的数量较多。在第 2 轮中，服务器再次随机选择 10 个客户端，长度为 2 并且以“s”和“m”开始的前缀“st”“su”和“mo”均出现至少 2 次，因此这一轮将这 3 个前缀加入树中。在第 3 轮和第 4 轮中，分别对长度为 3 和 4 的单词前缀重复此过程。在第 4 轮之后，单词“sun$”完全被学习，但前缀“sta”停止增长。这是因为在第 2 轮和第 3 轮中，被选中的持有“star”的客户端大于 2 个，但在第 4 轮中被选中的客户端小于 2 个。在第 5 轮中，单词“moon$”被完全学习。最后，算法在第 6 轮结束，完全学习的单词是“sun$”和“moon$”。

热力图构建 [Bagdasaryan et al., 2021] 可以用于人流集中度分析，帮助政府管理机构或职能部门制定管理策略。它是在客户端的位置数据不出本地的情况下，将客户端的位置信息进行编码转换后上传至服务器进行位置密度计算。该方法需要设定如下假设：每个客户端只拥有一条位置信息；客户端具有对数据进行处理的能力，如将位置坐标信息进行编码的能力；服务器不能篡改安全聚合协议，并且允许少于一半的客户端在聚合时掉线。此外，该方法需要对编码后的数据进行差分隐私加噪，并且基于安全多方计算实现安全聚合，进一步增强客户端和服务器数据交互过程中的隐私性。

算法 3.2 是实现热力图构建的核心算法，该算法使用分片的方式进行聚合。令客户端个数为 N，其中每个客户端 i 含有位置信息 (x_i, y_i)，其中 x_i 和 y_i 分别表示经度和纬度；$S_{\max}$ 表示每个分片中用于安全聚合的客户端的数量；δ_{drop} 表示组内客户端的掉线率；ε 表示隐私预算。此外，loc 表示位置数据编码方式，该编码方式可以根据需要选择不同的位置信息编码方式，其中一种编码方式是将位置信息编码为独热编码（one-hot encoding），其长度为有限空间内所有可能出现的位置的总数。

算法 3.2 热力图构建的核心算法

输入: ε，N，(x_i, y_i)，$S_{\max}$，loc，δ_{drop}。

输出: 位置直方图 hist，位置热力图 map。

1 根据 ε、$S_{\max}$ 和 δ_{drop} 获取客户端计算噪声的参数。
2 执行分片 shards $= N/S_{\max}$。
3 初始化 $r = 1$。
4 **while** $r \leqslant$ shards **do**
5 　从所有客户端中无放回地选择 $S_{\max}$ 个客户端;
6 　初始化 $n = 1$。
7 　**while** $n \leqslant S_{\max}$ **do**
8 　　客户端依据 loc 对位置坐标信息进行编码;
9 　　客户端将编码后的坐标与噪声相加，获得加噪后的位置表示 noise;
10 　　客户端对 noise 进行裁剪;
11 　　$n = n + 1$。
12 　基于安全聚合协议，对参与本轮聚合的客户端裁剪后的位置信息进行聚合，获得当前分片的聚合结果;
13 　$r = r + 1$。
14 服务器将每个分片得到的结果进行聚合，得到 hist，并将 hist 映射成 map。

3.4 其他协作模式

为了实现敏感数据不共享条件下的多方协同计算，研究人员还提出了许多其他协作模式。这些协作模式与联邦学习密切相关，但是在计算方式和工作流程上与联邦学习存在明显区别。本节主要介绍分割学习和辅助学习这两种协作模式的具体实现方式。

3.4.1 分割学习

根据模型分割方式的不同，分割学习可以分为标签共享和标签不共享两类。这两类分割学习的框架如图 3.7 所示。

标签共享的分割学习的模型网络结构被分割成两部分。训练时，客户端 i 会将数据的标签发送至服务器。如图 3.7（a）所示，在该模式下，客户端 i 首先训练本地网络，将本地网络在分割层的输出作为服务器网络的输入，继续训练服务器网络。一次前向传播完成后，服务器网络进行反向传播，将其在分割层的输出发送给客户端 i，通过反向传播的方式继续进行客户端网络的训练。重复执行上述步骤至模型收敛，便能够获得完整的模型。客户端 $i + 1$ 则基于客户端 i 的模型继续与服务器进行通信，完成再一次的分割学习。标签共享的分割学习既保证了客户端数据特征不离开本地，也保证了客户端或服务器不再持有完整的模型参数。但是，这种方法需要客户端将数据的标签信息传输至服务器，还是存在一定的隐私泄露风险。为此，人们提出了标签不共享的分割学习，对上述方法进行改进。

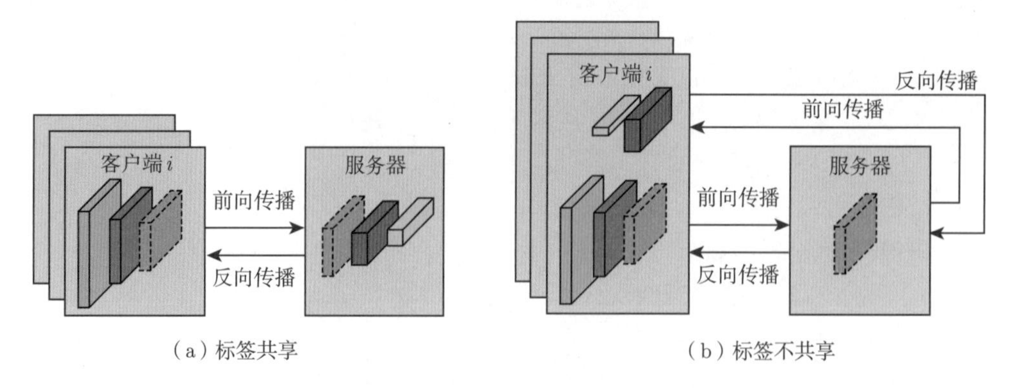

（a）标签共享　　（b）标签不共享

图 3.7　不同分割学习的框架

为避免泄露标签信息，标签不共享的分割学习将网络模型结构拆分成 3 个部分。其中，模型结构的起始部分和结尾部分属于客户端，中间部分则属于服务器。如图 3.7（b）所示，标签不共享的分割学习的模型训练过程与标签共享的分割学习一致，区别在于前者多了一个分割层。

分割学习和联邦学习均强调实现数据不共享条件下的协同计算。与联邦学习不同的是，分割学习还强调将模型网络结构进行分割，在客户端和服务器之间以网络结构的层次为单位执行训练过程，即每个客户端或服务器只保留完整模型网络结构的一部分，所有客户端及服务器的子模型网络结构组成一个完整的网络模型。因此，分割学习能够降低客户端的计算成本，减少客户端和服务器的通信开销，同时也可以降低隐私泄露风险。

3.4.2　辅助学习

辅助学习 [Xian et al., 2020] 的目标是在样本重叠较多、特征重叠较少的情况下实现联合建模。在训练开始前，各个客户端的数据需要进行对齐操作。辅助学习与纵向联邦学习有着不同的训练过程和框架。目前，辅助学习主要包括迭代辅助学习和前馈神经网络学习两种方法。

迭代辅助学习主要用于回归任务，其主要流程如图 3.8 所示。假设除了 Alice 之外，有 N 个客户端辅助 Alice 训练模型，每个客户端均有完成整体训练任务的部分特征。在这个场景下，包括 Alice 在内的各个客户端只传输模型预测结果的残差。Alice 和所有辅助方在交换残差的过程中无法知道彼此的数据，因此保护了各方的数据隐私。

迭代辅助学习算法的具体流程如算法 3.3 所示。其中，$\boldsymbol{x}_{\mathrm{a}}$ 表示 Alice 的训练集数据，y 表示数据标签，该标签只有 Alice 拥有；$\boldsymbol{x}_{\mathrm{a}}^*$ 表示 Alice 的测试集数据；$\boldsymbol{x}_i$ 表示第 i 个辅助方（M_i）的训练集数据；$\boldsymbol{x}_i^*$ 表示第 i 个辅助方的测试集数据；T 表示通信的总轮数；$o_i^{(t)}$ 表示第 t 轮 M_i 的残差；N 表示客户端总数。

前馈神经网络学习可以用于分类任务和回归任务。下面以仅用 Alice 和 Bob 这两个客户端进行训练为例，介绍该方法的具体实现流程。图 3.9 所示为 Alice 和 Bob 协同训练神经网络的框架。其中，蓝色实线表示 Alice 从输入层到隐藏层的权重，绿色实线表示 Bob 从输入层到隐藏层的权重。Alice 和 Bob 通过交替迭代更新隐藏层和输出层的参数来协同

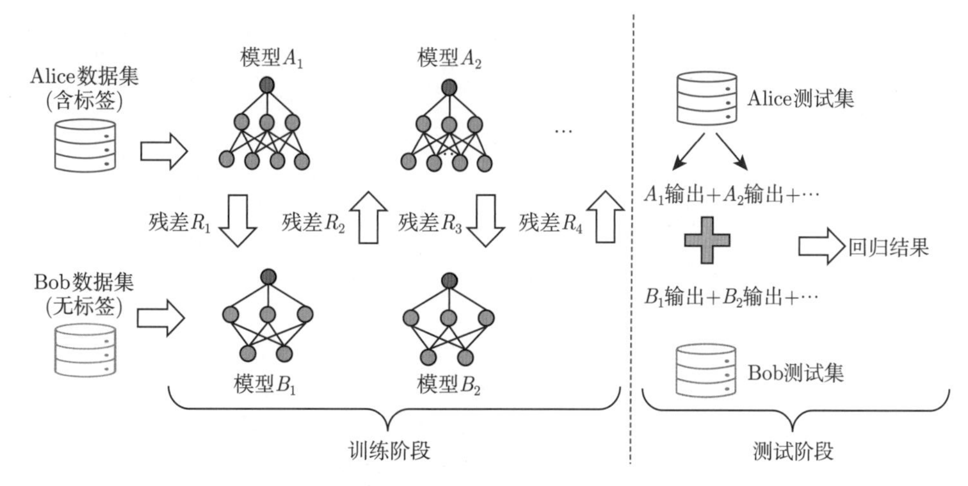

图 3.8 迭代辅助学习的主要流程

训练神经网络。在该方法中，Bob 仅将数据与输入层参数的乘积发送给 Alice，Alice 无法从该乘积中还原出 Bob 的本地数据特征，从而保证了 Bob 的数据信息不会被泄露。

算法 3.3 迭代辅助学习算法

输入: N，T，$\boldsymbol{x}_{\rm a}$，y，$\boldsymbol{x}_{\rm a}^*$，$\boldsymbol{x}_i$，$\boldsymbol{x}_i^*$。

输出: 最终的预测值 $\widetilde{y}^*$。

// 训练阶段

1 Alice 初始化通信轮次 $t=1$，残差为 $\{o_1^{(1)}=y, o_2^{(1)}=y,\cdots,o_N^{(1)}=y\}$。

2 **while** $t \leqslant T$ **do**

3 　**for** $i=1$ to N **do**

4 　　Alice 使用数据 $(\boldsymbol{x}_{\rm a}, o_i^{(t)})$ 训练模型，记录模型 $\widetilde{A}_{{\rm a},i}^{(t)}$ 并计算发送至 M_i 的残差 $u_i^{(t)}$；

5 　　Alice 发送 $u_i^{(t)}$ 到辅助方 M_i；

6 　　M_i 使用 $(\boldsymbol{x}_i, u_i^{(t)})$ 训练模型，记录模型 $\widetilde{A}_i^{(t)}$ 并获得发送至 Alice 的残差 $\widetilde{o}_i^{(t)}$；

7 　　Alice 令 $o_i^{(t+1)}=\widetilde{o}_i^{(t)}$。

8 　$t=t+1$。

// 预测阶段

9 N 个 M_i 将待预测样本的特征 $\boldsymbol{x}_i^*$ 输入本地每一轮记录的模型 $\widetilde{A}_i^{(t)}$ 中，得到预测值 $y_i^{(t)}$，并将其发送至 Alice。

10 Alice 将待预测样本的特征 $\boldsymbol{x}_{\rm a}^*$ 输入本地每一轮记录的模型 $\widetilde{A}_{{\rm a},i}^{(t)}$ 中，得到预测值 $y_{{\rm a},i}$。

11 Alice 将所有得到的预测值无权重相加，得到最终的预测值 $\widetilde{y}^*$。

前馈神经网络学习算法的具体流程如算法 3.4 所示。其中，$\boldsymbol{x}_{\rm a}$ 表示 Alice 的训练集数据；$\boldsymbol{x}_{\rm b}$ 表示 Bob 的训练集数据；y 表示数据标签，该标签对于 Alice 和 Bob 都已知；$\boldsymbol{x}_{\rm a}^*$

表示 Alice 的测试集数据；$\boldsymbol{x}_{\mathrm{b}}^{*}$ 表示 Bob 的测试集数据；$\boldsymbol{\omega}_{\mathrm{a}}^{(t)}$ 和 $\boldsymbol{\omega}_{\mathrm{b}}^{(t)}$ 表 Alice 和 Bob 的第 t 轮的模型输入层参数；$\widetilde{\boldsymbol{\omega}}^{(t)}$ 表示第 t 轮的模型其余层参数；T 表示通信的总轮数。

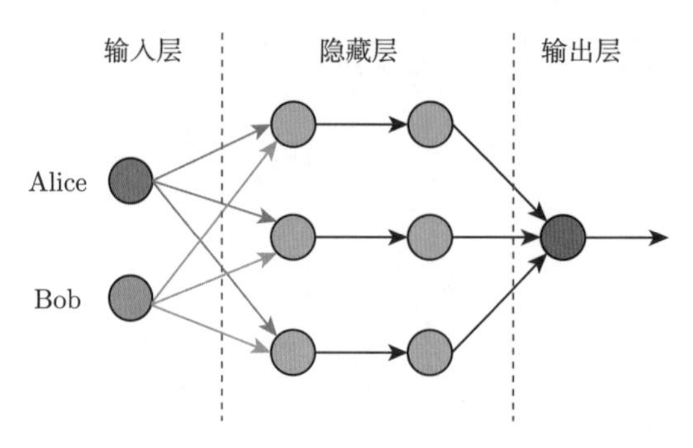

图 3.9 Alice 和 Bob 协同训练神经网络的框架

算法 3.4 前馈神经网络学习算法

输入： T，$\boldsymbol{x}_{\mathrm{a}}$，$y$，$\boldsymbol{x}_{\mathrm{b}}$，$\boldsymbol{x}_{\mathrm{a}}^{*}$，$\boldsymbol{x}_{\mathrm{b}}^{*}$。

输出： 最终的预测值 $\widetilde{y}^{*}$。

// 训练阶段

1 Alice 初始化参数 $t=1$、$\widetilde{\boldsymbol{\omega}}^{(1)}$、$\boldsymbol{\omega}_{\mathrm{a}}^{(1)}$，Bob 初始化参数 $\boldsymbol{\omega}_{\mathrm{b}}^{(1)}$。

2 **while** $t \leqslant T$ **do**

3 　Alice 计算 $\boldsymbol{\omega}_{\mathrm{a}}^{(t)\mathrm{T}}\boldsymbol{x}_{\mathrm{a}}$，并接收 Bob 计算得到的 $\boldsymbol{\omega}_{\mathrm{b}}^{(t)\mathrm{T}}\boldsymbol{x}_{\mathrm{b}}$。

4 　**if** t is odd **then**

5 　　Alice 反向传播更新参数 $\boldsymbol{\omega}_{\mathrm{a}}^{(t)}$、$\widetilde{\boldsymbol{\omega}}^{(t)}$，更新后的参数记为 $\boldsymbol{\omega}_{\mathrm{a}}^{(t+1)}$、$\widetilde{\boldsymbol{\omega}}^{(t+1)}$；

6 　　Bob 设置输入层的参数 $\boldsymbol{\omega}_{\mathrm{b}}^{(t+1)}=\boldsymbol{\omega}_{\mathrm{b}}^{(t)}$。

7 　**else**

8 　　Alice 设置输入层的参数为 $\boldsymbol{\omega}_{\mathrm{a}}^{(t+1)}=\boldsymbol{\omega}_{\mathrm{a}}^{(t)}$，并将 $\widetilde{\boldsymbol{\omega}}^{(t)}$ 发送给 Bob；

9 　　Bob 反向传播更新参数 $\boldsymbol{\omega}_{\mathrm{b}}^{(t)}$、$\widetilde{\boldsymbol{\omega}}^{(t)}$，并将更新后的参数记为 $\boldsymbol{\omega}_{\mathrm{b}}^{(t+1)}$、$\widetilde{\boldsymbol{\omega}}^{(t+1)}$。

10 　$t=t+1$。

// 预测阶段

11 Alice 首先计算 $\boldsymbol{\omega}_{\mathrm{a}}^{(t)\mathrm{T}}\boldsymbol{x}_{\mathrm{a}}^{*}$ 并接收 Bob 计算的 $\boldsymbol{\omega}_{\mathrm{b}}^{(t)\mathrm{T}}\boldsymbol{x}_{\mathrm{b}}^{*}$，并将输入层进行组合，然后将其输入隐藏层，得到最终的预测值 $\widetilde{y}^{*}$。

3.5 潜在威胁与解决方案

虽然联邦学习能够在一定程度上保证客户端的本地数据在计算过程中不被泄露，但是依旧面临着潜在的隐私和安全威胁。图 3.10 展示了联邦学习不同阶段所面临的隐私和安全威胁。在隐私威胁方面，联邦学习主要面临隐私推断攻击，其目的是窃取模型和客户端本地数据的信息。在安全威胁方面，联邦学习需要应对投毒攻击（poisoning attack）和对抗样本攻击（adversarial examples attack）这两类对抗攻击，以保证模型能够输出高置信度的结果。为了应对隐私和安全威胁，隐私增强的联邦学习和稳健的联邦学习算法得到了广泛研究。本节重点介绍上述联邦学习的潜在威胁及应对措施。

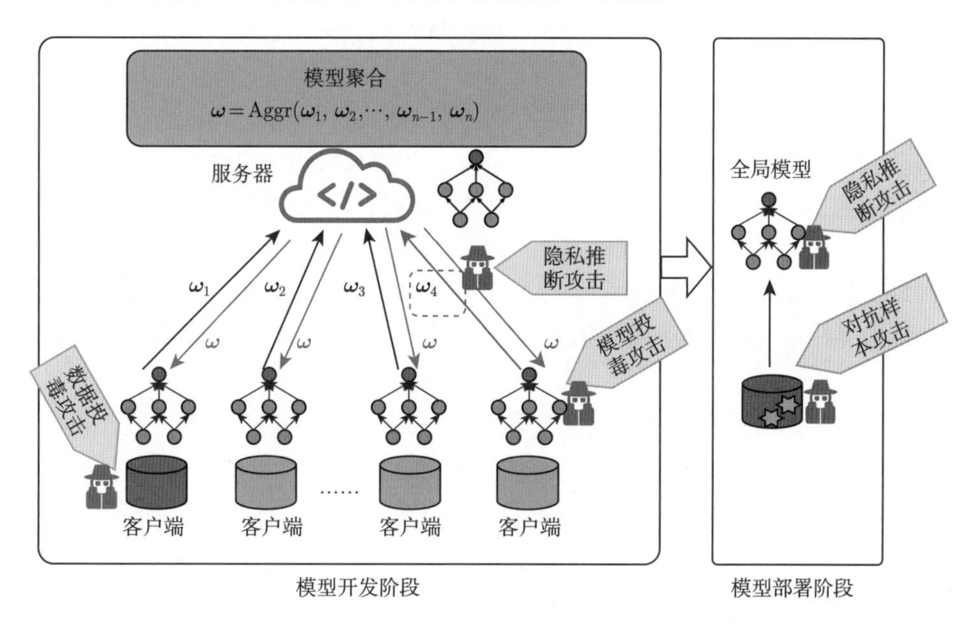

图 3.10 联邦学习不同阶段面临的隐私和安全威胁

3.5.1 隐私推断攻击

现有工作已经证实，推断攻击在模型训练和模型推理时均有可能发生。在模型开发阶段，攻击者可以利用梯度或参数信息推断客户端的本地数据，也可以在客户端、服务器，或者服务器和客户端的通信信道上发起攻击。在模型部署阶段，攻击者可以通过对最终模型的查询来窃取客户端数据。在威胁模型不同的情况下，由于攻击者已知的知识是不同的，因此攻击者使用的攻击方法有所不同，达到的攻击效果也存在差异。

目前，针对联邦学习模型开发阶段的隐私推断攻击主要有 4 类 [Liu et al., 2021]：**成员推断攻击**（membership inference attack）、**属性推断攻击**（attribute inference attack）、**数据重构攻击**（data reconstruction attack）和**模型窃取攻击**（model stealing attack）。

成员推断攻击的目标是确定训练集中是否存在某一个特定的样本。在模型开发阶段，攻击者可以通过被动攻击和主动攻击这两种方式实现成员推断攻击。被动攻击不会影响联邦学习的训练过程，攻击者基于观察到的模型梯度或参数来设计算法，以实现成员推断攻击。例如，一种算法是攻击者假设一个辅助数据集中包含一部分成员数据和非成员数据，首先将这些数据输入模型以得到梯度、激活函数的输出等信息，然后利用这些信息训练一个识别某样本是否为成员的二分类器。攻击者在训练过程中发起主动攻击，可以增大所要推断的数据所产生的梯度值。如果在训练的过程中，某条数据的梯度值迅速降低，则可证明该数据存在于其他的客户端中的概率很大。然而，目前的研究表明，恶意客户端仅能推断出其他客户端中存在某一条数据，而无法推断出这条数据究竟是哪一个客户端的。在模型部署阶段，根据攻击者已知所要攻击的目标模型输出形式的不同，成员推断攻击可以分为基于输出置信度和基于输出标签两类。基于输出置信度的成员推断攻击是指攻击者能够获得模型在每个类别上的输出概率，而基于输出标签的成员推断攻击是指攻击者只能获得样本的最终类别。

属性推断攻击主要推断与训练任务无关的数据特征。例如，假设训练任务的目标是识别性别，那么与训练任务相关的属性应该是能够区分性别的特征，无关的属性主要是肤色和是否配戴眼镜等。与成员推断攻击相同的是，属性推断攻击也需要基于辅助数据集，也可以通过被动攻击和主动攻击两种方式实现。同时，也需要突破在多个客户端参与联邦学习的情况下，如何推理出某一个客户端的数据中是否有具有某一特定性质的数据的难题。以被动攻击为例，辅助数据集中的样本需要一部分样本含有所推理的性质，并将数据标签标记为该性质，另一部分样本则不含有该性质。攻击者使用本地模型分别基于两类样本计算梯度，并将梯度标记为不同的标签，基于所获得的“梯度–标签”数据训练二分类器，从而进行识别。

数据重构攻击的目标是准确地重构出客户端的训练样本及其对应的标签，目前主要研究的是从本地客户端上传的梯度中重构出训练样本及其标签。梯度泄露攻击（Deep Leakage from Gradients，DLG）首次揭示了可以从梯度信息中还原出训练数据及其标签，无论是针对图像数据还是文本数据。DLG 的核心思想是对一个随机生成的样本进行持续优化，当该数据输入模型后获得的梯度与真实数据的梯度尽可能一致时，优化后的数据便无限地接近客户端的真实数据，从而达到数据还原的目的。此后，数据重构攻击方法被广泛扩展，但是这些方法均需要严格的假设条件，在实际情况下很难实现。此外，在训练过程中，恶意客户端还可以通过生成式对抗网络（Generative Adversarial Network，GAN）推理出目标用户的某一类别的数据。

模型窃取攻击主要发生在模型推理阶段，其主要包括模型参数提取（model parameter extraction）攻击和超参数提取（hyperparameter extraction）攻击。模型参数提取攻击旨在获得与目标模型性能非常相似的模型，而超参数提取攻击的目标是获取模型训练的超参数，如正则化系数等。攻击者可先将一组数据输入模型以得到预测结果，然后使用这组数据和预测结果组成的训练集训练与目标模型相似的替代模型，以模拟目标模型的决策边界，从而实现模型窃取攻击。

3.5.2 对抗样本攻击

在模型训练阶段，由于联邦学习中每个客户端都能够接触到模型参数及训练数据，因此一些恶意客户端很可能会将篡改过的模型发送给服务器，从而影响全局模型的完整性与可用性，称为**投毒攻击**。在模型部署阶段，攻击者还可能对样本进行篡改，使得模型对篡改后的样本产生错误预测，称为**对抗样本攻击**。

联邦学习从本质上很容易受到投毒攻击，单个或多个恶意客户端可通过损坏数据或模型实现投毒攻击。根据恶意客户端目标的不同，投毒攻击可以分为目标攻击（targeted attack）和非目标攻击（untargeted attack）。目标攻击的优化目标是最小化特定测试输入的准确性，同时保持其余测试输入的准确性。而非目标攻击的优化目标则是最小化全局模型在任何测试输入上的准确性。后门攻击是目标攻击的一个子集，其目标是全局模型对具有特定触发器的样本产生特定输出，而无触发器的样本输出正常预测结果。根据恶意客户端能力的不同，投毒攻击可以分为模型投毒攻击（model poisoning attack）和数据投毒攻击 (data poisoning attack)。进行模型投毒攻击时，攻击者可以直接操纵本地模型参数或梯度，在每个训练迭代过程中向服务器上传篡改后的梯度或模型参数。而在进行数据投毒攻击时，攻击者只能通过“毒化”客户端的训练数据来间接地操纵本地模型的参数或梯度。根据产生投毒样本的方法的不同，投毒攻击可以分为标签翻转攻击（label-flipping attack）和后门攻击（backdoor attack）。进行标签翻转攻击时，攻击者仅翻转样本标签，并保持数据特征不变。与标签翻转攻击不同，后门攻击需要攻击者先在其训练数据中嵌入一些精心设计的隐藏模式，如白色正方形或水印，然后将其重新标记为目标标签。这些隐藏模式被称为后门触发器，它们可以干预全局模型，使其在模型预测时将带有后门触发器的样本识别为目标标签。

例如，本书作者 [Lyu et al., 2023] 提出了一种分布式后门攻击方法，即 Cerberus 投毒攻击（CerP）。在攻击优化问题 [式 (3.17)] 中，攻击者控制多个恶意参与者联合优化后门触发器，并精准控制每个恶意参与者的恶意模型更新，以实现能够绕过广泛联邦学习防御机制的、隐秘且成功的后门攻击。

$$
\begin{aligned}
\Delta x^{(*,t)}, \{h_i^{(*,t)}\}_{i\in S} = \underset{\Delta x, h_i^{(t)}}{\arg\min} \Bigg\{ & \sum_{j\in D_i^{\text{nor}}} \ell_{h_i^{(t)}}(x_{i,j}, y_{i,j}) + \sum_{j\in D_i^{\text{mal}}} \ell_{h_i^{(t)}}(x_{i,j}+\Delta x, \hat{y}_{i,j}) \\
& + \alpha \sum_{i\in S} \left\| h_i^{(t)} - h_i^{(\text{nor},t)} \right\|_{\text{Fro}} + \beta \sum_{i,i'\in S} \text{cs}(h_i^{(t)}, h_{i'}^{(t)}) \Bigg\} \qquad (3.17) \\
\text{s.t. } \left\| \Delta x - \Delta x^0 \right\|_2 \leqslant \varphi &
\end{aligned}
$$

其中，Δ 为后门触发器，$h_i^{(t)}$ 为参与方 i 在第 t 轮训练得到的恶意本地模型，$h_i^{(\text{nor},t)}$ 为参与方 i 在第 t 轮正常训练得到的本地模型，S 为攻击者控制的恶意参与方的集合，D_i^{nor} 为客户端 i 的正常数据集，D_i^{mal} 为客户端 i 的后门数据集，α 和 β 为控制对应项在优化公式中的重要性的超参数，φ 为触发器修改大小的阈值。

对抗样本攻击的目的是通过构造对抗样本来欺骗目标模型。通常，在样本中加入无法被人眼识别的细微噪声后，模型会给出该样本的错误预测结果。一个经典的例子是，带有少量噪声的熊猫图像被识别为长臂猿。人工智能领域的对抗样本攻击自提出以来就引起了学术界的广泛关注。目前，对抗样本攻击可以在自动驾驶、人脸识别和语音识别等多种场景下实现。根据攻击者的目标的不同，对抗样本攻击分为非目标攻击和目标攻击。非目标攻击是指对抗样本输入目标模型后的输出可以是除了本身标签以外的任何标签，即发生非特定错误。目标攻击是指对抗样本输入目标模型后的输出是攻击者指定的类别，即发生特定错误。根据攻击者所拥有的先验知识的不同，对抗样本攻击可以分为白盒攻击和黑盒攻击。在白盒攻击下，攻击者了解目标模型，包括神经网络结构、模型参数等。然而，在黑盒攻击下，攻击者并不了解模型结构、参数及其他目标模型的信息。目前在计算机视觉及自然语言处理领域，研究人员陆续提出了许多基于不同机制的攻击方法。

3.5.3 隐私增强的联邦学习

正如第 3.1.4 节和第 3.5.1 节所述，虽然联邦学习通过数据不出本地、聚合中间结果的方式来保护隐私，但是恶意的客户端或服务器可以基于这些中间结果逆向推理出用户的隐私信息，并且也可以在推理阶段通过查询模型的方式推理出用户隐私。例如，本书作者 [Xu et al., 2022] 提出了基于条件式生成的实例重构攻击——CGIR。该攻击主要包括 3 个阶段：

（1）标签推理攻击。攻击者可以在非独立同分布的联邦场景下实现批量的标签推理。

（2）基于推断的标签。攻击者可以实施一种被称为“coarse-to-fine”的图像重构攻击：首先利用生成器强大的特征拟合能力获得粗粒度（coarse-level）的全局信息，然后基于恢复的全局信息细化重构图像细粒度（fine-level）的局部细节。该过程避免了直接从无约束的像素空间中重构私有数据，提高了攻击过程的稳定性。

（3）攻击者可以为生成器配备标签条件限制，以避免不同类别信息的混淆，保证了重建图像的内容和标签一致。

因此，联邦学习需要结合其他隐私保护计算方法以增强隐私保证。本小节主要介绍通过融合安全多方计算和同态加密来增强联邦学习训练过程的隐私保证，以及通过融合差分隐私来增强最终获得的全局模型的匿名性的方法。

1. 联邦学习与安全多方计算

恶意的服务器可以利用客户端每一轮上传的本地模型参数或梯度，逆向推理出客户端本地数据的隐私信息。那么，如何设计一种机制来有效地防御这类攻击呢？一种方法是让服务器只能够获得聚合的最终结果，而无法获得每一个客户端的模型梯度或参数。

我们可以设计一个协议，该协议要求在每一个客户端的每一个模型更新差上加一个随机数，并且这个随机数在多个客户端进行聚合的时候能够抵消，使得服务器获得的聚合结果是精确的。

协议的具体实现过程如下：假设有 N 个客户端，并用 $\boldsymbol{\omega}_i$ 表示第 i 个客户端的模型更新，其中 $i \in \{1, 2, \cdots, N\}$；$\boldsymbol{s}_{i,j}$ 表示第 i 个和第 j 个客户端协商的随机向量。服务器在每一轮全局模型聚合时会计算 $\sum_{i=0}^{N} \boldsymbol{\omega}_i^*$。使用该协议后，每个客户端向服务器上传的更新后的模型为

$$\boldsymbol{\omega}_i^* = \boldsymbol{\omega}_i + \sum_{j>i} \boldsymbol{s}_{i,j} - \sum_{j<i} \boldsymbol{s}_{i,j} \tag{3.18}$$

当 N 个客户端的 $\boldsymbol{\omega}_i^*$ 全部上传至服务器进行聚合时，随机数会完全被抵消：

$$\sum_{i=1}^{N} \boldsymbol{\omega}_i^* = \sum_{i=1}^{N} \boldsymbol{\omega}_i + \left(\sum_{j>i} \boldsymbol{s}_{i,j} - \sum_{j<i} \boldsymbol{s}_{i,j} \right) \tag{3.19}$$

这样，服务器便能够在不知道每个客户端具体模型更新差的条件下实现聚合。但是在跨设备联邦学习场景中，由于存在用户在训练过程中掉线的情况，因此在聚合时可能存在随机数难以被抵消的情况，从而影响最终聚合结果的准确率。在客户端掉线的情况下实现精确聚合，可以结合秘密分享这一安全多方计算技术来实现，具体实现方式可以参考第 6.5 节。

2. 联邦学习与同态加密

纵向联邦学习在被提出时就与同态加密进行了融合。一种典型的纵向联邦学习模型训练的一次迭代的步骤如下（步骤序号与图 3.11 对应）。

（1）各个客户端之间进行加密样本对齐。

（2）服务器向客户端 A 和客户端 B 分发加密公钥。

（3）客户端 A 和客户端 B 基于各自拥有的部分数据特征计算中间结果，并使用加密公钥对中间结果进行加密；客户端 A 和客户端 B 交换加密后的中间结果，中间结果包括参数与特征的乘积、损失函数等。

（4）客户端 A 和客户端 B 基于加密后的中间结果计算加密梯度，并将加密梯度上传至服务器。

（5）服务器分别对客户端 A 和客户端 B 的加密梯度进行解密，将结果反馈给各个客户端。

（6）各个客户端基于梯度更新本地模型。

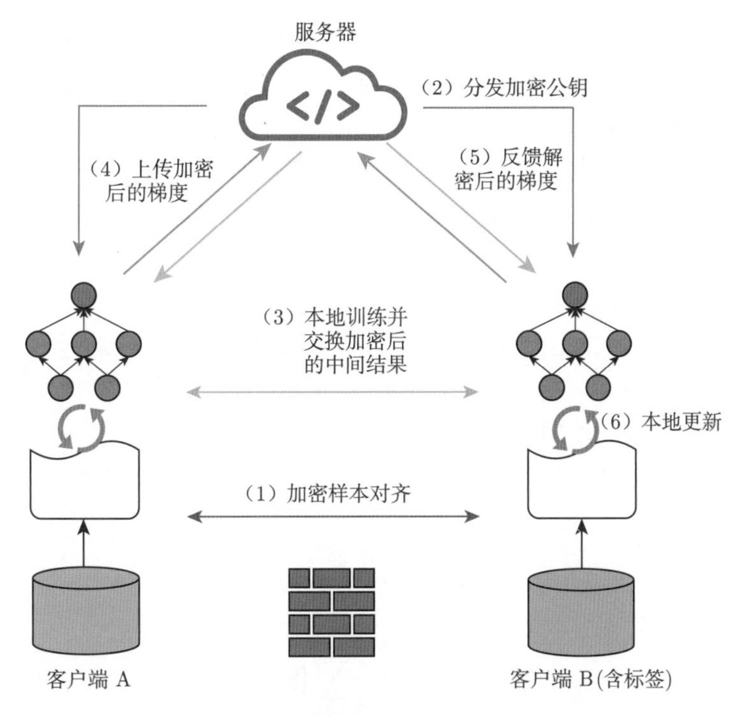

图 3.11 纵向联邦学习架构（以两方为例）

在多次迭代的过程中，纵向联邦学习需要重复执行步骤（3）～ 步骤（6），直到模型收敛或触发训练停止条件。在推理阶段，客户端 A 和客户端 B 需要将中间结果上传至服务器，服务器基于各个客户端的中间结果得到推理结果后，将最终的结果返回给各个客户端。

纵向联邦学习主要有样本对齐和模型训练两个阶段。其中，样本对齐阶段可以采用第 6.5 节所述的加密样本对齐方法，模型训练阶段可以使用同态加密保证不同客户端不会获得对方的隐私信息。

下面以纵向联邦逻辑回归模型为例，介绍同态加密如何应用在纵向联邦学习中。设置

第 i 个样本为 $\boldsymbol{x}_i$，标签 $y_i \in \{1,-1\}$，此时逻辑回归模型的损失函数为

$$L(\boldsymbol{\omega})=\frac{1}{n}\sum_{i=1}^{n}\ln(1+\mathrm{e}^{-y_i\boldsymbol{\omega}^{\mathrm{T}}\boldsymbol{x}_i}) \tag{3.20}$$

模型的梯度为

$$\frac{\partial L(\boldsymbol{\omega})}{\partial \boldsymbol{\omega}}=\frac{1}{n}\sum_{i=1}^{n}\left(\frac{1}{1+\mathrm{e}^{-y_i\boldsymbol{\omega}^{\mathrm{T}}\boldsymbol{x}_i}}-1\right)y_i\boldsymbol{x}_i \tag{3.21}$$

由于同态加密无法计算指数，因此需要对损失函数 L 和梯度进行泰勒展开，将损失函数近似为

$$L(\boldsymbol{\omega})\approx\frac{1}{n}\sum_{i=1}^{n}\left[\ln(2)-\frac{1}{2}(-y_i\boldsymbol{\omega}^{\mathrm{T}}\boldsymbol{x}_i)+\frac{1}{8}(-y_i\boldsymbol{\omega}^{\mathrm{T}}\boldsymbol{x}_i)^2\right] \tag{3.22}$$

泰勒展开后的梯度变换为

$$\frac{\partial L(\boldsymbol{\omega})}{\partial \boldsymbol{\omega}}\approx\frac{1}{n}\sum_{i=1}^{n}\left(\frac{1}{4}\boldsymbol{\omega}^{\mathrm{T}}\boldsymbol{x}_i-\frac{1}{2}y_i\right)\boldsymbol{x}_i \tag{3.23}$$

令 $\boldsymbol{x}_i^{\mathrm{A}}$ 和 $\boldsymbol{x}_i^{\mathrm{B}}$ 分别表示客户端 A 和客户端 B 拥有的第 i 个样本的特征，$\boldsymbol{\omega}_{\mathrm{A}}$ 和 $\boldsymbol{\omega}_{\mathrm{B}}$ 分别表示客户端 A 和客户端 B 的参数，$d_i=\frac{1}{4}\boldsymbol{\omega}^{\mathrm{T}}\boldsymbol{x}_i-\frac{1}{2}y_i$。

计算的过程中的加解密可以使用 Paillier 半同态加密算法进行。该加密算法是一种非对称加密算法的实现，具体内容详见第 4.3 节。纵向联邦学习一次迭代的过程如下。

（1）进行加密样本对齐，样本标签在客户端 B 处。

（2）服务器创建公钥和私钥，并将公钥发送给各个客户端。

（3）客户端 A 将 $\mathrm{Enc}(\boldsymbol{\omega}_{\mathrm{A}}^{\mathrm{T}}\boldsymbol{x}_i^{\mathrm{A}})$ 和 $\mathrm{Enc}((\boldsymbol{\omega}_{\mathrm{A}}^{\mathrm{T}}\boldsymbol{x}_i^{\mathrm{A}})^2)$ 发送给客户端 B。

（4）客户端 B 接收到 $\mathrm{Enc}(\boldsymbol{\omega}_{\mathrm{A}}^{\mathrm{T}}\boldsymbol{x}_i^{\mathrm{A}})$ 和 $\mathrm{Enc}((\boldsymbol{\omega}_{\mathrm{A}}^{\mathrm{T}}\boldsymbol{x}_i^{\mathrm{A}})^2)$ 后，结合自身拥有的 $\mathrm{Enc}(\boldsymbol{\omega}_{\mathrm{B}}^{\mathrm{T}}\boldsymbol{x}_i^{\mathrm{B}})$ 和 $\mathrm{Enc}((\boldsymbol{\omega}_{\mathrm{B}}^{\mathrm{T}}\boldsymbol{x}_i^{\mathrm{B}})^2)$，计算 $\mathrm{Enc}(d_i)$ 及损失函数 $\mathrm{Enc}(L(\boldsymbol{\omega}))$；客户端 B 将 $\mathrm{Enc}(d_i)$ 发送给客户端 A，将 $\mathrm{Enc}(L)$ 发送给服务器，以判断训练是否可以停止。

（5）客户端 A 和客户端 B 按式（3.24）和式（3.25）计算出加密梯度，并将加密后的梯度发送给服务器。

$$\mathrm{Enc}(\nabla L(\boldsymbol{\omega}_{\mathrm{A}}))=\frac{1}{n}\sum_{i=1}^{n}[\mathrm{Enc}(d_i)\boldsymbol{x}_i^{\mathrm{A}}] \tag{3.24}$$

$$\mathrm{Enc}(\nabla L(\boldsymbol{\omega}_{\mathrm{B}}))=\frac{1}{n}\sum_{i=1}^{n}[\mathrm{Enc}(d_i)\boldsymbol{x}_i^{\mathrm{B}}] \tag{3.25}$$

（6）服务器将 $\mathrm{Dec}(\nabla L(\boldsymbol{\omega}_{\mathrm{A}}))$ 和 $\mathrm{Dec}(\nabla L(\boldsymbol{\omega}_{\mathrm{B}}))$ 分别发送给客户端 A 和客户端 B，供这两个客户端基于梯度信息更新本地模型。

3. 联邦学习与差分隐私

在联邦学习中，无论是构建模型还是进行联合分析，使用差分隐私技术对中间结果进行扰动，可以使攻击者难以通过计算中间结果还原出数据隐私信息。噪声扰动可以加在聚合之后的全局模型上，也可以加在客户端的本地模型上。

FedCDP（Federated Client-level Differential Privacy）方法 [Geyer et al., 2017] 通过在服务器对所有本地模型更新的总和添加高斯噪声，以减少恶意模型与正常模型的距离偏差。

具体地，采用该方法进行聚合时，服务器先对各个客户端上传的梯度进行裁剪并求和，然后在结果中添加高斯噪声后求均值，最后使用梯度下降更新全局模型，其目标函数如式 (3.26) 所示。

$$\boldsymbol{\omega}^{t+1}=\boldsymbol{\omega}^{t}+\frac{1}{|S^{(t)}|}\left[\sum_{i=0}^{|S^{(t)}|}\frac{\Delta_i^{(t)}}{\max\left(1,\frac{\left\|\Delta_i^{(t)}\right\|_2}{C}\right)}+\text{Gauss}(0,\sigma^2C^2\boldsymbol{I})\right] \tag{3.26}$$

其中，$\Delta_i^{(t)}$ 表示客户端 i 的本地更新，$\boldsymbol{\omega}^t$ 表示服务器第 t 轮的模型，$|S^{(t)}|$ 表示第 t 轮参与聚合的客户端总数，C 表示裁剪阈值。

本地差分隐私主要是在客户端进行最后一次本地模型更新的梯度上加入扰动。下面介绍一种融合 α-CLDP（Condensed Local Differential Privacy） [Truex et al., 2020] 的联邦学习算法，该算法基于随机响应机制实现。有关本地差分隐私的知识可查阅第 8.3 节。

由于 α-CLDP 仅支持对单个整数值进行单次扰动，因此需要将梯度值映射到整数空间 $[-10^\rho c, 10^\rho c]$ 作为 α-CLDP 的全集，其中 ρ 用于控制梯度值的准确率，c 用于控制全集的范围。通过 Ordinal-CLDP 方法可以获得每一个梯度值被扰动后的值。

在联邦学习中，由于客户端和服务器需要交互 E 轮，因此，可以使用 α_i 表示第 i 轮的隐私预算，其中 $i\in\{1,2,\cdots,E\}$，$\alpha=\sum\limits_{i=1}^{E}\alpha_i$。

此外，由于梯度是一个高维向量，其可能包含上万个数值，因此需要将 α_i 分配给每个维度的梯度分量。用 n_i 表示第 i 轮本地模型梯度的维度，那么每个维度的梯度分量的隐私预算为 $\alpha_p=\dfrac{\alpha_i}{n_i}$。

由于联邦学习在每一轮会选择 k 个客户端参与模型聚合而不是全部，因此各个客户端被选中的概率为 $q=\dfrac{k}{N}\leqslant 1$，那么总的隐私预算 α 可以表示为 $\alpha=\sum\limits_{i=1}^{E}q\alpha_i$。

此外，无论是将差分隐私噪声加到本地模型还是聚合后的全局模型，都要注意尽可能地减少噪声对模型性能或分析结果的破坏，平衡隐私损失与模型性能。

3.5.4　稳健的联邦学习

为了抵御投毒攻击，提高联邦学习的稳健性，可以通过改进联邦学习的聚合方法，使最终获得的全局模型更加稳健。目前，稳健的联邦学习方法主要有**基于异常检测的聚合方法**和**基于贡献掩盖的聚合方法**两类。

基于异常检测的聚合方法假设所有正常本地模型的参数都应当保持在以全局模型为中心的有界范围内。基于这一假设，恶意的本地模型被认为是在很大程度上偏离正常模型的异常值。因此，这类方法在聚合时通过删除与其他本地模型偏差较大的本地模型来防止异常模型对全局模型产生负面影响。虽然这类方法的理论分析仅建立在数据独立同分布的联邦学习场景下，但只要恶意的本地模型与正常的本地模型偏差较大，也可以有效地减轻数据非独立同分布学习场景下的恶意客户端的影响。

切尾均值（trimmed mean）方法 [Yin et al., 2018] 采用参数聚合规则，分别聚合本地模型的每个维度的参数。具体地，服务器对所有本地模型的第 i 个参数值进行排序，删除其中偏大的和偏小的某些数值，取剩余数值的平均值作为下一轮全局模型的第 i 个参数值。中位数（median）方法 [Yin et al., 2018] 与切尾均值法的思想相同，不同的是前者选择所有本地模型的第 i 个参数的中位数作为下一轮全局模型的第 i 个参数值。Krum 方法 [Blanchard et al., 2017] 是从所有本地模型中选择一个与其他本地模型的欧几里得距离和最小的本地模型作为下一轮的全局模型。这样做的好处是，即使选择了恶意的本地客户端的模型，由于其与其他正常的本地客户端的模型非常相似，因此也不会影响全局模型的效果。Bulyan 方法 [Mhamdi et al., 2018] 是将 Krum 方法和切尾均值方法进行结合：首先应用 Krum 方法来选择多个本地模型，然后使用切尾均值方法聚合选中的本地模型，从而得到下一轮的全局模型。Foolsgold 方法 [Fung et al., 2018] 是专门针对女巫攻击（sybil attack）的稳健聚合方法，该方法假设被控制的恶意客户端总是提交相似的恶意本地模型，在此前提下计算所有本地模型之间的余弦相似度，并根据该相似度为每个本地模型分配聚合权重。

与上述方法不同的是，FLTrust 方法 [Cao et al., 2021] 允许服务器拥有一个较小的辅助数据集，该数据集具有与总体训练数据集相似的分布。在每轮全局模型更新过程中，服务器使用辅助数据集训练一个全局参考模型。首先，服务器通过计算全局参考模型和所有本地模型之间的余弦相似度，为每个本地模型分配一个信任分数；然后，计算由信任分数加权的本地模型的线性组合。但是，该方法的防御性能依赖全局参考模型的有效性。

基于贡献掩盖的聚合方法是在训练过程中向计算中间结果添加随机噪声。注入的噪声扰动可使受干扰的全局模型和本地模型对恶意样本不敏感，进而削弱攻击效果。[Geyer et al., 2017] 和第 3.5.3 节提到的 FedCDP 方法是联邦学习中应用差分隐私增强全局模型稳健性的两种典型方法。与 FedCDP 方法不同的是，FedLDP（Federated Local Differential Privacy）方法 [Truex et al., 2020] 是先在每轮训练迭代提交的本地模型中添加高斯噪声，再将它们发送到服务器。然而在基于差分隐私的聚合方法中，注入的高斯噪声的大小是凭经验确定的。在实践中，如何正确设置噪声幅度仍然是开放的问题，太强或太弱的噪声都可能损害目标模型的效用或削弱防御的能力。

3.6 延伸阅读

联邦学习同时为机器学习和隐私保护计算这两个研究领域打开了一扇门，在学术界和工业界都受到广泛关注，在计算机视觉、自然语言处理和推荐系统等领域的理论突破和技术应用等方面也都取得了不错的成绩。目前，国内外有关联邦学习的书籍和综述文章层出不穷。[Yang et al., 2020；Yang et al., 2021] 对联邦学习的发展背景、基础算法和应用案例进行了阐述和分析。Kairouz 等 [2021] 主要分析和总结了在提升联邦学习训练效率与模型效果、进一步增强联邦学习的隐私保证，以及提升联邦学习稳健性和公平性等方面的开放性问题。Wang 等 [2021a] 则提供了设计和分析联邦学习算法的建议和指南，以指导如何设计和研发可应用于各种实际应用场景的联邦学习算法。此外，Yang 等 [2019] 和 Song 等

[2020] 均详细地分析和总结了联邦学习领域的最新研究进展和未来的研究方向。

本章主要介绍了具有代表性的联邦学习算法，及针对联邦学习模型进行的优化。Wang 等 [2021a] 对结合动量和自适应方法、减少本地模型更新偏差、正则化约束本地优化目标，以及设计聚合规则这 4 类模型优化方法进行综述，强调了如何构建能够投入实际应用的联邦学习算法。在通信效率的优化方面，联邦学习还可以通过非对称的推送和获取、计算和传输重叠等方法来提升通信效率。特别地，实现客户端和服务器之间的通信还需要稳健的通信机制，如套接字（scoket）、远程过程调用（Remote Procedure Call，RPC）、互联网通信引擎（Internet Communications Engine，ICE）和远程方法调用（Remote Method Invocation，RMI）等 [Yang et al., 2021]。针对个性化联邦学习，数据增强、挑选客户端、模型插值和联邦聚类等方法也可以帮助客户端获得更加合适的本地模型，更多详细的内容可以查阅 [Wu et al., 2020; Kulkarni et al., 2020; Tan et al., 2021] 等文章。针对联邦学习面临的隐私和安全威胁，Liu 等 [2022] 分阶段阐述了联邦学习系统在模型训练前、训练时和预测时面临的威胁及相应的防御策略。虽然这些威胁严重影响到了联邦学习的应用，但是这些攻击的实现需要一定的假设，在实际的场景中有可能并不适用。除了通过结合安全多方计算、同态加密、差分隐私等隐私保护技术来增强联邦学习的隐私保证外，该目标还可以通过模型压缩等机器学习领域的方法来实现 [Lyu et al., 2020]。

在联邦学习中，客户端之间的公平性也是一个急需解决的重要问题，这关系到客户端之间是否有意愿参与到联邦学习当中 [Yu et al., 2020]。目前，联邦学习的公平性主要通过激励机制来实现：贡献较大的客户端可以分配到较大的利润，以鼓励客户端持续地贡献数据知识。激励机制可以通过融合联邦学习和智能合约来实现，利用激励机制计算出的奖励可以通过共识机制和智能合约自动分配给各个参与方 [Kim et al., 2020]。

近年来，联邦分析逐渐兴起，以实现隐私保护下的多方联合统计。Wang 等 [2022] 介绍了人们为什么需要联邦分析，以及联邦分析面临的机遇与挑战。目前，联邦分析除了本章所介绍的应用外，还被应用在防御针对联邦学习的投毒攻击 [Shi et al., 2022]、缓解联邦学习的统计异构性 [Wang et al., 2021b] 及分布估计 [Chen et al., 2021a] 等方面，甚至在抗击新冠肺炎疫情的工作中也得到了应用 [Sankar, 2020]。

第 4 章 同态加密

在传统的加密服务模式中，用户需要将原始数据交付给服务方才能获取正确的服务，因此用户的隐私数据存在泄露风险。由于服务方掌握密文及相应的密钥，因此可以对用户数据进行随意读取。在当前外包计算盛行的大环境中，这种安全风险会导致用户的隐私数据在脱离用户私有范围后的传播无法被用户感知和控制，甚至可能发生不必要的数据共享。此外，在服务结束后，不受信任的运营商仍可以保留用户的数据，这极大地增加了隐私泄露风险，人们亟须一种能在获取服务的同时有效避免隐私泄露的加密模式。随着密码学的发展，**同态加密**应运而生，并逐渐形成了一套完整的加密体系，在隐私保护计算领域发挥着重要的作用。

本章介绍同态加密的相关知识。第 4.1 节介绍同态加密的基本概念、同态特征及体系结构。第 4.2 节介绍同态加密的数学基石，包括数论中的两种数学难题，它们是同态加密的可靠性保证。在此基础上，第 4.3 节和第 4.4 节讨论不同加密体系下的算法设计与研究，包括非全同态加密算法和全同态加密算法。由于同态加密的安全运算依赖多样化的存储介质和计算资源消耗，其适用范围有所差别。因此，第 4.5 节对同态加密的优缺点进行评估，并据此对其适用范围进行分析，并介绍两个同态加密的实用案例。最后，第 4.6 节分析同态加密在实际应用中存在的问题，并列举部分研究方向，为读者提供发散思考的空间。

4.1 同态加密的基本思想

在“万物互联”的时代，用户数据量激增，多样化的服务请求对计算环境产生了更高的要求。在用户本地计算资源有限的条件下，将数据统一传输到云服务器上进行计算成为当前主流的服务模式。然而，数据中包含大量隐私信息，其在网络传输和计算的过程中可能被恶意的攻击者截获，导致隐私信息泄露，使用户对个人隐私数据存在潜在的不可控性。

同态加密作为一种数据加密方式，可以在密文空间中实现对数据的有效运算，在密码学的发展史上具有突破性的历史意义，是上述数据异地计算场景中实现隐私保护的一种可行方法。本节对同态加密的基本概念进行阐述，并介绍其基本性质及分类结构。

4.1.1 基本概念

同态（Homomorphic）一词最早出现在古希腊语中，用来指代一种结构化的映射关系，并被运用在不同的研究领域中。在抽象代数中，同态用来表示两个代数结构之间的数值映射。当定义域中的元素以某种方式发生数值变换时，值域中的元素也会产生相应的映射变换。上述定义域和值域中的元素变换能够在结构上保持不变，并且这种变换的方式是可知、确定的，不会受到数据分布的约束。

随着抽象代数延伸到密码学领域，同态的概念也被迁移到加密算法设计中。在密码学领域，同态用来表示一种加密运算特征，即明文和密文之间存在确定的同步变换规则，拥有这种特征的加密模式被称为**同态加密**。从密码学历史的角度来看，同态加密的概念最初以**隐私同态**（privacy homomorphic）的形式出现，被当作一种在不解密条件下进行计算的解决方案。随后，Rivest 等 [1983] 首次给出了一套完整而实用的同态加密算法，它与传统加密算法相比，能够对隐私信息进行更有效的保护，在允许第三方对加密的数据执行某些计算的同时，保证加密数据保持原有的数据结构特征。

与传统加密算法相比，同态加密是一种在对数据进行异地存储、计算的过程中，更有效地对隐私信息进行保护的途径。下面从例 4.1 出发，对传统加密模式和同态加密模式的安全性进行分析。

例 4.1　传统加密模式和同态加密模式

假设存在两个用户，他们都对自己的某项隐私属性进行了统计，将统计结果分别记为 m_1 和 m_2，并希望通过服务方对数据进行综合分析，将分析结果返回给每个用户。其中，分析方法记为 ϕ。

在传统加密模式（见图 4.1）中，用户首先在本地使用服务方提供的公钥对数据进行加密，得到 $\mathrm{Enc}(m_1)$ 和 $\mathrm{Enc}(m_2)$，并将加密后的数据发送给服务方。服务方使用私钥对数据进行复原，并将统计数据加起来，使用用户的公钥加密后将 $\mathrm{Enc}(\phi(m_1, m_2))$ 返回用户。

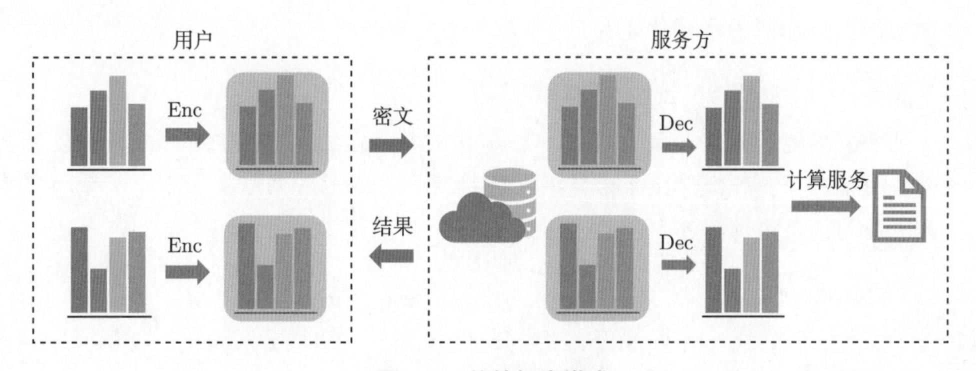

图 4.1　传统加密模式

在同态加密模式（见图 4.2）下，用户不需要依照服务方的要求使用特定的公钥。在对数据使用同态加密之后，服务方可以直接在加密数据 $\text{Enc}(m_1)$ 和 $\text{Enc}(m_2)$ 上进行运算，并保证获得和采用传统加密方法一致的结果。

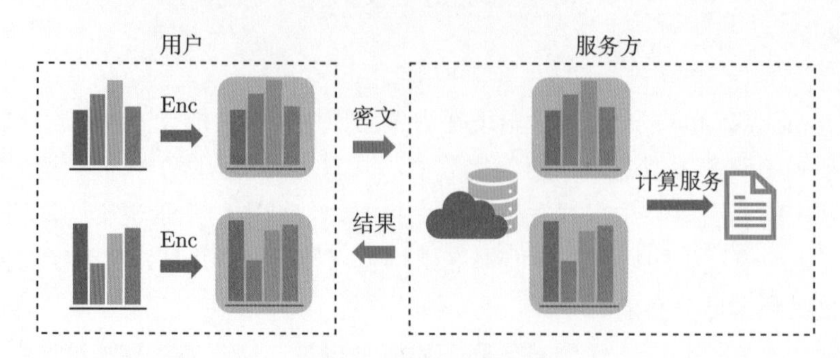

图 4.2 同态加密模式

在例 4.1 的传统加密模式中，虽然数据在网络传输的过程中始终处于加密状态，但是在服务方提供运算服务的过程中，数据需要在解密之后才能以正确的方式参与运算。

也就是说，用户的隐私数据以原始数据的形式，存储在服务方的存储介质中，这可能会导致用户的隐私数据受到多方面的威胁。一方面，外部攻击者可以通过木马病毒和无授权访问等方式入侵服务方的系统，导致服务方对用户数据和运算服务请求的保护失效，从而实现对用户隐私数据的非法访问。另一方面，由于用户的隐私数据以未加密的形式存放在服务方的存储介质中，运算过程也发生在服务方的服务器中，因此服务方的内部攻击者可以更加容易地对用户隐私进行窃取。前一种形式的威胁是传统网络安全中的共性问题，可以通过加强访问控制机制等方式对外部攻击进行抵御，即使服务方抵御失败，也可以让用户及时知悉其隐私泄露的状况。而后一种形式的威胁危害性较大，用户在隐私数据被窃取后，无法得到任何相关信息，对隐私泄露后的各种潜在威胁也无法做出及时防御。

在同态加密模式下，用户的隐私数据在整个传输、计算的环路中都处于加密状态。服务方在提供运算服务的过程中，不会接触到原始的隐私数据。这从根源上消除了用户隐私泄露的风险，外部攻击者和内部攻击者即使以各自的方式得到了存储介质上的数据，在没有密钥的情况下也无法获取用户的隐私信息。在保障隐私安全的情况下，用户仍能得到相应的服务。同态加密使用户和服务方之间建立起更加可信的交易模式。

下面给出同态加密的形式化定义。

定义 4.1 同态加密

对于某种运算 $\circ$，如果存在一种加密算法和相应的运算 $\star$，满足在加密数据上的运算 $\star$ 的结果，等价于在原始数据上进行运算 $\circ$ 后的加密结果，就称这种加密算法是同态的，上述过程可表示为

$$\text{Enc}(m_1)\star\text{Enc}(m_2)=\text{Enc}(m_1\circ m_2),\forall m_1,m_2\in M \tag{4.1}$$

其中，M 是信息空间。

通常，同态加密过程包含 4 种组件（以公钥算法为例）：密钥生成（KeyGen）、加密（Enc）、密文运算（Eval）、解密（Dec）。各组件的细节如定义 4.2 所示。其中，密文运算过程是同态加密区别于其他加密方式的主要特征，在这个过程中对密文进行加法或乘法运算，可以等价为在明文上进行相应的运算。

定义 4.2 公钥同态加密组件

（1）$\text{KeyGen}(1^\kappa)\rightarrow(\text{sk}, \text{pk})$：依据给定的安全参数 κ，生成私钥 sk 和公钥 pk。

（2）$\text{Enc}(\text{pk}, m)\rightarrow c$：利用公钥 pk 对明文 m 加密，生成相应的密文 c。

（3）$\text{Eval}(f, c)\rightarrow c_f$：使密文 c 参与函数 f 的运算，生成密文运算结果 c_f。

（4）$\text{Dec}(\text{sk}, c_f)\rightarrow m'$：利用私钥 sk 对密文运算结果 c_f 进行解密，生成相应的明文运算结果 m'。

4.1.2 同态特征

第 4.1.1 小节介绍了同态加密的基本概念。构造一个完整的同态加密方案还需要满足一定的规范，从而在实际场景中正确应用。因此，本小节从**正确性**、**安全性**和**紧致性**这 3 个方面，介绍同态加密方案需满足的重要特征。

正确性要求密文解密后能够得到正确的明文结果。在同态加密中，明文加密的结果被称为初始密文或新鲜密文，而密文运算的结果被称为计算密文。同态加密的正确性表现在两个方面：就新鲜密文而言，其解密后的结果应与明文相同；而对于计算密文来说，其解密后的结果应与在明文上进行相应计算的结果相同。正确性的定义如定义 4.3 所示。

定义 4.3 正确性

对于同态加密机制 $\mathcal{E}=(\text{KeyGen, Enc, Dec, Eval})$ 和运算函数族 $\mathcal{F}=\{f_i\}_{i\in\mathbb{Z}}$，如果 $\mathcal{E}$ 能够正确地解密新鲜密文和计算密文，那么它对于 $\mathcal{F}$ 是正确的。也就是说，对于安全参数 κ，如果满足以下两个条件，则该同态加密机制 $\mathcal{E}$ 是正确的。

（1）对于任意的明文 $m\in\{0,1\}$，有

$$\Pr[\text{Dec}(\text{sk}, c)=m|(\text{sk}, \text{pk})\leftarrow\text{KeyGen}(1^\kappa), c\leftarrow\text{Enc}(\text{pk}, m)]=1 \tag{4.2}$$

（2）对于任意的 $f\in\mathcal{F}$，以及明文向量 $\boldsymbol{m}=(m_1,m_2,\cdots,m_l)\in\{0,1\}^l$，有

$$\Pr[\text{Dec}(\text{sk}, \boldsymbol{c}')=f(\boldsymbol{m})|(\text{sk}, \text{pk})\leftarrow\text{KeyGen}(1^\kappa), \boldsymbol{c}\leftarrow\text{Enc}(\text{pk}, \boldsymbol{m}), \boldsymbol{c}'\leftarrow\text{Eval}(f, \boldsymbol{c})]=1 \tag{4.3}$$

安全性要求加密算法在选择明文攻击（Chosen Plaintext Attack，CPA）的情况下具有不可区分性（indistinguishability）。在选择明文攻击的安全性场景中，假设有两个参与者：挑战者和敌手。针对挑战者建立的同态加密系统，敌手给出两个已知的明文 m_0 和 m_1。挑战者随机选取其中一个明文进行加密，得到密文 c，并将 c 发送给敌手。敌手依据密文信息，判断相应的明文。同态加密的安全性表现在该场景下的不可区分性，即任意多项式时间的敌手都无法判别挑战者所选取的明文，具体如定义 4.4 所示。

定义 4.4 安全性

对于一个同态加密机制 $\mathcal{E}=(\text{KeyGen}, \text{Enc}, \text{Dec}, \text{Eval})$ 和敌手 $\mathcal{A}$，定义敌手的优势为

$$\text{Adv}_{\mathcal{A}}^{\mathcal{E}}(\kappa)=|\Pr[\mathcal{A}(\text{pk}, \text{Enc}(\text{pk}, m_0))=1]-\Pr[\mathcal{A}(\text{pk}, \text{Enc}(\text{pk}, m_1))=1]| \tag{4.4}$$

如果对于任何多项式时间的敌手 $\mathcal{A}$，存在一个可忽略函数 $\text{negl}(\kappa)$，使得 $\text{Adv}_{\mathcal{A}}^{\mathcal{E}}(\kappa) \leqslant \text{negl}(\kappa)$，那么称同态加密方案是语义安全的，或者称在选择明文攻击下具有不可区分性，简称 IND-CPA 安全。

紧致性要求密文运算不会扩展密文的长度。随着运算类型、复杂度及算子数量的变化，计算密文的长度会存在较大的差异。同态加密的紧致性表现在计算密文长度是存在上限的，不会受到上述约束。同时，解密计算密文和新鲜密文的计算量保持一致。紧致性的形式化定义如定义 4.5 所示。

定义 4.5 紧致性

对于同态加密机制 $\mathcal{E}=(\text{KeyGen}, \text{Enc}, \text{Dec}, \text{Eval})$，如果存在一个确定多项式函数 $B(\cdot)$，使得对于安全参数 κ 的每个值，有：

$$\Pr[|\boldsymbol{c}'| \leqslant B(\kappa)|(\text{sk}, \text{pk}) \leftarrow \text{KeyGen}(1^\kappa), \boldsymbol{c} \leftarrow \text{Enc}(\text{pk}, \boldsymbol{m}), \boldsymbol{c}' \leftarrow \text{Eval}(f, \boldsymbol{c})]=1 \tag{4.5}$$

那么称同态加密方案 $\mathcal{E}$ 是具有紧致性的，其中 $B(\cdot)$ 表示新鲜密文的长度。

4.1.3 体系结构

根据支持的运算类型和次数的不同，同态加密可以分为 3 种类型，即**部分同态加密**（Partially Homomorphic Encryption，PHE）、**有限同态加密**（Somewhat Homomorphic Encryption，SWHE）和**全同态加密**（Fully Homomorphic Encryption，FHE），相关特性如表 4.1 所示。

表 4.1 同态加密的特性对比

类型	运算类型	运算次数
部分同态加密	加法或乘法	无限
有限同态加密	加法和乘法	部分有限
全同态加密	加法和乘法	均无限

部分同态加密仅支持单一类型的密文同态计算，即加法同态或乘法同态，而不能同时支持两种。基于公钥加密体制的加密算法 RSA [Rivest et al., 1983] 首次被证明具有乘法同态特性，开启了部分同态加密的大门。自此以后，越来越多的研究人员被同态加密的神秘所吸引，进而投身同态加密方案的研究中，相继提出了基于不同数学困难问题的加密算法，这些算法满足加法同态性或乘法同态性。例如，ElGamal [1985] 提出了第一个基于离散对数困难问题的 ElGamal 算法，该算法满足乘法同态的性质，并且具有语义安全性。Goldwasser-

Micali 算法 [Benaloh, 1994] 以合数模的二次剩余困难性假设为基础，逐位加密，能够实现对异或运算的加法同态性。Paillier 同态加密 [Paillier, 1999] 也是一种很受欢迎的部分同态加密算法，它基于判定合数剩余类问题的加法同态密码体制，能够支持多次同态加法运算。部分同态加密方案虽然不能允许任意次数的同态操作，但由于它具有算法构造较简单、执行效率较高等特点，目前在实际工程中得到了广泛应用。

有限同态加密是对部分同态加密的改进，可以同时支持加法同态和乘法同态，这使其适用于更多的场景。然而在有限同态加密中，密文的大小随着每一次同态操作而增长，其加密过程所产生的噪声会急剧增加，很快达到其正确性条件的噪声安全参数上界，导致部分运算的计算次数受到限制，这就对服务方所提供服务的复杂度形成了限制。由于在算法设计时需要满足多种运算关系的成立，且各种运算的数据变换之间不会相互影响，有限同态加密的复杂度与部分同态加密相比高出不少，典型的方案是 Boneh 等 [2005] 提出的 BGN 加密算法。

全同态加密能够同时支持加法同态和乘法同态，并且不受限于计算次数。这个概念最早可以追溯到 1978 年，但是在此后的 30 年里，并没有任何可行的方案被提出。直到 2009 年，Gentry [2009] 提出了第一个合理且安全的全同态加密方案，这个开放性难题才被真正攻破。Gentry 的方案是基于理想格上的困难问题构造的，他不仅给出了一个可行的方案，还给出了构造全同态加密方案的一般框架：先构造一个只能处理有限级数的有限同态加密，之后证明该方案是可自举的，那么就可以将有限同态加密转换为全同态加密。这为后续的研究和优化指明了新的方向。

此后，越来越多的研究人员尝试设计更加安全和实用的全同态加密方案。一般来说，全同态加密的发展可以分为 3 个阶段。第一代全同态加密都是遵循着 Gentry 方案的蓝图构造的。例如，Dijk 等 [2010] 提出了完全基于整数运算的全同态加密方案 DHGV，该方案是在近似最大公约数困难假设下实现的。随后，基于环上带误差学习（Ring-LWE，RLWE）假设的第二代、第三代全同态加密方案出现，其安全性可以归约到格上困难问题，典型的方案有 BGV [Brakerski et al., 2011b]、BFV [Fan et al., 2012]、GSW[Gentry et al., 2013] 及 CKKS [Cheon et al., 2017] 等。这些方案本身具有有限同态加密的性质，并进一步结合自举技术达到全同态加密。基于 Ring-LWE 假设构造的同态加密方案比第一代加密方案更加简单、高效，其安全性可以归约到格上困难问题，成为目前主流的全同态加密方案。

4.2　同态加密的数学基石

同态加密是一种可被证明的加密方法，其对隐私数据安全性的保障主要建立在对数学理论的研究之上。数论是加密体系中最关键的基石，通过数论中对于素数和模运算等基本组件性质的研究，更复杂的数学理论逐渐形成。同态加密就是对理论研究拓展的过程中挖掘到的数学难题进行领域迁移之后所形成的加密方法。

当前用来构造同态加密的数学困难假设，主要有两类：一类是在整数上基于**近似最大公约数**（Approximate Greatest Common Divisor，AGCD）问题的困难假设，另一种是在格上基于 LWE [Regev, 2009] 或基于 RLWE [Lyubashevsky et al., 2010] 问题的困难假设。在正式进入对同态加密算法的介绍之前，本节对一些基本的数学概念及上述两类数学困难假设进行介绍，以便读者从原理层面理解同态加密。

4.2.1 整数理论

对整数理论在隐私数据加密方面的应用研究，最早出现在 21 世纪初，由 Howgrave-Graham [2001] 针对传统加密系统中存在的隐私泄露问题提出。一般意义上，传统的加密系统由 Okamoto 在 1986 年提出的公钥加密系统发展而来。然而，这种加密方法被证明可以在多项式时间内被破解，并造成隐私泄露。

传统加密方法都是基于大素数乘积难以进行因式分解的难题，本书称这个乘积为**加密核**。但是由于最大公约数问题的求解方法较成熟，这种安全性存在显著不足。下面通过一个简单的例子（见例 4.2）来形象化地描述传统加密方法在隐私保护上的局限性。

例 4.2　传统加密方法在隐私保护上的局限性

假设张三和李四这两个不同的用户需要对个人数据进行加密，并且他们遵循非对称加密的原则。张三用来加密的加密核为 $N_0 = p_iq$，李四用来加密的加密核为 $N_1 = p_jq$。其中，p_i、p_j 和 q 均为大素数。

当对其加密数据进行破解时，单独的加密核 N_0 或 N_1 很难进行因式分解。但是，当两个加密核同时拥有共享素数因子 q 时，这个 q 可以很容易地基于数论中的欧几里得算法（又称辗转相除法）得出，进而得出 p_i 和 p_j，破解用户的隐私信息。

事实上，欧几里得算法的时间复杂度并不高，仅为 $O(k^2)$，因此例 4.2 中的最大公约数问题可以在很短的时间内被解决。

从例 4.2 中，我们可以观察到最大公约数问题的易解性，及其对传统加密方法安全性造成的影响。然而，如果在最大公约数问题上增加一些噪声，问题的难度就会大幅提升，形成近似最大公约数问题。因此，同态加密可以将近似最大公约数问题作为构建加密模式的手段，并且该方法被证明可以有效地抵抗量子攻击。

近似最大公约数问题的形式化定义如定义 4.6 所示。

定义 4.6　近似最大公约数问题

给定一组整数 $x_1, \cdots, x_m \in \mathbb{Z}$，任意一个 x_i 可以被表示为

$$x_i = q_ip + r_i \qquad q_i, p, r_i \in \mathbb{Z} \tag{4.6}$$

其中，q_i 和 r_i 是从不同的分布中随机选取的部分整数，且 $r_i \ll p$、$p \ll q_i$。

近似最大公约数问题的目标是，根据给定的 m 个整数 x_i，计算其共享因子 p。

式 (4.6) 中的 r_i 就是在最大公约数问题上增加的噪声。由于噪声会对求解最大公约数的过程造成干扰，求解过程变得更加复杂。

截至本书成稿之时，已发表的文献中还没有能够在多项式时间内解决这个问题的方法。

因此，基于近似最大公约数问题的同态加密方法具有比传统加密方法更高的安全性。

4.2.2 格理论

格密码学是目前非常热门的密码学分支，其发展历程比整数理论更久远，是基于格理论及格上的数学难题形成的密码学体系。由于格密码具有同态运算和可抵抗量子攻击的特点，越来越多的研究人员基于格密码学中的一些困难假设来构造全同态加密算法。

目前，基于格的全同态加密方案主要是通过格上 LWE 问题及 RLWE 问题构造的。因此，本小节分别对格理论的概念及格上的数学难题进行介绍。

格是线性无关向量的全部整数组合，一个 n 维的格 $\mathcal{L}$ 可以被定义为一个 n 维实空间 $\mathbb{R}^n$ 下的离散加法子群。格的定义与向量的表示相似，区别在于：在向量空间中，线性组合的系数可以是任意实数，而在格中构造的线性组合的系数必须是整数。因此在几何空间中，格表现为一些离散的、具有周期结构的点。如图 4.3 所示，可以在二维空间中直观地理解格的构造。

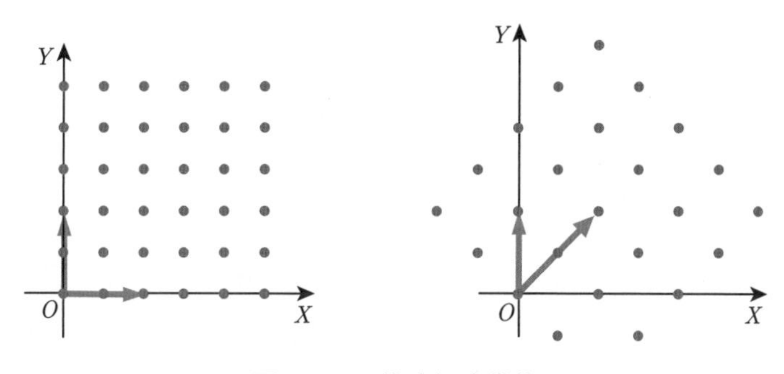

图 4.3 二维空间中的格

在图 4.3 中，箭头代表了格的格基，一个格可以有多组格基，通过格基间的线性组合可以得到该离散加法子群中所有的点。当然，在实际应用中，格的维度远大于二维，格密码的安全性也随着其维度的增加而不断上升。

格的形式化定义如定义 4.7 所示。

定义 4.7 格

假设向量 $\boldsymbol{b}_1,\cdots,\boldsymbol{b}_n\in\mathbb{R}^n$ 是一组线性无关的向量，则格 $\mathcal{L}$ 可以由它们的整数系数的线性组合构成：

$$\mathcal{L}(\boldsymbol{b}_1,\cdots,\boldsymbol{b}_n)=\{\alpha_1\boldsymbol{b}_1+\alpha_2\boldsymbol{b}_2+\cdots+\alpha_n\boldsymbol{b}_n|\alpha_1,\alpha_2,\cdots,\alpha_n\in\mathbb{Z}\}$$

其中，$\boldsymbol{b}_1,\cdots,\boldsymbol{b}_n$ 是格 $\mathcal{L}$ 的基。

现阶段，一些格密码体制的安全性依赖格上困难问题的难解程度，格上的很多困难问题被证明是 NP 困难的，如最近向量问题（Closest Vector Problem，CVP）和最短向量问题（Shortest Vector Problem，SVP）。困难问题的难解性一般指在最坏情况下是难解的，但是依据格密码的复杂性理论，一般更倾向于选择平均情况下的困难问题来构造密码方案。Ajtai [1996] 证明了格密码的一些问题具有最坏情况到平均情况的归约，使得基于格的密码体制具有了可证明安全性。其中，LWE 问题和 RLWE 问题都具有这个性质，这也使得它们被广泛应用在同态加密方案的构造中。

LWE 问题要求解决一个关于秘密向量 $\boldsymbol{s}$ 的噪声线性方程组（所有方程中都加入了噪声），从而恢复出该秘密向量 $\boldsymbol{s}$。也就是说，随机选取一个秘密向量 $\boldsymbol{s}$ 及噪声向量 $\boldsymbol{e}$，计算出 $\boldsymbol{b} = \boldsymbol{A}\boldsymbol{s} + \boldsymbol{e} \bmod q$。那么在给定矩阵 $\boldsymbol{A}$ 和计算结果 $\boldsymbol{b}$，而 $\boldsymbol{s}$ 和 $\boldsymbol{e}$ 未知的情况下，如何从 $\boldsymbol{b}$ 中还原出未知向量 $\boldsymbol{s}$？

很容易想到，如果这些线性方程中没有加入噪声，可以直接使用高斯消元法在短时间内恢复出向量 $\boldsymbol{s}$。但是由于加入了噪声 $\boldsymbol{e}$，这个问题变得非常困难。

在正式描述 LWE 问题的定义之前，首先需要定义一个 LWE 分布，用于生成 LWE 实例，如定义 4.8 所示。

定义 4.8　LWE 分布

给定正整数 n 和 q，对于一个秘密向量 $\boldsymbol{s} \in \mathbb{Z}_q^n$，定义在 $\mathbb{Z}_q^n \times \mathbb{Z}_q$ 上的 LWE 分布 $\mathcal{A}_{\boldsymbol{s},\mathcal{X}}$ 是指按照如下方式抽样：

均匀、随机地选取向量 $\boldsymbol{a} \in \mathbb{Z}_q^n$ 及 $\boldsymbol{e} \in \mathcal{X}$，输出样本 $(\boldsymbol{a}, \boldsymbol{b} = \boldsymbol{a} \cdot \boldsymbol{s} + \boldsymbol{e} \bmod q)$。其中，$\mathcal{X}$ 是 $\mathbb{Z}$ 上的一个概率分布，通常输出比较小的数；$\mathbb{Z}_q^n$ 表示整数模 q 的 n 阶加法群。

通常，生成 LWE 实例之后，LWE 问题可以分为两类：**搜索 LWE**（Search-LWE）问题和**决策 LWE**（Decision-LWE）问题。顾名思义，搜索 LWE 问题是指如何在已知 LWE 实例的情况下恢复出秘密向量 $\boldsymbol{s}$（见定义 4.9），而决策 LWE 问题是指如何区分 LWE 实例和按均匀分布随机选择的样本。

定义 4.9　搜索 LWE 问题

给定服从 LWE 分布 $\mathcal{A}_{\boldsymbol{s},\mathcal{X}}$ 的 m 个独立抽样 $(\boldsymbol{a}_i, \boldsymbol{b}_i) \in \mathbb{Z}_q^n \times \mathbb{Z}_q$，求秘密向量 $\boldsymbol{s}$。

在实际应用过程中，人们通常更关注决策 LWE 问题，其定义如定义 4.10 所示。决策 LWE 问题只需要区分出给定的 $\boldsymbol{b}$ 是 LWE 问题中的问题实例还是一个随机生成的向量，不需要解出秘密向量 $\boldsymbol{s}$。

定义 4.10　决策 LWE 问题

给定 m 个独立样本 $(\boldsymbol{a}_i, \boldsymbol{b}_i) \in \mathbb{Z}_q^n \times \mathbb{Z}_q$，判定其服从下面两种分布中的哪一种：

（1）LWE 分布 $\mathcal{A}_{\boldsymbol{s},\mathcal{X}}$，其中 $\boldsymbol{s} \in \mathbb{Z}_q^n$ 是一个均匀、随机的秘密向量；

（2）均匀分布 $U(\mathbb{Z}_q^{n+1})$。

上述两类 LWE 问题是可以相互规约的：如果搜索 LWE 问题被解决，那么决策 LWE 问题也会很容易地被解决；对于特定参数的决策 LWE 问题，反之亦然。

虽然 LWE 问题为格密码体系做出了重大贡献，但是基于 LWE 问题的格密码方案存在着效率不高、存储困难的缺点。RLWE 问题的出现弥补了这些缺点。与 LWE 问题不同，RLWE 问题中的每个部分都是一个多项式，而非矩阵，这很大限度地提高了方案的效率，并且减少了存储开销。因此，在之后的研究中，一系列基于 RLWE 问题的高效率加密方案被提出。

在 RLWE 问题中，所有的计算都是基于多项式环 $R=\mathbb{Z}[x]/f(X)$ 进行的。其中，$f(X)\in\mathbb{Z}[x]$ 是一个一元不可约 d 阶多项式，一般设置为 $f(x)=x^d+1$，d 是 2 的幂。R 中的元素通常用阶数小于 n 的整数多项式表示。设 q 是一个奇素数，定义多项式环 $R_q=\mathbb{Z}_q[x]/f(X)$，其多项式系数取自 $\mathbb{Z}_q$。环 R_q 的元素 $a=\sum\limits_{i=0}^{d-1}a_ix^i$。

在上述环中，可以定义 RLWE 分布，用于生成 RLWE 实例，如定义 4.11 所示。

定义 4.11　RLWE 分布

对于一个秘密元素 $\boldsymbol{s}\in R_q$，定义在 $R_q\times R_q$ 上的 RLWE 分布 $\mathcal{A}_{\boldsymbol{s},\mathcal{X}}$ 是指按照如下方式抽样：

通过随机、均匀地选取 $\boldsymbol{a}\in R_q$ 及 $\boldsymbol{e}\in\mathcal{X}$，输出样本 $(\boldsymbol{a},\boldsymbol{b}=\boldsymbol{a}\cdot\boldsymbol{s}+\boldsymbol{e}\bmod q)$。

与 LWE 问题相似，RLWE 问题同样可以分为搜索 RLWE 问题和决策 RLWE 问题。考虑到实际情况，这里仅给出决策 RLWE 问题的定义，如定义 4.12 所示。

定义 4.12　决策 RLWE 问题

给定 m 个独立样本 $(\boldsymbol{a}_i,\boldsymbol{b}_i)\in R_q\times R_q$，判定其服从下面两种分布中的哪一种：

（1）RLWE 分布 $\mathcal{A}_{\boldsymbol{s},\mathcal{X}}$；

（2）均匀随机分布 $\mathrm{Uni}(R_q^2)$。

4.3　非全同态加密算法

广义上，人们对同态加密的讨论往往集中在全同态加密的层面。然而，本书希望能够为读者提供清晰的同态加密发展脉络，以便读者以全面的视角认识同态加密，掌握其中各种机制的迭代更新过程。因此，本节对部分同态加密和有限同态加密进行介绍，限于篇幅，主要介绍部分同态加密中的 RSA 和 Paillier 算法、有限同态加密中的 BGN 算法。

4.3.1　RSA

RSA 是公钥加密体制的第一个可行成果，之后，它被证明具有同态特性，因此也作为同态加密算法使用。RSA 可以对数值型数据进行加密和计算，能够支持乘法同态运算，其安全性基于大数因式分解问题的困难性。大数因式分解问题是指确定 $n=pq$（其中，p 和 q 是大的不同的素数）的素数因式分解的问题。要将两个不同的大素数乘积分解成因子是非常困难的，许多公钥密码体制的安全性都建立在这种难题之上。下面给出 RSA 的加密方案及其同态性证明。

1. 密钥生成

RSA 的密钥生成步骤如算法 4.1 所示。

算法 4.1 RSA 的密钥生成步骤

1 任意选择两个大素数 p 和 q，注意要对 p 和 q 严格保密。
2 计算 $n = pq$、$\varphi(n) = (p-1)(q-1)$，其中 $\varphi(n)$ 是 n 的欧拉函数值。
3 选择一个整数 e，满足 $1 < e < \varphi(n)$，并且有 $\gcd(\varphi(n), e) = 1$，即 e 与 $\varphi(n)$ 互质。
4 计算满足式 (4.7) 的 d，也就是说，d 是 e 在模 $\varphi(n)$ 下的乘法逆元：

$$de = 1 \bmod \varphi(n) \tag{4.7}$$

这样，就可以得到公钥 $\mathrm{pk} = (e, n)$，以及私钥 $\mathrm{sk} = (d, n)$。

2. 数据加密

在加密时，首先对明文比特串分组，保证每个分组对应的十进制数小于 n。然后，使用公钥 $\mathrm{pk} = (e, n)$ 对每个分组 m 加密，得到加密后的密文 c。

$$c = \mathrm{Enc}(m) = m^e \bmod n \tag{4.8}$$

3. 数据解密

解密时，利用私钥 $\mathrm{sk} = (d, n)$，可以将密文 c 还原为明文 m。

$$m = \mathrm{Dec}(c) = c^d \bmod n \tag{4.9}$$

4. 同态性

对于两个明文 m_1 和 m_2，可以进行如下运算：

$$\begin{aligned}\mathrm{Enc}(m_1)\mathrm{Enc}(m_2) &= (m_1^e \bmod n)(m_2^e \bmod n) \\ &= (m_1 m_2)^e \bmod n \\ &= \mathrm{Enc}(m_1 m_2)\end{aligned} \tag{4.10}$$

可以看出，RSA 满足**乘法同态**性质，在不解密的情况下，可以直接利用 $\mathrm{Enc}(m_1)$ 和 $\mathrm{Enc}(m_2)$ 来求取 $\mathrm{Enc}(m_1 m_2)$ 的值。

4.3.2 Paillier 算法

Paillier 算法能够满足加法同态特性，是目前使用较多的部分同态加密算法。它的安全性基于判定合数剩余类问题，即给定一个合数 $n = pq$，其中 p 和 q 都是大素数，并任意给定 $y \in \mathbb{Z}_{n^2}$，使得 $z = y^n \bmod n^2$，则判定"z 是不是模 n^2 的 n 次剩余"是困难的。下面给出 Paillier 算法的加密方案及其同态性证明。

1. 密钥生成

Paillier 算法的密钥生成步骤如算法 4.2 所示。

算法 4.2 Paillier 算法的密钥生成步骤

1 任意选择两个不同的素数 p 和 q，并计算 $n=pq$，其中 p 和 q 满足：

$$\gcd(pq,(p-1)(q-1))=1 \tag{4.11}$$

2 计算 $\lambda=\mathrm{lcm}(p-1,q-1)$，其中 lcm 表示最小公倍数。

3 选择任意整数 $g\in\mathbb{Z}_{n^2}^*$，使得 $n|\mathrm{ord}(g)$，其中 $\mathrm{ord}(g)$ 表示循环群 $\mathbb{Z}_{n^2}^*$ 中 g 的阶。

4 定义函数 $L(x)=\dfrac{x-1}{n}$，计算：

$$\mu=(L(g^\lambda \bmod n^2))^{-1} \bmod n \tag{4.12}$$

这样，就可以得到公钥 $\mathrm{pk}=(n,g)$，以及私钥 $\mathrm{sk}=(\lambda,\mu)$。

2. 数据加密

假设 $m\in\mathbb{Z}_n$ 是需要加密的消息，选择一个随机数 $r\in\mathbb{Z}_n$，使用公钥 $\mathrm{pk}=(n,g)$ 来计算密文。

$$c=\mathrm{Enc}(m)=g^m r^n \bmod n^2 \tag{4.13}$$

需要注意的是，对于每个要加密的消息，需要选择不同的随机数 r 以保证安全。

3. 数据解密

解密时，使用私钥 $\mathrm{sk}=(\lambda,\mu)$ 将密文 $c\in\mathbb{Z}_{n^2}$ 解密成明文 m。

$$m=\mathrm{Dec}(c)=L(c^\lambda \bmod n^2)\mu \bmod n \tag{4.14}$$

4. 同态性

给定两个密文 $\mathrm{Enc}(m_1)=g^{m_1}r_1^n \bmod n^2$ 和 $\mathrm{Enc}(m_2)=g^{m_2}r_2^n \bmod n^2$，其中 r_1 和 r_2 都是从 $\mathbb{Z}_n$ 中随机选择的。两个密文的乘积将被解密为它们对应的明文之和，计算过程如式 (4.15) 所示。

$$\begin{aligned}\mathrm{Enc}(m_1)\mathrm{Enc}(m_2)&=(g^{m_1}r_1^n)(g^{m_2}r_2^n) \bmod n^2\\&=g^{m_1+m_2}(r_1r_2)^n \bmod n^2\\&=\mathrm{Enc}(m_1+m_2)\end{aligned} \tag{4.15}$$

这个推导过程证明了 Paillier 算法具有**加法同态**性质。在不解密的情况下，可以利用 $\mathrm{Enc}(m_1)$ 和 $\mathrm{Enc}(m_2)$ 来求取 $\mathrm{Enc}(m_1+m_2)$ 的值。

4.3.3 BGN 算法

BGN 算法是在 2005 年被提出的一种公钥密码系统。它是一种加性的同态算法。由于乘法同态的实现是通过双线性对性质实现的，所以 BGN 算法仅能实现一次乘同态。

BGN 算法的安全性依赖子群决策问题，即判断循环群 G 中的元素 x 是否属于特定的 G 子群的问题，其中 $|G|=n$，假设 q_1 和 q_2 被选为不同的大素数，且 $n=q_1q_2$，n 的因式分解对于外界不可知。子群决策问题的数学定义如定义 4.13 所示。

定义 4.13　子群决策问题

假设 G 为 n 阶的群，其中 n 为两个素数 p 和 q 的乘积，那么 G_p 和 G_q 分别为群 G 的 p 阶子群和 q 阶子群。子群决策问题的目标是，证明对于群 G 中的一个元素 x，x^p 是否属于子群 G_p。

下面给出 BGN 算法的加密方案及其同态性证明。

1. 密钥生成

BGN 算法的密钥生成涉及大量的群运算，如连续 a 次对 P 进行群运算 G，这里将这一过程表示为 P^a。密钥生成涉及的步骤如算法 4.3 所示。

算法 4.3　BGN 算法中的密钥生成步骤

1 选取两个较大的素数 q_1 和 q_2，并计算其乘积 n。
2 选取一个较大的素数 p 和一个正整数 l，使得 $p=ln-1$。
3 找到一个循环群 G，其中 G 是 n 阶椭圆曲线群 $\mathfrak{E}(Z_p)$，以及一个双线性对 $e:G\times G\to G'$，其中 G' 是椭圆曲线群 $\mathfrak{E}(Z^*_{p^2})$ 的子群。
4 从 G 中选择两个不同的随机生成器 g 和 u，并设置 $h=u^{q_2}$。这样，h 就成为 G 的 q_1 阶子群中的一个随机生成器。

这样，就可以得到公钥 $\mathrm{pk}=(n,G,G',e,g,h)$，以及私钥 $\mathrm{sk}=q_1$。

2. 数据加密

在将字母数字形式的明文消息 m 转换成纯数字消息 $m\in\mathbb{Z}_{q_2}$ 后，发送方选择一个随机的 $r\in\mathbb{Z}_n$，并计算密文 c：

$$c=g^m\times h^r\in G \tag{4.16}$$

在每次对数据进行加密时，发送方都会选择不同的 r 值，以保证加密过程的安全性。

3. 数据解密

接收方得到密文 c 后，可以通过私钥 q_1 还原出原始数据 m。

首先，注意到：

$$\begin{aligned}c^{q_1}&=(g^m\times h^r)^{q_1}\\&=(g^m)^{q_1}\times(h^r)^{q_1}\\&=(g^{q_1})^m\in G\end{aligned} \tag{4.17}$$

群 G 中有 $\mathrm{ord}(u)=n=q_1q_2$，这意味着，要恢复 m，就需要使用 Pollard 的 lambda 方法计算 c^{q_1} 以 g^{q_1} 为底的离散对数。

4. 同态性

给定两个密文 $\mathrm{Enc}_g(m_1, r_1) = g^{m_1} \times h^{r_1}$ 和 $\mathrm{Enc}_g(m_2, r_2) = g^{m_2} \times h^{r_2}$，其中随机数 $r \in \mathbb{Z}_n$，$\times$ 表示 G 中的群操作。首先将这两个密文相乘，证明 BGN 算法的加法同态特性：

$$\begin{aligned}\mathrm{Enc}_g(m_1, r_1)\mathrm{Enc}_g(m_2, r_2) &= (g_1^m \times h_1^r)(g_2^m \times h_2^r) \\ &= g^{m_1+m_2}h^{r_1+r_2} \\ &= \mathrm{Enc}_g(m_1 + m_2, r_1 + r_2)\end{aligned} \tag{4.18}$$

其中，消息 $m_1 + m_2$ 的随机性为 $r_1 + r_2$，该随机性在 G 中既不是均匀分布的，也与 $\mathrm{Enc}_g(m_1, r_1)$ 和 $\mathrm{Enc}_g(m_2, r_2)$ 的随机性无关。同时观察到，如果将 $\mathrm{Enc}_g(m, r)$ 表示为 $E(m)$，那么对于两个消息 m_1 和 m_2，有

$$\mathrm{Dec}(\mathrm{Enc}(m_1 + m_2)) = \mathrm{Dec}(\mathrm{Enc}(m_1)\mathrm{Enc}(m_2)) \tag{4.19}$$

其中，Dec 表示解密函数。这样，BGN 算法的加法同态特性就得到了证明。

接下来，证明 BGN 算法的乘法同态特性。对于某一个消息 m，对密文 $\mathrm{Enc}_g(m, r)$ 使用系数 k 进行放缩：

$$\begin{aligned}(\mathrm{Enc}_g(m, r))^k &= (g^m \times h^r)^k \\ &= g^{mk} \times h^{rk} \\ &= \mathrm{Enc}_g(mk, rk)\end{aligned} \tag{4.20}$$

对式（4.20）解密可以得到：

$$\mathrm{Dec}(\mathrm{Enc}(km)) = \mathrm{Dec}((\mathrm{Enc}(m))^k) \tag{4.21}$$

由此可见，利用 BGN 算法可以实现标量的同态乘法。

接下来，考虑两个消息 m_1 和 m_2 的乘法同态特性。基于双线性对性质，通过改变基数和加密方法的范围，BGN 算法允许一次乘法同态。对于前文提到的 g、u 等参数，假设 e 是一个双曲线对，且满足：

$$e : G \times G \to G' \tag{4.22}$$

$$e(g, g) = g' \tag{4.23}$$

$$e(g, h) = h' \tag{4.24}$$

则可以形成以下推断：

$$h' = e(g, h) = e(g, g^\alpha) = e^\alpha(g, g) = (g')^\alpha \tag{4.25}$$

为了方便描述，这里将密文简写为 $c_1 = \mathrm{Enc}_g(m_1, r_1)$ 及 $c_2 = \mathrm{Enc}_g(m_2, r_2)$，那么基于

g' 的 m_1 和 m_2 的有效加密可以表示为

$$\begin{aligned}
e\left(c_1, c_2\right) \times \left(h'\right)^r &= e\left(g^{m_1} \times h^{r_1}, g^{m_2} \times h^{r_2}\right) \times \left(h'\right)^r \\
&= e\left(g^{m_1} \times \left(g^{\alpha}\right)^{r_1}, g^{m_2} \times \left(g^{\alpha}\right)^{r_2}\right) \times \left(h'\right)^r \\
&= e\left(g^{m_1+\alpha r_1}, g^{m_2+\alpha r_2}\right) \times \left(h'\right)^r \\
&= \left(g'\right)^{\left(m_1+\alpha r_1\right) \times \left(m_2+\alpha r_2\right)} \times \left(h'\right)^r \\
&= \left(g'\right)^{m_1 m_2+\alpha\left(m_1 r_2+m_2 r_1+\alpha r_1 r_2\right)} \times \left(h'\right)^r \\
&= \left(g'\right)^{m_1 m_2} \times \left(h'\right)^{m_1 r_2+m_2 r_1+\alpha r_1 r_2} \times \left(h'\right)^r \\
&= \left(g'\right)^{m_1 m_2} \times \left(h'\right)^{m_1 r_2+m_2 r_1+\alpha r_1 r_2+r} \\
&= \operatorname{Enc}_{g'}\left(m_1 m_2, r^*\right)
\end{aligned} \tag{4.26}$$

其中，$r^* = m_1 r_2 + m_2 r_1 + \alpha r_1 r_2 + r$。

可以看到，最终结果 $\operatorname{Enc}_{g'}\left(m_1 m_2, r^*\right)$ 是对信息 $m_1 m_2$ 的有效加密。然而可以发现，当在 BGN 算法中以常规的方式表示乘法同态特性时，很难找到一种计算方法 $f(\cdot)$ 可使以下运算无限次地执行：

$$\operatorname{Dec}(\operatorname{Enc}(m_1 + m_2)) = \operatorname{Dec}(f(\operatorname{Enc}(m_1), \operatorname{Enc}(m_2))) \tag{4.27}$$

因此，BGN 算法并不被认为具有乘法同态特性。

4.4 全同态加密算法

全同态加密被誉为“密码学圣杯”，能够在没有密钥的情况下，对密文进行任意的计算，同时，对密文计算的结果进行解密后，得到的结果与明文执行相应计算得到的结果相同。这种特殊的性质使得全同态加密能够在不泄露数据隐私的情况下实现数据运算，具有良好的隐私特性。本节将揭开全同态加密的神秘面纱，介绍全同态加密的算法构造思想及典型方案。

尽管全同态加密的概念在 1978 年就被提出，然而直到 2009 年，第一个可行的方案才由 Gentry 构造出来。在 Gentry 的方案中，全同态加密算法的实现分为两个部分：首先构造一个有限同态加密方案，满足低阶密文多项式在计算时的同态性（只能对明文进行较低阶数的运算），然后使用压缩的方法解密，降低解密过程中的多项式阶数。在方案的构造过程中，为了保证安全性，加密过程中会添加少量的噪声。然而，噪声会随着密文的运算而逐渐增大，当噪声超出阈值时，就会导致解密失败。因此，必须进行噪声消减以控制噪声膨胀，保证解密操作的正确性。

Gentry 提出了自举技术来应对这一问题。自举技术是一种对密文的处理方法，它可以将一个噪声接近临界值的密文“重新刷新”成一个噪声很小的新密文，从而可以继续进行运算。自举技术的思想可以简要地概括为：将一个接近噪声临界值的密文及其对应的密钥分别进行加密，之后该同态算法的解密算法作为评估函数的一部分被执行。那么，此时可以得到一个新的密文，该密文被解密后依然是原来的明文，并且其噪声比原始密文的噪声更小，能够继续支持同态操作。

通过自举技术，一个有限同态加密方案可以执行任意次数的同态操作，从而转换为全同态加密方案，其过程可以简要描述如下。

（1）生成两组（或多组）公私钥对 $(\mathrm{pk}_1, \mathrm{sk}_1)$、$(\mathrm{pk}_2, \mathrm{sk}_2)$，并假设经过密文计算之后得到的密文为 c。此时，密文 c 的噪声接近临界值。其中，c 是使用公钥 pk_1 进行加密得到的，其对应的明文为 m。

（2）在进行下一次密文运算之前，对输入的密文 c 进行重加密，即使用公钥 pk_2 对 c 进行再次加密，得到 c'。那么，c' 是 m 的双层加密。同时，将私钥 sk_1 同样用公钥 pk_2 进行加密，得到 sk_1'。

（3）执行 $\mathrm{Eval}(\mathrm{pk}_2, \mathrm{Dec}, \mathrm{sk}_1', c')$，进行同态计算。此时，算法会先解密内层加密，得到 m（消除了原本的噪声），再在 pk_2 下对 m 进行计算。这时，得到的结果是一个新的密文，该密文会引入新的噪声，但是新噪声能够允许再一次的乘法运算。至此，该方案达到了降噪的目的。

（4）递归上述步骤，即可执行更多的同态运算，实现全同态加密。

可见，在噪声接近临界值时进行自举操作，就能够达到对密文进行无限次运算的效果。然而，自举的计算代价非常昂贵，极大地限制了全同态加密算法的计算性能。

目前，如果想要获得全同态加密方案，必须使用自举技术，同时需要依赖循环安全的假设。在实际场景中，通常使用弱化版本的方案，称为**层次型同态加密**。层次型同态加密能够同时支持加法同态和乘法同态，但是支持的同态计算次数是有限的，依赖电路的最大深度 d。

结合自举技术，层次型同态加密就可以转换为全同态加密。因此，如何设计构造更加高效的层次型同态加密方案，成为当下全同态加密研究的重点内容。本节介绍两种典型的层次型同态加密方案——BFV 和 GSW。

4.4.1 BFV

BFV 是目前已有的全同态加密方案中最具影响力的方案之一。它是将基于 LWE 的完全同态加密方案 BV [Brakerski et al., 2014] 移植到了 RLWE 中，使得该方案变得更加简单。

BFV 的安全性来自格上 RLWE 困难问题。在格上 RLWE 问题中，所有的运算都是基于多项式环进行的，并且破解加密系统的难点在于无法区分生成的 RLWE 实例 $\mathcal{A}_{s,\mathcal{X}}^q$ 和均匀分布 $U(R_q^2)$ 的不同，即决策 RLWE 问题。

假设明文空间为 R_t，令 $\Delta = \left\lfloor \frac{q}{t} \right\rfloor$、$r_t(q) = q \bmod t$，那么有 $q = \Delta t + r_t q$。下面给出 BFV 的加密方案及其同态性证明。

1. 密钥生成

在 BFV 中，明文和密文都是用多项式表示的。密钥生成的算法流程如算法 4.4 所示。

算法 4.4　BFV 密钥生成

1 随机选取多项式 $s \leftarrow R_2$，输出 $\mathrm{sk} = s$，作为私钥。

2 设 $s = \mathrm{sk}$，选取 $a \leftarrow R_q$，以及噪声多项式 $e \leftarrow \mathcal{X}$，其中 $\mathcal{X}$ 是一个离散高斯分布，输出公钥 $\mathrm{pk} = ([-as + e]_q, a)$。

这样，就可以得到私钥 $\mathrm{sk} = s$，公钥 $\mathrm{pk} = ([-as + e]_q, a)$。

2. 数据加密

设加密的明文为 $m \in R_t$。随机选取 $u \leftarrow R_2$、$e_1, e_2 \leftarrow \mathcal{X}$，这些多项式仅在加密过程中使用一次，之后会被丢弃。令 $p_0 = \mathrm{pk}[0]$、$p_1 = \mathrm{pk}[1]$，通过以下计算可以得到密文 ct。

$$\mathrm{ct} = ([p_0 u + e_1 + \Delta m]_q, [p_1 u + e_2]_q) \tag{4.28}$$

可以发现，密文是由两个多项式组成的。由于添加了噪声，以及 u 的存在，明文 m 不能被破解，用户在没有私钥的情况下无法进行解密。

3. 数据解密

根据对加密过程的简单分析可知，如果想要正确解密，需要消除 u 所在项，并且尽可能减少噪声的影响。假设拥有私钥 s，则能够计算出 $c_0 = \mathrm{ct}[0]$、$c_1 = \mathrm{ct}[1]$，那么有

$$\begin{aligned} [c_0 + c_1 s]_q &= \Delta m + eu + e_1 + e_2 s \\ &= \Delta m + v \end{aligned} \tag{4.29}$$

其中，$v = eu + e_1 + e_2 s$，表示密文中包含的噪声。由于 $e, e_1, e_2 \leftarrow \mathcal{X}$，并且 $s, u \leftarrow R_2$，即范数 $\|s\|=\|u\|=1$，那么此时噪声没有超过上限。之后，通过缩放（缩放因子为 $\frac{t}{q}$）和模转换，可以得到正确的解密结果：

$$m = \left[\frac{t[c_0 + c_1 s]_q}{q}\right]_t \tag{4.30}$$

同时，将密文 ct 的元素解释为多项式 $\mathrm{ct}(x)$ 的系数，并代入 s，可以得到：

$$[\mathrm{ct}(s)]_q = [c_0 + c_1 s]_q = \Delta m + v \tag{4.31}$$

4. 同态性

假设明文 m_1 和 m_2 使用相同的公钥加密，得到密文 ct_1 和 ct_2，其中 $[\mathrm{ct}_i(s)]_q = \Delta m_i + v_i$。

对于同态加法，有

$$[\mathrm{ct}_1(s) + \mathrm{ct}_2(s)]_q = \Delta[m_1 + m_2]_t + v_1 + v_2 - \epsilon t r \tag{4.32}$$

其中，ϵ 是 $\frac{q}{t}$ 和 Δ 的差值。密文相加后形成的噪声依然在范围之内，因此，BFV 支持同态加法：

$$\mathrm{Add}(\mathrm{ct}_1, \mathrm{ct}_2) := ([\mathrm{ct}_1[0] + \mathrm{ct}_2[0]]_q, [\mathrm{ct}_1[1] + \mathrm{ct}_2[1]]_q) \tag{4.33}$$

与同态加法相比，同态乘法则会带来更大的噪声量。由式 (4.31)，有

$$\mathrm{ct}_i(s) = \Delta m_i + v_i + q r_i \tag{4.34}$$

将两个密文多项式 $\mathrm{ct}_1(s)$ 和 $\mathrm{ct}_2(s)$ 相乘，在计算过程中，Δ 变成 Δ^2，此时需要进行缩放才能正确恢复一个加密 $[m_1m_2]_t$ 的密文。因此，需使用 $\dfrac{t}{q}$ 因子进行缩放。通过分析，这限制了乘法过程中噪声的增长。

设 $\mathrm{ct}_1(x)\mathrm{ct}_2(x) = c_0 + c_1x + c_2x^2$，那么有

$$\left[\left\lfloor\frac{t}{q}c_0\right\rceil + \left\lfloor\frac{t}{q}c_1\right\rceil s + \left\lfloor\frac{t}{q}c_2\right\rceil s^2\right]_q = \Delta[m_1m_2]_t + v_3 \tag{4.35}$$

此时得到的相乘后的密文由 3 个环元素组成，而非最初的两个环元素。为了解决这个问题，需使用重线性化（relinearisation）的过程将二阶密文还原到一阶密文，从而进行更多的乘法操作。

假设 $\mathrm{ct} = [c_0, c_1, c_2]$ 表示一个二阶密文，那么需要找到 $\mathrm{ct}' = [c_0', c_1']$，使得

$$[c_0 + c_1s + c_2s^2]_q = [c_0' + c_1's + r]_q \tag{4.36}$$

由于 s^2 是未知的，一个直观的想法就是提供 s^2 的掩码版本。那么，在密钥生成过程中，除了生成公钥和私钥之外，还需要生成重线性密钥 rlk，即 $\mathrm{rlk} = ([(-a_0s + e_0) + s^2]_q, a_0)$，计算 $\mathrm{rlk}[0] + \mathrm{rlk}[1]s = s^2 + e_0$。然而，$c_2$ 是一个随机元素，噪声 e_0 会随之被放大，这会导致误差 r 变得巨大。

为了避免这种情况，可选择一个基 T 将 c_2 分割成小范数，即 $c_2 = \sum\limits_{i=0}^{l} c_2^{(i)}T^i \bmod q$，其中 $l = \lfloor \ln_T(q) \rceil$，$c_2^{(i)} \in R_T$。

这时，重线性密钥 rlk 变为

$$\mathrm{rlk} = [([(-a_is + e_i) + T^is^2]_q, a_i) : i \in [0, l]] \tag{4.37}$$

对于同态乘法来说，$\mathrm{Mul}(\mathrm{ct}_1, \mathrm{ct}_2, \mathrm{rlk})$：

$$c_0 = \left[\left\lfloor\frac{t}{q}(\mathrm{ct}_1[0] + \mathrm{ct}_2[0])\right\rceil\right]_q \tag{4.38}$$

$$c_1 = \left[\left\lfloor\frac{t}{q}(\mathrm{ct}_1[0]\mathrm{ct}_2[1] + \mathrm{ct}_1[1]\mathrm{ct}_2[0])\right\rceil\right]_q \tag{4.39}$$

$$c_2 = \left[\left\lfloor\frac{t}{q}(\mathrm{ct}_1[1] + \mathrm{ct}_2[1])\right\rceil\right]_q \tag{4.40}$$

经过重线性化过程之后，可以得到 $c_0' = \left[c_0 + \sum\limits_{i=0}^{l} \mathrm{rlk}[i][0]c_2^{(i)}\right]_q$ 和 $c_1' = \left[c_1 + \sum\limits_{i=0}^{l} \mathrm{rlk}[i][1]c_2^{(i)}\right]_q$，输出（$c_0', c_1'$）。

通过以上过程，BFV 的有限同态加密机制得以实现，能够执行有限次数的乘法运算，通过自举，还可以得到全同态加密方案。由于篇幅有限，全同态化过程不再详细分析，有兴趣的读者可参阅读相关文献。

4.4.2 GSW

Gentry、Sahai 和 Waters 基于近似特征向量的思想，提出了全同态加密方案 GSW，从此拉开了第三代全同态加密的帷幕。GSW 的核心思想来自矩阵的近似特征向量，这使得同态加密运算变成了矩阵的加乘运算，将原本复杂的运算变得相对简单和容易理解。GSW 的安全性最终归约到 LWE 问题上，LWE 问题保证了一个 LWE 实例与一个随机向量是不可区分的。本小节详细阐述 GSW 的具体构造过程。

GSW 的设想最初来源于线性代数中的特征向量和特征值的概念。回想一下，在线性代数中，矩阵的特征向量和特征值有着 $\boldsymbol{C}\cdot\boldsymbol{s}=u\cdot\boldsymbol{s}$ 的特殊关系。其中，$\boldsymbol{C}$ 是一个矩阵，$\boldsymbol{s}$ 是特征向量，而 u 是与之对应的特征值。那么，对于具有相同的特征向量 $\boldsymbol{s}$ 及不同的特征值 u_1 和 u_2 的两个矩阵 $\boldsymbol{C}_1$、$\boldsymbol{C}_1$ 来说，有以下关系成立：

$$(\boldsymbol{C}_1\pm\boldsymbol{C}_2)\cdot\boldsymbol{s}=(u_1\pm u_2)\cdot\boldsymbol{s} \tag{4.41}$$

$$(\boldsymbol{C}_1\cdot\boldsymbol{C}_2)\cdot\boldsymbol{s}=(u_1\cdot u_2)\cdot\boldsymbol{s} \tag{4.42}$$

基于此，可以构建一个同态密码系统，其中特征向量 $\boldsymbol{s}$ 是密钥向量，待加密的消息是 u，所产生的密文是矩阵 $\boldsymbol{C}$。可以看到，这个密码系统满足同态加法和同态乘法的特性，并且没有任何噪声，是一个理想的完全同态加密方案。但是，这个加密系统并不安全。给定密文矩阵 $\boldsymbol{C}$，能够很容易地得到 $\boldsymbol{C}$ 对应的特征向量，从而破解密文。

为了提高安全性，可以通过添加噪声的方式来增加解密的困难性，从而使方案的安全性依赖 LWE 问题。那么，这时的密钥 $\boldsymbol{s}$ 是密文矩阵 $\boldsymbol{C}$ 的近似特征向量，即有 $\boldsymbol{C}\cdot\boldsymbol{s}=u\cdot\boldsymbol{s}+\boldsymbol{e}$。其中，$\boldsymbol{e}$ 是一个比较小的噪声向量。此时，如果噪声选得合适，就不会影响解密结果的正确性，这大大增加了系统的安全性。然而，对于同态操作来说，情况并非如此。

假设明文 u_1 和 u_2 所产生的密文分别是 $\boldsymbol{C}_1$ 和 $\boldsymbol{C}_2$，$\boldsymbol{e}_1$ 和 $\boldsymbol{e}_2$ 分别是添加的噪声。那么对于同态加法来说，有

$$(\boldsymbol{C}_1+\boldsymbol{C}_2)\cdot\boldsymbol{s}=(u_1+u_2)\cdot\boldsymbol{s}+(\boldsymbol{e}_1+\boldsymbol{e}_2)\bmod q \tag{4.43}$$

式 (4.43) 中，噪声项进行了叠加，但由于噪声较小，并且来自离散分布，因此叠加后的噪声并没有达到噪声上限，解密后仍然可以得到正确的相加结果。

而对于同态乘法，进行计算和推导后可以得到：

$$(\boldsymbol{C}_1\cdot\boldsymbol{C}_2)\cdot\boldsymbol{s}=u_1\cdot u_2\cdot\boldsymbol{s}+(u_2\cdot\boldsymbol{e}_1+\boldsymbol{C}_1\cdot\boldsymbol{e}_2)\bmod q \tag{4.44}$$

可见，同态乘法引入了很大的噪声，即 $u_2\cdot\boldsymbol{e}_1+\boldsymbol{C}_1\cdot\boldsymbol{e}_2$。因为 $\boldsymbol{C}_1$ 和 u_2 均为随机选取，如果取值较大，会导致乘积超过噪声上限，使得解密时无法将密文还原为明文。

为了提高解密的正确性，需要选择较小的明文和密文矩阵来减小噪声。那么对于待加密的明文 u，只需要对其加以限制（$u\in\{0,1\}$），该限制可以使用 NAND 逻辑门来实现。而对于密文矩阵 $\boldsymbol{C}$，可以通过引入扁平化（Flattening）操作来减小其范数。

扁平化操作可以在不改变线性代数特性的情况下，将一个高范数的向量转换为一个高维低范数向量。

定义 4.14　Flattening 操作

假设 $\boldsymbol{A}$ 和 $\boldsymbol{b}$ 都是 n 维向量，即 $\boldsymbol{A}=(a_0,\cdots,a_{n-1}),\boldsymbol{b}=(b_0,\cdots,b_{n-1})\in\mathbb{Z}_q^n$，令 $l=\ln(q)+1$、$N=nl$，定义 BitDecomp($\boldsymbol{A}$) 是向量 $\boldsymbol{A}$ 的二进制展开向量：

$$\text{BitDecomp}(\boldsymbol{A})=(a_{0,0},\cdots,a_{0,l-1},\cdots,a_{n-1,0},\cdots,a_{n-1,l-1}) \tag{4.45}$$

其中，$a_{i,j}$ 是 a_i 的二进制表示中的第 j 位。

对于向量 $\boldsymbol{a}'=(a_{0,0},\cdots,a_{0,l-1},\cdots,a_{n-1,0},\cdots,a_{n-1,l-1})$，定义 BitDecomp 的逆函数：

$$\text{BitDecomp}^{-1}(\boldsymbol{a}')=\left(\sum_{j=0}^{l-1}2^j a_{0,j},\cdots,\sum_{j=0}^{l-1}2^j a_{k,j}\right) \tag{4.46}$$

基于以上两个函数，定义扁平化操作：

$$\text{Flatten}(\boldsymbol{a}')=\text{BitDecomp}(\text{BitDecomp}^{-1}(\boldsymbol{a}')) \tag{4.47}$$

因此，Flatten($\boldsymbol{a}'$) 是一个由 0 和 1 组成的向量，并且 $\|\text{Flatten}(\boldsymbol{a}')\|_\infty\leqslant 1$。

当一个向量或矩阵按照二进制展开之后，如果想要得到正确的向量内积，需要对另一个向量执行式 (4.48) 所示的操作。

$$\text{Powersof2}(\boldsymbol{b})=(b_0,2b_0,\cdots,2^{l-1}b_0,\cdots,b_{n-1},2b_{n-1},2^{l-1}b_{n-1}) \tag{4.48}$$

于是可以得到式 (4.49) 所示的结果，这与转换之前的计算结果相同。

$$\text{BitDecomp}(\boldsymbol{A})\cdot\text{Powersof2}(\boldsymbol{b})=\boldsymbol{A}\cdot\boldsymbol{b} \tag{4.49}$$

对于任意 N 维向量 $\boldsymbol{a}'$，都有

$$\boldsymbol{a}'\cdot\text{Powersof2}(\boldsymbol{b})=\text{BitDecomp}^{-1}(\boldsymbol{a}')\cdot\boldsymbol{b}=\text{Flatten}(\boldsymbol{a}')\cdot\text{Powersof2}(\boldsymbol{b}) \tag{4.50}$$

接下来，将向量扩展到矩阵。对于任意矩阵 $\boldsymbol{A}$，将其每一行作为一个单独向量进行展开，可以得到 BitDecomp($\boldsymbol{A}$)、Flatten($\boldsymbol{A}$)。因此，可以使用 Flatten($\boldsymbol{C}$) 代替 $\boldsymbol{C}$，以减小矩阵 $\boldsymbol{C}$ 的范数。这个过程需要注意维度相符。

当再次进行同态乘法时，可以发现，由于将加密的明文限制在 0 和 1，并且减小了 $\boldsymbol{C}$ 的范数，因此密文中的噪声项得到了控制。使用电路深度 L 来表示在一个噪声限度内可以进行的同态运算次数，就能构造一个可以允许进行任意次全同态运算（最多 L 次乘法）的全同态加密系统。

下面，形式化描述 GSW 的整个构造过程及其同态性证明。

1. 密钥生成

为了保证同态加密系统的安全性，需要在产生密钥时生成一个 DLWE 实例。GSW 的密钥生成流程如算法 4.5 所示。

算法 4.5　GSW 密钥生成

1 选择安全参数 κ 和电路深度 L，并根据这两个参数为 LWE 实例选择合适的模数 q、格维度 n、参数 m 及误差分布 $\mathcal{X}$。其中，误差分布是离散高斯分布。令 $l=\ln(q)+1$，$N=(n+1)l$。

2 随机选择秘密向量 $\boldsymbol{s}'\leftarrow\mathbb{Z}_q^n$，输出 $\mathrm{sk}=\boldsymbol{s}\leftarrow(1,\boldsymbol{s}')\in\mathbb{Z}_q^{n+1}$ 作为私钥。计算：

$$\boldsymbol{v}=\mathrm{Powersof2}(\boldsymbol{s})=(1,2,\cdots,2^{l-1},s_1',2s_1',\cdots,2^{l-1}s_1',\cdots,s_n',2s_n,2^{l-1}s_n) \tag{4.51}$$

3 随机生成矩阵 $\boldsymbol{A}'\leftarrow\mathbb{Z}_q^{m\times n}$ 及噪声向量 $\boldsymbol{e}\leftarrow\mathcal{X}^m$。

4 计算 $\boldsymbol{b}\leftarrow\boldsymbol{A}'\cdot\boldsymbol{s}'+\boldsymbol{e}$，令 $\boldsymbol{A}=(\boldsymbol{b},-\boldsymbol{A}')$，则 $\boldsymbol{A}$ 是一个 $n+1$ 列的矩阵，并且 $\boldsymbol{A}\cdot\boldsymbol{s}=\boldsymbol{e}$，输出 $\mathrm{pk}=\boldsymbol{A}$。

这样，就可以得到公钥 $\mathrm{pk}=\boldsymbol{A}$，私钥 $\mathrm{sk}=\boldsymbol{s}$。

2. 数据加密

假设待加密的消息是 $m\in\{0,1\}$，均匀地选取一个 0-1 矩阵 $\boldsymbol{R}\in\{0,1\}^{N\times m}$。使用公钥 $\boldsymbol{A}\in\mathbb{Z}_q^{m\times(n+1)}$ 进行加密，可得到密文 $\boldsymbol{C}$。

$$\boldsymbol{C}=\mathrm{Flatten}(m\cdot\boldsymbol{I}_N+\mathrm{BitDecomp}(\boldsymbol{R}\cdot\boldsymbol{A}))\in\mathbb{Z}_q^{N\times N} \tag{4.52}$$

其中，$\boldsymbol{I}_N$ 是一个 $N\times N$ 的单位矩阵。

3. 数据解密

为了保持计算结果的正确，在密钥生成阶段将 $\boldsymbol{s}$ 转换为 $\boldsymbol{v}$，可以发现，该向量的前 l 个系数是 $1,2,\cdots,2^{l-1}$。根据 BitDecomp$(\cdot)$ 和 Powersof2$(\cdot)$ 的性质，可以计算：

$$\boldsymbol{C}\cdot\boldsymbol{v}=m\cdot\boldsymbol{v}+\boldsymbol{R}\cdot\boldsymbol{A}\cdot\boldsymbol{s}=m\cdot\boldsymbol{v}+\boldsymbol{R}\cdot\boldsymbol{e} \tag{4.53}$$

设 $\boldsymbol{C}_i$ 是 $\boldsymbol{C}$ 的第 i 行，并且 $\boldsymbol{v}_i=2^i$，那么式 (4.53) 中的第 i 个系数为 $x_i=m\boldsymbol{v}_i+\boldsymbol{R}_i\cdot\boldsymbol{e}$。输出 $m'=\dfrac{x_i}{\boldsymbol{v}_i}$。

4. 同态性

对于同态加法，直接将两个密文 $\boldsymbol{C}_1$ 和 $\boldsymbol{C}_2$ 相加，输出 $\mathrm{Flatten}(\boldsymbol{C}_1+\boldsymbol{C}_2)$。通过最开始的分析可以得知，其正确性是显而易见的。

对于同态乘法，计算 $\boldsymbol{C}_1\cdot\boldsymbol{C}_2$，输出 $\mathrm{Flatten}(\boldsymbol{C}_1\cdot\boldsymbol{C}_2)$。

$$(\boldsymbol{C}_1\cdot\boldsymbol{C}_2)\cdot\boldsymbol{v}=(m_1\cdot m_2\cdot\boldsymbol{v}+(m_2\cdot\boldsymbol{e}_1+\boldsymbol{C}_1\cdot\boldsymbol{e}_2))\bmod q \tag{4.54}$$

由于 $\boldsymbol{C}_1$ 的各个元素均为 0 或 1，其范数变得非常小，同时将要加密的明文数值限制在了一个二进制位，因此密文相乘之后的噪声与之前的方案相比已经大大减小。

至此，基本的 GSW 就构造完成了，但它仍然是一个有限层次的同态加密系统，后续需要借助自举技术来将其转换为全同态加密算法，感兴趣的读者可以自行查阅相关文献。

4.5 同态加密的应用实例

本章第 4.3 节和第 4.4 节分别从算法结构和同态性的层面，对 3 种类型的同态加密算法进行了介绍，形成了完整的同态加密理论框架。通过严谨的数学推理，相信读者已经对同态加密在隐私保护计算过程中对隐私信息的可信保护形成了充分的认识，感受到了其魔术般的效果。这样的框架是完备的，然而它在应用实践过程中仍会面临诸多挑战。因此，本节从同态加密算法的应用特性出发，分析其在隐私保护计算场景中的实践。

4.5.1 优势与局限性分析

在保证其基本特性的基础上，同态加密算法的实现除了依赖数学难题外，还需要在计算资源和存储资源之间进行权衡。在当前的研究中，虽然全同态加密算法被称为“密码学圣杯”，但这仍然是一个“有瑕疵的圣杯”，无法同时兼顾多方面的效率。正是这种差异性，促使人们需要在应用同态加密算法的过程中对其应用特性进行考量。与此同时，隐私保护计算的场景也是多样化的，隐私保护计算并不总是严格要求同态加密同时满足运算类型多样和高运算效率等特性。因此，在面对一个具体的隐私保护计算场景时，可以从其实际需求出发，选择最合适的同态加密算法。本节分别对 3 种类型的同态加密算法在资源分配和安全性方面的特性进行分析，并探索不同类型的同态加密算法在隐私保护计算中的适用场景。

部分同态加密算法是同态加密的早期研究成果，其支持的**操作类型较为单一**，只能满足在加法或乘法上的无限次运算，这对其适用场景形成了较大的限制。但正是由于避免了考虑多种运算的复杂情况，**部分同态加密算法的复杂度并不高**，对计算资源的需求是在 3 种同态加密算法中最低的。以前文所述的算法为例，如早期的 RSA，其安全性假设依赖大数因式分解，加密和解密过程的运算代价较高；此外，其加密算法具有确定性，即相同的密钥会产生一致的密文，外部攻击者能够依此来推断用户的目标、习惯等隐私信息。由于 RSA 存在安全性漏洞，其适用场景较少。而后期的 Paillier 算法在构造上已经比较成熟，整体上，其算法结构比较简单、运算效率较高，加密和解密单位数据的运算可以在毫秒级的时间内完成。即便在运算类型上存在限制，Paillier 算法的应用场景仍比 RSA 广泛。当前，Paillier 算法一般被应用到电子投票和生物计量场景中。在这些场景下，算法只需要进行简单的加法计数，对**运算的类型多样性需求不高，然而具有较大的现实意义**，需要对用户的隐私信息进行严格保密。

有限同态加密算法是对部分同态加密算法的改进，可同时**支持多种操作**，这使其能够适用于更多的场景。但是有限同态加密算法的**运算次数有限**，加密过程所产生的噪声会急剧增加，很快达到其正确性条件的噪声安全参数上界，这就对服务方所提供服务的复杂度形成了限制。由于在算法设计时需要满足多种运算关系的成立，且各种运算的数据变换之间不会相互影响，有限同态加密算法的复杂度比部分同态加密算法高出不少。受到隐私保护计算复杂度的限制，有限同态加密算法一般只能在特定数据集上进行隐私保护计算，适用于**运算类型较复杂，但是运算量较少的场景**。如前文所述的 BGN 算法，其只支持一次密文乘法的运算限制，使其难以匹配到相符的实际场景，否则需要对加密算法的运算方式或实际场景的运算需求进行调整。当前的有限同态加密算法一般被应用到对医学数据（如基因组和生物信息）、传感器数据和数据库数据等进行隐私保护计算的场景中。

全同态加密算法是同态加密算法的成熟形态，**对运算操作类型和次数均没有限制**，适用于各种加密运算场景。然而，全同态加密算法的实现是 3 种同态加密算法中最复杂的，且其**计算复杂度较高**。全同态加密算法的实现依赖自举技术或重线性化技术对噪声的消除，这造就了全同态加密算法的奇迹，也带来了额外的计算开销。尤其是自举技术过程耗时极长，运算效率成为其瓶颈。在当前的研究中，由于全同态加密算法依赖的数学问题将运算限制在整数范围内，实际场景中**常见的浮点数数据无法直接参与运算**。对于此问题，最简单的解决方法是将浮点数转换为两个整数的商的形式，但这实际上仍然增加了计算开销。这也是全同态加密算法无法大规模地投入云计算场景进行商用的主要原因。全同态加密算法支持多种操作的特性，使其可以在各种进行复杂计算的场景中进行部署。尤其是在外包计算的场景下，服务方需要应对用户多样的计算请求，只有全同态加密算法可以实现这样的效果。无论是前文所述的 GSW 算法还是 BFV 算法，全同态加密算法在计算复杂度上的限制也使计算场景中的计算资源需求较高，这导致全同态加密算法的隐私保护计算场景下限较高。从经济效益的角度来讲，全同态加密算法需要耗费大量资源，只有其计算目标的价值高于资源消耗的代价时，用户才会选择这种服务。因此，全同态加密算法一般用在**商业化的隐私保护计算场景**中，如云计算中的隐私信息检索（Private Information Retrieval，PIR）、密文数据库等场景。

上述分析总结在表 4.2 中。

表 4.2 同态加密的特性对比

类型	优势	局限性	适用场景
部分同态加密	算法复杂度不高	运算类型单一	运算类型需求较简单的场景
有限同态加密	支持多种操作	部分运算受限	运算类型复杂，但运算量较少的场景
全同态加密	运算没有限制	计算复杂度较高	商业化的隐私保护计算场景

总体来说，随着同态加密的阶段性发展，其算法的灵活性逐步提升，在适用范围上从**“算法针对单一场景”**走向**“算法适用多个场景”**。但是，这种提升并不是通过打破原始算法的计算限制得到的，而是通过寻找新的数学特性得到的。加密算法灵活性提升的代价就是计算复杂度的提升，以及计算资源需求量的增加。因此，在将同态加密应用到具体场景中时，还需要结合算法本身的应用特性进行选择。

同时，在上述场景中，同态加密算法均作为独立的隐私保护计算方式，为用户提供服务。然而，同态加密本身在各种外部特性上的权衡，会导致算法无法兼顾各种指标，这在复杂的隐私保护计算场景中并非完美的选择。因此，在多数隐私保护计算场景中，同态加密一般作为加密运算体系的一部分，与其他隐私保护计算方法协同实现数据保护的功能。下面列举了两种同态加密的协同隐私保护计算模式。

（1）同态加密作为安全多方计算的一种实现方式，确保多方在互不泄露隐私的前提下执行协同计算任务。

（2）在联邦学习的场景中，多方用户利用同态加密对中间结果加密并发送给第三方；第三方先对加密数据进行聚合，再将聚合后的密态模型返回给用户，保证模型和数据等隐私数据不会被泄露。

4.5.2　数据库密文检索

在云服务的场景中，最基础的服务是数据存储服务。当用户上传本地资源时，云数据库作为可无限扩展的虚拟存储空间，在接入网络的情况下可以随时为用户提供数据检索等服务。由于数据库本身庞大的数据存储能力，用户的多数隐私信息都被存储在数据库中。无论是从用户个人隐私保护的角度，还是群体决策安全的角度，以明文的方式对数据进行云端存储的方式都是充满风险的。

同态加密正是一种可以解决上述问题的方法。一方面，数据以密文的形式存储在用户难以感知和控制的服务器上，用户不必考虑大量个人隐私信息被窃取的风险。另一方面，依据加密算法的同态属性，用户仍然可以向服务端请求数据检索等服务，即密文检索。在进行密文检索时，服务方既无法分析得出用户具体的检索请求，也无法得到请求要返回的明文内容。同时从用户的角度看，用户也无法得到除检索目标之外的其他信息。这就可以对用户的隐私信息计算过程进行全方位的保护。

在密文数据库中进行检索存在很大的挑战。由于数据量较大，服务器在查询过程中需要对数据和查询条件进行排序、逐条对比等操作。在一些较复杂的检索服务中，甚至还需要对数据进行基本的数学运算。因此，如何提升检索效率成为密文检索的最大挑战。例如，Gahi 等 [2015] 提出了一种基于 DGHV 全同态加密 [Dijk et al., 2010] 的密文检索方法。但是，Gahi 的方法是在数据位的粒度上对检索目标分别进行计算，因此该方法即使对于整数乘法等简单操作也需要大量计算才能执行，计算效率较低。随后，Palamakumbura 等 [2016] 提出了一种 Gahi 方法的替代方法，称为同态检索处理技术。与 Gahi 的方法不同的是，Sudharaka 的方法能够与更加现代的全同态加密方案一起使用。例如，将同态查询处理技术与 Brakerski 等 [2011a] 提出的基于环的全同态加密方案进行结合，可以在数据块的粒度上进行运算，从而减少计算的次数，提升密文检索的效率。

具体来说，Sudharaka 方法的密文检索过程可以分为以下 3 个步骤。

（1）用户将加密后的数据 $\text{Enc}(m)$ 存储在服务器中，且数据以 $\langle\text{key,value}\rangle$ 的形式进行排列和存储，其中第 i 个 key 记为 R_i，对应的数据块记为 M_i。

（2）用户需要对某部分数据进行检索时，将检索请求以加密的形式 $[\text{Enc}(k)]$ 发送到服务器。

（3）服务器对收到的请求进行处理：

$$F_i = (\Pi\text{Enc}(k - R_s))(\Pi\text{Enc}(R_i - R_s)^{-1}), \forall R_s \neq R_i \tag{4.55}$$

由于服务器是以全同态加密的方式进行计算，可以对加密计算进行转换，式 (4.55) 可以看作：

$$F_i = \text{Enc}(\Pi[(k - R_s)/(R_i - R_s)]), \forall R_s \neq R_i \tag{4.56}$$

对于检索过程来说，当式 (4.56) 中的检索目标 k 与对比目标 R_i 一致时，$F_i = \text{Enc}(1)$，不一致时有 $F_i = \text{Enc}(0)$。对于多个请求的过程，可以将请求进行拆分，逐个检索之后，将检索结果 M_i 合并为 $\text{Res}(k)$ 返回给用户。

（4）当用户收到检索结果 Res(k) 后，使用私钥对 Res(k) 进行解密，得到检索结果 M_i。

相较而言，Sudharaka 的方法并不是针对某一种同态加密方案设计的特殊构造，而是可以与多种加密算法共同使用，与 Gahi 的方法相比具有更广的适用范围。在复杂度方面，假设数据库中有 m 个数据块，每个数据块都使用 n 位加密，那么在进行检索时，Gahi 的方法在某一轮检索中的操作数量为 $O(nm)$，而 Sudharaka 的方法的操作数量为 $O(m)$。在对所有数据遍历一遍的情况下，Gahi 的方法的操作数量为 $O(nm^2)$，而 Sudharaka 的方法的操作数量为 $O(m^2)$。可见，无论是适用范围还是计算效率，Sudharaka 的方法都具有更好的性能。

4.5.3 机器学习的隐私保护

近年来，机器学习蓬勃发展，成为了炙手可热的研究领域，目前已经在云计算、大数据、边缘计算和物联网等领域得到了广泛应用。机器学习通过收集大量现实生活中的真实数据进行模型训练和预测，帮助进行更好的决策，给人们的生产生活带来了极大的便利。

然而，机器学习中依然面临着数据隐私问题。机器学习模型的预测效果依赖大量的高质量的数据集，而这些数据中通常含有大量的用户隐私和敏感信息。同时，由于机器学习模型训练需要大量的计算资源和存储资源，因此训练和预测过程经常外包给第三方云服务平台。第三方云服务平台可能存在着恶意存储、记录和分析数据的行为，这给数据安全和隐私带来了很大威胁，加剧了隐私泄露的风险。因此，如何在保护数据隐私的情况下提供更好的机器学习服务已经成为了一个重大挑战和研究重点。

同态加密作为一种加密方法，可以很好地提供用户输入数据的隐私和安全，实现隐私保护机器学习。它可以实现不解密的情况下对密文进行计算，并且对密文处理后的结果与对明文执行相应计算后的结果相同。因此对于数据隐私保护来说，同态加密具有得天独厚的优势。

同态加密可以应用到机器学习过程中的训练阶段和预测阶段。在训练阶段，用户将训练数据以密文形式上传到第三方云服务平台；云服务平台执行密文计算来进行模型训练，在这个过程中无法得到用户明文的数据集，从而保护了用户的数据隐私。在预测阶段，用户只想得到预测结果，因此将同态加密后的数据上传到第三方云服务平台，使其利用已经训练好的模型在加密数据上进行预测，并向用户返回预测结果。

由于同态加密计算复杂，需要消耗大量的计算资源，而一般的机器学习训练过程参数很多，需要进行大量计算。因此，目前基于同态加密的隐私保护机器学习的主要研究大部分集中于对加密数据进行安全预测，如图 4.4 所示。

然而，同态加密只支持加法和乘法等多项式运算，不能进行激活函数计算等非线性运算，如 Sigmoid 函数和 ReLu 函数。因此，机器学习中的非线性激活函数需要进行特殊处理。

针对这个问题，目前主流的解决方式有两种。一种解决方式是非线性运算过程依然由数据拥有者来进行。例如，Barni 等 [2006] 提出了一种隐私保护方法：用户将加密数据上传到第三方云服务平台，该平台执行数据与权重的乘积运算，并将计算结果传回用户；用户解密后进行非线性运算，将运算结果再次加密并返回第三方云服务平台。这个过程重复进行，一直到所有层都计算完成为止。这种方法要求用户全程在线，并且第三方云服务平

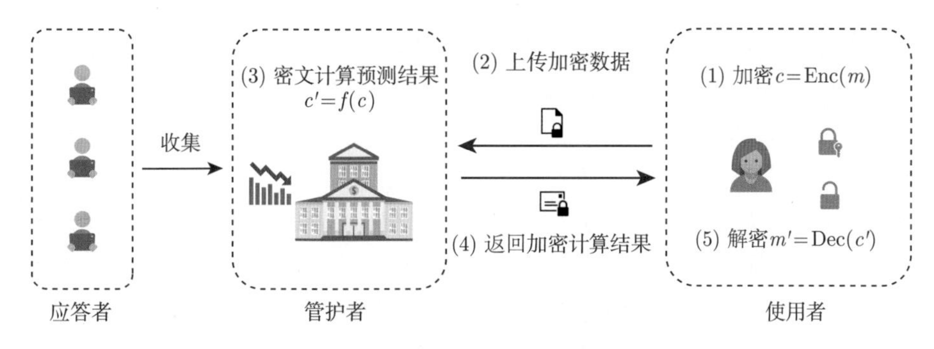

图 4.4 神经网络对加密数据进行安全预测

台返回的权重结果会暴露给用户，这会带来模型安全问题。

另外一种解决方式是先对这些非线性运算进行多项式近似，再利用同态加密机制计算近似的多项式函数。例如，在逻辑回归过程中，Sigmoid 函数 $y=\dfrac{1}{1+\mathrm{e}^{-x}}$ 对应的损失函数为 $L=\dfrac{1}{n}\sum\limits_{i=1}^{n}\ln(1+\mathrm{e}^{-y_i\theta^T x_i})$，对该对数损失函数进行泰勒展开 $\left[\ln(1+\mathrm{e}^{-z})\approx\ln 2-\dfrac{1}{2}z+\dfrac{1}{8}z^2+O(z^2)\right]$，通过多项式来近似该损失函数，即可利用加法同态加密进行计算。

Gilad-Bachrach 等 [2016] 提出了一种近似神经网络模型 CryptoNets，其中非线性激活函数（平方激活函数）使用了低次多项式来近似，使得该模型能够用于加密数据预测，并将结果返回给用户。虽然使用了近似，但是该模型的分类性能较好，并且中间结果不共享，隐私性得到了很好的保证。

Hesamifard 等 [2017] 提出了一种深度神经网络模型 CryptoDL，用于对密文数据进行分类，同样使用低阶多项式来逼近 CNN 中常用的激活函数。进一步地，该模型使用单指令多数据（Single Instruction Multiple Data，SIMD）批处理技术，提高了数据分类效率。

同态加密的优良性质使得其在机器学习中得到了广泛应用，它使得用户拥有对自己数据的控制权的同时也可以得到云机器学习平台的服务。但是，同态加密的计算复杂度和通信开销问题，使其在实际落地过程中受到了很大阻碍，因此基于同态加密的隐私保护机器学习仍然需要进一步的优化和研究。

4.6 延伸阅读

同态加密技术能够对隐私信息进行直接、有效的保护，其密文运算的性质使其在隐私保护计算中发挥了重要作用。对同态加密的研究已历经半个世纪，其体系框架较为成熟，读者可以参考 [Koç et al., 2021; Chatterjee et al., 2019; Yi et al., 2014; Pulido-Gaytan et al., 2021] 等具有代表性的著作，深入研究同态加密的数学原理和加密机制。对各类同态加密算法的研究也使其应用范围覆盖了多数行业。例如，Abreu 等 [2022] 分析了同态加密在智能仪表领域的应用，Munjal 等 [2022] 介绍了同态加密在智慧医疗领域的应用，Bassit 等 [2022] 描述了同态加密在生物识别领域的应用。

虽然当前同态加密已经可以在各个领域中对隐私信息进行有效的保护，但其运算效率和复杂性等特性之间的矛盾仍然存在，算法层面的局限性限制着同态加密的实际应用。全同态加密已经突破了运算操作类型的限制，我们还需要在其他方面（如运算效率、应用范围）对同态加密继续改进，推动其在隐私保护计算中的作用范围不断扩展。下面列述部分改进方向，供读者参考。

1. 对称密钥的同态加密

当前的同态加密基本上都遵循公钥加密机制，该机制的一个共性问题就是过长的公钥会导致密文大小远超过明文，进而影响隐私保护计算的效率，将简单的运算服务复杂化。而现有的公钥压缩技术虽然可以解决这个问题，但压缩技术本身会带来额外的计算复杂度，且加密过程缓慢。从需求上分析，同态加密的密钥都保留在用户本地，即使使用复杂度较低的对称密钥体制，也可以实现相同的隐私信息安全性，同时保证运算过程快速、准确。自从全同态加密算法诞生后，为了提升算法的效率，已经有大量这方面的探索 [Wang et al., 2018; Jiang et al., 2021; Singh et al., 2021]，但这些方案仍然存在安全性、效率等方面的问题，无法实现大规模的商用，需要进行更多的研究。

2. 多源数据场景下的加密

现有的同态加密在部署过程中往往考虑对单一来源的数据进行操作，即用户所请求的服务仅在自己加密上传的数据上进行计算。这种计算模式在应对多个来源的数据进行协作计算的服务需求时，由于各方采取的加密方式没有统一标准，会使服务方进行统一计算时效率很低。然而在云服务中，这种类型的服务占据较大比例。服务方要对这类服务提供安全性保证，就需要使用一种支持多源数据共同参与隐私保护计算的同态加密模式。由于云服务的广泛部署，多源数据场景下的同态加密具有很高的应用价值，是当前研究的热点 [Chen et al., 2019a,b; Ma et al., 2022]，尤其是与安全多方计算等技术结合的场景下，读者可以结合其他隐私保护技术进一步探索。

3. 可验证的同态加密

同态加密本身是有严谨的数学逻辑的，是一种值得信赖的计算。即使同态加密能够对用户的隐私信息进行有效保护，我们仍然需要认识到，用户最根本的目的是得到完整的服务。然而，服务方所提供的运算服务对用户来说是不可见的，在这种情况下，用户无法对服务结果的正确性进行校验。即使服务方返回的是一个近似结果，甚至仅仅是看起来没有问题的结果，用户对结果进行验证也是充满困难的。因此，我们需要设计一种可验证的同态加密方法，保证用户得到质量可靠的服务。目前，学术界在同态加密服务的可验证性方面已经进行了大量研究 [Luo et al., 2018; El-Yahyaoui et al., 2019; Madi et al., 2021]，读者可以沿此方向继续进行探索。

第 5 章 零知识证明

证明不仅是数学的灵魂，更是信任的基石。为使他人信服，我们必须拥有缜密的逻辑，并提供充分的证据。证明过程也应该易于理解和检验。然而，当需要证明的命题涉及隐私时，将证据公之于众无异于皇帝的新装。一旦秘密从证明者处流出，其影响将变得难以控制，其价值也将不复存在。那么，人们能否在不泄露隐私的前提下完成证明呢？答案是肯定的。零知识证明为我们提供了一种巧妙的解决方案。借助密码学工具，证明者不会透露除命题真伪外任何有关秘密的信息，而验证者几乎不会对证明结果产生怀疑。

本章介绍零知识证明的相关知识。第 5.1 节从数独游戏引入，介绍零知识证明的基本思想和作用。第 5.2 节介绍零知识证明的相关概念及功能组件。第 5.3 节介绍交互式零知识（Interactive Zero-Knowledge，IZK）证明的基本流程，以及两个经典的交互式零知识证明协议。第 5.4 节介绍非交互式零知识证明（Non-Interactive Zero-Knowledge，NIZK）的形式化定义，以及三个经典的非交互式零知识证明协议。第 5.5 节介绍零知识证明在隐私保护计算中的应用场景与方式，以实际的应用方案阐述零知识证明的隐私保护特性。第 5.6 节介绍了相关的延伸阅读。

5.1 零知识证明的基本思想

零知识证明是证明者向验证者证明某命题的方法，特点是过程中除“该命题为真”之事外，不泄露任何信息。本节从数独问题出发介绍零知识证明，并且引入零知识证明中涉及的几个重要概念，如交互式证明、承诺等。

根据实际应用场景的需求设计出的零知识证明方案，可以有效地保护真实秘密的隐私性。验证者仅能知道证明者已经证明了某一事实，无法得到其他任何有关信息。为了更加直观地理解零知识证明的实现过程，下面通过一个证明数独解法的例子展开介绍，如例 5.1 所示。

例 5.1　问题描述

设想这样一个场景，Peggy 和 Victor 进行数独解题竞赛：在纸上画出 9×9 的方格，将一部分空格填上数字作为题面，解题者填满剩余的空格之后，若能满足任意行、任意列和任意九宫格皆占据了 $1\sim9$ 这 9 个数字，即可认为解题成功。Peggy 出了题面之后让 Victor 解题，Victor 绞尽脑汁也难以解出正确答案，于是 Victor 怀疑这个题面根本没有解。Peggy 正想方设法向 Victor 证明这个题面确实有解，但是 Peggy 又不想泄露自己好不容易设定的题解，毕竟出一道数独题也相当于自己解了一遍题再隐藏起来一部分空格，Peggy 不想白白耗费这一份精力。

于是，Peggy 想到了一种既能向 Victor 证明自己确实知道数独题面的真实解，又不会泄露真实解的内容的方法。作为证明者，Peggy 和 Victor 这个验证者进行了如例 5.2 所示的交互式证明流程。

例 5.2　交互式证明

承诺：Peggy 在数独方格纸上填写正确答案，然后将数独方格纸沿方格线剪成 $9\times9=81$ 个方格块。在摆放给 Victor 查看时，题面所在的方格数字朝上、其他的方格数字朝下，这时 Victor 仍然只能看到题面，不知道真实的解。

挑战：如图 5.1所示，Peggy 让 Victor 选择任意一行、任意一列或任意一个九宫格的 9 个方格，然后 Peggy 将这 9 个方格装入一个口袋，随意摇晃去打乱袋中方格，之后打开口袋。Victor 查看这 9 个方格竟然真的是 $1\sim9$ 的所有数字，但认为这是一次巧合。

重复：Peggy 为了让 Victor 信服，再次摆放了 81 个方格块，让 Victor 再挑任意一行、任意一列或任意一个九宫格的 9 个方格，装入口袋混淆之后打开查看，竟然又是 $1\sim9$ 的所有数字。Victor 仍然觉得这又是一次巧合，不过相信 Peggy 的程度增加了。Peggy 和 Victor 继续进行挑选方格、装入口袋再打开查看的操作，每次都是 $1\sim9$ 的所有数字，Victor 逐渐相信 Peggy 确实知道数独题面的真实解。如果 Peggy 不知道数独的真实解，Peggy 也难以通过 Victor 的多次重复检验。

Peggy 已经设计了这种不泄露真实解即可向验证者证明自己确实知道数独真实解的方法，于是 Peggy 想要向多个观众展示这个巧妙的方法。一些观众依次挑选行、列或九宫格让 Peggy 进行证明，Peggy 不停地进行随机试验操作，不间断的操作过程让 Peggy 日益劳累。于是，Peggy 进一步设计了一种不需要自己与验证者交互的机器，实现了非交互式证明（见例 5.3）。

例 5.3　非交互式证明

Peggy 将摆放好的题面承诺放到机器中，机器自动地随机组合其中的行、列或九宫格，并进行打包查看的操作，最后将查看结果输出。这样，Peggy 就可以轻松地向多个验证者展示自己确实知道题面的真实解。

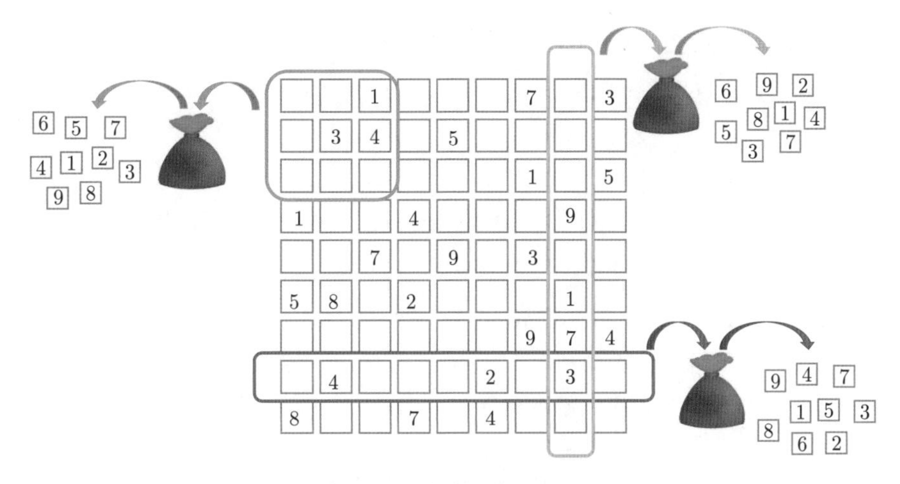

图 5.1　数独解法的证明

Peggy 无须向 Victor 公开真正的数独解法内容，而是通过交互或者非交互的方案证明了自己知道数独解法。这个例子的一系列流程形象地阐述了此类证明方案的隐私保护特性：可实现零知识状态下向第三方证明自己知道数据的真实内容。下面介绍零知识证明的详细定义。

5.2　零知识证明的相关概念与功能组件

本节详细介绍第 5.1 节涉及的交互式证明、承诺等概念。

5.2.1　交互式证明

在计算复杂性理论中，交互式证明被定义为一种计算模型，该模型的目标是给定一个语言 L 与输入 X，判断 X 是否属于 L。在该定义下，交互式证明包含验证者（Verifier，用 V 表示）和证明者（Prover，用 P 表示）这两个实体。在这一过程中，验证者与证明者通过模型定义的规则进行信息交换，从而使得验证者能够通过证明者给出的信息判断输入是否在特定语言中。可以看出，在交互式证明中，验证者扮演着重要的角色，需要根据证明者给出的信息做出诚实的判断。因此，需要对验证者做出约束，如定义 5.1 和定义 5.2 所示。

> **定义 5.1　完备性**
>
> 如果输入属于该语言，那么存在诚实的证明者 P，使得验证者 V 与证明者 P 交互完成后，输出“输入属于该语言”。

> **定义 5.2　可靠性**
>
> 如果输入不属于该语言，那么对任意的证明者 P，验证者 V 与证明者 P 完成交互后，输出“输入属于该语言”的概率很小，小于某一给定常数。

如果对于语言 L，验证者同时满足完备性与可靠性，则称语言 L 具有这样一个交互式证明体系。以上描述的形式化定义如定义 5.3 所示。

定义 5.3 交互式证明

定义 L 是 $\{0,1\}^*$ 上的语言。协议 $f_{P,V}(\cdot)$ 被称为 L 的交互式证明系统，x 是输入值，当

$$\Pr[f_{P,V}(x)=1|x\in L]\geqslant\varepsilon \tag{5.1}$$

且

$$\Pr\left[f_{\tilde{P},V}(x)=1|x\notin L\right]\leqslant\delta \tag{5.2}$$

其中 ε 和 δ 是常数，满足 $\varepsilon\in(\frac{1}{2},1]$、$\delta\in[0,\frac{1}{2})$，且概率空间是 $f_{P,V}(\cdot)$ 的任意输入值和 P 及 V 的任意随机输入值。

式 (5.1) 描述了如果 $x\in L$，那么 V 将至少以概率 ε 接受证明，刻画了完备性约束。其中，概率界 ε 称为协议 $f_{P,V}(\cdot)$ 的完备性概率。式 (5.2) 描述了如果 $x\notin L$，那么 V 将至多以概率 δ 接受证明，刻画了可靠性约束。其中，概率界 δ 称为 $f_{\tilde{P},V}(\cdot)$ 的正确性概率。

5.2.2 零知识性

零知识性能够防止证明者 P 向验证者 V 泄露不必要的信息。根据计算模型的输出分布与真实协议的输出分布之间的关系，可以将零知识性分为完美零知识性、统计零知识性与计算零知识性。完美零知识性指模拟器的输出分布与真实协议的输出分布是同分布的；统计零知识性指模拟器的输出分布与真实协议的输出分布是统计不可区分的，二者间的统计距离是可忽略的；计算零知识性指模拟器的输出分布与真实协议的输出分布是计算不可区分的，无法找到一个有效的算法将二者区分开。为了模拟零知识的证明过程，这里需引入没有知识能被提取的模拟器来完成证明，它可以与任何可能的验证者进行交互，并生成模拟出的证明结果。下面给出 3 种零知识性的详细定义，如定义 5.4 ~ 定义 5.6 所示。

定义 5.4 完美零知识性

如果对任意的 $x\in L$，$f_{P,V}(x)$ 的证明副本可以由一个与输入长度有关的多项式时间算法 $s_{P,V}(x)$ 以相同的概率分布生成，则关于 L 的证明协议 $f_{P,V}(\cdot)$ 是完美零知识的。

定义 5.5 统计零知识性

如果对任意的 $x\in L$，$f_{P,V}(x)$ 的证明副本可以由一个有效的算法仿真，并且任何统计分辨器（运行时间非多项式有界）都无法对二者加以区分，则关于 L 的证明协议 $f_{P,V}(\cdot)$ 是统计零知识的。

定义 5.6 计算零知识性

如果对任意的 $x\in L$，$f_{P,V}(x)$ 的证明副本可以由一个与输入长度有关的多项式时间算法仿真，它的概率分布与证明副本是难以进行多项式 $p(\cdot)$ 区分的，则关于 L 的证明协议 $f_{P,V}(\cdot)$ 是计算零知识的。

这 3 种零知识性均具有严格的定义区分，其中统计零知识性与计算零知识性在概念上没有太大区别。但是从定义 5.4~ 定义 5.6 能够看出，与计算零知识性相比，统计零知识性具有更严格的安全概念，没有限制分辨器的运行时间是多项式有界的。所以，在实际应用中，协议设计者更希望协议是统计零知识的，只有在安全需求最低的情况下，才考虑计算零知识性协议。对于完美零知识性协议而言，无论验证者的学习能力有多强大，都不可能获得这种语言传达的任何内容，因此，它的安全需求最高。

5.2.3 承诺

1981 年，Shamir 等人引入的承诺（commitment）这一密码术语，是零知识证明协议构造中的重要组成部分。承诺协议是承诺方与验证方之间的交互协议，包括承诺生成和承诺披露两个阶段。在承诺生成阶段，承诺方会先选择明文 m，然后计算出与之对应的承诺，并将承诺值发送给验证方；在承诺披露阶段，承诺方公开明文 m 以及在承诺阶段选择的相当于密钥的盲因子，验证方可以验证公开信息与承诺值内包含的明文之间的一致性，从而决定是否验证通过。

承诺方案主要包括 3 个组件，分别是算法生成器 G、算法 C 和明文 m，承诺方案 (G,C,V) 由算法 5.1 中的 4 个部分组成。

算法 5.1　承诺方案

输入: 算法生成器 G、算法 C、明文 m。

输出: 验证结果。

1 参数设置：算法生成器 G 根据安全参数生成公开参数 crs。

2 生成承诺：根据公开参数 crs 和明文 m 执行算法 C，输出承诺 c 与相关信息 d，即 $(c,d) \leftarrow C(\text{crs},m)$。

3 公开承诺：承诺方将 m 与 d 发送给验证方。

4 验证承诺：验证方验证 $V(\text{crs},c,d,m)=1$ 是否成立。

承诺方案具有有效性、完备性、隐藏性与绑定性这 4 个性质（见定义 5.7），其中绑定性和隐藏性尤为重要。在实际应用中，承诺方案的隐藏性为数据提供隐私保护，而绑定性则保障了数据的可靠与可监管。

定义 5.7　承诺方案的性质

（1）有效性：G、C、V 都是多项式时间算法。

（2）完备性：对任何多项式长度的消息 m，有

$$\Pr\left[\text{crs} \leftarrow G\left(1^k\right); (c,d) \leftarrow C(\text{crs},m) : V(\text{crs},c,d,m)=1\right]=1 \tag{5.3}$$

（3）隐藏性：对于任何敌手 A 和任意大小的 k，存在可忽略的函数 f，以及 m_0、m_1，且 $|m_0|=|m_1|$，有

$$\Pr\left[\text{crs} \leftarrow G\left(1^k\right); b \leftarrow \{0,1\}; (c,d) \leftarrow C\left(\text{crs}, m_b\right) : b \leftarrow A\left(c\right)\right]$$
$$\leqslant \frac{1}{2} + f\left(k\right) \tag{5.4}$$

（4）绑定性：对于任意多项式时间算法的发送者 S 和任意大小的 k，存在可忽略的函数 f，有

$$\begin{aligned}&\Pr[\text{crs} \leftarrow G(1^k); (c, m_0, m_1, d_0, d_1) \leftarrow S(\text{crs}) :\\ &m_0 \neq m_1 \wedge V(\text{crs}, c, d_0, m_0) = V(\text{crs}, c, d_1, m_1) = 1] \leqslant f(k)\end{aligned} \tag{5.5}$$

有效性是指承诺方案中的算法的运行时间都是以多项式为界的，确保了承诺方案可用。完备性则确保了由消息 m 所生成的承诺难以被否认。绑定性是指承诺方难以将已承诺的 m 解释为其他明文 m_1。也就是说，恶意的承诺方难以将 m 对应的承诺打开为 m_1 且使得验证通过。承诺的绑定性使得收到的承诺与真实明文 m 是对应的。隐藏性则是指承诺方在验证方打开关于 m 的承诺之前，不会透露关于明文 m 的任何信息，使得验证方不知道承诺方选择的明文 m。按照上述性质，承诺方案可分为计算隐藏的承诺方案与计算绑定的承诺方案。

5.2.4 零知识证明的特性

Goldwasser、Micali 及 Rackoff 在 20 世纪 80 年代初发表的论文中提出了零知识证明的概念，并对交互式证明系统的零知识特性进行了数学定义。零知识证明是证明者向验证者证明某命题的方法，不泄露任何其他信息即可让验证者确认某命题为真。零知识就是指验证者除了对论断判断的结果之外，无法获取任何额外信息。一个基本的零知识证明协议需要满足完备性、正确性和零知识性。

完备性指验证者难以欺骗证明者。如果证明者知道某命题的论断结果，则证明者能够很容易地向验证者清楚地证明该结果的正确性，即验证者无法假装不相信该结果。正确性指证明者难以欺骗验证者。如果证明者不知道某命题的论断结果，则证明者难以让验证者相信自己知道该结果的正确性，即证明者无法假装自己掌握了未知的知识。零知识性指验证者仅能获知命题为真，无法获取任何额外的知识：如果能通过仅计算已知知识就得到证明者与验证者交互的所有信息，则验证者并未获得除已知知识以外的其他知识。

零知识证明实质上是一种涉及两方或多方的协议，即两方或多方完成一项任务所需采取的一系列步骤，主要是通过密码算法实现的。实际上，许多密码学技术的设计思想皆实现了零知识证明。例如，哈希函数因为具有单向性、抗弱碰撞性和抗强碰撞性，其天生符合零知识证明的性质，易于生成与消息知识对应的哈希值证明。单向性指难以通过哈希值反向计算出消息，保护了消息内容的隐私性；抗弱碰撞性与抗强碰撞性指难以找到另外一条消息与该条消息具有相同哈希值，且难以找到哈希值相同的两条不同的消息，能够有效地防止证明者伪造知识。

根据交互的轮次不同，零知识证明主要分为交互式和非交互式。数独游戏中，Peggy 和

Victor 之间最开始的那种互动式的证明方法其实就是交互式零知识证明。交互式零知识证明中，证明方需要先提供答案，也就是承诺，接着验证方不断地发送随机数来挑战证明方，直到达到协议规定的验证轮数，才完成证明过程。而非交互式证明则是证明方将证明过程编码为一个字符串，并将其发送给验证方，验证方对该字符串进行验证，整个证明只需一轮即可完成。简单来说，交互式零知识证明一般在验证方与证明方间采取挑战、应答的方式，而非交互式零知识证明则是证明方直接提供证明与应答，用于验证。早期的零知识证明协议大多使用交互式的执行方案，仅能针对特殊的应用场景需求来提出解决方案，如利用非对称加密实现身份认证。该过程需要证明者与验证者进行多轮交互以完成证明流程。因此，为了实现针对多类问题的通用证明协议，并且对其中的交互过程进行简化，非交互式零知识证明协议成为另一个重要的研究方向，并且被应用于许多场景中，如零币中的匿名交易。图 5.2展示了交互式零知识证明与非交互式零知识证明的基本流程对比。

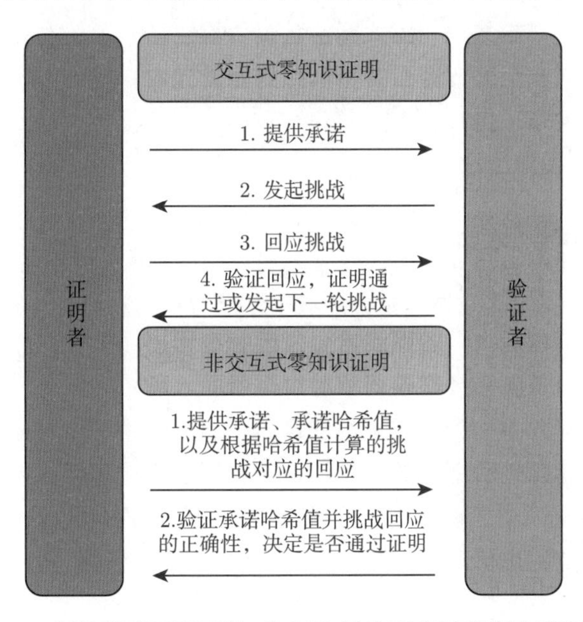

图 5.2　交互式零知识证明与非交互式零知识证明的基本流程对比

5.3　交互式零知识证明

了解了交互式证明、承诺及零知识性等基础知识后，本节介绍交互式零知识证明。P 若想通过交互的方式向 V 证明自己知道某秘密，并在交互的过程中不泄露该秘密的任何信息，则可以通过设计一种 P 与 V 之间具备零知识性的交互过程来实现，这称为交互式零知识证明，具体定义如定义 5.8 所示。

定义 5.8　交互式零知识证明系统

一对多项式时间算法 (P,V) 是一个语言 $L \in \mathrm{NP}$ 上的交互式零知识证明系统，κ 是安全参数。$(P,V)[x]$ 表示输入是 x 时系统的输出，同时 $(P,V)[x]=1$ 表示 V 认可 P 的证明结果；$O(\kappa)$ 是安全参数的无穷小量。交互式证明系统需满足以下性质。

（1）完备性：

$$\forall x \in L, \Pr[(P,V)[x]=1] \geqslant 1-O(\kappa) \tag{5.6}$$

对于任意的知识 x，P 能够证明该知识的有效性，$O(\kappa)$ 表示 V 不认可证明结果的概率。所以，V 认可 P 证明 x 的结果的概率接近 1，即 V 难以否认该证明结果。

（2）正确性：

$$\forall x \notin L, \forall P^*, \Pr[(P^*,V)[x]=1] \leqslant O(\kappa) \tag{5.7}$$

对于不属于该证明系统语言的知识 x，P^* 表示虚假的证明者，其难以证明该知识的有效性；$O(\kappa)$ 表示 V 认可证明结果的概率，是极小的值。所以，V 认可 P^* 证明 x 的结果的概率很小，即 P^* 难以让 V 认可证明结果。

（3）零知识性：设 $\langle P,V^*\rangle(x)$ 是 V^* 和 P 在关于 x 的交互过程中得到的所有信息。引入模拟器 S，用于模拟 V^* 与 P 的交互过程，并且模拟器无须与 P 交互。模拟器 S 对输入 x 得到的输出是 $S(x)$。

$$\langle P,V^*\rangle(x) \approx S(x) \tag{5.8}$$

若对于任一概率多项式时间的交互图灵机 V^*，存在概率多项式时间的模拟器 S，使得对于 $\forall x \in L$，$\langle P,V^*\rangle(x)$ 和 $S(x)$ 服从相同的概率分布，则称 (P,V) 具备零知识性。因为 S 不能与 P 进行交互，所以 S 与 V^* 不能获得 P 的任何知识。

目前，常用的交互式零知识证明协议的设计思路是将密码学技术融合到实际的交互流程中，以保证秘密的隐私性和证明的完备性、可靠性及零知识性。例如，使用离散对数求解难题、哈希函数等理论与技术实现数据的隐私保护与验证机制，证明者与验证者大多依此交互密态数据，以实现零知识证明的功能。交互式零知识证明协议的基本流程如算法 5.2 所示。

算法 5.2　交互式零知识证明协议的基本流程

输入: NP 难题。

输出: 证明是否通过。

1 **for** $i \leqslant n$ **do**
2 　P 选取一个随机数，并利用所拥有的信息生成一个与原难题同构的新难题。紧接着，利用信息与随机数求解这个新难题。
3 　P 利用比特承诺方案递交这个新难题的解法。
4 　P 向 V 透露这个新难题。V 不能用这个新难题得到原难题或其解法的任何信息。
5 　V 要求 P 证明新难题、旧难题同构，或者 P 公开提交的解法正确。
6 　P 同意 V 的要求并向其证明。

5.3.1 基于离散对数的零知识证明协议

离散对数是一种基于同余运算和原根的对数运算。由于离散对数问题不存在高效的求解算法，公钥密码学常采用该特性设计密码算法，以实现数字签名或加密。

指数函数表示为 $y = a^x$（$a > 0$ 且 $a \neq 1$），其逆函数为以 a 为底的对数，表示为 $y = \log_a x$。将对数函数引入模运算中，可构建离散对数。公钥密码学中的离散对数问题如定义 5.9 所示。

定义 5.9 离散对数问题

取素数 p, a 是 p 的本原根，即 a 满足 $a^1 \bmod p, a^2 \bmod p, \cdots, a^{p-1} \bmod p$，可以产生区间 $[1, p-1]$ 内的所有整数值，共 $p-1$ 个，且每个数值仅出现一次。对于任意的整数 b，通过遍历 $[1, p-1]$ 内的数值，总可以找到 i 满足 $b = a^i \bmod p$，称 i 为模 p 下以 a 为底的 b 的离散对数，记为 $i = \mathrm{ind}_{a,p} b$。

当 p 是大素数时，可以快速地使用 a、i 和 p 计算得到 b，但是难以使用 a、b 和 p 计算得出 i。

P 向 V 证明自己知道 $\alpha^x = \beta \bmod p$ 的解 x，其中 p 是一个大素数，$\varphi(p)$ 是 p 的欧拉函数值，x 与 p 互素。P 将 α、β 和 p 公开，只将 x 保密，根据离散对数问题的性质，V 难以使用 α、β 和 p 反向计算出 x。P 可以在不泄露 x 的情况下向 V 证明自己确实知道 x 的真实值，证明流程如算法 5.3 所示。

算法 5.3 基于离散对数的零知识证明协议流程

输入: α、β、p、轮次 t。

输出: 证明是否通过。

1 **for** $i \leqslant t$ **do**

2 P 选择随机数 r，计算 $h = \alpha^r \bmod p$，将 h 发送给 V。

3 V 随机选择一个整数（$b = 0$ 或 $b = 1$），发送给 P。

4 P 计算 $s = (r + bx) \bmod (p-1)$，并发送给 V。

5 V 验证 $\alpha^s = h\beta^b \bmod p$:

$$
\begin{aligned}
\alpha^s &= \alpha^{(r+bx) \bmod (p-1)} \bmod p \\
&= \alpha^{r+bx+k\varphi(p)} \bmod p \\
&= \alpha^{r+bx}\alpha^{k\varphi(p)} \bmod p \\
&= \alpha^{r+bx} \bmod p \\
&= h\beta^b \bmod p
\end{aligned}
\tag{5.9}
$$

若 P 并不知道 x 的真实值，则其在 t 轮重复交叉验证的过程中只能猜测 V 提供的数值为 0 或 1，并且猜测成功的概率为 $\frac{1}{2}$，此时 P 伪造证明的成功概率为 $\frac{1}{2^t}$。重复 t 轮验证之后，若 P 提供的计算结果皆能通过 V 的验证，V 相信 P 知道 x 真实值的概率为 $1-\frac{1}{2^t}$。足够多的重复次数可以确保 P 的可信度，使得 V 足以相信 P 确实知道 x 的真实值，并且整个证明流程中 P 无须向 V 泄露 x 的真实值。

上述基于离散对数的零知识证明协议满足零知识证明协议的 3 条性质。

完备性：V 首先公开 b 的真实值，此后若私自修改 b，就再难以满足等式，即 V 必须认可零知识证明的结果。第三方可根据交互流程的公开数据进行验证。

可靠性：若 P 不知道 x 的真实值，则其难以确定 α 与 β 的对应关系，无法完成算法 5.3 中步骤 4 的验证过程。

零知识性：P 仅公开 α、β 和 p，而无须泄露真正的秘密 x。多轮交互验证可使 V 足以相信 P 的确知道由秘密 x 所确定的 α 与 β 之间的对应关系。

此类数学难题可以用于设计零知识证明协议，从而有效地保护隐私。基于这种设计思路，可以实现多种具有实际应用价值的零知识协议。Schnorr 身份识别协议就是利用密码学数学难题优异的隐私特性实现的用于身份识别的零知识协议。

5.3.2 Schnorr 身份识别协议

互联网如今已经深度融入了每个人的生活中，但是在互联网世界里，人们难以保护个人隐私，姓名、身份等信息很容易被泄露。因此在隐私保护计算框架中，认证协议是为这个世界重建秩序的根本手段。从最简单的口令，到最复杂的数字签名；从每个人的生物特征，到习惯特征，几乎都可以被用来进行“你”就是“你”的证明。与对实体的认证相比，消息的认证同样重要，而消息认证的本质也是保证消息的原始内涵、来源及去向的认证问题。认证的作用有多大呢？可以说，如果实现了这个目标，那么网络世界里泛滥的冒充、抵赖、信息篡改等一系列威胁都不存在了。

Schnorr 身份识别协议由德国数学家和密码学家 Claus Schnorr 在 1990 年提出，是一种挑战/应答式的身份识别协议。该协议的安全性依赖离散对数问题求解的困难性，由此实现了零知识的特性，并且该协议基于乘法群进行运算，允许提前计算参数以减少证明者的计算开销，能够高效地应用于证明者计算能力有限的场景。

Schnorr 身份识别协议中，数论中的整数模 n 乘法群由模 n 的互质同余类组成，也称为模 n 既约剩余类。设 $\mathbb{G}$ 为某类元素的非空集合，在 $\mathbb{G}$ 内部定义一个乘法运算 $*$，则 $\langle\mathbb{G},*\rangle$ 是一个代数系统。若 $\mathbb{G}$ 关于 $*$ 形成乘法群，则其需满足定义 5.10 所示的性质。

定义 5.10　整数模 n 乘法群的性质

（1）封闭性：$\forall a,b\in\mathbb{G}\rightarrow a*b\in\mathbb{G}$。

（2）结合律：$\forall a,b,c\in\mathbb{G}\rightarrow a*(b*c)=(a*b)*c$。

（3）对于 $\forall a\in G$，$\exists e\in\mathbb{G}\rightarrow a*e=e*a$，$e$ 称为 $\langle\mathbb{G},*\rangle$ 的单位元。

（4）对于 $\forall a\in\mathbb{G}$，$\exists a^{-1}\in\mathbb{G}\rightarrow a*a^{-1}=e$，$a^{-1}$ 称为 a 的逆元。

P 拥有的私钥用于加解密公开网络环境中的通信内容，必须妥善保存，不可泄露。P 欲向 V 证明自己拥有可信第三方 T 颁发的数字证书对应的私钥，但是又绝不能泄露私钥

给 V 查看，于是双方使用 Schnorr 身份识别协议进行零知识交互，以零知识证明协议的方式证明自己私钥的有效性。该协议首先进行系统参数选择（见算法 5.4）和用户参数选择（见算法 5.5），然后执行协议流程。

算法 5.4 系统参数选择

1 选择两个素数 p 与 q，q 是 $p-1$ 的素数因子，需满足 p–1 可以被 q 整除，即 $0=(p-1) \bmod q$。
2 选择一个乘法阶为 p 的乘法群生成元 β（$\beta \neq 1$），满足 $\beta^q = 1 \bmod p$。
3 公开系统参数 (p,q,β) 和验证可信第三方 T 数字签名 s 的函数 $V_T(s)$。此外，T 对 m 进行数字签名的函数表示为 $S_T(m)$，数字签名可以是任意的安全签名机制。
4 选择一个安全参数 t，将 2^t 作为系统安全等级参考值，t 越大，则协议的安全性越高。

算法 5.5 用户参数选择

1 每个实体 i 选择一个唯一身份 I_i，其中 P 的身份为 I_P。
2 P 选择一个私钥 a（$0<a<q$），并计算 $v=\beta^{-a} \bmod p$，将其作为公钥。
3 P 向 T 提供自己的身份 I_P 与参数 v，T 向其颁发一个数字证书 $\mathrm{cert}_P = (I_P, v, S_T(I_P, v))$，至此便实现了用户身份 I_P 与公钥 v 的可信对应关系。

P 与 V 之间执行如算法 5.6 所示的交互流程以实现 P 向 V 证明自己的可信身份。

算法 5.6 协议执行流程

1 P 选择一个随机数 r 作为承诺值，满足 $1<r<q$，计算 r 对应的证明 $x=\beta^r \bmod p$，并发送 (cert_P, x) 给 V。
2 V 首先使用用于验证可信第三方 T 数字签名 s 的函数 $V_T(s)$ 来验证 cert_P 中 P 的身份 I_P 与公钥 v 的真实性，然后选择一个随机数 e 作为挑战并发送给 P，且 e 位于系统安全参数的阈值范围，即 $0 \leqslant e < 2^t$。
3 P 计算 $y=ae+r \bmod p$ 作为应答并发送给 V。
4 V 计算 $z=\beta^y v^e \bmod p$。当且仅当 $z=x$ 时，V 才认可 P 的可信身份，验证策略与式 (5.9) 类似。

离散对数求解难题保证了该零知识协议的安全性，P 难以伪造 v 与 β 的对应关系，也就难以伪造私钥 a，无法完成 V 的验证步骤。同时，离散对数难题确保了私钥 a 的隐私性，恶意用户难以使用公开参数 v、β 与 p 反推出 a 的真实值，因此该协议具备零知识性。由此，P 就可以在不泄露私钥 a 的前提下向 V 证明自己的身份证书是由可信第三方 T 颁发，实现了交互式零知识证明协议。

5.4 非交互式零知识证明

理论上，交互式零知识证明协议的交互次数应当以一个安全参数的线性函数为界，否则对协议的安全性与通信开销都会造成影响。然而，在实际应用中，交互式零知识证明的交互次数的上界难以确保是线性多项式。因此，对于任意的 NP 语言，交互式的效率是低下的，甚至在大规模场景（如区块链）下是不可用的。进而，需要设计一种新的零知识证明方法，实现无须交互的零知识证明，解决交互式零知识证明效率低下的问题。Blum M 等 [1988] 提出了非交互式零知识证明的概念，通过一个由第三方提供的共享随机询问比特来代替交互过程，实现了零知识证明。在改进的证明系统中，P 和 V 不进行交互，P 产生证明后直接发送给 V，V 验证该证明，称为非交互式零知识证明系统。非交互式零知识证明系统的定义如定义 5.11 所示。

定义 5.11　非交互式零知识证明系统

一对多项式时间算法 (P, V) 是一个语言 $L \in \mathrm{NP}$ 上的非交互式零知识证明系统，则以下性质成立：

（1）完备性。对于任意 $x \in L$（$|x| = \kappa$）及其证据 ω，有

$$\Pr\left[\pi \leftarrow P(r, x, \omega) : V(r, x, \pi) = 1 | r \leftarrow \{0,1\}^{\mathrm{poly}(\kappa)}\right] = 1 \tag{5.10}$$

（2）可靠性。如果 $x \notin L$，那么对于任意的 P^*，下面的概率都是可忽略的：

$$\Pr\left[\pi \leftarrow P^*(r, x) : V(r, x, \pi) = 1 | r \leftarrow \{0,1\}^{\mathrm{poly}(\kappa)}\right] < \varepsilon \tag{5.11}$$

（3）零知识性。存在一个多项式时间模拟器 S，使得对于所有的 $x \in L$ 及其证据 ω，以下两个分布是计算上不可区分的：

$$\left\{r \leftarrow \{0,1\}^{\mathrm{poly}(\kappa)}; \pi \leftarrow P(r, x, \omega) : (r, x, \pi)\right\} \tag{5.12}$$

$$\{(r, \pi) \leftarrow S(x) : (r, x, \pi)\} \tag{5.13}$$

其中，r 为公共随机字符串，x 为系统输入，κ 为给定的系统安全参数，π 为在 x 上构造的映射。零知识性将验证者能够获得的信息限制在了可忽略的范围内。无论是验证者还是证明者，从交互中获得的信息都可以用多项式时间的模拟器得到。

5.4.1 Fiat-Shamir 变换

Fiat-Shamir 变换又称 Fiat-Shamir 启发式或 Fiat-Shamir 范式，于 1986 年由 Fiat 和 Shamir 提出。它的主要特点是将验证者诚实的安全零知识证明协议转换为数字签名方案，从而将交互式零知识证明转换为非交互式零知识证明。一个验证者诚实的安全零知识证明协议的副本可表示为 (Commit, Challenge, Response)。其中，Commit 为证明者 P 发送给验证者 V 的承诺，Challenge 为验证者 V 对证明者 P 的承诺发起的挑战，Response 为证明者 P 对验证者 V 发起挑战的响应。通过 Fiat-Shamir 变换，可利用一个适当的哈希函

数 H：

$$\text{Challenge} \leftarrow H\left(M||\text{Commit}\right) \tag{5.14}$$

构造消息 $M \in \{0,1\}^*$ 的数字签名。其中，$\{0,1\}^*$ 代表任意长度的消息。图 5.3可有助于理解 Fiat-Shamir 变换。

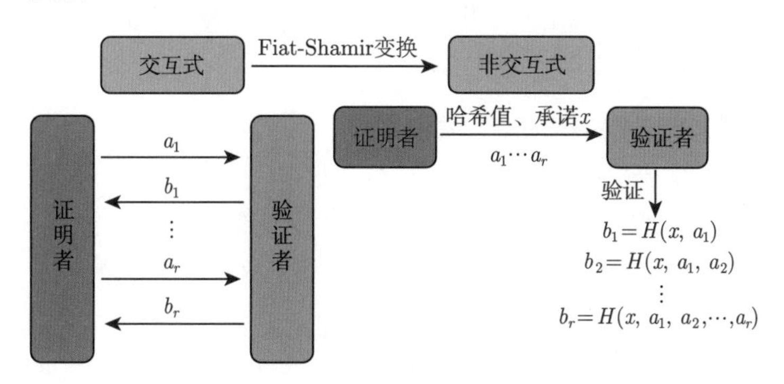

图 5.3 Fiat-Shamir 变换

5.4.2 利用指定验证者构造非交互式零知识证明

第 5.4.1 小节介绍的 Fiat-Shamir 变换，能够将交互式零知识证明转化为非交互式零知识证明，但代价是使得原本的暗中证明变为公开证明，即公开可验证的。另外，在隐私保护计算框架下，协议双方不想让验证过程公开，从而保证验证双方的身份隐私，而 Fiat-Shamir 变换无法满足上述需求。鉴于此缺陷，Jakobsson、Sako 和 Impagliazzo 开发了一种有趣的技术——指定验证者证明，使得 Fiat-Shamir 变换能够保持暗中证明的性质。简而言之，如果证明者 P 进行了一个要验证者 V 验证的证明，那么只有验证者 V 可以确信证明的有效性。在其他人看来，该证明或者是证明者 P 进行的，或者是验证者 V 仿真的。该技术通过下述逻辑表达式构造了一个源于 Fiat-Shamir 变换的非交互式零知识证明："证明者 P 的断言为真" $\vee$ "验证者 V 仿真了证明者 P 的证明"。对于逻辑表达式中的"证明"，证明者 P 可以通过陷门承诺来实现。陷门承诺本质上是证明者利用指定验证者的公钥构造的一种特殊承诺，可以表示为 $\text{TC}\left(w, r, \text{pk}_V\right)$。其中，$w$ 为承诺的值，r 为随机输入，pk_V 为验证者的公钥。下面介绍陷门承诺及其重要性质，如定义 5.12 所示。

定义 5.12 陷门承诺的性质

秘密与承诺是绑定的，如果不知道验证者公钥 y 的秘密 r，则无法在有效时间内计算出一对碰撞 $(w_1, r) \neq (w_2, r')$，使得 $\text{TC}\left(w_1, r, \text{pk}_V\right) = \text{TC}\left(w_2, r', \text{pk}_V\right)$。反之，如果知道验证者公钥 pk_V 的秘密 r，则很容易计算出任意数量的碰撞对。

如第 5.4.1 小节所述，通过 Fiat-Shamir 变换可以得到由证明者 P 构造的一个三元组 (Commit, Challenge, Response)，其中，Commit 是一个承诺，证明者 P 在其中承诺了一个值 k，并且一旦承诺后就不能再改变。而在利用指定验证者获得非交互式零知识的方案中，证明改变为如下形式的元组：

$$(w, r, \text{Commit}, \text{Challenge}, \text{Response})$$

其中，(w,r) 称为前缀对，是证明者 P 对 $\mathrm{TC}\,(w,r,\mathrm{pk}_V)$ 解开的承诺。通过附加这一元对，可以让指定验证者 V 使用其陷门信息找到碰撞，从而使得验证者 V 能够仿真证明者 P 的证明。证明者 P 首先通过验证者 V 的公钥 pk_V 构造陷门承诺 $\mathrm{TC}\,(w,r,\mathrm{pk}_V)$，接着计算 Commit 与 Challenge，最后计算 Response。验证者 V 根据自己的公钥计算得出另一个 Challenge，通过该 Challenge 结合证明者 P 的公钥 pk_P 与给出的 Commit 和 Response 对证明进行验证。具体步骤如例 5.4 所示。

例 5.4　利用指定验证者获得非交互式零知识

1. 证明者 P 构造证明元组

（1）选取 $w,r\in\mathbb{Z}_q$，计算 $\mathrm{TC}\,(w,r,\mathrm{pk}_V)\leftarrow g^w\mathrm{pk}_V^r \bmod p$。

（2）根据 Fiat-Shamir 变换计算 Commit：选取 $k\in\mathbb{Z}_q$，计算

$$\mathrm{Commit}\leftarrow g^k \bmod p \tag{5.15}$$

（3）通过哈希函数与可选消息 M 生成 Challenge：

$$\mathrm{Challenge}\leftarrow H\,(\mathrm{TC}\,(w,r,\mathrm{pk}_V)\,||\mathrm{Commit}||M) \tag{5.16}$$

（4）将承诺 w 作为输入，计算 Response：

$$\mathrm{Response}\leftarrow k+x_A\,(\mathrm{Challenge}+w) \bmod q \tag{5.17}$$

2. 验证者 V 验证证明元组

（1）$\mathrm{Challenge}\leftarrow H\,(\mathrm{TC}\,(w,r,\mathrm{pk}_V)\,||\mathrm{Commit}||\,[M])$

（2）验证

$$g^{\mathrm{Response}}\stackrel{?}{=}\mathrm{Commit}\ \mathrm{pk}_P^{\mathrm{Challenge}}\mathrm{pk}_P^w \bmod p \tag{5.18}$$

如果验证通过则接受证明，否则拒绝。

例 5.4 中，x_A 为证明者 P 的验证内容，w、r、k 为在模 q 的整数集 $\mathbb{Z}_q$ 中均匀、随机选取的元素，数组 (g,pk_V,p,q) 为证明者 P 的公钥材料，由电子认证服务机构（Certificate Authority，CA）发放证书产生。接下来，讨论该方案的完备性、可靠性与零知识性。

完备性：证明者 P 构造的证明元组与 Fiat-Shamir 变换生成 (Commit, Challenge, Response) 的过程相似。而"利用指定验证者获得非交互式零知识"与 Fiat-Shamir 变换唯一不同的地方在于，在验证者 V 对证明者 P 的证明进行验证的过程中，添加了一个额外的值 $\mathrm{pk}_P^w \bmod p$。

可靠性：对于指定的验证者 V，$\mathrm{pk}_P^w \bmod p$ 是固定的，因为式中的 w 固定在 $\mathrm{TC}(w,r,\mathrm{pk}_V)$ 中，并且由于陷门承诺的性质，证明者 P 无法找到一对合理的碰撞值改变 w，除非知道验证者 V 的私钥 sk_V。假设验证者 V 的私钥没有被泄露，则 $\mathrm{pk}_P^w \bmod p$ 是一个常数，从而三元组 (Commit, Challenge, Response) 是一个由证明者 P 生成的 Fiat-Shamir 变换论据。

零知识性：对于其他方，由于验证者 V 知道陷门信息，因此验证者 V 在验证过程中可以随意地更改 $\mathrm{pk}_P^w \bmod p$，进而能够通过下述步骤随意地对 $\mathrm{TC}(w,r,\mathrm{pk}_V)$ 进行仿真。验证者 V 选取 Response，$\alpha,\beta\in\mathbb{Z}_q$，对证明者 P 选择的证明参数进行仿真，即验证者 V 同

样能够得到 $\mathrm{TC}(w,r,\mathrm{pk}_V)$、Commit、Challenge，以及陷门承诺中的参数 w 与 r。具体计算过程如式 (5.19)~ 式 (5.23) 所示。

$$\mathrm{TC}(w,r,\mathrm{pk}_V) \leftarrow g^{\alpha} \bmod p \tag{5.19}$$

$$\mathrm{Commit} \leftarrow g^{\mathrm{Response}}\mathrm{pk}_P^{-\beta} \bmod p \tag{5.20}$$

$$\mathrm{Challenge} \leftarrow H\left(\mathrm{TC}(w,r,\mathrm{pk}_V)\,||\mathrm{Commit}||\,[M]\right) \tag{5.21}$$

$$w \leftarrow \beta - \mathrm{Challenge} \bmod q \tag{5.22}$$

$$r \leftarrow (\alpha - w)/\mathrm{sk}_V \bmod q \tag{5.23}$$

最后，验证者 V 输出元组 $(w, r, \mathrm{Commit}, \mathrm{Challenge}, \mathrm{Response})$，这就是仿真证明。下面证明该仿真是完备的 [式 (5.24)~ 式 (5.27)]：

$$g^{\mathrm{Response}} = \mathrm{Commit}\, y_A^{\beta} \bmod p \tag{5.24}$$

$$\mathrm{Commit}\, y_A^{\beta} = \mathrm{Commit}\, \mathrm{pk}_P^{w+\mathrm{Challenge}} = \mathrm{Commit}\, \mathrm{pk}_P^{\mathrm{Challenge}}\mathrm{pk}_P^{w} \bmod p \tag{5.25}$$

$$g^{\mathrm{Response}} = \mathrm{Commit}\, \mathrm{pk}_P^{\mathrm{Challenge}}\mathrm{pk}_P^{w} \bmod p \tag{5.26}$$

$$g^{w}\mathrm{pk}_V^{r} = g^{w+r\mathrm{pk}_V} = g^{\alpha} \bmod p \tag{5.27}$$

至此，可以很容易地验证，验证者 V 选取的这些值不仅像证明的那样具有正确的构造，而且与证明者 P 生成的证明具有相同的分布。因此，验证者 V 的仿真算法是完备的，从而具有完备零知识性。

5.4.3 Groth-Sahai 证明系统

长久以来，非交互式零知识证明系统都需要在经过充分研究的假设下，才可以在标准模型中实例化。为了解决这一问题，Groth 和 Sahai 基于配对密码学，于 2007 年构建了一个高效的非交互式零知识证明系统，称为 Groth-Sahai 证明系统，用于证明某一承诺值满足配对乘积等式这一特定的代数关系，并给出了一个非交互式零知识证明系统结构的抽象框架。

下面介绍双线性配对（见定义 5.13、定义 5.14），以及 DLIN（Decisional Linear）假设（见定义 5.15）。

定义 5.13 双线性配对

G 是 n 阶循环群，其中 n 为素数，g 为群 G 的生成元，定义群上的双线性映射为

$$e: G \times G \rightarrow G_T \tag{5.28}$$

定义 5.14 双线性配对的性质

线性：

$$e\left(g^{a}, g^{b}\right) = e(g,g)^{ab} \tag{5.29}$$

对所有的 $a, b \in \mathbb{Z}_n^*$，其中 $\mathbb{Z}_n^*$ 为模 n 的整数乘法群。

非退化性：

$$e(g,g) \neq 1_{G_T} \tag{5.30}$$

其中，1_{G_T} 是 G_T 的单位元。

可计算性：存在有效算法来计算 $t=e(g,g)$。

定义 5.15 DLIN 假设

阶为素数 n 的群 $G=\langle g\rangle$ 中，给定五元组 $\left(g^{\alpha}, g^{\beta}, g^{\alpha r}, g^{\beta s}, g^{t}\right)$，不存在一个概率多项式时间算法能够以不可忽略的概率判断 $t \stackrel{?}{=} r+s$ 或 $t \in Z_{n}^{*}$。

Groth-Sahai 证明系统基于双线性参数 $(p, G_1, G_2, G_T, e, g, h)$。其中，$G_1$、$G_2$、$G_T$ 是阶为 p 的素数阶群，g 是 G_1 的生成元，h 是 G_2 的生成元，e 为 $G_1 \times G_2 \rightarrow G_T$ 的双线性映射。陈述 s 包含下述一系列值：

$$\{a_q\}_{q=1,\cdots,Q} \leftarrow G_1 \tag{5.31}$$

$$\{b_q\}_{q=1,\cdots,Q} \leftarrow G_2 \tag{5.32}$$

$$\{\alpha_{q,m}\}_{q=1,\cdots,Q,m=1,\cdots,M} \leftarrow \mathbb{Z}_p \tag{5.33}$$

$$\{\beta_{q,n}\}_{q=1,\cdots,Q,m=1,\cdots,N} \leftarrow \mathbb{Z}_p \tag{5.34}$$

其中，$\mathbb{Z}_p$ 为模 p 的整数群。并且定义 G_1 上的承诺值为

$$\left\{C_m = a_q \prod_{m=1}^{M} {x_m}^{\alpha_{q,m}}\right\}_{m=1,\cdots,M} \tag{5.35}$$

G_2 上的承诺值为

$$\left\{D_n = b_q \prod_{n=1}^{N} {y_n}^{\beta_{q,n}}\right\}_{n=1,\cdots,N} \tag{5.36}$$

其中，C_m 是 $\{x_m\}_{m=1,\cdots,M} \in G_1$ 的承诺，D_n 是 $\{y_n\}_{n=1,\cdots,N} \in G_2$ 的承诺，且承诺值满足：

$$\prod_{q=1}^{Q} e\left(a_q \prod_{m=1}^{M} x_m^{\alpha_{q,m}}, b_q \prod_{n=1}^{N} y_n^{\beta_{q,n}}\right) = t, t \in G_T \tag{5.37}$$

定义 5.15 主要说明，在阶为 p 的素数阶群上，通过素数阶群中的元素与模 p 的整数群中的元素，定义消息 x 与 y 的承诺值，它们之间的双线性映射关系，累乘后恰好使其能够等于 G_T 中的某个变量 t，而 G_T 则是由 G_1 与 G_2 进行双线性映射得来的。接下来，详细介绍 Groth-Sahai 证明系统的建立过程。

假设 $(R,+,\cdot,0,1)$ 为可交换环，存在模 R 的一个阿贝尔群 $(M,\cdot,1)$，对所有的 $\forall r$、$s \in R$、$\forall u$、$v \in M$，都满足 $u^{r+s}=u^r u^s \wedge (uv)^r = u^r v^r$。Groth-Sahai 证明系统的完整流程共包含 5 个多项式时间算法，分别是初始化算法、承诺算法、证明算法、验证算法与提取算法。下面详细介绍初始化算法、承诺算法与证明算法，如算法 5.7～算法 5.9 所示。

算法 5.7　初始化算法

1 生成公共参数，加法群 M_1、M_2 与二者间的双线性映射 E。

2 选择 I 个元素 $u_i \in M_1$、J 个元素 $v_j \in M_2$ 与元素集合 $\{\eta_h\}$。

3 假设存在双线性映射 $e : G_1 \times G_2 \to G_T$，承诺运算 $\Gamma_1 : G_1 \to M_1$、$\Gamma_2 : G_2 \to M_2$、$\Gamma_T : G_T \to M_T$，提取算子 $p_1 : M_1 \to G_1$、$p_2 : M_2 \to G_2$、$p_T : M_T \to G_T$。

4 通过承诺将元素 $x \in G_1$、$y \in G_2$ 进行隐藏，得到对应的承诺值 $c \in M_1$、$d \in M_2$，进而 M_1、M_2 间的双线性映射为 $E : M_1 \times M_2 \to M_T$，且具备如下关系：

$$\forall x \in G_1, y \in G_2 : E\left(\Gamma_1(x), \Gamma_2(y)\right) = \Gamma_T\left(e(x,y)\right) \tag{5.38}$$

$$\forall x \in M_1, y \in M_2 : e\left(p_1(x), p_2(y)\right) = p_T\left(E(x,y)\right) \tag{5.39}$$

初始化算法阐述了明文消息双线性映射与对应的承诺之间所具备的一种良好的性质，即承诺与双线性映射间的运算顺序是能够调换的，且不影响最终结果。例如，在明文上进行双线性映射后计算承诺，与先计算承诺再进行双线性映射，所得到的结果是一样的。反之，对承诺进行验证时/提取算子时也具备该性质。

Groth-Sahai 证明系统的核心思想是构建一个包含模 R 的阿贝尔群 M 中若干元素 $u_1, \cdots, u_l \in U$ 的承诺。这里采用的是另一种计算承诺的方案。首先通过 u_i 的性质对承诺方案进行划分。若 u_i 能够生成整个加法群，则称该承诺方案具有良好的隐藏性；若 u_i 只产生加法群的一部分 U，则称该承诺方案只在 M/U 集合范围内具有隐藏性，其中 U 为 M 的子群。

算法 5.8　承诺算法

1 将 x 映射到 $x' \in M$ 上时，$x' \notin U$，$u_1, \cdots, u_l \in M$，U 为 M 的子群，且该映射是唯一的。

2 将 x 映射到 M 后，随机选择 $r_1, \cdots, r_l \in \mathbb{Z}_p$，利用划分后的子群 U 中的元素 U_i，计算 $\mathrm{comm} = x' \prod_{i=1}^{l} u_i^{r_i}$，从而实现对 $x \in G$ 进行承诺。

总体而言，Groth-Sahai 证明系统提供了一个高效、灵活的证明系统，实现了首个全能的、非交互的、常数大小的零知识证明协议，能够生成非交互式见证不可区分（Non-Interactive Witness Indistinguishable，NIWI）和非交互式零知识证明，并且证明了某些类型的方程在各种密码假设下的可满足性。该系统包括初始化算法、承诺算法、证明算法等一整套流程。因此，只要符合这个规范的协议都是对 Groth-Sahai 证明系统的一种实现。将其他密码学方法与 Groth-Sahai 证明系统结合，能够满足更具体、多样的隐私保护计算需求。例如，将保持结构性（Structure-Preserving，SP）签名与 Groth-Sahai 证明系统结合，实现盲签名方案，能够实现更好的隐私性。作为一种模块化的设计，它在密码学协议中扮演着非常重要的角色，在保护隐私的匿名协议中更是最佳选择之一。

算法 5.9 证明算法

1 将系统需要证明的承诺与系统参数输入 Groth-Sahai 证明系统中的零知识证明算法，得到证明结果。

2 接着算法 5.8，分别对 $x_q \in M_1$，$y_q \in M_2$ 进行承诺。

3 证明 M_1 中存在对应的元素 $c_1, \cdots, c_Q \in M_1$，M_2 中存在对应的元素 $d_1, \cdots, d_Q \in M_2$，使得 $c_q = x_q \prod\limits_{i=1}^{l} u_i^{r_{qi}}$ 为对应于 x_q 的承诺，$d_q = y_q \prod\limits_{j=1}^{J} v_j^{s_{qj}}$ 为对应于 y_q 的承诺，且满足 $\prod\limits_{q=1}^{Q} e(x_q, y_q) = t$。

4 证明者随机选择 $r_{qi} \leftarrow \mathbb{Z}_p$、$s_{qj} \leftarrow \mathbb{Z}_p$、$t_{ij} \leftarrow \mathbb{Z}_p$、$t_h \leftarrow \mathbb{Z}_p$，通过式 (5.40) 计算相应的 π_i 与 φ_j。

$$\pi_i = \prod_{j=1}^{J} v_j^{t_{ij}} \prod_{q=1}^{Q} d_q^{r_{qi}}、\varphi_j = \prod_{i=1}^{I} u_i^{\sum\limits_{h=1}^{H} t_h \eta_{h_{ij}}} \prod_{i=1}^{I} u_i^{-t_{ij}} \prod_{q=1}^{Q} x_q^{s_{qj}} \tag{5.40}$$

5 将 π_i 与 φ_j 代入式 (5.41)：

$$\prod_{q=1}^{Q} E(c_q, d_q) = t' \prod_{i=1}^{I} E(u_i, \pi_i) \prod_{j=1}^{J} E(\varphi_j, v_j) \tag{5.41}$$

其中，t' 是 t 在 M_T 中的映射。

6 如果 π_i 与 φ_j 满足式 (5.41)，则称该承诺为真，否则认为该承诺为假，即不是证明者所构造的承诺。

5.5 零知识证明的应用实例

零知识证明主要是作为一种辅助技术为多种技术方案提供基础技术支撑，可以结合其他技术针对实际应用场景实现多种功能。例如，安全多方计算融合零知识证明技术以保护计算参与方的隐私，区块链使用零知识证明技术验证交易规则。近年来，区块链等技术的快速发展使得作为底层基础的零知识证明技术备受关注，各大科技公司与研究机构逐步拓宽零知识证明系统的应用场景与理论技术创新，如身份认证、电子现金、电子投票、组签名等，获得了丰富的成果。

从本质上讲，零知识证明被认为是一种协议，参与方之间需要执行一系列步骤以完成特定的任务，参与方的数量可以是两个或多个。不同的两方交互则组成了多参与方场景下的零知识证明。零知识证明可以仅将原始数据对应的零知识密文公开，作为原始数据的证明。该证明不仅可以用来证明原始数据的存在，还可以用于实际的运算过程中，任意方均难以通过该证明反推出原始数据的真实值。使用零知识证明的思想设计隐私保护计算协议或系统，可以在不泄露隐私数据明文的情况下实现隐私保护计算，也可以通过该证明进行公开、计算、验证。同态加密在某种程度上实现了零知识证明的思想，保持了原始数据与同态密文的对应关系，并且同态密文满足零知识证明的多种特性要求，可以用来实现隐私数据的零知识证明。本节通过实际应用示例来阐述零知识证明在隐私保护计算中的应用场景与方案。

5.5.1 用户身份证明

零知识证明可以用来保护用户的隐私。例如，当某用户被确诊病毒感染时，他可以使用零知识协议向医生证明他之前的所有密接人员。在无法直接访问密接人员的情况下，该用户可以发布公告以公开密接人员的匿名个人信息，而收到公告的个人无须了解该用户的身份。这一方面可以确保没有人能够发送任何捏造的消息，即该用户可以向收到公告的个人保证他发布的密接人员属实。另一方面，收到公告的个人可以自行使用自己的个人密钥进行匹配，而其他人员无法通过该公告获知具体的患者信息。因为公告内容是密接人员信息的零知识证明，仅真实密接人员才可解密匹配。

假设 Alice 被确诊病毒感染，她在最近的行程中与 Bob 有过密接，而且接触的过程中通过手机确定了密切程度，并且在手机端交换了身份信息。此时，Alice 不想将 Bob 的信息公布出去，于是主动生成 Bob 的伪公钥并公开以供 Bob 验证，其他信息接收者则无法通过伪公钥反推出 Bob 的身份。

Alice 根据 Bob 的公钥 B 生成伪公钥 $\widehat{B}$，选择随机数 x 并计算 $h=e(u,g)^x$ 和 $\widehat{B}=e(u,B)^x=e(u,g^b)^x=h^b$。

在双方密接的过程中，二者交换了公钥 pk、身份信息 ID 与数字签名 σ。Alice 想证明自己与 Bob 有过密接，又不公开 Bob 的真实身份，就使用零知识证明的方式证明自己拥有过 Bob 的签名 σ_{B}。假设 u、u_1、u_2、g、g_1 和 g_2 是双线性配对 $G_1\times G_2\rightarrow G_T$ 的参数，Bob 利用自己的私钥 b 与 Alice 的身份信息 ID_{A} 生成 $\sigma_{\mathrm{B}}''=u^{\frac{1}{H(\mathrm{ID}_{\mathrm{A}})+b}}$，Alice 用自己的 ID_{A} 与 Bob 的签名 σ_{B} 证明 $h=e(u,g)^x$、$\widehat{B}=e(u,B)^x$、$e\left(\sigma_{\mathrm{B}}'',g^{H(\mathrm{ID}_{\mathrm{A}})}B\right)=e(u,g)$。因为 Alice 拥有 σ_{B}、B 和 x，可以通过该计算过程得到 $e(u,g)$。Alice 继续选择随机数 s_1、s_2 和 t，$\alpha_2=s_2x$，并计算 $A_1=g_1^{s_1}g_2^{s_2}$、$A_2=Bg_1^{s_2}$、$C=\sigma_{\mathrm{B}}''u_1^t$。Alice 将 A_1、A_2 和 C 发送给 Bob。Bob 使用 $A_1=g_1^{s_1}g_2^{s_2}\wedge A_1^x=g_1^{\alpha_1}g_2^{\alpha_2}\wedge A_1^t=g_1^{\beta_1}g_2^{\beta_2}\wedge h=e(u,g)^x\wedge\widehat{B}=e\left(u,A_2^xg_1^{-\alpha_2}\right)\wedge e\left(Cu_1^{-t},g^{H(\mathrm{ID}_{\mathrm{A}})}A_2g_1^{-s_2}\right)=e(u,g)$ 以验证该证明，并确认 Alice 确实拥有自己的数字签名 σ_{B}，从而在未公开自己身份的情况下，得出自己与 Alice 有过密接的结论。

5.5.2 隐私数据证明

车联网等实际应用场景可能具有高度动态性与复杂性，且存在网络中用户之间的通信量大、通信效率要求高等具体需求，同态加密等传统隐私保护方法无法完全适用。因此，针对车联网系统中的数据隐私问题，研究机构与车辆厂商正在尝试将零知识证明应用于车联网系统中。本小节通过车联网定制化保险中的零知识证明应用介绍隐私数据证明的安全特性。

基于使用量定制的车险（Usage-Based Insurance，UBI）是通过评估车辆的使用量和驾驶行为来定制车辆保险费用，可使车主获得更精准的车险定价和实时风险驾驶行为预警服务，并能够激励用户规范驾驶行为，以减少保险费用。然而，车辆的驾驶数据属于车主的隐私信息，车主为了防止保险商进行恶意行程追踪，一般不愿意将详细的驾驶数据共享给保险商，这阻碍了 UBI 进行数据分析。针对车主的驾驶数据隐私性要求引入零知识证明之后，车主只需公开原始数据的聚合（如一段时间之内的速度总和），再发布零知识证明以证明自己知道这段时间内的具体数值，就能够混淆具体驾驶数据的内容，从而防止恶意追踪。

车辆首先选择生成元 g 和 h，然后开始实时收集行驶数据，包括车辆速度、加速度、拐弯角度等。以速度为例，记 t 时刻的速度为 v_t，选择此刻的随机数 r_t，即可生成此刻速度的存证 $V_t = g^{r_t}h^{v_t}$ 并公开，而网络中的其他用户难以据此推断出 r_t 和 v_t 的具体值，实现了隐私保护。一段时间后，车辆计算这段时间内的速度证明聚合 $V = \prod_t V_t = g^{r_{\mathrm{sum}}}h^{v_{\mathrm{sum}}}$ 并公开。车辆可以将 v_{sum} 发送给指定的保险商，但是此时保险商并不知道 r_{sum}，仍然无法验证 v_{sum} 的有效性。如图 5.4所示，车辆使用自己的公私钥对 $(\mathrm{pk}_v, \mathrm{sk}_v)$ 计算 $R = g^{r_{\mathrm{sum}}}$、$c = \mathrm{Hash}(g|\mathrm{pk}_v|R)$、$y = r_{\mathrm{sum}} + c\mathrm{sk}_v$，并为 r_{sum} 生成零知识证明 $\pi = (R, y)$ 保险商作为验证者，验证等式 $g^y = R\mathrm{pk}_v^c$ 是否成立，如果成立，则认可该车辆私钥与零知识证明的关联，从而相信该车辆知道它的 r_{sum}。然后，保险商验证等式 $V = Rh^{v_{\mathrm{sum}}}$ 是否成立，若成立，则能够确信 v_{sum} 的真实性。

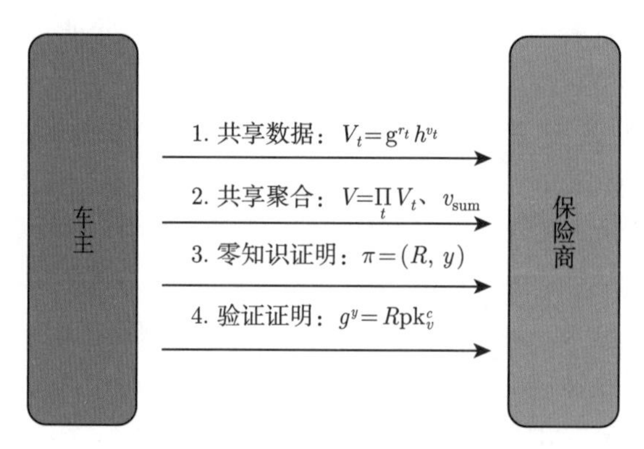

图 5.4 UBI 隐私数据证明步骤

5.6 延伸阅读

20 世纪 80 年代中期，Goldwasser、Micali 及 Rackoff 在一篇名为《交互式证明系统的知识复杂性》[Goldwasser et al., 1985] 的论文中提出并定义了“零知识证明”，并且通过在 NP 证明系统中引入“交互”与“随机性”构造了交互式证明系统。自此，零知识证明概念才真正被学术界提出，逐渐成为密码学领域的一个理论研究分支。零知识证明技术的理论研究经过了三十几年的发展历程，目前已取得了非常丰硕的成果。Fiat [1986] 提出了 Fiat-Shamir 变换，实现将交互式零知识证明转换为非交互式零知识证明。Blum 等 [1988] 提出了基于公共字符串的非交互零知识证明协议。Schnorr [1989] 提出了著名的 Schnorr 身份识别协议。Groth 等 [2006] 构建了一个高效、灵活的证明系统，实现了首个全能的、非交互的、常数大小的零知识证明协议。Groth [2009] 构建了第一个具备电路可满足性的零知识论证。Ben-Sasson 等 [2019] 改进了原方案中的证明过程及验证过程的计算复杂度，将证明生成执行效率提高了 10 倍，使验证所需时间缩短为原来的 $\frac{1}{40} \sim \frac{1}{7}$，并且通信复杂度也降低为原来的 $\frac{1}{20} \sim \frac{1}{3}$。从求解一元三次方程到解决 Numberlink 难题 [Ruangwises, 2021]，从电子投票到集群计算 [Chiesa et al., 2015]，几乎任何具有价值的秘密共享场景都有零知识证明的用武之地。近几年，零知识证明不断地朝着通用可更新 [Ben-Sasson et al., 2016]、提高效率 [Giacomelli et al., 2016]、安全透明 [Groth, 2017] 等方向优化 [单进勇 等, 2018]，并且主要伴随着区块链技术一同出现，如著名的简洁非交互零知识的知识论证（Zero-knowledge Succinct Non-interactive Arguments of Knowledge，zk-SNARK）。

[J, 2016] 是满足 zk-SNARK 的经典设计，在极大限度地减少了证明的数据量的同时，也极大地提高了验证证明的速度 [Bowe, 2018]，并且实际应用在 ZCash、Filecoin、Coda 等项目中。Bunz 等 [2018] 在 Bootle 等 [2016] 的基础上进行了改进，减少了 $\frac{2}{3}$ 的通信量，在效率上表现优异 [Morais, 2019]。并且，该算法不依赖初始的可信设置，能够避免一些潜在威胁，如在区块链中攻击者通过绕过初始设置凭空产生加密货币。想要了解更多关于零知识证明的相关知识，可阅读 [Schneier, 1995]。

虽然近些年在无数学者的努力下，零知识证明在理论研究和工程实现方面都取得了丰硕的成果，但是目前关于零知识证明的研究还存在着一些困难与挑战。

1. 要求降低

其中一个挑战是，在更弱的前提假设下，是否仍能有效地实现零知识证明。一个典型的应用例子就是区块链中的零知识简洁的非交互知识论证 [Bitansky et al., 2012]。该协议在使用时，需要一个可信的第三方构建该协议，并完成初始化操作。如果在不存在可信第三方的前提假设下构建零知识证明协议，其效率会降低。因此，如何在移除可信第三方这一前提假设的情况下，构建一个高效的零知识证明协议，是未来需要解决的问题之一。

2. 优点融合

零知识证明发展至今，出现了很多改进与变种，它们各自具有不同的优势 [Wahby et al., 2018]。如何构建一个统一的框架，将不同零知识证明协议的优点融合起来，同时保证线性级的运行时间与对数级的验证时间，是零知识证明未来发展过程中存在的一个挑战。

3. 效率优化

现有的零知识证明协议通常是从适用大规模运算电路的角度进行效率优化。但是，如何设计一种新的效率优化方法，在不需要任何额外的计算开销、不降低证明健全性的情况下，使得零知识证明在一些小范围的算术电路或布尔电路中也能够高效运行，是未来零知识证明协议应用的需求与挑战 [Xiao et al., 2021]。

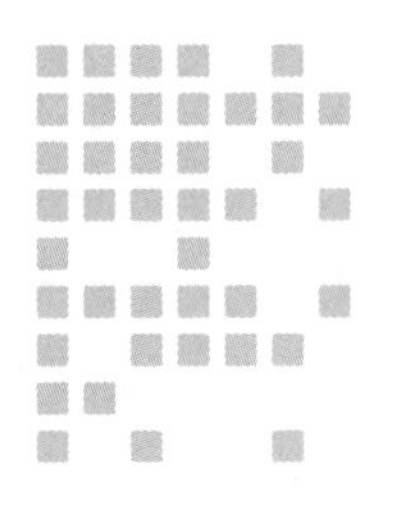

第 6 章 安全多方计算

随着计算机系统的发展与变迁，计算模式逐渐从集中式计算走向分布式计算。然而，分布式计算模式下，参与实体的恶意行为会导致隐私信息泄露或计算结果不正确等问题。为此，安全多方计算提供了一种基于密码学的解决方案，在不泄露隐私数据的前提下，使多个非互信的参与方进行高效的联合计算。安全多方计算协议先将参与方的输入转化为不可识别的数据再执行计算，使得各参与方无法得到除计算结果之外的其他信息，并借助理想/现实范式提供可证明的隐私保证，即使在不同的威胁模型下，各参与方也能遵循协议执行步骤完成计算任务并获取计算结果。

本章介绍安全多方计算的相关知识。第 6.1 节给出安全多方计算的形式化定义，并借助理想/现实范式引入安全多方计算中被广泛使用的两种威胁模型。第 6.2 节介绍构建安全多方计算协议所需的基础组件，包括混淆电路、秘密共享和不经意传输。根据计算任务的不同，第 6.3 节和第 6.4 节分别介绍通用协议和专用协议，并详细讨论协议的基本原理和具体构造。第 6.5 节探索了安全多方计算的实际应用。

6.1 安全多方计算的基本思想

本节从百万富翁问题出发，给出安全多方计算的形式化定义，并介绍安全多方计算的理想/现实范式与威胁模型。

6.1.1 定义

1982 年，在语义安全诞生之际，姚期智提出了百万富翁问题，从而开启了对安全多方计算的研究与探索。姚期智本人也在 2000 年荣膺计算机领域的最高奖项——图灵奖，成为该奖项迄今为止唯一的华人获奖者。

例 6.1 百万富翁问题

如图 6.1 所示，假设两位百万富翁 A 和 B 分别拥有资产 x_1 和 x_2，他们想知道谁拥有的财富值更多。最简单的比较方法就是各自说出自己的资产数目。但倘若富翁们不想让他人知道自己的具体资产数目，该如何做比较呢？

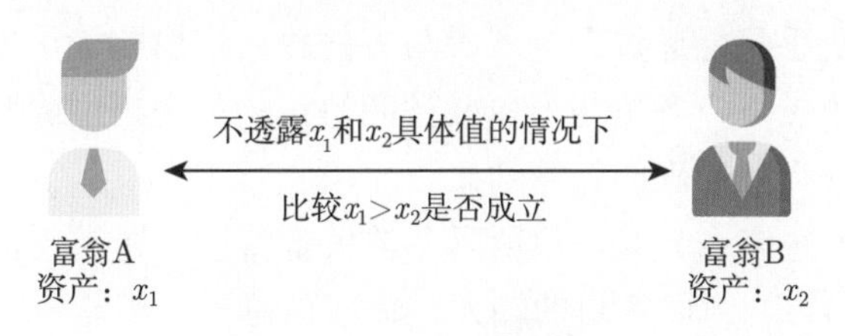

图 6.1 百万富翁问题

百万富翁问题就是如何在不泄露各自财富值的情况下比较两位百万富翁谁更富有。如果存在一个可信的权威机构，富翁们可以将自己的财富值告诉该机构，由该机构先比较出结果再告知富翁们。然而，在现实中很难找到可信的权威机构来公正地比较且不会泄露富翁的财富值。为了在不需要可信权威机构的情况下执行联合计算，安全多方计算提供了一种基于密码学的解决方案。

安全多方计算协议如定义 6.1 所示，该协议允许一组互不信任的参与方在不共享各自原始数据且没有可信的权威机构的情况下，联合计算一个约定函数。各参与方首先约定一个待计算的函数，随后应用安全多方计算协议，将秘密信息输入协议中，通过联合计算得到函数的输出，最终各参与方获得计算结果，如图 6.2 所示。

定义 6.1 安全多方计算

参与方 $P_1, P_2, \cdots, P_n$ 共同执行协议，计算：

$$f(x_1, x_2, \cdots, x_n) = (y_1, y_2, \cdots, y_n) \tag{6.1}$$

其中，对于任意的 $i \in \{1, \cdots, n\}$，x_i 为 P_i 的私有输入，在计算完成后 P_i 获得输出结果 y_i。

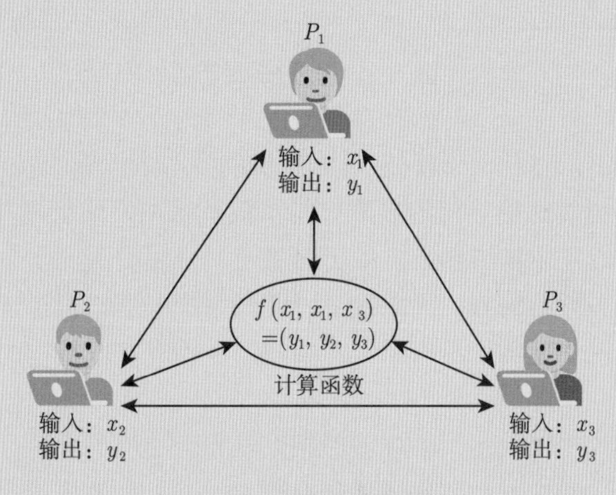

图 6.2 安全多方计算

6.1.2 理想/现实范式与威胁模型

在安全多方计算协议中，可能存在某些参与方通过执行恶意行为来破坏协议的正常运行，企图获取其他参与方的秘密信息或使各参与方得到不正确的计算结果。为此，引入敌手来表示这种恶意行为，将被敌手控制的参与方称为被腐化参与方，未被控制的参与方称为诚实参与方。由于敌手只能通过影响各参与方的输入来影响输出结果，因此协议的安全性应保证即使在敌手攻击下，各参与方也能按照协议的约定提供隐私输入，由协议执行特定计算，最终各参与方得到正确的计算结果。

安全性质描述了安全多方计算协议所具备的关键特性，通常包括以下 5 个方面。

（1）隐私性：任何参与方除各自的输入、输出信息外，不能获取其他额外信息。

（2）正确性：如果协议正常执行，那么在协议执行完成后各参与方将获得各自的正确输出。

（3）输入独立性：各参与方必须独立地选择其输入信息。

（4）输出可达性：敌手不能妨碍诚实参与方获得自己的正确输出结果。

（5）公平性：当且仅当诚实参与方获得自己的输出时，被腐化参与方才会获得自己的输出。

然而，在定义协议的安全性时，枚举上述“安全清单”不仅烦琐，而且容易出错。为了简化安全多方计算协议的安全性定义，需引入理想/现实范式，如图 6.3 所示。

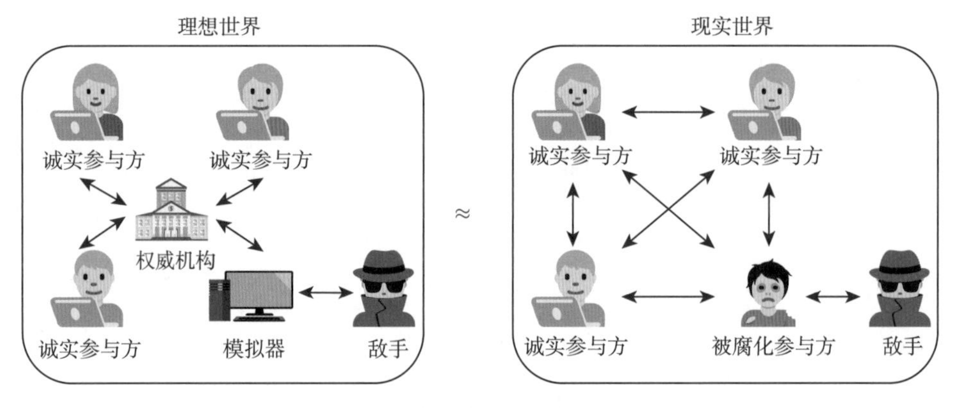

图 6.3 理想/现实范式

在“理想世界”中，存在一个权威机构 $\mathcal{T}$ 协助参与方计算函数 f：各参与方 P_i 将自己的输入通过安全信道发送给可信的权威机构；权威机构完成计算 $f(x_1,\cdots,x_n)$ 后将各参与方的计算结果通过安全信道返回。由于信息交互全程受到安全信道的保护，唯一影响计算结果的因素就是用户的输入，因此敌手能够利用模拟器来模拟参与方的输入，达到破坏计算协议的目的。在“现实世界”中，各参与方在没有权威机构的帮助下运行一个多方计算协议。

安全多方计算协议用“视图”来刻画理想世界和现实世界中各参与方和敌手在计算过程中获取的全部信息。参与方视图包括其私有输入、随机值及执行协议期间收到的所有消息。敌手视图是所有被腐化参与方视图的集合。

在敌手实施攻击后，如果在现实世界和理想世界中达到的攻击效果相同，则认为现实世界的协议是安全的。具体来说，任意敌手在现实世界所实施的攻击，理想世界中都存在一个模拟器能够生成相似的视图。理想/现实范式会对现实世界和理想世界中敌手和诚实参与方的联合输出分布进行对比，如果二者不可区分，则说明两个世界所达到的效果相同，就称该协议是安全的。

安全是一个相对的概念，威胁模型便是度量协议安全性的尺度。在进行安全性分析时，首先需要考虑敌手的行为，然后给出形式化的威胁模型和基本假设，若协议满足该模型下的安全性定义，则认为协议是安全的。下面介绍安全多方计算协议常用的威胁模型，即半诚实模型和恶意模型，并给出在这两个威胁模型下的安全性定义 [Evans et al., 2018]，如定义 6.2、定义 6.3 所示。

在半诚实模型下，敌手只能通过观察协议执行过程中自己的视图来尝试推导秘密信息，无法采取任何其他攻击行为。

定义 6.2 半诚实模型下的安全性

令 π 为安全多方计算协议，f 为计算函数，C 为被腐化参与方的集合，Sim 为模拟算法，V_i 为参与方 P_i 的视图，y_i 为参与方 P_i 的最终输出，定义下述两个输出分布：

（1）$\text{Real}_\pi(\kappa, C; x_1, \cdots, x_n)$：输出分布为 $\{V_i \mid i \in C\}, (y_1, \cdots, y_n)$。在安全参数 κ 的作用下，每个参与方 P_i 都使用自己的私有输入 x_i 诚实地执行协议。

（2）$\text{Ideal}_{f,\text{Sim}}(\kappa, C; x_1, \cdots, x_n)$：输出分布为 $\text{Sim}(C, \{(x_i, y_i) \mid i \in C\}), (y_1, \cdots, y_n)$。在安全参数 κ 的作用下，每个参与方 P_i 都将自己的私有输入 x_i 发送给权威机构 $\mathcal{T}$，由 $\mathcal{T}$ 完成计算 $f(x_1, \cdots, x_n)$，得到计算结果 $(y_1, \cdots, y_n)$。

如果现实世界中被腐化参与方所拥有的视图和理想世界中敌手所拥有的视图不可区分，那么协议在半诚实模型下是安全的。因此，半诚实模型下的安全性定义为：给定安全多方计算协议 π，对于被腐化参与方集合 C 的所有子集，以及所有参与方的输入 $x_1, \cdots, x_n$，如果存在模拟算法 Sim，使得输出分布

$$\text{Real}_\pi(\kappa, C; x_1, \cdots, x_n)$$

和

$$\text{Ideal}_{f,\text{Sim}}(\kappa, C; x_1, \cdots, x_n)$$

是（在 κ 下）不可区分的，则称此协议满足半诚实模型下的安全性。

与半诚实模型不同，恶意模型下的敌手可以让被腐化参与方采取任意行为（控制网络或输入任意消息）偏离协议规则，从而破坏协议的安全性。

定义 6.3 恶意模型下安全性

令 A 表示攻击算法，$C(A)$ 表示现实世界中被攻击算法腐化的参与方集合，$C(\text{Sim})$ 表示理想世界中被模拟算法 Sim 腐化的参与方集合，y_i 表示每个诚实参与方 P_i 得

到的计算结果，V_i 表示参与方 P_i 的最终视图，V^* 表示 Sim 的最终输出（输出是参与方的模拟视图集合）。与定义半诚实模型下安全性的方式类似，本书定义现实世界和理想世界的输出分布：

（1）$\mathrm{Real}_{\pi,A}(\kappa;\{x_i \mid i \notin C(A)\})$：输出分布为 $\{V_i \mid i \in C(A)\},\{y_i \mid i \notin C(A)\}$。在安全参数 κ 作用下，每个诚实参与方 P_i（对于所有的 $i \notin C(A)$ ）使用给定的私有输入 x_i 诚实地执行协议，而被腐化参与方的消息将由攻击算法 A 选取。

（2）$\mathrm{Ideal}_{f,\mathrm{Sim}}(\kappa;\{x_i \mid i \notin C(A)\})$：输出分布为 $(V^*,\{y_i \mid i \notin C(\mathrm{Sim})\})$。执行模拟算法 Sim，得到一个输入集合 $\{x_i \mid i \in C(A)\}$。每个参与方 P_i 都将自己的私有输入 x_i 发送给权威机构 $\mathcal{T}$，由 $\mathcal{T}$ 完成计算 $f(x_1,\cdots,x_n)$，得到计算结果 $(y_1,\cdots,y_n)$。随后，$\mathcal{T}$ 将 $\{y_i \mid i \in C(A)\}$ 发送给 Sim。

如果现实世界中被腐化参与方所拥有的视图和理想世界中敌手所拥有的视图不可区分，那么协议在恶意模型下是安全的。因此，恶意模型下的安全性定义为：给定协议 π，如果对于任意一个现实世界中的攻击算法 A，存在一个满足 $C(A)=C(\mathrm{Sim})$ 的模拟算法 Sim，使得对于诚实参与方的所有输入 $\{x_i \mid i \notin C(A)\}$，输出分布

$$\mathrm{Real}_{\pi,A}(\kappa;\{x_i \mid i \notin C(A)\})$$

和

$$\mathrm{Ideal}_{f,\mathrm{Sim}}(\kappa;\{x_i \mid i \notin C(A)\})$$

是（在 κ 下）不可区分的，则称此协议满足恶意模型下的安全性。

由于参与方（包括敌手）的输出分布在现实世界和理想世界是不可区分的，因此理想/现实范式能够满足之前的安全属性。具体来说，敌手在理想世界中除了被腐化参与方的输出之外没有学到任何知识，在现实世界的执行也是如此，隐私性得以保证。同样地，在理想世界中各诚实参与方都得到由可信的权威机构计算的正确输出，现实世界也能得到正确输出。在理想世界的执行中，所有输入都被发送到权威机构，所以被腐化参与方在发送输入时对诚实参与方的输入一无所知。换句话说，被腐化参与方的输入独立于诚实参与方的输入。输出可达性和公平性也能够在理想世界中得到保证，因为诚实参与方总是能接收到所有输出，现实世界同样如此。

6.2 功能组件

第 6.1 节介绍了安全多方计算的形式化定义和威胁模型。本节介绍混淆电路、秘密共享、不经意传输等密码学原语，它们为安全多方计算协议的构造提供支撑。

6.2.1 混淆电路

混淆电路由 Yao [1986] 首次提出，它通过使用随机密钥来掩盖逻辑门电路的真实输入输出，为参与方的输入和中间计算结果提供隐私保护。作为安全多方计算的基石协议，混淆电路从电路层面描述了计算任务，具有很强的通用性。

混淆电路的参与实体有电路生成方（generator 或 garbler）和电路求值方（evaluator），以下分别简称生成方和求值方。其中，生成方持有输入 $x \in X$，求值方持有输入 $y \in Y$，计算目标是求函数 $f(x, y)$ 的值。当函数 f 的输入域很小时，生成方首先可以很快地枚举出所有可能的输入对 (x, y)，然后构造出函数 f 关于 (X, Y) 的真值表 T，其中每行条目为 $T_{x,y} = f(x, y)$。求值方的任务是利用输入 x 和 y 查找 T 中的相应条目 $T_{x,y}$ 来得到 $f(x, y)$ 的输出。

然而，使用生成方和求值方的真实输入构造 $T_{x,y}$ 会使得计算双方的输入隐私荡然无存。考虑到生成方无法接受将自己的隐私输入直接暴露给求值方，求值方也不愿将自己的真实输入发送给生成方来获取真值表的对应条目。一种解决方案是以真值表为基础构造混淆表，从而使得表中条目的真实值可用但不可见。具体方法是，生成方为每一个 x 和 y 随机生成密钥作为混淆表索引 k^x 和 k^y，并用密钥加密对应条目 $T_{x,y}$，得到 $\mathrm{Enc}_{k^x,k^y}(T_{x,y})$。为防止求值方通过混淆表的顺序推测隐私输入，生成方随机打乱表中条目的排列顺序后，再将混淆表发送给求值方。这种情况下，求值方获取 k^x 和 k^y 后，就可以通过解密得到 $f(x, y)$ 的输出。

根据上述分析可知，混淆电路既能保护生成方、求值方的输入隐私，又能保证双方只能解密与输入相关的计算结果。

（1）输入隐私：使用 k^x、k^y 替换 x、y, 求值方和生成方的隐私输入都不会暴露给对方。

（2）中间结果的隐私：由于求值方单独使用 k^x 或 k^y 都不会部分解密密文，甚至不能单独使用 k^x 或 k^y 判断某个密文是不是使用它们得到的。因此，求值方只能解密与参与双方输入相关联的混淆表条目 $T_{x,y}$，对混淆表的其他信息一无所知。

由于任意多项式时间可计算的函数都可以被转化为布尔电路的形式，因此混淆电路的重点在于解决逻辑门的计算。以由单个与门构成的电路为例，例 6.2 展示了混淆表的生成过程。

例 6.2 混淆表的生成过程

假设存在单与门构成的布尔电路 $O = x \wedge y$，其中 x 是生成方的输入，y 是求值方的输入。生成方首先为与门的每条线路生成随机的 0、1 标签来表示线路值为 0 或线路值为 1 的情况，以完成电路真值表的构造。然后，生成方为真值表输入线路（输出线路）上的每个值选择一个随机值作为密钥（标签）。通过将真值表每一行中输出线路对应的标签作为明文，生成方使用输入线路对应的两个密钥构成组合密钥 $H(k_1^x, k_2^y)$ 来对其进行加密，从而得到加密表。最后，将加密表条目的排列顺序随机打乱，即可获得混淆表，如表 6.1 所示。

表 6.1 混淆表的生成

真值表			加密表				混淆表
τ	σ	O	τ	σ	O	加密值	混淆值
0	0	0	k_1^0	k_2^0	k_3^0	$\mathrm{Enc}(H(k_1^0, k_2^0), k_3^0)$	$\mathrm{Enc}(H(k_1^0, k_2^1), k_3^0)$
0	1	0	k_1^0	k_2^1	k_3^0	$\mathrm{Enc}(H(k_1^0, k_2^1), k_3^0)$	$\mathrm{Enc}(H(k_1^1, k_2^1), k_3^1)$
1	0	0	k_1^1	k_2^0	k_3^0	$\mathrm{Enc}(H(k_1^1, k_2^0), k_3^0)$	$\mathrm{Enc}(H(k_1^0, k_2^0), k_3^0)$
1	1	1	k_1^1	k_2^1	k_3^1	$\mathrm{Enc}(H(k_1^1, k_2^1), k_3^1)$	$\mathrm{Enc}(H(k_1^1, k_2^0), k_3^0)$

实际应用中，混淆电路通常由大量电路门组成，生成方需要先根据计算拓扑生成大量混淆表，再由求值方依次解密求值，得到最终计算结果。本书第 6.3.1 小节将详细介绍上述过程，并讨论后续提出的优化技术如何提升混淆电路的性能。

6.2.2 秘密共享

作为安全多方计算的基础组件之一，秘密共享最初是为了解决密钥管理问题而提出的。传统的密钥保存方法是把密钥交由一个人保管，但这种做法存在很多漏洞，密钥的泄露、遗失和损坏都会造成系统安全性或可用性的降低。一种较为安全的做法是将密钥分发给多个人管理，在使用时由密钥持有者共同解密。

门限秘密共享方案通过拆分秘密值的方式实现密钥共享，核心思想是把秘密信息发给 n 个参与方持有，但只有当不少于 t 个参与方参与共享时，秘密信息 s 才会被恢复。其中，秘密信息划分的总份额数 n 和恢复秘密所需要的份额数 t 是控制门限秘密共享方案的重要参数，定义 6.4 从正确性和完美隐私性的角度给出了门限秘密共享方案的具体定义。

定义 6.4　门限秘密共享方案

将秘密信息 s 划分为 n 个秘密份额（秘密份额集合 S 的大小为 $\text{card}(S)=n$），令 t 表示秘密恢复阈值，其中 $t \leqslant n$，则门限秘密共享方案满足以下性质。

（1）正确性。当共享的秘密份额集合 S' 满足 $\text{card}(S') \geqslant t$ 时，秘密 s 可以被恢复。

（2）完美隐私性。当 $\text{card}(S') < t$ 时，S' 不会提供关于秘密 s 的任何信息。

上述过程通常可划分为秘密份额生成、秘密份额分发和秘密恢复 3 个阶段。Shamir 秘密共享方案 [Shamir, 1979] 是最经典的门限秘密共享方案，其核心思想是利用拉格朗日插值法隐藏和重构秘密。算法 6.1 给出了该方案的具体协议。

由于 $t-1$ 次多项式最多由 t 个 $\langle x_i, s_i \rangle$ 对确定，假设敌手获得了 t–1 个秘密份额，他尝试枚举有限域 $\text{GF}(p)$ 中的每个元素作为秘密 s'，并分别构造满足要求的、唯一的 $t-1$ 次多项式 f'。尽管这些秘密值中的一个是正确的秘密，但由于每个值是真实秘密值的可能性等同，所以敌手仍然不能知道真实的秘密值。

上述算法中，对单个秘密份额执行的任何线性操作都会在重构时转换为对秘密执行的操作，这可以视为加法同态的一种形式。假设输入的秘密 s_0 和 s_1 被拆分成 n 个份额并分发给 n 个参与方，参与方 i 分别计算 $s_i^0 + s_i^1$ 再重构得到的秘密值与直接计算 $s_0 + s_1$ 的结果相等。于是，各参与方通过在本地拥有的秘密份额上执行一系列线性操作，无须额外的通信即可实现秘密的线性计算。具有上述性质的秘密共享方案被称为线性秘密共享方案，通过增加一定机制，还可以使该方案支持乘法计算。因此，秘密共享方案也常用于构建安全多方计算协议。

秘密共享方案主要用拆分秘密份额的方式隐藏用户输入，而添加随机性同样能在保护参与方输入隐私的情况下完成两方隐私保护加法和乘法计算 [Demmler ot al., 2015]。

算法 6.1　Shamir 秘密共享方案

输入： 大素数 p，原始秘密信息 s，$t-1$ 个不同的非零元素集合 $\{r_1, r_2, \cdots, r_{t-1}\}$，$n$ 个不同的非零元素 $\{x_1, x_2, \cdots, x_n\}$。

输出： 恢复后的秘密信息 s'。

1 秘密份额生成：秘密发布方构造多项式 $f(x) = r_{t-1}x^{t-1} + r_{t-2}x^{t-2} + \cdots + r_1 x + s \bmod p$，用于计算参与方 i 得到的秘密份额 $s_i = f(x_i)$。

2 秘密份额分发：秘密发布方通过安全信道将 x_i 和 s_i 分别发送给参与方 i。

3 秘密恢复：只有当想恢复秘密的参与方数量大于等于 t 时，才可利用式 (6.2) 计算得到恢复后的秘密 s'，满足 $s' = s$。

$$s' = f(0) = \sum_{i=1}^{t} s_i \prod_{j=1}^{t,j\neq i} \frac{x_j}{x_j - x_i} \bmod p = s \tag{6.2}$$

其中，

$$f(x) = \sum_{i=1}^{t} s_i \prod_{j=1}^{t,j\neq i} \frac{x - x_j}{x_i - x_j} \bmod p \tag{6.3}$$

参与方 P_0 和 P_1 分别持有长度为 k 比特的输入 x 和 y，他们想要在不透露自己输入的情况下计算 $x + y \bmod 2^k$。于是，P_0 将自己的输入转化为 $x_0 + x_1 = x \bmod 2^k$，其中 x_1 是选取的随机数 $r \in \mathbb{Z}_{2^k}$，$x_0 = x - r$。之后，P_0 将算术共享 x_1 发送给 P_1 以执行本地加法计算。类似地，P_1 完成上述秘密共享过程，并将其算术共享 y_0 发送给 P_0。在秘密重构阶段，P_i 将本地计算后的份额返回给 P_{1-i}，P_{1-i} 最终重构出输入的和，其中 $i \in \{0, 1\}$。该方案的具体算法在算法 6.2 给出，参与计算的双方通过本地算术共享求和实现隐私保护加法计算。

算法 6.2　隐私保护的加法计算

输入： 参与方 P_0 拥有的明文 x，参与方 P_1 拥有的明文 y。

输出： $x + y$。

1 令 $x = x_0 + x_1 \bmod 2^k$，P_0 将 x_1 发送给 P_1，本地保留 x_0。

2 令 $y = y_0 + y_1 \bmod 2^k$，P_1 将 y_0 发送给 P_0，本地保留 y_1。

3 P_0 本地计算 $x_0 + y_0$，P_1 本地计算 $x_1 + y_1$。

4 P_0 和 P_1 通过安全的方式完成输出值的共享，最终得到 $x + y$：

$$x + y = (x_0 + x_1) + (y_0 + y_1) \bmod 2^k = (x_0 + y_0) + (x_1 + y_1) \bmod 2^k \tag{6.4}$$

在进行隐私保护的乘法计算（见算法 6.3）时，需要用到 Beaver 三元组 [Beaver, 1991]。该三元组是指秘密份额三元组 (a, b, c)。其中，a 和 b 是从某个适合的域中选择出的随机数，$c = ab$。

算法 6.3 隐私保护的乘法计算

输入： 参与方 P_0 拥有的明文 x，参与方 P_1 拥有的明文 y，乘法三元组 (a, b, c)。

输出： xy。

1 对乘法三元组进行算术共享，得到 $a = a_0 + a_1$、$b = b_0 + b_1$、$c = c_0 + c_1$，并分发给参与方。

2 参与方 P_i 对其输入进行算术共享，分别将 x_{1-i}（或 y_{1-i}）发送给 P_{1-i}。其中，$i \in \{0, 1\}$。

3 P_i 计算 $e_i = x_i + a_i$ 和 $f_i = y_i + b_i$。

4 P_i 分别共享 e_i、f_i 后，计算 $e = e_0 + e_1 = x + a$、$f = f_0 + f_1 = y + b$。

5 P_i 计算 $(xy)_i = -fa_i - eb_i + c_i \mod 2^k$。

6 输出结果 $xy = (xy)_0 + (xy)_1$。其中，

$$
\begin{aligned}
xy &= (e-a)(f-b) \\
&= ef - eb - af + ab \pmod{2^k} \\
&= ef - eb - af + c \pmod{2^k} \\
&= (xy)_0 + (xy)_1
\end{aligned}
\tag{6.5}
$$

6.2.3 不经意传输

在安全多方计算协议中，想要实现隐私性，一个参与方的输入一定不能直接被其他参与方获得。不经意传输作为安全多方计算协议的重要构造模块，保证了接收方能够不经意地获得发送方输入的某些信息，从而隐藏并保护发送方和接收方的隐私。

在原始不经意传输协议 [Rabin, 2005] 中，发送方持有一条秘密信息，经过一系列协议的执行，接收方以 $\frac{1}{2}$ 的概率获取该信息。2 选 1 不经意传输（1-out-of-2 OT，写作 OT_2^1）协议 [Even et al., 1985] 的定义为：发送方有两条输入信息，接收方能以等概率获得其中一条。他们的方案改变了原始不经意传输的概念，但二者实际上是等价的。为便于实际使用，通常采用可选择的 OT_2^1（chosen 1-out-of-2 OT）作为 OT_2^1 协议 [Beaver, 1995] 的标准定义，如图 6.4 所示。其中，接收方具备对信息的选择能力，但不能获得另一个消息的任何信息，同时能向发送方隐藏自己做出的选择。

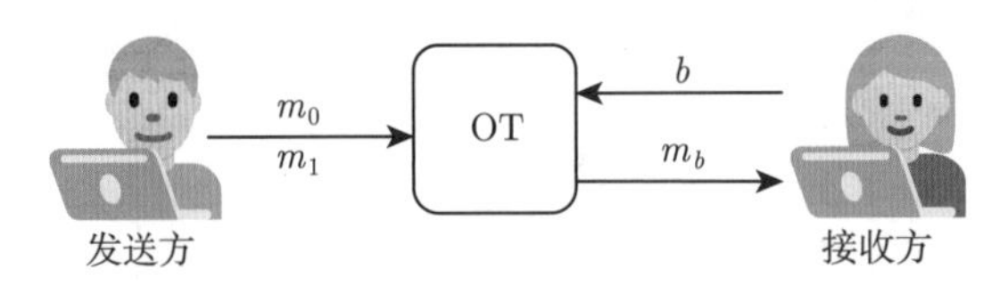

图 6.4 可选择的 OT_2^1

然而，现实中更普遍的需求是接收方想要从 n 个秘密信息中选择 m 个并获取，即实现 n 选 m 不经意传输，其形式化定义如定义 6.5 所示。

定义 6.5　n 选 m 不经意传输（OT_n^m）协议

发送方拥有 n 个秘密值 $s_1, s_2, \cdots, s_n \in \{0,1\}^k$，接收方输入其做出的选择 $c_1, c_2, \cdots, c_m \in \{1, 2, \cdots, m\}$。如果发送方和接收方都是诚实的，则满足以下性质。

（1） 接收方总能得到 $s_{c_1}, s_{c_2}, \cdots, s_{c_m}$，但是对其他值一无所知。

（2） 发送方对接收方的选择 $c_1, c_2, \cdots, c_m$ 一无所知。

为便于理解，例 6.3 给出了一个基于公钥密码体制的简单实现方案。

例 6.3　3 选 2 不经意传输

假设有两个参与方，发送方 S 拥有秘密输入 $x_0, x_1, x_2 \in \{0,1\}^n$，接收方 R 有选择比特序列 $b \in \{0,1\}^3$。接收方想要从发送方的输入值中随机获取其中两个，他将选择比特序列中对应的两个比特位置为 1，剩余一个比特位置为 0。执行下述协议后，接收方最终会得到自己选择的两个秘密输入值，且对另一个值的内容一无所知。

（1）R 生成两个公私钥对 $\{\mathrm{sk}_0, \mathrm{pk}_0\}$ 和 $\{\mathrm{sk}_1, \mathrm{pk}_1\}$，并从公钥域采样一个随机密钥 pk'，该随机密钥没有对应私钥可以解密。

（2）R 根据所选择的序列，将 pk' 放置在值为 0 的比特位上，其余比特位分别放置 pk_0 和 pk_1，生成公钥序列并发送给 S。例如，选择比特序列为 $\{1,0,1\}$，则发送的公钥序列为 $\{\mathrm{pk}_0, \mathrm{pk}', \mathrm{pk}_1\}$。

（3）S 接收公钥序列 $\{\mathrm{pk}_a, \mathrm{pk}_b, \mathrm{pk}_c\}$ 后，返回给 R 三个密文 $e_0 = \mathrm{Enc}_{\mathrm{pk}_a}(x_0)$、$e_1 = \mathrm{Enc}_{\mathrm{pk}_b}(x_1)$、$e_2 = \mathrm{Enc}_{\mathrm{pk}_c}(x_2)$。

（4）R 收到 e_0、e_1、e_2 后，用 sk_0 和 sk_1 解密对应位置的密文，得到选择比特序列对应的秘密输入。

上述协议的正确性显而易见。在协议执行完成后，接收方最终从 3 个秘密输入中得到所选的两个。协议的隐私性体现在输入内容保密和选择比特序列保密两个方面。由于使用选择公钥序列替代选择比特序列，发送方无法知道接收方实际选择了哪些值。在半诚实模型中，接收方只能解开用 pk_0 和 pk_1 加密的密文，而对 pk' 加密输入的内容一无所知。但在恶意模型中，接收方将公钥序列均置为真实密钥来获取全部输入，此时发送方的输入隐私无法满足。

6.3　通用协议

通用协议能够解决任意计算问题，本节主要从基于混淆电路实现的安全多方计算协议展开介绍，其核心思想是将函数的计算逻辑转化成布尔电路并进行评估。

6.3.1　混淆电路协议

混淆电路协议是以第 6.2.1 小节中讨论的混淆电路为基础，使用秘密共享和不经意传输作为基本组件，在不泄露双方隐私信息的情况下完成安全两方计算。安全两方计算作为安全计算领域里的核心内容之一，既是构造多方协议的基础，也可直接用于解决现实世界中的实际问题。从执行流程来看，混淆电路协议可以划分为生成混淆表和解密求值两个阶段。

在生成混淆表阶段，生成方先将计算函数转换为功能相同的布尔电路。布尔电路通常由大量逻辑门和连接它们的线路构成，其中一条线路代表一个比特位。图 6.5 所示为一个布尔电路示例，逻辑门采用一条或两条线路作为输入，一条线路作为输出。一条线路可以作为多个逻辑门的输入，但只能作为一个逻辑门的输出。

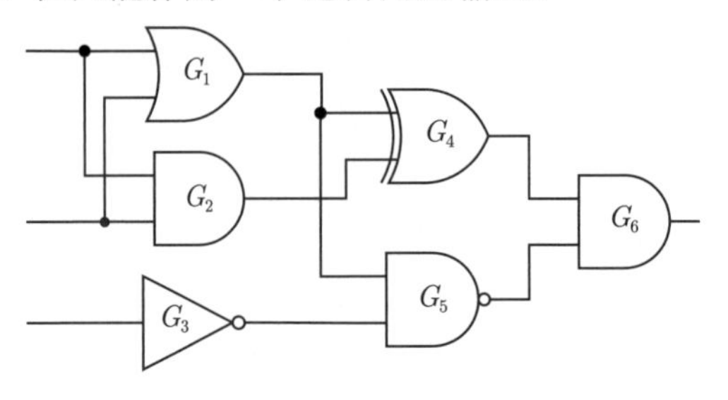

图 6.5　布尔电路示例

布尔电路的规模指电路中所含的门的数量，深度为电路中最长路径上的门数，拓扑结构意味着各门之间的连接关系。一个布尔电路可以由其拓扑结构和所含逻辑门唯一确定。布尔电路拓扑有序指电路中的门按照 $G=(G_1,G_2,\cdots,G_n)$ 的顺序排列，对于第 i 个门，G_i 不会从 G_j 获得输出，其中 $j>i$。因此，要想计算布尔电路，首先需要找到布尔电路的拓扑有序序列，然后按照序列中电路门的排列顺序依次计算。算法 6.4 形式化地描述了按照布尔电路拓扑顺序生成混淆表的过程。

算法 6.4　按照布尔电路拓扑顺序生成混淆表

输入： 安全参数 κ，布尔电路 C 的拓扑有序序列 G。

输出： 混淆电路 $\widetilde{C}$ 对应的所有混淆表 T。

// 按拓扑顺序依次对逻辑门 G_i 计算 $w_c=g_i(w_a,w_b)$。

1 为 C 中每条线路随机选择密钥作为标签，密钥 $k\in\{0,1\}^\kappa$。

2 **for** $G_i\in G$ **do**

3 　确定输入线路标签为 $w_a^0=k_a^0$、$w_a^1=k_a^1$、$w_b^0=k_b^0$、$w_b^1=k_b^1$，输出线路标签为 $w_c^0=k_c^0$、$w_c^1=k_c^1$。

4 　逻辑门输入为 $v_a,v_b\in\{0,1\}$，输入值共有 4 种可能的组合，对于每一种组合，生成混淆表条目：

$$T_{v_a,v_b}=H(k_a^{v_a}||k_b^{v_b}||i)\oplus w_c^{g_i(v_a,v_b)} \tag{6.6}$$

　最后，在条目末尾附加提示信息，便于在求值过程中查找。

5 　随机打乱混淆表条目的排列顺序。

6 构造输出线路解码表，其中每条输出线路对应的线路标签为 $w_c^0=k_c^0$、$w_c^1=k_c^1$，则输出线路值 $v\in\{0,1\}$ 的混淆表条目为

$$T_v=H(k_c^v||\text{“out”}||j)\oplus v \tag{6.7}$$

解密求值阶段，求值方为每个门 G_i 分别计算 $H(k_a^{v_a}||k_b^{v_b}||i) \oplus T_{x,y}$ 来获取输出标签，以得到输出线路值 $g_i(v_a, v_b)$。因此，求值方需要根据双方的输入来获取对应密钥。生成方已知自己的输入 x，因此只需要将与 x 相关的所有密钥 k^x 发送给求值方即可。为了使求值方在不暴露自己的输入 y 的情况下获取所有相关的 k^y，生成方使用不经意传输技术构造 $|Y|$ 选 1 不经意传输，使求值方不经意地获取 k^y 并解密混淆表条目。算法 6.5 给出了混淆电路协议的全过程。

算法 6.5　混淆电路协议

输入: 生成方和求值方各自的输入 x 和 y，安全参数 κ，布尔电路 C 的拓扑有序序列 G。

输出: $f(x,y)$。

1 生成方首先执行算法 6.4，然后将所有的混淆表发送给求值方。

2 生成方将与自己的输入 x 相关的输入线路标签直接发送给求值方。

// 求值方与生成方执行 q 次 OT_2^1 协议，获取与 y 相关的输入线路标签。

3 **for** $i \in \{1, 2, \cdots, q\}$ **do**

4 　对于生成方提供的线路标签 $w_{i,b}^0$ 和 $w_{i,b}^1$，求值方选择 1 比特的输入值 $v_b \in \{0, 1\}$ 并发送给生成方。其中，v_b 是求值方在此线路上的输入值。

5 　生成方将线路标签 $w_b^{v_b}$ 返回给求值方。

// 求值方按照拓扑顺序对 $\widetilde{C}$ 逐门求值。

6 **for** $G_j \in G$ **do**

7 　对于 G_j 对应的混淆表 T，根据生成方的输入线路标签 $w_a^{v_a} = k_a^{v_a}$ 和求值方的输入线路标签 $w_b^{v_b} = k_b^{v_b}$ 查找对应位置条目 T_{v_a,v_b}。

8 　计算输出线路标签 $w_c^{g_i(v_a,v_b)}$：

$$w_c^{g_i(v_a,v_b)} = H(k_a^{v_a}||k_b^{v_b}||j) \oplus T_{v_a,v_b} \tag{6.8}$$

9 计算得到所有输出标签后，将其设置为第一个密钥，“out” 设置为第二个密钥，使用输出线路解码表得到最终的输出门，最终得到明文计算结果 $f(x,y)$。

10 求值方将 $f(x,y)$ 发送给生成方。

混淆电路协议的计算复杂度取决于布尔电路的规模，也就是生成混淆表的个数或解密计算的次数。对于前文提到的单与门布尔电路，仅需生成一个混淆表即可完成计算。但在实际应用中，布尔电路通常由大量逻辑门组成，计算拓扑极为复杂。生成方需要为布尔电路中的所有线路生成 0 标签和 1 标签，并为每个逻辑门生成混淆表。而求值方需要利用 OT 协议获取自己输入对应的线路标签，并按照计算拓扑顺序依次对途经的逻辑门对应的混淆表逐个解密。在完成解密计算后，生成方和求值方仍需要进行几轮交互来确定最终的明文计算结果。

考虑到混淆电路协议经典方案的主要开销为生成混淆表、解密计算过程的计算开销和传输混淆电路所需的通信开销，许多研究人员提出了改进方案。Zahur 等 [2015b] 从密文数量和输入输出标签计算次数（哈希函数 H 的调用次数）两个方面评估了几种最主要的混淆电路改进方案在异或门（XOR）和与门（AND）上的性能，表 6.2 中总结了他们的研究结果。

表 6.2 混淆电路优化方案

优化方案	密文数量		H 的调用次数	
	XOR	AND	XOR	AND
经典方案	4	4	4	4
Point-and-Permute[Beaver et al., 1990]	4	4	4,1	4,1
GRR[Naor et al., 1999]	3	3	4,1	4,1
GRR+Free-XOR[Kolesnikov et al., 2008]	0	3	0	4,1
Half-gate[Zahur et al., 2015b]	0	2	0	4,2

表 6.2 中，密文数量表示通信时所需要传输的密文个数，实际数据传输量为表中结果乘以 κ 比特。H 的调用次数表示对每个逻辑门求值时生成方与求值方计算 H 的次数，当二者计算次数不同时，表中数据的顺序依次为生成方计算次数和求值方计算次数。

1. Point-and-Permute 方案

Point-and-Permute 方案旨在解决解密求值过程中的低效查找问题。具体来说，求值方需要在混淆表 T 里查找双方输入的对应条目并计算输出标签（算法 6.5 的第 7 行 ~ 第 9 行）。由于不知道线路标签对应混淆表中的哪一行，求值方只能逐行解密，直到提前附加在条目后的置换标识正确显示。

通过在混淆表条目末尾添加置换标识，求值方可以根据输入标签直接确认解密位置。具体方法是将输入线路标签的一部分作为附加的置换标识，并根据置换标识对 T 进行置乱。条目的排列顺序可以是关于置换标识的函数。需要说明的是，为了避免 T 的各行在置乱过程中发生冲突，必须保证每个置换标识都互不相同。求值方解密时，根据输入标签的置换标识就可以直接计算得到所需解密的条目的正确位置。

Point-and-Permute 方案使得求值方可以预先知道自己需要对混淆表的哪一行进行解密，从而降低解密过程的计算复杂度。同时，该方案仅需在混淆表条目后附加置换标识，能够与大部分混淆电路优化方案很好地兼容，具有很强的通用性。

2. Free-XOR 方案

Free-XOR 方案常用于减少混淆电路协议经典方案计算异或门时的开销。借助异或运算的特殊性质，生成者仅需引入一个偏移量 $\Delta \in \{0,1\}^\kappa$ 即可仅根据两个输入线路标签为异或门构造混淆表，而无须单独为输出线路生成标签。

要实现该方案，仅需修改经典方案（算法 6.4）中的几个细节。在第 1 行生成线路标签时，随机选择线路值为 0 所对应的标签，并将另一条线路标签设置为其异或值。

$$w_0^i = k_0^i \in \{0,1\}^\kappa, i \in \{a,b\} \tag{6.9}$$

$$w_i^1 = k_i^0 \oplus \Delta, i \in \{a,b\} \tag{6.10}$$

在构造混淆表条目（算法 6.4 的第 4 行）时，对于异或门 $w_c = \text{XOR}(w_a, w_b)$，按照式 (6.11) 生成输出线路标签。

$$w_c^0 = k_a^0 \oplus k_b^0 \tag{6.11}$$

$$w_c^1 = k_a^0 \oplus k_b^0 \oplus \Delta \tag{6.12}$$

对于其他门，也需要使用相同的偏移量 Δ 生成输出线路标签。

$$w_c^0 = k_c^0 \tag{6.13}$$

$$w_c^1 = k_c^0 \oplus \Delta \tag{6.14}$$

表 6.3 展示了仅使用输入线路标签构造异或门混淆表的正确性。其中，k_a^0 和 k_b^0 分别为线路 A、线路 B 的值为 0 时的密钥（线路标签）。当线路 A、线路 B 的值为 1 时，使用 $k_i^0 \oplus \Delta$ 作为标签，其中 $i \in \{a,b\}$。对于每一对线路标签 w_i^0 和 w_i^1，有 $w_i^0 \oplus w_i^1 = \Delta$。借助线路标签相关性，异或门的输出线路标签可以直接由其输入线路标签计算异或来得到。

表 6.3 异或门中真值与标签对应情况

A		B		C	
真值	标签	真值	标签	真值	标签
0	k_a^0	0	k_b^0	0	$k_a^0 \oplus k_b^0$
0	k_a^0	1	$k_b^0 \oplus \Delta$	1	$k_a^0 \oplus k_b^0 \oplus \Delta$
1	$k_a^0 \oplus \Delta$	0	k_b^0	1	$k_a^0 \oplus k_b^0 \oplus \Delta$
1	$k_a^0 \oplus \Delta$	1	$k_b^0 \oplus \Delta$	0	$k_a^0 \oplus k_b^0$

与经典方案相比，Free-XOR 不仅消除了计算异或门混淆表的需要，还减少了解密求值节点阶段使用 OT 协议时传输的线路标签数，能够进一步节约通信开销。但由于线路标签之间存在相关性，经典方案所使用的基于伪随机数生成器（Pseudo-Random Generator, PRG）的加密方案已经不足以保证 Free-XOR 方案的安全性要求。Free-XOR 方案需要更强的安全性假设或使用随机预言机来加密输出线路标签。

3. GRR 方案

GRR（Garbled Row Reduction）方案通过减小混淆表的大小来降低通信量，其关键思想是将混淆表中固定的一行密文设置为固定值（如 0^κ），那么求值方不需要网络传输也可以知道这一行的内容。该方案只需要为每个逻辑门的混淆表传输 3 条密文，因此也被称为 GRR3。利用多项式插值还可以将混淆表大小进一步缩减为 2 个密文 [Pinkas et al., 2009]，但该方案与之前提到的 Free-XOR 方案不兼容，因此在实际中较少使用。

4. Half-gate 方案

结合上述优化方案，[Zahur et al., 2015b] 提出了一种高效的混淆电路构建方案，使与门的混淆表条目减少到 2 条，而异或门则无须生成混淆表。该方案的主要思想是将一个与门表示为两个半门异或的结果，生成方和求值方先在本地计算自己持有的半门的混淆表，再由生成方将其转化为一个与门。由于生成方和求值方已知自己的输入对应的半门输入线路标签，该方案中半门的混淆表仅包含 2 个条目，再应用 GRR 方案，可以进一步将混淆表的密文数量降低到 1 个，因此能够大幅降低电路协议的通信量。此外，Half-gate 方案还可以兼容 Free-XOR 方案和 Point-and-Permute 方案，逻辑门的计算和解密求值效率也因此得到改善。

下面介绍生成方半门和求值方半门的构造方法。实际上，半门混淆表的生成过程和与门基本类似（见例 6.2）。不同之处在于，普通与门混淆表的条目为 4 条，而半门仅有 2 条。假设半门要计算 $v_c = v_a \wedge v_b$，生成方在计算开始前就已知 v_a。考虑到 Free-XOR 方案的要求，v_b 的线路标签只能是 k_b^0 或 k_b^1，其中 $k_b^1 = k_b^0 \oplus \Delta$。生成方半门混淆表的构造如下：

$$E_1 = H(k_b^0) \oplus k_c^0 \tag{6.15}$$

$$E_2 = [H(k_b^1) \oplus k_c^0 \oplus v_a]\Delta \tag{6.16}$$

为便于在解密求值阶段查找混淆表条目，生成方根据 k_b^0 的提示信息在混淆表中设置密文的位置。因此，求值方计算 k_b 的哈希值即可解密对应的密文。若求值方已知 k_b^0，则 $k_c^0 = E_1 \oplus H(k_b^0)$；若求值方已知 $k_b^1 = k_b^0 \oplus \Delta$，则计算得到 $E_2 \oplus H(k_b^1) = (k_c^0 \oplus v_a)\Delta$。如果 $v_a = 0$，则同样得到 k_c^0；如果 $v_a = 1$，则得到 $k_c^1 = k_c^0 \oplus \Delta$。由于求值方无法同时得到 k_b^0 和 k_b^1，因此能够保证混淆电路的安全性。

对于求值方半门，同样计算 $v_c = v_a \wedge v_b$，并假设求值方已知 v_b，构造求值方的半门混淆表：

$$E_1 = H(k_b^0) \oplus k_c^0 \tag{6.17}$$

$$E_2 = H(k_b^1) \oplus k_c^0 \oplus k_a^0 \tag{6.18}$$

如果 $v_b = 0$，则求值方得到 $k_c^0 = E_1 \oplus H(k_b^0)$；如果 $v_b = 1$，则求值方得到 $k_c^0 \oplus k_a^0$。对于后一种情况，求值方可以将结果和收到的线路标签 k_a（由生成方发送给求值方）进行异或，最终得到 k_c^0（若 $k_a = k_a^0$）或 $k_c^1 = k_c^0 \oplus \Delta$（若 $k_a = k_a^1 = k_a^0 \oplus \Delta$）。而且，求值方可以直接令 $k_c^0 = H(k_b^0)$，使得第一个条目值为全零，这时只需要把第二个条目发送给生成方即可。

得到两个半门后，生成方引入一个随机比特 r，将两个半门的异或计算转化为一个与门的计算：

$$v_c = (v_a \wedge r) \oplus (v_a \wedge (r \oplus v_b)) = v_a \wedge (r \oplus r \oplus v_b) = v_a \wedge v_b \tag{6.19}$$

完成上述转化的前提是生成方要将 r 和 $r \oplus v_b$ 传递给求值方，但生成方本身不能得到 v_b 的值。借助 Point-and-Permute 技术思想，生成方可以将 r 设置为 k_b^0 的置换标识，求值方可以直接从线路标签 k_b^0 的标识信息中得到 $r \oplus v_b$。

Zahur 等 [2015b] 已证明，该方案只要生成线路标签时所用的 H 满足一定的安全性假设，则半门技术是可证明安全的，且该方案是线性混淆电路方案中计算和通信最优的方案。

分析上述协议及优化方案可以看出，混淆电路协议在半诚实模型下是安全的。当生成方是半诚实敌手时，不经意传输协议的存在保障了求值方的输入不会泄露给生成方，且求值方仅能得到与自己输入相关的线路标签。当求值方是半诚实敌手时，混淆电路的性质保证了求值方永远无法同时获得同一条输入线路或中间线路的两个标签，从而也就无从得知生成方的输入。虽然求值方已知输出线路上明文值和线路标签的对应关系，但他仅能计算双方输入对应的输出线路明文值。

6.3.2 切分选择

第 6.3.1 小节中提到的混淆电路协议仅能抵抗半诚实敌手的攻击，在恶意模型下不具有安全性，原因是恶意敌手可以采取任何策略破坏协议，从而获得他所期望的结果。例如，生成方和求值方协商计算 f，恶意的生成方可能发送给求值方错误的混淆电路 $\widetilde{C}$，而求值方无法验证该电路是否对应功能函数 f。如果求值方对 $\widetilde{C}$ 解密求值，输出结果可能会泄露更多信息，甚至是求值方的真实输入。

为了抵抗此类攻击，一种方法是采用零知识证明来验证协议中每一步执行的正确性，从而保证参与方严格遵循协议执行。此时，协议需要大量的交互来完成证明，效率十分低下，并不适用于大规模的计算任务。为提升实用性，协议选择使用切分选择（cut-and-choose）技术来检查混淆电路，其主要思想是由生成方生成很多能实现 f 的混淆电路，而求值方只验证其中一部分，若存在错误电路，则认为生成方是恶意的 [Chaum, 1984]。切分选择基础协议的形式化描述如算法 6.6 所示。

算法 6.6　切分选择

输入： 函数 f，复制因子 s，电路验证数量 v。

输出： 电路求值结果。

1 生成方随机生成 s 个独立的混淆电路 $\widetilde{C}$，每一个混淆电路 $\widetilde{C}_i \in [s]$ 都能实现相同的函数 f。
2 生成方将所有的电路和输入线路标签发送给求值方。
3 求值方随机选取一部分电路 $I \subset [s]$，作为验证电路，其中 $|I| = v$。
4 **for** $\widetilde{C}_i \in I$ **do**
5 　对于混淆电路 $\widetilde{C}_i$，求值方获取对应的输入线路标签 k_i^0 和 k_i^1；
6 　打开并检查电路 $\widetilde{C}_i$ 的构造是否正确。
7 **if** 所有电路检查结果正确 **then**
8 　求值方按照混淆电路协议计算 I 以外的剩余电路；
9 　**if** 剩余电路求值结果一致 **then**
10 　　输出唯一结果；
11 　**else**
12 　　输出多数一致结果。
13 **else**
14 　求值方按照混淆电路协议对剩余电路求值后，输出多数一致的结果。

通过切分选择协议检查电路，求值方能根据输出结果是否完全一致来判断生成方是不是恶意敌手。当生成方生成的 s 个混淆电路中存在至少 1 个错误的电路，无论其是否在验证环节（对应算法 6.6 的第 4 行 ~ 第 6 行）被求值方检验到，求值方最终都能知道其存在性。但如果生成方构造的电路依赖求值方的输入来决定是否会输出错误结果，此时求值方直接终止协议，生成方就可以推测到求值方的输入比特。为避免泄露求值方的输入，求值方对剩余电路解密求值后，只输出多数一致的结果。

切分选择协议通过选择恰当的 v（代表每个电路被验证的概率），使得“大多数电路的一致输出都是错误的”且“所有被验证的电路均为正确构造”的概率是可忽略的。此时，如果所有被验证的电路都是正确的，则求值方能够以很高的概率接受假设“大多数电路的计算结果是正确的”，从而大概率保证输出结果的正确性。该方法虽然能够有效抵御恶意生成方的攻击，但同样会引入两个需要考虑的安全问题，即输入不一致性问题和选择性失败攻击。

切分选择技术需要求值方为多个混淆电路求值，若恶意的参与方（无论是生成方还是求值方）为不同的混淆电路提供不同的输入，就会导致电路验证或求值过程出现大量输出结果不一致性问题。因此，如何保证输入一致性，即保证两个参与方为所有混淆电路提供相同的输入成为亟待解决的问题。参照混淆电路协议的规定，求值方的输入由 OT 协议递交给生成方，用于选择混淆电路协议标签。因此，双方只需要先执行一次 OT 协议，一次性地接受求值方输入的全部比特，再将对应的线路标签全部返回，即可保证求值方的输入不会发生改变。相较而言，生成方的输入一致性似乎更难检验。Shen 等 [2011] 提出了一种基于 2-通用性哈希 H 和承诺系统的混淆电路协议，如果生成方最终的输入与其承诺的输入有任何不同，都将导致 H 给出不同的输出。这样，求值方就可以知道生成方的输入是否前后一致。

选择性失败攻击是指：即使所有的输入和混淆电路都是正确的，生成方也可以通过在不经意传输协议中提供错误的输入线路标签来实现攻击。例如，生成方可以根据求值方的输入选择 OT 协议的输出，如只有当求值方的第一个输入比特为 0 时，求值方会得到一个错误的线路标签。若求值方因此终止协议，他输入的第一个比特就会被恶意的生成方窃取到。为解决上述问题，Lindell 等 [2007] 提出了抗 k 探查（k-probe-resistant）技术，可使求值方终止协议的条件与其输入无关，从而避免输入信息被泄露。

6.3.3 云辅助计算

虽然有多种技术能够构建通用的安全多方计算协议，但它们是计算密集型的，这导致安全多方计算协议不适用于移动设备等资源受限的场景中。解决该问题的一种方法是使用外包技术将计算任务中昂贵的部分外包给云服务器执行。Kamara 等 [2012] 介绍了云服务器如何发挥辅助计算作用，如图 6.6 所示。在该方案中，云服务器是不可信的，仅负责计算目标函数，对函数的输入和输出一无所知。该方案涉及电路生成方、结果接收方和辅助服务器 3 个实体。其中，电路生成方 P_1 是生成混淆电路的一方，通常由计算资源较强大的参与方担任；结果接收方主要由计算资源有限的参与方构成；辅助服务器 S 由公共云实例化，是能够代表参与方执行大量计算的第三方，但不被信任，无法获取函数的输入或输出。

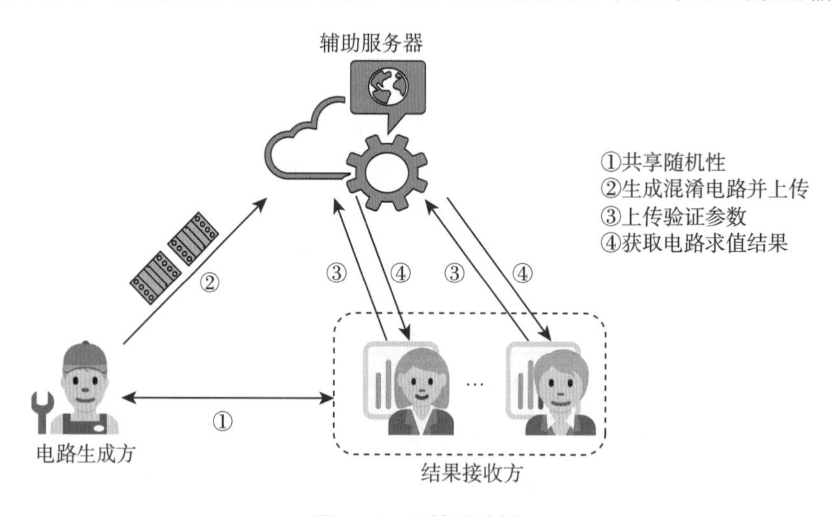

图 6.6 云辅助计算

算法 6.7 中，P_1 是电路生成方；S 代表辅助服务器，是电路求值方。该方案假设所有参与方彼此共享随机性 r。m 表示输入比特的总数，即 $m = \sum |m_i|$；$[n]$ 表示集合 $\{1, \cdots, n\}$。该方案使用了一些标准的密码原语，其中 $F_K(\cdot)$ 是密钥 K 下的伪随机函数。表 6.4 给出了云辅助计算协议中用到的重要构造函数。

算法 6.7 云辅助电路评估

输入: 参与方 P_i 各自的 m_i 比特输入，共享密钥 K，切分选择参数元组 (s, v)。

输出: 电路求值结果 $b \in \{0,1\}$。

1 对于 $\ell \in [s]$，参与方计算 $r_\ell = F_K(\ell)$，其中 s 表示切分选择中生成电路的数量。

2 参与方计算 $\gamma_0 = F_K(s+1)$ 和 $\gamma_1 = F_K(s+2)$。

3 对于 $\ell \in [s]$，P_1 构造混淆电路 $\widetilde{C}_\ell = \mathrm{GC}(C; r_\ell)$ 并发送给服务器 S。

4 S 随机选择大小为 v 的电路 $I \subset [s]$ 用于验证，并将电路 I 发送给 P_1。

5 **for** $\ell \in I$ **do**

6 　P_1 发送 r_ℓ 给 S；

7 　S 检查 $\widetilde{C}_\ell$ 是否由 r_ℓ 创建。

8 **if** 对每个 $\widetilde{C}_\ell$ 的检查均通过 **then**

9 　S 发送 r_ℓ 给所有参与方，用于验证该值是否等于之前计算的随机性。

10 设未被验证的电路集合 $E = [s] - I$，对于 $\ell \in E$，每个参与方 P_i 计算 $\mathbb{W}^\ell = \mathrm{GI}(m; r_\ell)$。

11 参与方将自己的输入标签发送给 S，令 $w_{\ell,j}$ 表示 S 收到的第 ℓ 个电路中第 j 个输入线路的标签。

12 **for** $j \in [m]$ **do**

13 　参与方以随机顺序向 S 发送哈希值 $h_{w,b} = H\left(w^b_{\ell_1,j} || \cdots || w^b_{\ell_\lambda,j}\right)$，其中 $b \in \{0,1\}$、$\ell_1, \cdots, \ell_\lambda \in E$。$S$ 检查从所有参与方收到的哈希值是否相同。

14 S 根据收到的输入线路标签，计算 $H(w_{\ell_1,j} || \cdots || w_{\ell_\lambda,j})$，并检查是否等于参与方发送的哈希值。

15 对于 $\ell \in E$，S 评估电路 $\widetilde{C}_\ell$，输出表示为 $z_\ell \in \mathrm{GO}(r)$。

16 **for** $\ell \in E$ **do**

17 　每个参与方向 S 发送两个密文 $\mathrm{Enc}(\omega^0_\ell, \gamma_0)$ 和 $\mathrm{Enc}(\omega^1_\ell, \gamma_1)$，其中 $(\omega^0_\ell, \omega^1_\ell) = \mathrm{GO}(r_\ell)$；

18 　S 检查从所有参与方收到的成对的密文是否相等；

19 　S 使用 z_ℓ 解密两个密文，恢复出 γ_ℓ 和 γ'_ℓ。

20 S 向所有参与方发送结果值 W。其中，W 表示在集合 $\{\gamma_\ell, \gamma'_\ell\}_{\ell \in E}$ 中出现最多次的值。

21 参与方输出比特 b，满足 $\gamma_b = W$。

表 6.4 云辅助计算构造函数

构造函数	内容
$\mathrm{GC}(C;r)$	生成混淆电路，其中 C 为关于 f 的布尔电路，返回 $\widetilde{C}$
$\mathrm{GI}(m;r_\ell)$	生成输入线路标签，返回输入标签 $\mathbb{W}^\ell$
$\mathrm{GO}(r)$	生成输出线路标签，返回输出标签 (ω^0,ω^1)
$\mathrm{Dec}(\omega;r)$	解码输出标签，其中 ω 为输出标签，返回结果为比特 b

假设 $\boldsymbol{x}$ 是一个 m 比特的字符串，用 $\mathbb{W}_{|\boldsymbol{x}}$ 表示输入标签向量 $(w_1^{x_1},\cdots,w_m^{x_m})$。根据正确性要求，对于所有的电路 C、所有的随机性 r 和 $b\in\{0,1\}$，有 $\mathrm{Eval}\left(\mathrm{GC}(C;r),\mathbb{W}_{|\boldsymbol{x}}\right)=\omega^{f(\boldsymbol{x})}$、$\mathrm{Dec}\left(\omega^b;r\right)=b$，其中 $\mathbb{W}:=\mathrm{GI}(m;r)$ 且 $(\omega^0,\omega^1):=\mathrm{GO}(r)$。在安全性方面，为实现输入/输出隐私，需要保证 $(\widetilde{C},\mathbb{W}_{|\boldsymbol{x}})$ 不会泄露关于 $\boldsymbol{x}$ 和 $f(\boldsymbol{x})$ 的部分信息。

算法 6.7 详细地描述了云辅助安全多方计算协议的运行过程。S 和 P_1 执行切分选择协议，首先检查 T 个电路（第 4 行 ~ 第 9 行），然后在剩余的 E 个电路上进行评估（第 10 行 ~ 第 15 行）。通过检查过程，可以确保 P_1 没有构建损坏或偏离约定函数的电路。

为防止恶意的参与方为不同的混淆电路提供不同的输入，还需要进行输入线路标签一致性检查（第 11 行 ~ 第 14 行），具体方法：对于每条线路 $i\in[m]$，每个参与方向 S 发送两个随机排列的哈希值，即 $H\left(w_{1,i}^0||\cdots||w_{\lambda,i}^0\right)$ 和 $H\left(w_{1,i}^1||\cdots||w_{\lambda,i}^1\right)$，其中 $w_{j,i}^b$ 表示第 j 个电路的第 i 条线的 b 位的输入标签（$j\in[\lambda]$）。S 会验证它从不同参与方接收到的哈希值是否相同。只要至少有一个参与方是诚实的，就能保证哈希值的正确性。当给定第 i 个输入线路的标签，S 可以计算它的哈希值，并验证是否能与之前接收的同一线路的两个哈希值中的一个相匹配。

得到评估结果后，S 选择多数一致的结果作为最终输出（第 16 行 ~ 第 20 行）。为保证隐私输出，S 不能直接得到输出比特 b，该协议巧妙地构造了 γ_0 和 γ_1 来解码 S 的输出结果 z_l。参与方先用两个不同输出比特的线路标签作为密钥来加密 γ_0 和 γ_1，然后发送给 S。S 所得到的输出线路标签 z_l 只能正确地解密其中一个密文，但它并不知道自己成功解密了哪一个。统计出现次数最多的 $\{\gamma_\ell,\gamma'_\ell\}_{\ell\in E}$ 对之后，S 将多数一致结果返回给参与方。参与方用自己计算的 γ_0 和 γ_1 与 S 发送的结果对照，找到对应的输出比特 b（第 21 行）。

引入云服务器来辅助计算，能够显著地提高协议的效率，但会带来更多安全问题。例如，云服务器可能与参与方的一个子集串通，以获取有关其他参与方输入的附加信息；一个恶意的云服务器可能会将伪造的计算结果返回给外包方，从而破坏协议的可用性。因此，安全可验证的云辅助安全多方计算协议需要结合更多的隐私保护技术或可验证技术来实现。

6.4 专用协议

针对特定的计算函数，基于电路的安全多方计算协议所产生的开销往往与电路的规模呈线性增长关系。因此，需要设计比通用安全多方计算协议更高效的专用安全多方计算协议。特定的应用场景可以直接使用专用计算函数，也可以将其作为基础模块来构建其他应用程序。本节主要介绍专用安全多方计算协议，用于处理特定的计算逻辑，如隐私集合求交和隐私信息检索。

6.4.1　隐私集合求交

当用户注册使用一款新的 App 时，他们通常想要了解哪些手机联系人已经注册了同样的应用。为了隐私保护的需要，可以使用隐私集合求交来发现相同的联系人。将用户的联系人信息作为一方的输入，将服务提供商的所有用户信息作为另一方的输入，执行隐私集合求交协议即可实现联系人发现功能，也可防止交集以外的信息被泄露给任何一方。

隐私集合求交协议允许一组参与方联合计算各自输入集合的交集，但不泄露除交集之外的任何额外信息（额外信息不包括输入集合的大小上界），如图 6.7 所示。

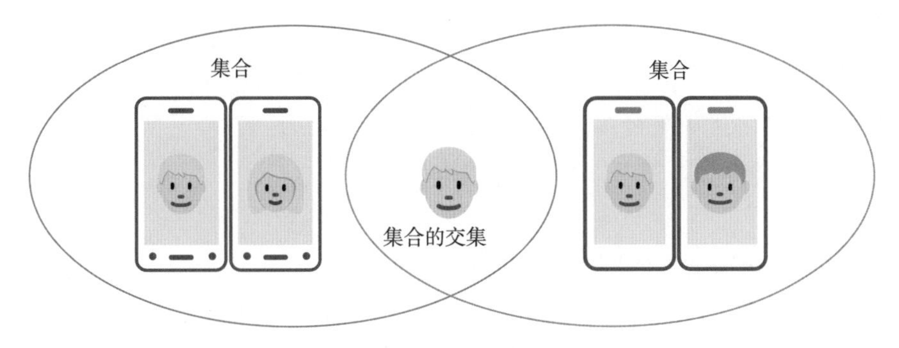

图 6.7　隐私集合求交

1. 基于哈希函数的隐私集合求交

基于哈希函数的隐私集合求交协议首先利用哈希函数对输入数据进行转换，然后通过参与方之间的交互式比较，得到哈希值相等的交集元素，如算法 6.8 所示。

算法 6.8　基于哈希函数的隐私集合求交

输入: 参与方 A 拥有的集合 $x_1, \cdots, x_n$，参与方 B 拥有的集合 $y_1, \cdots, y_n$。

输出: 集合的交集。

1 A 和 B 协商一个共同的哈希函数。
2 A 和 B 分别对各自的输入执行哈希运算，即 $U = H(x_1), \cdots, H(x_n)$、$V = H(y_1), \cdots, H(y_n)$。
3 A 将 U 发送给 B；B 将 V 发送给 A。
4 A 判断 $H(x_i)$ 和 $H(y_j)$ 是否相等。
5 B 判断 $H(y_j)$ 和 $H(x_i)$ 是否相等。
6 如果哈希值相等，则 A 和 B 分别输出相等的元素。

2. 基于迪菲–赫尔曼的隐私集合求交

为了防范外部敌手发起的中间人攻击，提高隐私集合求交协议交互过程中传输的安全性，可以利用迪菲–赫尔曼密钥交换协议在不安全的信道中协商一个会话密钥，并用该密钥加密通信内容。基于迪菲–赫尔曼的隐私集合求交算法的安全性基于离散对数难题，保证了集合元素在传输过程中的安全性。

算法 6.9　基于迪菲–赫尔曼的隐私集合求交

输入: 参与方 A 拥有的集合 $x_1,\cdots,x_n$，参与方 B 拥有的集合 $y_1,\cdots,y_n$，A 和 B 协商出的一个共同的哈希函数 H。

输出: 集合交集。

1 A 生成密钥 a，并对自己的数据执行哈希运算，得到 $H(x_1),\cdots,H(x_n)$。
2 B 生成密钥 b，并对自己的数据执行哈希运算，得到 $H(y_1),\cdots,H(y_n)$。
3 A 计算 $U=H(x_1)^a,\cdots,H(x_n)^a$，并将 U 发送给 B。
4 B 计算 $V=H(y_1)^b,\cdots,H(y_n)^b$ 和 $U'=H(x_1)^{ab},\cdots,H(x_n)^{ab}$，并将 V 和 U' 发送给 A。
5 A 计算 $V'=H(y_1)^{ba},\cdots,H(y_n)^{ba}$。
6 A 判断 $H(x_i)^{ab}$ 和 $H(y_j)^{ba}$ 是否相等。
7 如果计算值相等，则 A 输出相等的集合元素。

3. 基于不经意传输的隐私集合求交

当参与方 A 和参与方 B 分别只拥有一个元素时，此时的隐私集合求交就变成了隐私等值比较：在不泄露用户隐私的情况下，比较双方持有的元素是否相等。假设 A 拥有 $x=010$，B 拥有 $y=001$，隐私等值比较协议能够在不泄露各自输入的条件下比较 $x=y$ 是否成立。在仅有一个元素的情况下进行等值比较的核心思想是通过 OT 协议，对 x 和 y 进行逐比特位比较，如图 6.8 和算法 6.10 所示。

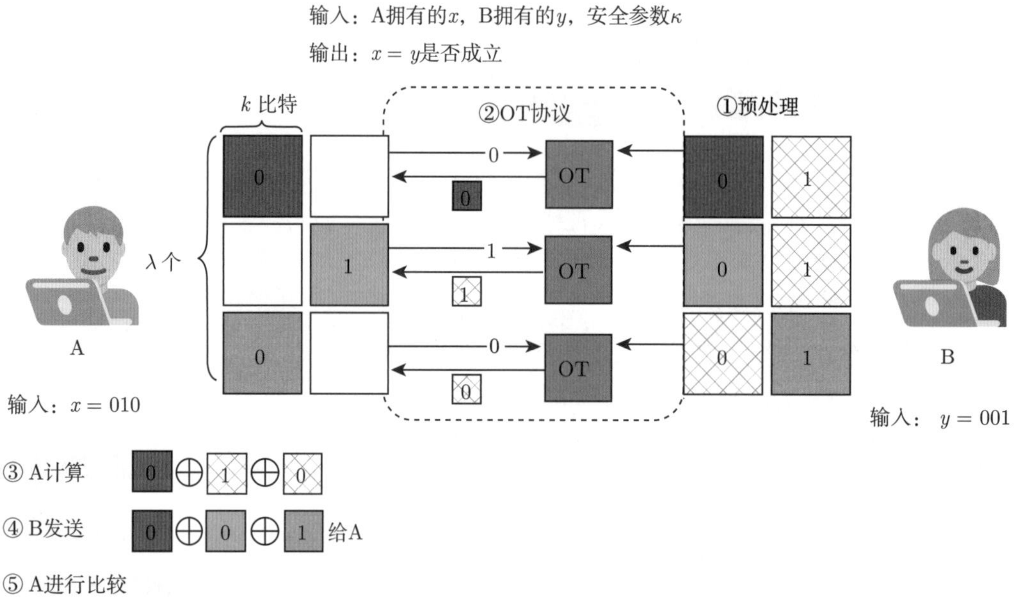

图 6.8　隐私等值比较

算法 6.10 隐私等值比较

输入: 参与方 A 拥有 $x=010$，参与方 B 拥有 $y=001$，且 x 和 y 的比特串长度均为 λ，κ 为安全参数。

输出: 判断 $x=y$ 是否成立。

1 B 为数据的每一位生成两个长度为 k 比特的字符串（分别对应 0 和 1，简称比特串），即 λ 个字符串对。

2 A 对需要比较的字符串 x 中的每一位使用 OT 协议，不经意地获取 B 的每个字符串对中的一个长度为 k 的比特串。

3 A 对收到的 λ 个比特串做异或操作，得到字符串 K_x。

4 B 对其待比较字符串 y 中的每一位执行异或操作，得到字符串 K_y 并发送给 A。

5 A 比较 K_x 和 K_y。

6 如果 $K_x=K_y$，则 $x=y$ 成立，否则 $x=y$ 不成立。

采用 OT 协议在 A 和 B 之间不经意地传输数据，A（B）无法知道 B（A）所拥有的数据。同时，采用异或操作得到 B 的字符串，使得 A 无法反推出 B 的数据。

借助 OT 协议虽然能够显著地提高隐私集合求交过程中的安全性，但也同样带来了效率低下的问题。例如，当两个参与方分别拥有 n 个数据时，借助隐私等值比较来实现 n 个数据间的隐私集合求交，需要比较 $O(n^2)$ 次，且每一次比较时均需使用 λ 次 OT 协议来不经意地传输数据。

为了减少 OT 协议使用的次数，可以采用不经意伪随机函数（Oblivious Pseudo Random Function，OPRF）来构造隐私等值比较协议。将输入数据的二进制串看作一个整体，在每次比较时只需要使用一次 OPRF 即可实现隐私等值比较。与每次比较使用 λ 次 OT 协议相比，该方法通过不限制参与方输入字符的长度，从根本上减少了 OT 的使用次数。

OPRF 可以看作一种安全多方计算协议，允许两个参与方对一个伪随机函数 F 求值，其中发送方输入密钥 k，接收方选择输入数据 m，接收方在未知 k 的情况下得到伪随机函数 $F(k,m)$ 的输出。OPRF 的定义如定义 6.6 所示。

定义 6.6 OPRF

发送方拥有密钥 k，接收方拥有输入数据 m。如果发送方和接收方都是诚实的，则满足以下性质。

（1） 接收方仅能获取 $F(k,m)$，对密钥 k 一无所知。

（2） 发送方对输入数据 m 一无所知。

利用 OPRF 构造隐私等值比较的过程如图 6.9 所示。接收方 A 输入数据 x，发送方 B 输入密钥 k，在 OPRF 执行完毕后，A 会收到字符串 010 的伪随机函数值，记为 $F(k,x)$。B 能够在密钥 k 的作用下，对其输入数据 y 直接进行计算，产生 $F(k,y)$ 并发送给 A。A 通过比较 $F(k,x)$ 和 $F(k,y)$，即可实现隐私等值比较。在该过程中，接收方 A 只能获取

$F(k,x)$，对密钥 k 一无所知；同时，发送方 B 对输入数据 x 一无所知。如果 $x \neq y$，那么 $F(k,y)$ 对接收方 A 来说是随机的。以上过程实现了不泄露各自输入数据情况下的高效等值比较。

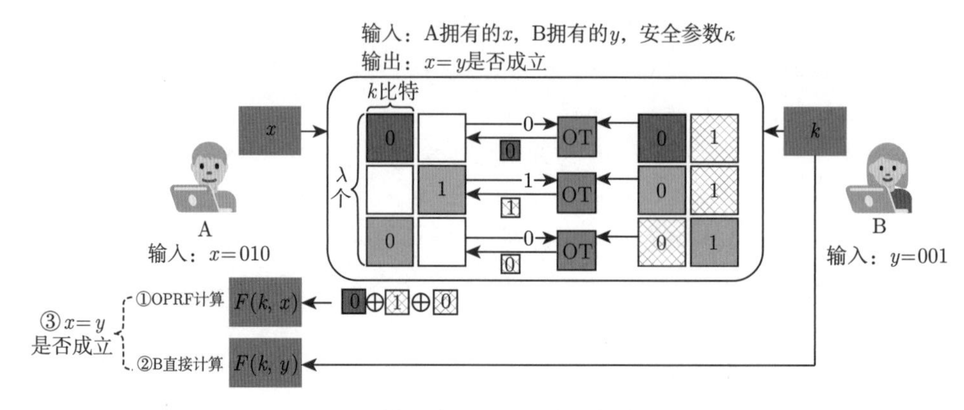

图 6.9 基于 OPRF 的隐私等值比较

在隐私等值比较中，利用一次 OPRF 协议可以取代每次比较时使用 λ 次 OT 协议，显著地提高了效率。但是，在 n 个数据间进行求交操作，将 A 的每个数据和 B 的每个数据通过利用一次 OPRF 协议进行隐私比较的方式，得到两个集合的交集，其比较次数仍为 $O(n^2)$。

为了降低比较的次数，利用 OPRF 思想，结合布谷鸟哈希技术，可将隐私集合求交的比较次数限制在 $O(n)$ 范围内。

基于 OPRF 的隐私集合求交过程如图 6.10 和算法 6.11 所示 [Kolesnikov et al., 2016]。该协议在两个参与方之间进行隐私集合求交操作：首先采用布谷鸟哈希技术，将待比较的集合数据映射在哈希桶中，然后执行 OPRF 协议计算 OPRF 值，最终通过与直接计算的伪随机函数值进行比较，得到双方集合数据的交集。

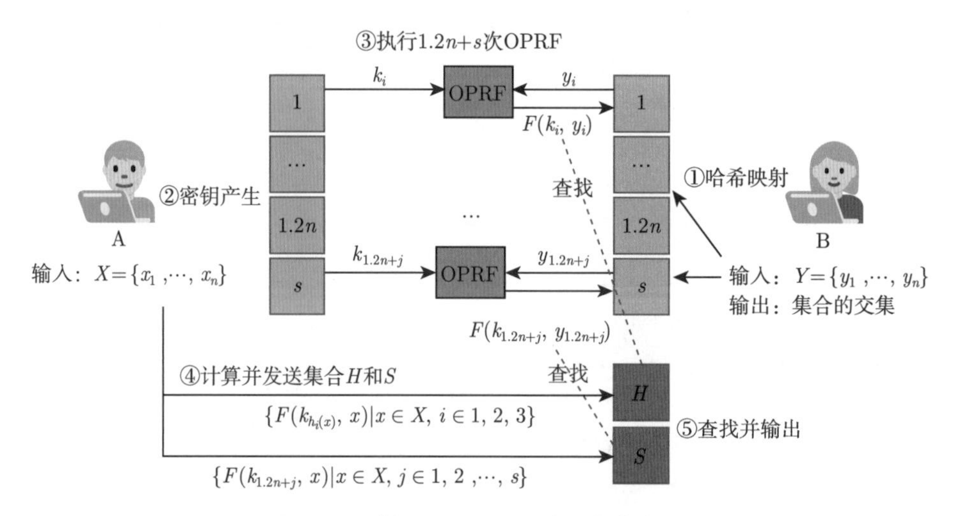

图 6.10 基于 OPRF 的隐私集合求交

算法 6.11 基于 OPRF 的隐私集合求交

输入: 参与方 A 持有的一组输入 X，参与方 B 持有的一组输入 Y，其中 $|X|=|Y|=n$；A 和 B 共同选择的 3 个哈希函数 h_1、h_2、h_3。

输出: 集合的交集。

1 B 对其持有的 n 个元素使用布谷鸟哈希，并放入 $1.2n$ 个桶与一个大小为 s 的储藏桶中；B 构造假数据，将这些桶和储藏桶都填满，使每个桶中均有一个元素，且储藏桶中有 s 个元素。

2 A 产生 $1.2n+s$ 个 OPRF 密钥 k_i。

3 B 作为接收方，为其桶中的每一个元素执行 OPRF。对于 B 的输入数据来说，如果 y 被放在 i 号桶中，则获得 $F(k_i,y_i)$；如果 y 被放在储藏桶中的第 j 个位置，则获得 $F(k_{1.2n+j},y_{1.2n+j})$。

4 A 作为发送方，为其输入 x 任意地计算伪随机函数 $F(k_i,\cdot)$，得到以下两个集合：

$$H=\{F(k_{h_i(x)},x)\mid x\in X,i\in\{1,2,3\}\}$$

$$S=\{F(k_{1.2n+j},x)\mid x\in X,j\in\{1,2,\cdots,s\}\}$$

5 A 将集合 H 和集合 S 中的元素打乱，并发送给 B。

6 对于 B 来说，如果一个元素 y 被映射到储藏桶中，则 B 可以在集合 S 中查找是否包含 y 对应的 OPRF 输出；否则，就在集合 H 中查找。

7 B 通过查找的方式得到 X 与 Y 的交集。

在算法 6.11 中，集合 H 的大小为 $3n$，集合 S 的大小为 sn，因此 A 和 B 之间的通信开销为 $(s+3)n$，这使得在 A 和 B 之间比较的次数降低为 $O(n)$ 次。布谷鸟哈希技术与 OPRF 的结合，加快了两方参与下隐私集合求交的执行速度。

上述方案适用于两方计算集合交集的情况，然而，并不能简单地将上述隐私集合求交协议扩展到多个参与方的情况，还需要解决如何在保护两两集合交集数据的条件下计算所有集合共同交集的问题。Kolesnikov 等 [2017] 将两方协议扩展到了多方参与的场景中。

6.4.2 隐私信息检索

隐私信息检索是一种专用的安全多方计算协议，能够在用户的私有信息不被泄露的情况下，实现信息检索的功能，如图 6.11 所示。Chor 等 [1995] 第一次形式化地给出了信息论背景下隐私信息检索的定义。隐私信息检索分为信息论的私有信息检索（Information Theoretic PIR，IPIR）和计算性的隐私信息检索（Computational PIR，CPIR）。IPIR 是利用信息论的编码技术，通过在多个数据库服务器中维护多份数据库的副本来构造出隐私信息检索模型。Chor 等人给出的方案通过使用 k（$k\geqslant 2$）个相互不能通信且拥有相同数据库副本的服务器，采用线性叠加求和、覆盖码及多项式插值等技术，并允许用户访问一个数据库的 k 个副本，来完成隐私信息检索过程。在检索过程中，该方案的 k 个服务器副本都不会获取检索数据的任何信息，并且检索的通信复杂度被降低为次线性级别。CPIR 通过一些困难问题来设计隐私信息检索方案，使得服务器无法在多项式时间内获得查询信息，从而实现隐私信息检索。

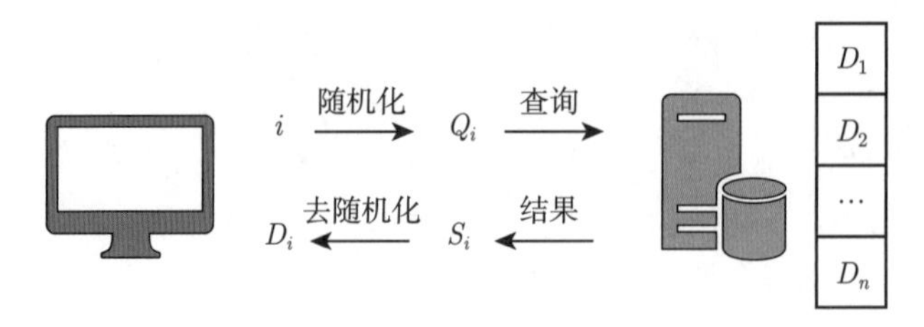

图 6.11　隐私信息检索

隐私信息检索的过程如下：将数据库看作有 n 条记录的数组 $D=\{D_1,\cdots,D_n\}$。其中，D_i 表示第 i（$1\leqslant i\leqslant n$）条记录。为了隐藏记录索引 i，用户对 i 进行随机化处理，将其作为检索请求 $Q(i)$（对于 IPIR，$|Q(i)|>1$；对于 CPIR，$|Q(i)|=1$）分别发送给 k 个服务器（对于 IPIR，$k\geqslant 2$；对于 CPIR，$k=1$），希望从 D 中查询一条指定的记录。根据隐私信息检索协议，数据库在其他人（包括数据库服务器本身）不知道 i 是多少的情况下将查询结果 S_i 发送给用户。最后，用户根据收到的 k 个查询结果进行去随机化计算，并得到目标数据 D_i。

在隐私信息检索协议的研究初期，方案设计都是以用户知道所查询的内容在数据库中的物理地址（非加密数据库）为前提，但是这种假设在用户检索的数据库是公共数据库而非用户自己的情况下并不适用，因此需要使用关键字进行检索。下面以基于公钥加密的关键字检索方案为例，来说明隐私信息检索的过程。基于公钥加密的关键字检索方案利用椭圆曲线上的双线性映射来构造，使得邮件服务器能够对包含特定关键字的邮件进行路由 [Boneh et al., 2004]，如算法 6.12 所示。

算法 6.12　基于公钥加密的关键字检索

输入： 用户输入的关键字 kw，双线性映射 e，哈希函数 H_1、H_2。

输出： 邮件服务器对邮件是否包含特定关键字的判断结果。

1. 密钥生成：选取阶为 p 的群 G_1、G_2，并随机选取一个数 $\alpha\in\mathbb{Z}_p^*$，设 g 是 G_1 的生成元，输出公钥–私钥对 $\mathrm{pk}=(g,h=g^\alpha)$、$\mathrm{sk}=\alpha$。
2. 公钥加密：由于是外包数据场景，服务器中的数据需要被加密存储，对关键字 kw 使用公钥 pk 进行加密，计算 $t=e\left(H_1(\mathrm{kw}),h^r\right)\in G_2$，随机数 $r\in\mathbb{Z}_p^*$，输出 $c=(g^r,H_2(t))$。
3. 搜索令牌生成：对关键字 kw 使用私钥 sk，生成搜索令牌 T_{kw}，输出 $T_{\mathrm{kw}}=H_1(\mathrm{kw})^\alpha\in G_1$。
4. 匹配：输入搜索令牌 T_{kw}，令 $c=(c_1,c_2)$，判断 $H_2\left(e\left(T_{\mathrm{kw}},c_1\right)\right)$ 是否等于 c_2。若相等，输出“是”，否则输出“否”。

通用协议和专用协议适用于不同的计算场景。通用协议支持大部分隐私保护计算函数，而专用协议在隐私信息求交和隐私信息检索等特定问题上有更优的计算效率。

6.5 安全多方计算的应用实例

本节介绍安全多方计算在实际中的应用，包括计算框架、系统模型、样本对齐及安全聚合。

6.5.1 计算框架

虽然研究人员已经提出了很多用于安全多方计算的协议，但设计开发完整的安全多方计算框架仍然存在诸多挑战。2004 年，Fairplay 的提出标志着安全多方计算正式从理论研究转向实用框架构建 [Malkhi et al., 2004]。通用且高效的安全多方计算框架可以极大限度地减轻设计协议的负担，让非专业的使用者无须感知底层安全多方计算细节就能够快速地开发并部署安全多方计算协议。

一个安全多方计算框架通常可以分为底层协议层、编译器层和用户开发层 3 个部分。底层协议层包括最基础的密态加法、密态乘法和密态逻辑运算。除此之外，为了支持更复杂的运算，部分框架还嵌入了密态矩阵乘法或密态卷积计算等操作。编译器层提供了编译高级语言的功能。当用户使用上层语言完成开发后，框架将其转换成安全多方计算协议的接口，以此调用底层的安全多方计算协议运行算法。用户开发层为用户提供高级编程语言来进行开发，既能兼容传统高级语言，又能增加一些表示安全性语义的关键字，以便为下层编译器提供一些指导。

用户首先使用安全多方计算框架提供的开发语言编写联合计算函数，然后下发给编译器。编译器调用相应的协议接口并优化函数结构，将其转化成最优电路。在运行时，用户输入隐私数据，电路依次调用协议完成计算，最后生成结果并输出。

本节介绍 8 种在工业界应用较广泛的安全多方计算框架，从总体框架、底层技术、威胁模型、表达性及支持的运算操作等方面对比分析各框架的特性和适用范围，如表 6.5 所示。

表 6.5 安全多方计算框架

框架名称	协议	参与方数量	混合模型	半诚实模型	恶意模型	代码开源
EMP-toolkit	GC	2	●	●	●	●
Obliv-C	GC	2	●	●	○	●
ObliVM	GC	2	●	●	○	●
Wysteria	MC	⩾ 2	●	●	○	●
ABY	GC、MC	2	●	●	○	●
SCALE-MAMBA	HM	⩾ 2	●	●	●	●
Sharemind	HM	3	●	●	○	◐
PICCO	HM	⩾ 3	●	●	○	●

表 6.5 中的框架均采用安全多方计算协议构造底层框架。其中，GC 指混淆电路，MC 指基于多方电路的协议（multiparty circuit protocol），HM 指混合模型（hybird model）。威胁模型主要包括半诚实模型、恶意模型及混合模型。混合模型指在单个程序中支持安全计算的同时也支持非安全计算。

下面简要介绍各个框架的基本信息 [Hastings et al., 2019]。

（1）EMP-toolkit [Wang et al., 2016] 是基于混淆电路的安全多方计算框架，核心内容包括不经意传输库、多种安全协议库及用户自定义协议等，并且对于恶意模型能实现可验证和输入有效性检查。

（2）Obliv-C [Zahur et al., 2015a] 是基于混淆电路的安全两方计算框架，其主要拓展在于使用 obliv 类型限定符来申明 C 语言类型和数据结构是秘密的，除非明确可以公开。

（3）ObliVM [Liu et al., 2015] 是用类 Java 语言实现的混淆电路安全多方计算框架，目的是为非专业人士提供面向对象的程序开发方式。它支持大量的数据类型和用户自定义类型。

（4）Wysteria [Rastogi et al., 2014] 与 ObliVM 类似，能够支持任意数量的参与方在分布式环境中进行安全计算，并产生一致的输出。

（5）ABY [Demmler et al., 2015] 是一个混合安全两方计算框架，基于 C++ 语言实现，既支持混淆电路，又支持复杂的算术电路。目前，ABY 已经被用于实现一些安全计算系统，ABY2.0 则通过预计算进一步优化了电路性能。

（6）SCALE-MAMBA [Aly et al., 2021] 采用类 Python 语言实现了恶意模型下的两阶段安全计算框架。

（7）Sharemind [Bogdanov et al., 2008] 是一个安全数据处理框架，使用加法秘密共享方案来执行三方安全计算协议。

（8）PICCO [Zhang et al., 2013] 是具有自定义秘密共享协议的通用安全编译器，包括将 C 扩展和转化为本地 C 语言的安全计算编译器、产生和重构秘密共享输入输出的 I/O 工具，以及基于混合模型的启动计算程序。

表 6.6 总结了上述框架所支持的数据类型。组合类型数据包括数组、动态数组和结构体，若包含安全数据，就可以被标记为支持。其中，动态数组指可以进行数组内容增删的数组类型[①]，而结构体则是支持用户自定义类型的结构。

表 6.6 数据类型对比

框架名称	布尔	定点整数	任意整数	浮点数	数组	动态数组	结构体
EMP-toolkit	●	●	●	●	●	●	●
Obliv-C	●	●	○	●	●	●	●
ObliVM	○	●	●	●	◐	●	◐
Wysteria	●	●	○	○	◐	—	●
ABY	◐	●	○	◐	●	○	●
SCALE-MAMBA	○	●	◐	●	●	○	◐
Sharemind	●	●	○	●	●	●	●
PICCO	◐	●	●	●	●	●	●

表 6.7 给出了上述框架支持的操作类型，这些操作在公共数据和秘密数据上均能执行。其中，逻辑运算是在布尔域上的操作，而比较操作是在算术域上完成的。此外，表中还对比了两个比特级的运算操作，分别是移位和位运算。

① 表 6.6 中“—”指框架未实现此数据类型。

表 6.7　操作类型对比

框架名称	逻辑运算	比较	加法	乘法	除法	移位	位运算
EMP-toolkit	●	●	●	●	●	●	●
Obliv-C	●	●	●	●	●	●	●
ObliVM	●	●	●	●	●	●	●
Wysteria	○	●	●	●	◐	○	○
ABY	●	●	●	●	○	○	○
SCALE-MAMBA	○	●	●	●	●	●	●
Sharemind	●	●	●	●	●	●	●
PICCO	●	●	●	●	●	●	●

值得说明的是，由于框架的实现方式各不相同，它们对于关键参数的定义也缺乏统一的标准，直接使用传统的性能基准（如运行时间、通信带宽、内存使用情况、电路深度等）难以准确且公平地评估框架性能。特别地，执行时间往往因框架的体系结构而异，预处理阶段或执行体系中的其他变化直接增加了时间测量的复杂程度。通常来说，我们更关注框架的可用性、用户友好性及在不同计算场景下的适用性。

6.5.2　系统模型

在实际应用中部署安全多方计算系统，必须先确定各参与方的角色和需承担的任务，再根据不同的场景选择性地采取不同的部署方式。一般来说，根据部署方式的不同，系统模型可以大体分为外包多方计算、端到端多方计算和云辅助多方计算。为了更好地描述这些部署模式，本小节首先描述安全多方计算的系统模型，如图 6.12 所示。

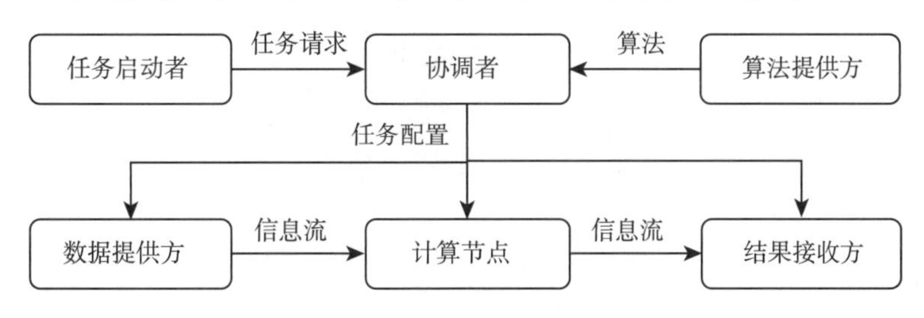

图 6.12　安全多方计算系统模型

（1）任务启动者：各参与方约定好要计算的函数后，任务启动者与协调者进行交互来触发安全多方计算任务。任何参与方都可以担任任务启动者这一角色。

（2）协调者：配置安全多方计算任务并协调各参与方。协调者可同时由数据提供方、计算节点或算法提供方担任。

（3）算法提供方：为安全多方计算任务提供高级算法，如逻辑回归或统计查询。当算法参数是隐私数据，不能被泄露给其他参与方时，算法提供方也扮演数据提供方的角色。

（4）数据提供方：拥有数据并提供数据，作为安全多方计算系统的输入。在不同的部署方式中，数据提供方提供数据的形式有所不同：在外包多方计算模式中，数据提供方在计算节点之间以秘密共享的方式拆分数据，将后续计算任务委托给计算节点；在端到端多方计算模式中，数据提供方直接担任计算节点，无须拆分并传递数据。

（5）计算节点：使用来自数据提供方的输入来运行安全多方计算协议，但不能知道输入数据的真实值。

（6）结果接收方：当安全多方计算任务完成后，结果接收方接收由计算节点发送的计算结果。

1. 外包多方计算

考虑到计算资源有限的数据提供方，外包多方计算模式通常由一组非共谋的计算节点来执行计算任务。数据提供方将它们的数据以密态形式上传到计算节点中。计算节点按照约定的计算协议彼此交互，完成计算任务并输出计算结果给结果接收方。外包多方计算模式如图 6.13 所示。这类模式的优势在于，数据提供方上传完数据之后就可以离线，所有后续计算和通信都由计算节点进行，能够减轻数据提供方的计算负担；缺点是必须保证大多数服务器不是恶意的，或者说恶意服务器并未超过给定的阈值，否则计算环境将不再安全。

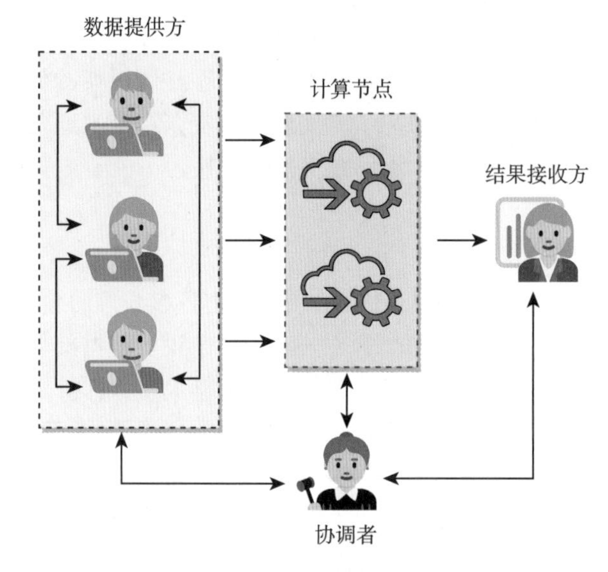

图 6.13 外包多方计算模式

2. 端到端多方计算

如果数据提供方有充足的计算资源和网络资源，并希望由自己参与多方计算，则它们可以作为单个计算节点，并以端到端的方式彼此运行安全多方计算协议。端到端多方计算模式如图 6.14 所示。选择端到端多方计算模式的优点是数据提供方不需要担心计算节点共谋，但缺陷是它们必须参与完整的安全多方计算协议，这意味着需要高昂的计算和通信成本。

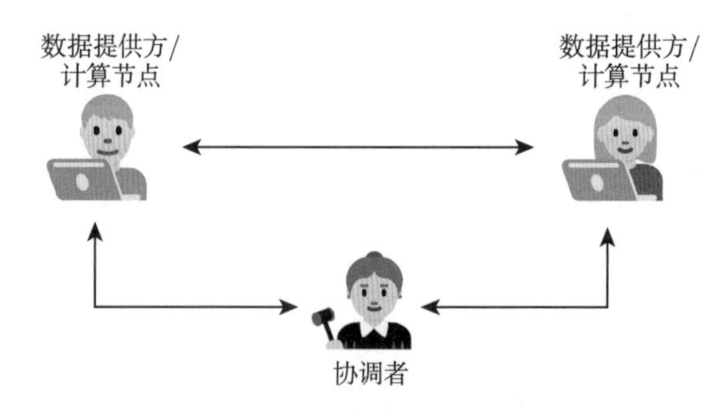

图 6.14 端对端多方计算模式

3. 云辅助多方计算

云辅助多方计算是上述两种模式的混合。具体来说，在云辅助多方计算中，某些计算节点由数据提供方自己维护，而某些计算节点来自辅助服务器。安全多方计算协议需要使用 Beaver 三元组进行乘法运算，但是生成三元组的成本通常很高。鉴于此，安全多方计算系统会依赖辅助服务器产生 Beaver 三元组，而其余计算由数据提供方以交互方式完成。云辅助多方计算模式如图 6.15 所示。云辅助多方计算模式是外包多方计算和端到端多方计算的结合，达到了计算资源充足程度和计算节点可信程度这两者的平衡。

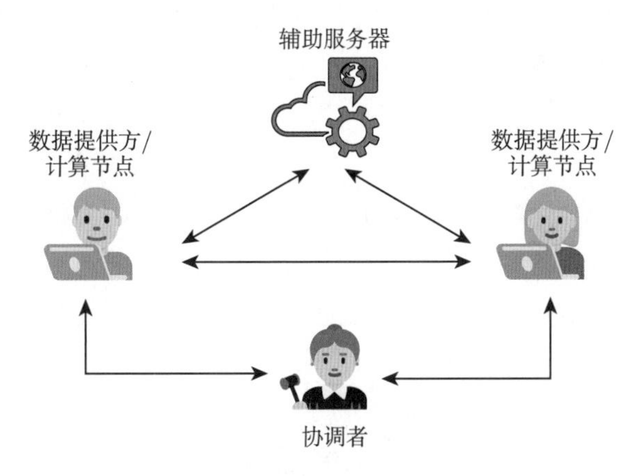

图 6.15　云辅助多方计算模式

6.5.3　样本对齐

在多方联合建模场景中，当参与方样本空间相同、特征空间不同时，需要获得样本的交集并将训练样本对齐。但是，出于隐私保护的考虑，通常要求不能泄露交集之外的样本。因此，在数据垂直切分时，样本对齐往往是多方联合建模的第一步工作，利用隐私集合求交得到参与方共有的训练样本标识，同时不能泄露其他样本标识，如图 6.16 所示。本小节介绍基于 RSA 和哈希函数构造的加密样本对齐算法 [Cristofaro et al., 2012; Cristofaro et al., 2009]。

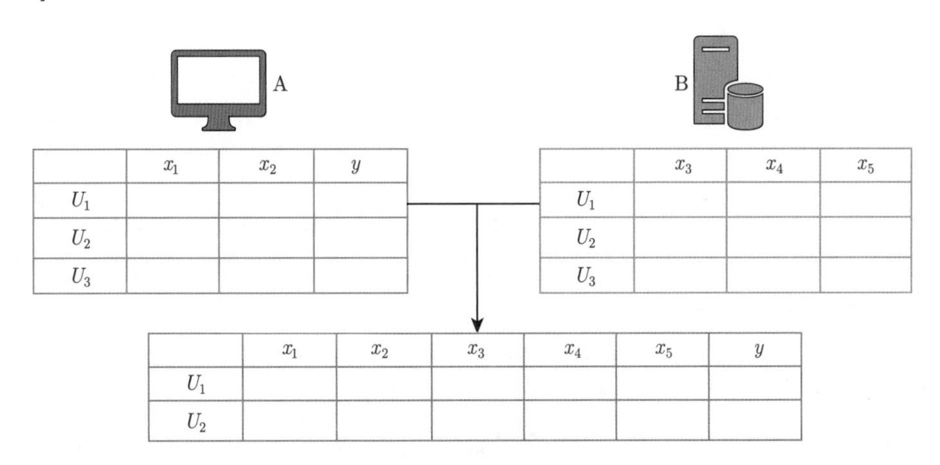

图 6.16　加密样本对齐

假设 $\{c_1, c_2, \cdots, c_v\}$ 表示参与方 A 拥有的样本标识集合；$\{s_1, s_2, \cdots, s_w\}$ 表示参与方 B 拥有的样本 ID 集合；n 是模数；d 是 B 拥有的私钥，与公钥 e 对应；R_{c_i} 是与样本标识 c_i 对应的随机数，用于保护样本标识 c_i。样本对齐算法中，B 生成公钥 (n, e) 和私钥 (n, d)，并将公钥 (n, e) 发送给 A。

算法 6.13 详细地描述了基于 RSA 和哈希函数的加密样本对齐协议的运行过程。在第 2 行中，K_{s_j} 其实是对 h_{s_j} 的签名结果，用来加密的密钥是私钥 d。签名的作用是保证传输的参与方没有被伪装。在第 4 行中，A 产生随机数 R_{c_i} ，并用它来保护 h_{c_i}，且 $y_i = h_{c_i}(R_{c_i})^e \bmod n$ 。同时，A 利用公钥 e 对 R_{c_i} 进行 RSA 加密操作。在第 7 行中，B 利用私钥进行 RSA 解密运算和取模运算，即 $y'_i = \left[\left((hc_i)^d \bmod n\right) \cdot R_{c_i}\right] \bmod n$。在第 10 行中，A 得到 K_{c_i} 后，对 K_{c_i} 计算哈希值，并通过哈希值之间的比较，得到两个参与方共有的训练样本。

算法 6.13　加密样本对齐

输入: 公共输入：n，e，H，H'。

　　参与方 A 的输入：集合 $\mathcal{C} = \{h_{c_1}, \cdots, h_{c_v}\}$，其中 $h_{c_i} = H(c_i)$。

　　参与方 B 的输入：d，集合 $\mathcal{S} = \{h_{s_1}, \cdots, h_{s_w}\}$，其中 $h_{s_j} = H(s_j)$。

输出: 样本交集 $\{t'_1, \cdots, t'_v\} \cap \{t_1, \cdots, t_w\}$。

1 **for** $j \in s_w$ **do**

2 　B 计算 $K_{s_j} = (h_{s_j})^d \bmod n$ 和 $t_j = H'(K_{s_j})$。

3 **for** $i \in c_v$ **do**

4 　A 计算 $R_{c_i} \leftarrow \mathbb{Z}_n^*$ 和 $y_i = h_{c_i}(R_{c_i})^e \bmod n$。

5 参与方 A 将 $\{y_1, \cdots, y_v\}$ 发送给 B。

6 **for** $i \in \{y_1, \cdots, y_v\}$ **do**

7 　B 计算 $y'_i = (y_i)^d \bmod n$，并发送给 A。

8 A 得到 $\{y'_1, \cdots, y'_v\}$ 和 $\{t_1, \cdots, t_w\}$。

9 **for** $i \in \{y'_1, \cdots, y'_v\}$ **do**

10 　A 计算 $K_{c_i} = y'_i / R_{c_i}$ 和 $t'_i = H'(K_{c_i})$。

11 A 输出样本交集 $\{t'_1, \cdots, t'_v\} \cap \{t_1, \cdots, t_w\}$。

6.5.4 安全聚合

传统的集中式学习通常由参与方上传数据到云服务器作为模型训练样本。由于各参与方不愿意共享数据，研究人员提出了联邦学习框架。该框架同样由一个参数服务器协调多个参与方协作训练模型。不同的是，每个参与方的原始数据都保存在本地，参与训练时只上传模型参数的更新，由服务器负责聚合。然而，对于恶意的服务器，它可以针对特定参与方上传的模型更新构造错误的聚合梯度，以诱导参与方暴露更多的隐私信息。在服务器和部分参与方共谋的情境下，诚实参与方将会受到更加严重的威胁。因此，Bonawitz 等 [2017] 提出了联邦学习环境下的安全聚合机制，通过使用安全多方计算中的秘密共享技术等来确保模型更新能被安全地聚合，且服务器只能学习到聚合后的模型更新。

在他们的研究中，由于参与方是移动设备，具有计算资源、通信资源受限和易掉线等固有限制，因此，除了要提供尽可能强的安全保证，方案还必须具有较高的通信效率且对参与方的退出具有鲁棒性。为此，基于 Shamir 秘密共享和伪随机数生成器，他们构建了具有双重掩码的安全聚合方案，既能妥善地处理参与方退出问题，又能保证参与方的隐私数据不会暴露给其他参与方或服务器。

安全聚合方案主要包含秘密聚合和解密求值这两个阶段。在秘密聚合阶段，在线参与方发送 $y_u = x_u + \mathrm{PRG}(b_u) + \sum_{v\in\mathcal{U}:u<v} \mathrm{PRG}\left(s_{u,v}\right) - \sum_{v\in\mathcal{U}:u>v} \mathrm{PRG}\left(s_{v,u}\right) \bmod R$ 给服务器，其中 x_u 是参与方上传的真实输入。在解密求值阶段，服务器会通知所有在线参与方关于掉线参与方的名单和在线参与方的名单。对于所有掉线参与方 v，在线参与方 u 发送 $\mathrm{PRG}(s_{u,v})$ 的秘密份额，以消除现有在线参与方为掩护掉线参与方输入添加的掩码；对于所有在线参与方，参与方 u 发送 $\mathrm{PRG}(b_u)$ 的分片。在线参与方发送持有的秘密份额后，对于两种掩码，服务器只要各收集至少 t 个秘密份额，即可减去剩余的掩码，得到最终的聚合结果。算法 6.14 和 算法 6.15 介绍了半诚实模型下的安全聚合方案。

算法 6.14　半诚实模型下的安全聚合方案（秘密聚合阶段）

输入: 安全参数 κ，参与方数量 n，阈值 t，公钥公共参数 $\mathrm{pp} \leftarrow \mathrm{KA.Gen}(\kappa)$。

输出: 带掩码输入 y_u。

1. 参与方 u 生成密钥对 $(c_u^{\mathrm{pk}}, c_u^{\mathrm{sk}}) \leftarrow \mathrm{KA.Gen(pp)}$ 和 $(s_u^{\mathrm{pk}}, s_u^{\mathrm{sk}}) \leftarrow \mathrm{KA.Gen(pp)}$，并将自己的公钥 $(c_u^{\mathrm{pk}}, s_u^{\mathrm{pk}})$ 发送给服务器。
2. 服务器需收集到至少 t 个消息（来自 $\mathcal{U}_1$），否则取消协议。收集完成后，服务器对 $\mathcal{U}_1$ 广播消息列表。
3. 参与方 u 接收消息列表 $\left\{(v, c_v^{\mathrm{pk}}, s_v^{\mathrm{pk}})\right\}_{v\in\mathcal{U}_1}$ 并保存；随机采样 b_u，生成关于 s_u^{sk} 的 $(t, |\mathcal{U}_1|)$ 秘密份额 $\left\{(v, s_{u,v}^{\mathrm{sk}})\right\}_{v\in\mathcal{U}_1}$；生成关于 b_u 的秘密份额 $\left\{(v, b_{u,v}^{\mathrm{sk}})\right\}_{v\in\mathcal{U}_1}$。对于除自己之外的其他参与方 $v \in \mathcal{U}_1 \backslash \{u\}$，参与方 u 用协商好的密钥加密上述共享，得到 $e_{u,v}$，并将所有密文 $e_{u,v}$ 发送给服务器。
4. 服务器收集至少 t 个消息（来自 $\mathcal{U}_2$），否则取消协议。收集完成后，服务器对 $\mathcal{U}_2$ 广播消息列表。
5. 参与方 u 接收所有密文列表 $\{e_{u,v}\}_{v\in\mathcal{U}_2}$。
6. **for** $v \in \mathcal{U}_2 \backslash \{u\}$ **do**
7. 　计算协商密钥 $s_{u,v} \leftarrow \mathrm{KA.agree}\left(s_u^{\mathrm{sk}}, s_v^{\mathrm{pk}}\right)$；
8. 　用 PRG 将其拓展为随机向量 $\boldsymbol{p}_{u,v} = \Delta_{u,v}\mathrm{PRG}\left(s_{u,v}\right)$，其中 $u > v$ 时 $\Delta_{u,v} = 1$，否则 $\Delta_{u,v} = -1$；
9. 　用 PRG 将 b_u 拓展为随机向量 $\boldsymbol{p}_u = \mathrm{PRG}\left(b_u\right)$；
10. 　计算带掩码输入 $y_u \leftarrow x_u + \boldsymbol{p}_u + \sum_{v\in\mathcal{U}_2} \boldsymbol{p}_{u,v} \bmod R$ 并发送给服务器。
11. 服务器收集至少 t 个消息（来自 $\mathcal{U}_3$），否则取消协议。收集完成后，服务器对 $\mathcal{U}_3$ 广播消息列表。

算法 6.15 半诚实模型下的安全聚合方案（解密求值阶段）

输入: 带掩码输入 y_u。

输出: 模型更新聚合结果 $z = \sum_{u\in\mathcal{U}_3} x_u$。

1 参与方接收消息列表 $\{y_u\}_{v\in\mathcal{U}_3}$ 并保存。
2 **for** $v \in \mathcal{U}_2\backslash\{u\}$ **do**
3 　用协商密钥解密 $e_{v,u}$，获得 $s_{v,u}^{\text{sk}}$ 和 $b_{v,u}$；
4 　对掉线参与方 $v \in \mathcal{U}_2\backslash\mathcal{U}_3$，生成秘密份额列表 $s_{v,u}^{\text{sk}}$；
5 　对在线参与方 $v \in \mathcal{U}_3$，生成秘密份额列表 $b_{v,u}^{\text{sk}}$。
6 服务器收集至少 t 个消息（来自 $\mathcal{U}_3$），否则取消协议。
7 对掉线参与方 $v \in \mathcal{U}_2\backslash\mathcal{U}_3$，重构秘密 s_u^{sk}，进而使用 PRG 重计算所有 $v \in \mathcal{U}_3$ 的 $\boldsymbol{p}_{v,u}$。
8 对 $v \in \mathcal{U}_3$，重构秘密 b_u，然后重计算 $\boldsymbol{p}_u$。
9 移除掩码，计算并输出 $z = \sum_{u\in\mathcal{U}_3} x_u$，此时 $\sum_{u\in\mathcal{U}_3} x_u = \sum_{u\in\mathcal{U}_3} y_u - \sum_{u\in\mathcal{U}_3} \boldsymbol{p}_u + \sum_{u\in\mathcal{U}_3, v\in\mathcal{U}_2\backslash\mathcal{U}_3} \boldsymbol{p}_{v,u}$。

该方案的安全性依赖在线参与方的诚实性。只要诚实的在线参与方占大多数，不会同时发送 $\text{PRG}(b_u)$ 和 $\text{PRG}(s_{u,v})$ 的共享给服务器，掉线参与方的输入就不会被暴露。

上述方案中，为实现一次安全聚合，每个参与方都需要为系统中所有参与方生成两个掩码共享。也就是说，参与方的计算和通信与参与方的数量呈线性关系。对于大型网络，聚合服务器多次接收并广播消息会带来很大的通信开销。

Bonawitz 等 [2019] 从限定输入映射范围的角度对他们的原始方案提出了细微修改，实现了能自动调优的通信有效安全聚合，其改进的核心思想是根据输入分布自动调整模数 R。每轮聚合中，参与方先使用旋转矩阵 $\boldsymbol{M}$ 旋转其输入，再将其量化到大小为 b 的量化组中并模 k，这样，输入域 $[-t,t]$ 中的数能够被映射到正确的量化值 $[0,k-1]$ 中。服务器收到量化输入后，首先计算量化条目的直方图并拟合为正态分布，然后根据分布的方差从量化聚合值推导得到最终聚合值，最后动态调整 R 和 b，在输入范围尽可能小的情况下更逼近真实聚合结果（不引入量化机制）。该方案的缺点是：引入量化机制会让量化输入和真实输入存在一定差距，从而使得推导出的最终聚合结果以 α 的概率失真。

通过构建由 l 个参与方组成的 l 正则图来替换完整的通信图，也可以提升原始方案的通信效率 [Bell et al., 2020; Mandal et al., 2018]，其中每个参与方都有子图中相邻节点的信息并彼此直接通信。该方案与 Bonawitz 等 [2009] 提出的优化方案的区别在于，后者是对原始安全聚合方案做出改进，而前者引入了两个额外的服务提供商来负责密钥的管理和分发。这类方案能处理大量参与方聚合的情景，在存在一定数量的恶意参与方和掉线参与方时仍然能够保持鲁棒性，具有较强的实用性。

6.6　延伸阅读

安全多方计算起源于 Yao [1982] 提出的“百万富翁问题”，用于解决一组互不信任的参与方在保护隐私信息且不存在可信权威机构的前提下进行联合计算的问题。现有的安全多方计算协议大致可分为基于混淆电路构造的协议和基于秘密共享构造的协议。前者能在恒定执行轮次完成计算任务，但缺乏复用性；后者具有高吞吐量，代价是其通信频次与计算电路深度线性相关。混合协议兼容上述两类协议的特性，支持算术电路、布尔电路和混淆电路中电路值的计算，通过在不同的应用场景中采用不同的协议以提升整体的计算效率。

Yao [1986] 提出了首个基于混淆电路实现的通用两方安全计算协议，并引入了计算结果的公平性概念，要求所有计算参与者都可以得到各自的计算结果。之后，许多研究人员用置换混淆表标识 [Beaver et al., 1990]、减小混淆表大小 [Naor et al., 1999; Pinkas et al., 2009] 及优化电路门计算 [Kolesnikov et al., 2008; Zahur et al., 2015b] 等方式对混淆电路协议进行改进，最终实现了规模最优的线性混淆电路方案。在恶意模型下，通常使用切分选择技术增强混淆电路协议的安全性，其核心思想可以追溯到 Chaum [1984] 关于盲签名的工作。BMR 协议 [Beaver et al., 1990] 分布式地执行混淆电路生成过程，以支持多个参与方协同计算，且能保证在少数恶意节点威胁模型的情况下的安全性。

与混淆电路协议使用混淆表来实现输入线路值的加密计算不同，GMW 协议 [Micali et al., 1987] 中各参与方在输入线路值的加法秘密份额上对布尔电路求值，电路包括异或门、与门和非门。基于 Shamir 秘密共享方案的同态特性，BGW 协议 [Ben-Or et al., 2019] 通过对秘密份额进行恰当的处理，使得其能在算术域中执行加法、乘法、数乘运算。为减少因乘法门求值引入的通信开销，Beaver 提出在离线阶段批量生成随机的乘法三元组 [Beaver, 1991]，在线阶段仅需公开两个参数即可在本地完成运算，从而将大部分通信量转移到预处理阶段。SPDZ 协议 [Damgård et al., 2012] 沿用了两阶段计算范式，综合使用有限同态加密、混淆电路、秘密共享、承诺系统等密码学原语实现了抵御恶意模型威胁的安全多方计算协议。然而，此阶段人们对安全多方计算的研究集中于安全多方计算的可行性，大多停留在理论层面，与实际应用相差甚远。

Fairplay [Malkhi et al., 2004] 是安全多方计算从理论研究转向实用框架的里程碑式工作。自此，学术界开启了对安全多方计算实际效率的深入探索。FairplayMP [Ben-David et al., 2008] 在底层执行 BMR 协议，并通过采用 BGW 协议来构建电路门表，在提升性能的同时真正意义上支持多参与方安全计算场景。基于 SPDZ 协议族开发的 MP-SPDZ [Keller, 2020] 框架和 SCALE-MAMBA 框架 [Aly et al., 2021] 涵盖了常用的安全模型，并采用了类 Python 语言接口以便用户调用。ABY 是一个混合协议框架 [Demmler et al., 2015]，同时支持基于 Beaver 三元组的算术共享、基于 GMW 协议的布尔共享和基于混淆电路的姚氏共享，具有很强的灵活性。与 ABY 相比，ABY2.0 [Patra et al., 2021] 借助新的共享语义和预计算减少在线阶段的通信和交互轮数，从而保持了较高的吞吐量。

在实用安全多方计算框架和平台的支持下，当前研究主要集中于解决应用层面的问题，如隐私保护机器学习（Privacy Preserving Machine Learning，PPML）。PPML 的核心思想是借助安全多方计算技术将参与方的输入转换为不可识别的数据，进而在训练阶段和推理阶段执行安全计算。根据安全多方计算协议构造方式的不同，PPML 可以分为基于秘密共享的方案、基于混淆电路的方案及混合方案。借助秘密共享提供的加性掩码，参与方的真实输入可以被一组随机值掩盖，且这些随机值在最终计算输出中能够被抵消，因此可以得到正确的计算结果。Bunn 等 [2007] 和 Doganay 等 [2008] 实现了隐私保护 k-means 算法，前者仅能支持两方计算，后者借助加法秘密共享技术解决了多方数据聚类问题。Demmler 等 [2015] 通过添加随机扰动的方式实现了参与方数据的算术共享，并基于此提出了隐私保护求和及隐私保护求积方案。为解决多轮求和时参与方掉线的问题，Bonawitz 等 [2019]、Bell 等 [2020] 和 Mandal 等 [2018] 提出了多种基于双重掩码的安全聚合方案，但均需要额外引入一个信任有限的服务器来协调整个计算过程。为进一步提高计算和通信效率，Turbo-Aggregate [So et al., 2021] 采用加法秘密共享和多组循环策略执行安全聚合，同时 [Kadhe et al., 2020] 提出基于有限域快速傅里叶变换技术实现的多秘密共享方案。

基于混淆电路的方案通过构造混淆表来保护用户隐私输入，但受限于混淆电路的特性，通常仅能支持两方计算。其中一方为提供数据的用户，另一方为对数据进行计算的服务器。借助混淆电路技术，DeepSecure 框架 [Rouhani et al., 2018] 能支持任何非线性激活函数，无须改变神经网络的训练方式，因此与用多项式近似非线性激活函数的 PPML 框架相比，模型精度更有保证。[Riazi et al., 2019] 则提出了深度神经网络的隐私保护推理框架 XONN。该框架在具有布尔权重的二进制神经网络上进行优化，以避免昂贵的定点乘法运算，因此具有良好的计算性能。EzPC 框架 [Chandran et al., 2019] 将算术共享和混淆电路结合，同时为参与方的输入输出信息和服务器端模型信息提供隐私保证。此外，用户能用高级程序语言编写并生成高效的 2PC 协议，便于用户开发使用。

混合方案受 ABY 思想的启发，衍生出一系列支持算术共享和布尔共享的隐私保护机器学习方案。Mohassel 等 [2018] 提出了三方情境下的隐私保护机器学习框架 ABY3。Riazi 等 [2018] 利用加法秘密共享协议执行线性操作，利用 GMW 协议或混淆电路协议执行非线性操作。但是，该框架需要一个半诚实第三方预处理算术三元组，从而将繁重的密码操作转移到离线阶段完成，能够显著地降低多方计算和通信的开销。

第7章 可信执行环境

随着信息化的发展，常规操作系统在为用户带来便捷的同时，其开放性和复杂性也使得用户的信息面临着很多安全威胁：用户的隐私泄露严重，数据在存储、传输、计算过程都存在风险。可信执行环境是一种软硬件结合的隐私保护技术，通过建立隔离的运行环境，将常规执行环境（Rich Execution Environment，REE）和可信执行环境分隔开，使机密信息能够在可信执行环境中进行存储和处理，从而保护系统内部代码和数据的保密性和完整性。该环境比常规操作系统有更高的安全性。

本章介绍可信执行环境的相关知识。第 7.1 节介绍可信执行环境的基本概念、系统架构及技术分类。第 7.2 节详细分析当前可信执行环境的主流技术，包括 AMD SEV 及 Intel SGX、ARM TrustZone 等。第 7.3 节对比分析可信执行环境的技术特点。第 7.4 节探讨可信执行环境的应用实例。最后，第 7.5 节介绍可信执行环境的技术融合。

7.1 可信执行环境的基本思想

随着软件技术的发展，从智能设备到云端服务器，操作系统的功能越来越丰富，其内核功能和代码量也呈爆炸式增长。人们在享受智能设备带来的便捷时，所面临的隐私泄露和数据安全问题也日益严峻。为了使智能设备能够避免受到恶意攻击的影响，需要采取有效的措施对恶意攻击进行防御。然而，由于操作系统内在的安全漏洞，以及病毒和间谍软件等外在安全威胁的存在，恶意攻击者能够通过各种攻击方法窃取常规执行环境中的机密信息。让用户认证、移动支付等高安全等级应用和常规应用在同一个操作系统中运行，无法保证其安全性；将用户指纹、安全证书等机密数据和常规应用数据存储在同一个操作系统中，也无法保证其保密性和完整性。因此，需要提高系统被外部破解的难度，并在系统内部对用户的关键数据进行严格的保护。

一种容易想到的方案是对这些存储在磁盘中的关键数据进行加密后再存储。即使恶意攻击者成功入侵了系统，其所获取到的也只是加密后杂乱无章的字符。在没有密钥的情况下，一切都是徒劳。为此，研究人员引入了可信平台模块（Trusted Platform Module，TPM），为计算机提供可信根。具体来说，TPM 将密钥封装在芯片内部，使得外界无法访问。只有当应用请求合法时，TPM 才会在芯片内部对数据进行解密，并将解密后的数据送往内存。TPM 可以一定限度地降低重要数据被木马等恶意软件窃取的风险，可是它无法防御数据在应用运行时受到的攻击。如果恶意攻击者在合法应用运行时进行破解，直接从内存读取解密后的数据，TPM 就形同虚设了。因此，我们需要一个与外界隔离的安全容器对机密数据进行存储与计算，确保恶意攻击者即使在应用运行时也无法读取其所使用的内存空间。可信执行环境就是这样的容器。可信执行环境通过芯片等硬件技术与上层软件协同对隐私进行保护，同时保留与常规执行环境之间的算力共享，在通用计算和复杂算法中的应用更为灵活，能够更好地实现隐私保护计算。

7.1.1 基本概念

可信执行环境起源于开放移动终端平台组织（Open Mobile Terminal Platform，OMTP）在 2006 年提出的“一种针对智能终端安全的双系统解决方案，即在同一个智能终端中，除了多媒体操作系统外再提供一个隔离的安全操作系统”。2009 年，OMTP 在“Advanced Trusted Environment：OMTP TR1”中首次定义了可信执行环境。同年，ARM 提出了 TrustZone 技术及相关的硬件实现方案。国际标准组织（Global Platform，GP）从 2011 年开始起草并制定可信执行环境的标准，并联合各公司共同开发基于 GP TEE 标准的可信操作系统。2013 年，Intel 推出了软件防护扩展（Software Guard Extension，SGX）技术，通过一组新的指令集扩展与访问控制机制，增强了应用程序代码和数据安全性，实现了不同程序间的运行隔离。

截至本书成稿之时，可信执行环境还没有一个清晰、完整的统一定义，不同的学者和机构对可信执行环境的定义有着不同的理解。Garfinkel 等 [2003] 认为“可信执行环境是一种专用的封闭虚拟机，能够与平台的其余部分隔离。通过硬件内存保护技术，可以保护其内部的内容免受未经授权的人员的访问和篡改”。OMTP [2009] 认为“可信执行环境能够抵御软硬件层面的攻击。它通过与不安全部分的隔离，能够实现对生命周期管理、安全存储、加密密钥和应用程序代码的保护”。GP [2011] 认为“可信执行环境是一个与设备主操作系统同时运行但与其隔离的执行环境，能够保护内部的资源免受一般的软硬件攻击。它可以使用多种技术来实现，其安全级别也存在相应的变化”。Sabt 等 [2015] 提出了一种分离内核的概念，认为“可信执行环境是一种在分离内核（separation kernel）上运行的防篡改处理环境。它保证所执行代码的真实性、运行时状态的完整性，以及存储在持久内存（persistent memory）中的代码、数据和运行时状态的保密性。此外，它还应能够为第三方提供证明其可信度的远程证明。分离内核是可信执行环境的一个基础组件，它是一个用于模拟分布式系统的安全内核，使需要不同安全级别的不同系统能够在同一平台上共存”。

通过上述定义可以看出，虽然有着不同的解释，但是可信执行环境具有系统隔离、安全存储和算力共享的特性是基本共识，它通过安装或更新代码和数据来管理其内部的隐私内容。此外，它还必须定义安全机制来向第三方证明其可信度。

系统隔离是可信执行环境的核心思想。可信执行环境通过硬件技术对数据进行隔离，将不同的数据进行分类处理，从而实现对隐私的保护。具体来说，支持可信执行环境的 CPU 中会有一个特定的区域，外部环境不能获取它内部的信息，所以能够实现数据和代码的安全存储和运行，并保证它们的保密性和完整性。例如，当用户使用手机进行电子支付时，设备会通过可信执行环境提供的接口来进行验证，以保证支付信息不会被篡改、口令信息不会被劫持盗用。在可信执行环境中运行的可信应用之间互相隔离，未得到授权的指令无法随意读取和操作其他可信应用的数据。可信应用在执行前需要进行完整性验证，保证应用的内容没有被篡改。

作为特殊的芯片架构技术，可信执行环境能够提供一个安全的计算空间，以较高的效率实现逻辑复杂的算法，通过定义密钥安全、安全存储、物理隔离等不同安全等级和平台环境下的安全性要求，保证机密信息能够在安全的环境中进行存储和计算。但是，可信执行环境技术的实现通常依赖具体的技术平台（如移动端、PC 等）和硬件厂商，需要保证芯片制作的可信。当前常见的技术包括 Intel SGX、ARM TrustZone、AMD SEV 等，这些技术并不能解决隐私保护计算中的所有问题。因此，可以将可信执行环境与其他隐私保护技术相结合，形成优势互补，强化系统的整体安全性和完整性。

7.1.2　系统架构

常规执行环境和可信执行环境的软件系统架构如图 7.1所示。最底层是硬件部分，这部分是一些计算机外围设备，如显示器、磁盘、总线等。该软件系统架构将外围设备划分成公共外围设备、共享可信外围设备和可信外围设备。中间层是操作系统部分，这部分由常规操作系统（Rich OS）和可信操作系统（Trusted OS）组成。最上层是软件部分，这部分由常规应用程序、客户端应用和可信应用（Trusted Application，TA）组成。此外，从图中可以看出，两个环境之间是相互隔离的，但是双方可以通过一些方式进行交互。

常规执行环境中的常规应用程序、公共设备驱动程序和公共外围设备是我们日常接触到的部分，这里不做过多介绍。客户端应用与常规应用程序不同，它可以与可信应用进行交互，所以常规执行环境中应用程序能够执行如指纹识别等安全性较高的功能。常规操作系统具有开放性和复杂性，支持各种应用软件和服务。由于其不需要繁杂的安全认证，所以存在很多安全隐患，经常受到各种攻击。在操作系统部分，通信代理是支持常规执行环境和可信执行环境之间通信的驱动程序。

可信执行环境是一个功能比较完整的运行环境，由可信外围设备、可信操作系统和可信应用组成。可信外围设备主要包括硬件密钥和可信存储，用于防止密钥被篡改及未经授权的访问。管理密钥的第一种方式是将密钥直接烧录在芯片中，这样任何软件或其他恶意手段都无法篡改密钥，并且硬件制造商或提供可信执行环境的平台可以在硬件上签名，以证明其安全性。第二种方式是由专门生成密钥的硬件，在每次初始化或系统更新时生成并管理新一轮的密钥。无论密钥是用哪种方式生成，其目的都是使密钥不被任意软件甚至管理程序访问到，只有可信的软件才能访问。

可信存储的实现依赖密码学技术。通过对数据进行加密存储，防止不受信任或者未被授权的程序读取或修改存储空间的数据。此外，可信执行环境中的各个可信应用不能相互访问数据，管理程序等权限高的软件也无法随意存取可信存储中的数据，这种高隔离性大大提高了存储的安全性。当有一些需要加密存储的隐私数据传入后，可信操作系统会先对其进行加密再存储在磁盘中。若可信应用要使用这些数据，则先由可信操作系统的文件管理将数据读出，再进行解密操作。

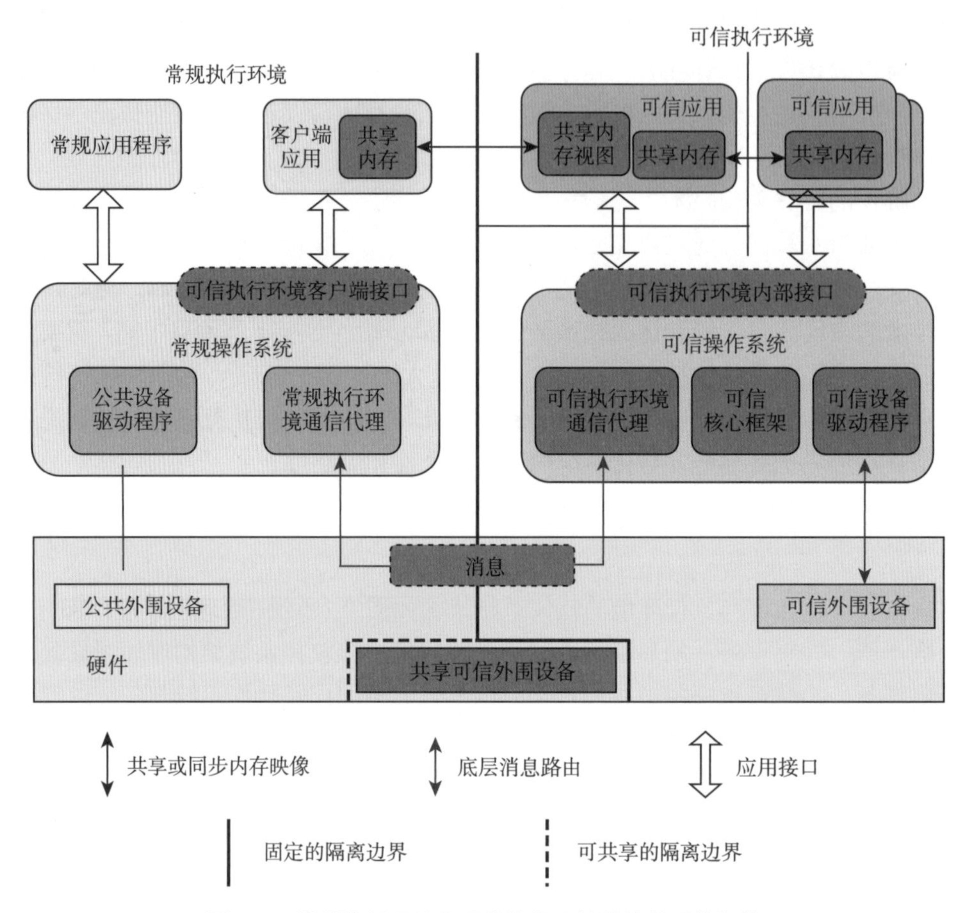

图 7.1 常规执行环境和可信执行环境的软件系统架构

可信操作系统主要包括可信核心框架、可信设备驱动程序和可信执行环境通信代理 3 个部分。可信核心框架是可信操作系统的主体部分，为可信应用程序提供操作系统功能，通过可信执行环境内部接口为可信应用提供各种服务。可信设备驱动程序为可信外围设备提供接口，硬件密钥、磁盘和一些屏幕、键盘等外围设备需通过可信设备驱动程序接入可信操作系统。

可信应用是被可信执行环境授权认证的应用程序。在可信执行环境中，每个可信应用程序都是相互独立的，拥有一个隔离的内存空间，与其他可信应用程序互不干扰，不能随意访问对方的数据。可信应用之间可以进行通信，其使用了与客户端应用相同的通信过程——共享内存。可信执行环境内部接口是多个内部接口的统称，是可信操作系统的各个组件向上层应用提供服务的接口。通过这个接口，可信应用可以与可信操作系统进行交互，使用可信外围设备提供的服务。

常规执行环境与可信执行环境是相对隔离的两个环境。常规执行环境是与用户进行交互的环境，如果需要访问可信资源，就需要与可信执行环境进行通信。两个环境之间通常可以通过共享内存、可信执行环境客户端接口或通信代理的方式进行通信。

共享内存是客户端应用和可信应用使用的通信方式，是它们都有权访问的一块地址空间，由可信操作系统在可信执行环境中开辟一块地址空间来实现。通过共享内存，客户端应用程序和可信应用程序之间能够快速地传输大量数据。如果其中一方写入数据，另一方可以即时看到，但如果出现内存不一致的情况，会导致系统崩溃。当客户端应用通过共享内存的方式与可信应用进行通信时，首先，客户端应用会与可信操作系统建立一个上下文，保存通信前的应用状态。然后，可信操作系统请求与可信应用建立一次会话，会话建立后，客户端应用通过共享内存向可信应用发送请求，可信应用收到请求后在可信执行环境中处理，并将结果放回共享内存，供客户端应用提取。如果客户端应用没有继续请求，则可信操作系统申请关闭会话，销毁上下文。

可信执行环境客户端接口是常规执行环境与可信执行环境通信的接口，是一个底层的通信接口，客户端应用通过此接口与可信应用进行数据交换。但是由于客户端应用本身的开放性，可信应用必须时刻检测其行为是否存在异常，如有可疑行为，可信应用程序实例与客户端应用的会话会立即被销毁。所以这个通信接口的存在，给可信执行环境带来了很多安全威胁，在研究可信执行环境技术时，开发人员应采取措施来保证通信时的安全。

通信代理是常规执行环境与可信执行环境进行环境间通信的另一种方式，分为常规执行环境通信代理和可信执行环境通信代理。常规执行环境通信代理与可信执行环境通信代理协同将客户端应用和可信应用之间的消息进行安全的转换。当客户端应用要与可信应用进行交互时，首先，客户端应用调用可信执行环境客户端接口以触发系统调用，进入常规操作系统的内核态。然后，客户端应用根据调用的参数找到对应的驱动程序，进入安全内核状态。进入可信执行环境以后，客户端应用的服务请求即可发送到可信应用。可信应用使用可信执行环境的资源处理服务请求，并将结果返回给客户端应用。

常规操作系统的响应性能优良，加入可信执行环境后，需要在增加整体系统的安全性的同时不影响系统本身的响应能力，因此，需要保证双执行环境之间的高效协同工作。拥有双执行环境的系统虽然安全性有了大幅提升，但是双环境的开发是一项艰巨的任务，在从系统启动到进行计算的过程中只要出现一点问题，都可能导致系统不再安全，甚至崩溃。可信执行环境的发展是一个不断发现漏洞并不断进行修补的过程，及时发现问题并进行修补才能保证系统安全运行。

7.1.3　技术分类

随着人们对可信执行环境的研究日益深入，学术界和工业界都对其开展了各种研究和实践。工业界中，各大厂商都推出了自主研发的可信执行环境，以支持各种安全的需求。从实现技术的角度来看，可信执行环境主要可以分为 3 种类型：基于内存加密的方法、基于访问控制的方法和基于协处理器的方法。这些不同类型的可信执行环境具有不同的特点和优势，下面分别介绍其中具有代表性的方法。

基于内存加密的方法不需要额外的硬件辅助，能够直接在应用层进行安全隔离。其中，代表性的方法有 Intel SGX 和 AMD SEV 等。这类技术采用内存加密机制，可以确保应用程序在不受信任的内核环境中仍能保持其执行环境的可信性。Intel SGX 和 AMD SEV 将在第 7.1.4 小节和 ARM TrustZone 一起进行详细探讨。

基于访问控制的方法通常使用硬件辅助技术控制内存区域的访问权限，实现内存的隔离。其中，代表性的方法有 Intel 系统管理模式（System Management Mode，SMM）和 ARM TrustZone 等。这类技术通过硬件技术协助建立内存访问权限，以限制内存访问并确保系统中不可信区域的应用程序无法访问可信区域的内存，从而建立可信执行环境。

Intel SMM 是一种特殊的操作模式，应用于 Intel CPU 架构中，它是与实模式（real mode）和保护模式（protected mode）类似的另一种运行模式。Intel SMM 提供了一个独立且隔离的执行环境，用于执行特定的系统控制功能，如电源管理和系统安全等。它允许系统软件（如 BIOS 或系统管理软件）在操作系统之外运行，并具有访问系统硬件和内存的特权。Intel SMM 的启动由 BIOS 完成，并通过触发系统管理中断（System Management Interrupt，SMI）进入。SMI 可以通过多种方式触发，例如写入硬件端口或由 PCI 设备生成一个消息信号中断。一旦进入 SMI，CPU 会将其状态信息保存在专用的系统管理随机存储器（System Management Random Access Memory，SMRAM）中。该区域无法被其他运行模式下的程序寻址和访问。值得注意的是，SMI 处理程序由 BIOS 加载到 SMRAM 中，在执行特权指令时不受任何限制，可以自由访问物理内存空间。

基于协处理器的方法涉及使用单独的协处理器来创建隔离的执行环境。其中，代表性的方法主要有 Intel 管理引擎（Management Engine，ME）和 AMD 平台安全处理器（Platform Security Processor，PSP）等。这类技术通过使用额外的专用协处理器来构建可信执行环境．并通过将可信计算任务委托给协处理器来实现对敏感信息的保护和隔离，从而确保计算任务的保密性和完整性。协处理器具有独立的内存，并且不受主处理器和主内存的影响，因而能够为这类可信执行环境提供更有力的安全保障。

Intel ME 是 Intel 芯片中独立于 CPU 和操作系统的微处理器，应用于各种设备中。它主要由一个运行在单独微处理器上的专有固件组成，其中包括管理引擎处理器、加密引擎、直接内存存取引擎、主机嵌入式通信接口引擎、只读存储器、静态随机存取存储器（Static Random-Access Memory，SRAM）、中断控制器、计时器以及其他 I/O 设备等。管理引擎处理器用于执行管理引擎指令，SRAM 用于存储固件代码和实时数据。然而，Intel ME 中仍存在着一些高危漏洞，攻击者能够利用漏洞获取 Intel 产品的远程控制特权。类似地，AMD PSP 是嵌入在 AMD 主处理器内的专用处理器。通过使用 PSP 技术，AMD PSP 可以实现从 BIOS 到可信执行环境的安全启动。同时，AMD PSP 还可以为受保护的可信第三方应用程序提供可信执行环境。

7.2 可信执行环境的主流技术

第 7.1 节已经根据实现方法的不同对可信执行环境进行了分类，本节根据分类对可信执行环境中的主流技术展开详细探讨。其中，当前较为成熟的技术概况如表 7.1 所示。

表 7.1　可信执行环境主流技术对比

技术名称	Intel SGX	AMD SEV	ARM TrustZone
目标设备	PC 客户端	服务器	移动设备
可用内存空间	⩽ 1TB	系统内存	系统内存
可信计算基	硬件：CPU 硬件 软件：Enclave 内的代码实现	硬件：AMD PSP 软件：虚拟机镜像	硬件：安全虚拟核 软件：安全世界系统和可信应用
内存加密	●	●	○
安全外围设备	○	○	●

7.2.1 Intel SGX

2013 年，Intel 推出了 SGX 技术，它是 Intel 处理器上的一系列扩展指令和内存访问控制机制。Intel SGX 旨在为用户提供一个应用程序可信的执行环境，它以硬件安全为强制性保障，通过一组新的指令集扩展与访问控制机制，实现了不同程序之间的隔离，使机密信息能够在可信的环境中存储和运行，从而保障用户关键代码和数据的完整性与隐私性不受恶意软件的破坏。

为了达到这一目标，Intel SGX 允许应用程序在内存中创建一个受保护的执行区域，又称飞地（Enclave），并让可信应用运行于 Enclave 中。每个 Enclave 都受加密内存的保护，可当作一个独立的可信执行环境。Intel SGX 的整体框架如图 7.2 所示。Intel SGX 的实现涉及多个软硬件组件，包括处理器、内存管理单元、BIOS、驱动程序和运行时的环境等。这些组件通过软硬协同实现 Intel SGX 架构的内存隔离和安全属性保护。此外，Intel SGX 还具有远程认证和数据密封功能，这些功能可以用来设计安全软件应用程序和交互协议。即使 BIOS、固件、管理程序、操作系统都被恶意破坏和篡改，Intel SGX 依然能保障 Enclave 内执行环境的安全。

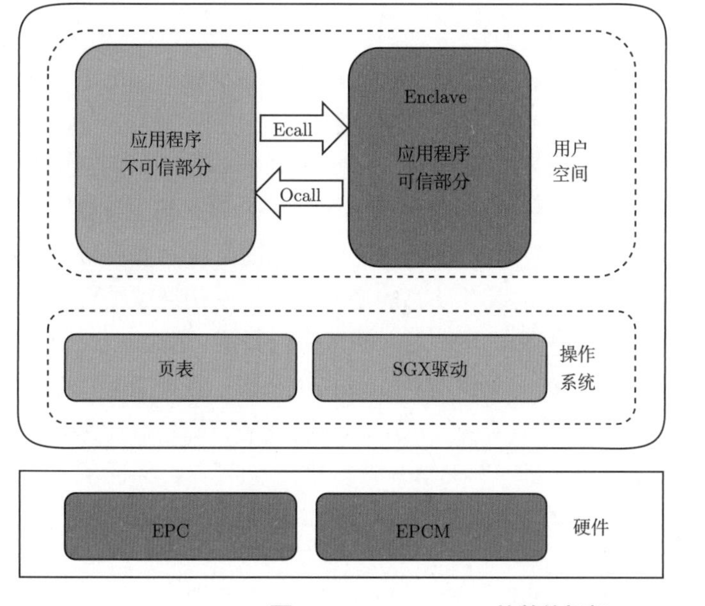

图 7.2　Intel SGX 的整体框架

从硬件的角度来看，Intel SGX 引入了几个新特性。第一个新特性是新的 CPU 模式，每当用户进程想要进入一个 Enclave 时，CPU 就会切换到 Enclave 模式。在这种模式下，只有 Enclave 代码被允许执行，禁止执行其他敏感的 CPU 指令，并且所有 Enclave 数据在移出/移入 CPU 缓存时都是透明加密/解密的（加密/解密过程自动完成）。第二个新特性是 RAM 中 Enclave 页面缓存（Enclave Page Cache，EPC）的区域，专门用于存储 Enclave 代码和数据页面。CPU 上增强的内存访问控制器只允许相应的 Enclave 访问 EPC 内部的内存，以防止来自其他应用程序和特权软件的攻击。第三个新特性是内存加密单元（Memory Encryption Engine，MEE），这是 CPU 上的一个独立组件，它对从 CPU 传输到 EPC 的所有数据进行透明加密，并对另一个方向的数据进行透明解密。MEE 通过使用加密密钥进行加密提供保密性，通过消息验证代码提供完整性，并通过版本控制提供新鲜度。Intel SGX 提供的功能大多数是在微指令中实现，但是保护内存不受物理攻击的功能主要是由 CPU 中的 MEE 提供，通过对保护内存读写的解密/加密操作，保证了数据只有在 CPU 中的 Enclave 内存中才是明文。

从软件的角度来看，Intel SGX 提供了一个便于开发和部署的环境。算法层面的软件解决方案依赖复杂的密码协议，这些协议通常会产生高性能的开销，并且是在特定的、有限的软件原语基础上构建的。对于 Intel SGX 来说，Enclave 可以在 CPU 上执行普通的 x86 指令，并通过 CPU 缓存中的明文数据进行计算。实际上，Enclave 通常被编程为共享库，并在进程初始化时装入 EPC 中，以便应用程序的其余部分调用库函数来执行 Enclave 中的安全功能。

从用户的角度来看，所有用户必须通过信任认证才能访问 Enclave。特别是，用户希望确保 Enclave 执行自身所期望保护的机密代码，并且 Enclave 在真正支持 SGX 的 Intel CPU 上执行。为此，Intel SGX 在 Enclave 初始化时提供了对所有代码和数据的加密测量，以及一个由 CPU 特定密钥签名的 CPU 特殊标识。在 Intel SGX 远程认证过程的帮助下，用户可以获得这些测量值，并将其与期望值进行比较和验证，从而可以在 Enclave 中获得信任。

Enclave 是 Intel SGX 的核心概念，它是一个受保护的安全容器，用于存放应用程序的机密数据和代码。Intel SGX 允许应用程序指定需要保护的代码和数据，在创建 Enclave 之前，可以不对这些代码和数据进行检查或分析，但加载到 Enclave 中的代码和数据必须进行安全认证。当应用程序需要被保护的部分加载到 Enclave 后，Intel SGX 能够保护它们不被外部软件访问。Enclave 可以向远程认证者证明自己的身份，并提供必需的功能结构，用于安全地提供密钥。用户也可以请求独有的密钥，这个密钥通过结合 Enclave 身份做到独一无二，可以用来保护存储在 Enclave 之外的密钥或数据。Enclave 的结构如图 7.3 所示。其中，线程控制结构（Thread Control Structure，TCS）是指 Intel SGX 硬件保护机制中保存着进入或退出 Enclave 时用来恢复 Enclave 线程的特殊信息的结构。每一个在 Enclave 中执行的线程都与一个对应的 TCS 相关联。TCS 的存在，保证了 Enclave 中线程的隔离性，避免了不同线程之间的干扰。

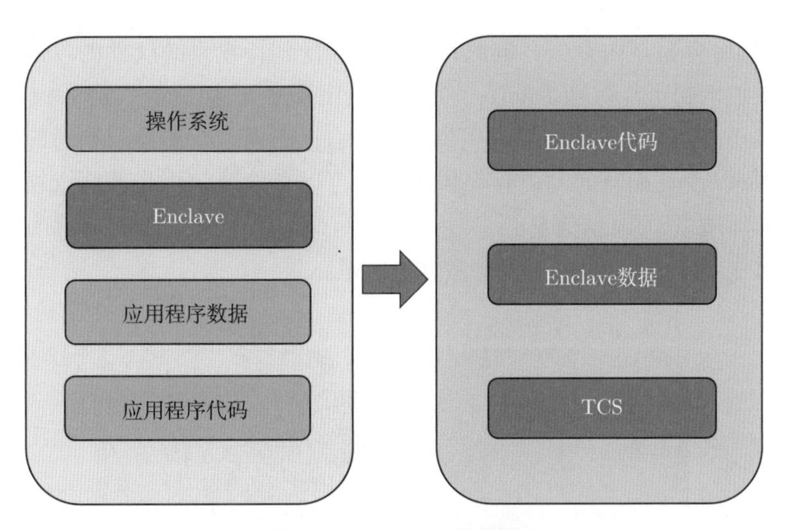

图 7.3 Enclave 的结构

Enclave 通过以下机制确保内部代码和数据的保密性、完整性。

1. 隔离控制

隔离控制是指对 Enclave 内外的内存和数据进行安全隔离控制，以确保 Enclave 内部的代码和数据不受非法访问和篡改。Intel SGX 技术通过内存保护机制，将 Enclave 中的代码和数据与非 Enclave 应用的内存进行隔离，防止非 Enclave 应用对 Enclave 中的保护内容进行非法访问。此外，Intel SGX 不仅使用硬件技术对 Enclave 内存进行加密保护，以防止内存中的数据被非法篡改或窃取，还提供了 Enclave 内部的隔离控制机制，以确保 Enclave 内部的代码和数据不会相互干扰。

2. 身份认证

身份认证是指使用 Enclave 来验证身份信息是否安全。在身份认证过程中，用户首先向 SGX 模块发送其身份信息，SGX 模块会使用 Enclave 中的安全密钥对来加密和解密身份验证数据。服务端保存与 SGX 模块相同的密钥，对加密信息进行解密并认证成功后，会生成一个具有使用时效的 Token，并在完成密钥更新后将 Token 返回给用户。用户可以在一定时间内使用该 Token 来访问服务端的服务。Enclave 还可以在验证过程中使用其他安全技术（如数字签名和哈希算法），以提供更高的安全性保证。

3. 远程认证

远程认证是一种通过远程网络连接对远程计算机中的 Enclave 进行可信性认证和授权的过程。在 Intel SGX 中，远程认证通常采用基于远程证明协议的方式，以确保 Enclave 和远程计算机之间的通信是安全、可靠的，从而确保数据传输过程中的保密性和完整性。

4. 数据密封

数据密封是指在 Enclave 中对数据进行加密，并使用特定的密封密钥将加密后的数据保存在磁盘中。当需要使用该数据时，可以使用相同的密封密钥将其解密。其中，密封密钥只对该平台和 Enclave 有效，并且无法被其他实体获取。该技术可以用于在不泄露数据内容的前提下将数据存储在不可信内存或磁盘中，保证数据的完整性和保密性。在实际运行过程中，处理器中的 MEE 会对处理器缓存中的数据进行加密，以保证 Enclave 中的代码和数据会被加密存储在内存中，同时保证其不会受到特权系统软件的攻击。此外，Intel SGX 的内存保护机制可以保证 Enclave 外部的应用程序无法访问内部的内存，也无法获取 EPC 中的内容。Enclave 内部的代码也只能访问自己的内存，不能互相访问。这种从物理上阻止外部访问以及互相访问的内存保护机制，可以有效地防止其他恶意软件窃取或篡改 Enclave 内代码和数据的隐私信息。

Intel SGX 应用程序的工作流程如图 7.4 所示。

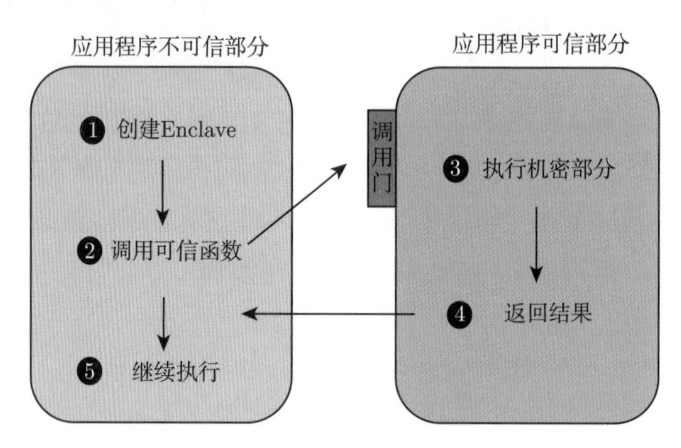

图 7.4 Intel SGX 应用程序的工作流程

（1）用户能够通过指令创建 Enclave，Enclave 运行在受保护的内存中。

（2）应用程序通过调用 Enclave 的可信函数，将执行权限切换到 Enclave 模式。

（3）Enclave 内部能够安全地访问用户的机密信息并执行受保护的程序。

（4）当程序运行完成后，Enclave 将计算结果返回，并将执行权限切换到不可信部分，但 Enclave 内的数据仍然在受保护的内存中。

（5）应用程序继续执行。

值得注意的是，SGX Enclave 与其他软件运行在相同的硬件上。Enclave 可以被认为是用户应用程序的“特权”部分：应用程序在大多数时间执行其正常的非关键计算，但在执行机密信息的关键计算时会切换到 Enclave 模式以确保安全性。在计算完成后，应用程序能够从 Enclave 模式安全地退出，从而切换回正常的模式。作为系统安全领域的重大研究进展，Intel SGX 可以为云计算、物联网、数据隐私保护等领域提供强大的安全支持，并提供比软件实现更高的安全性和更强大的性能保障，这使该技术具有极高的应用价值和广阔的发展空间。

7.2.2 AMD SEV

云计算的发展使得用户可以在任意位置使用各种终端获取服务，有效地降低了使用 IT 资源的成本。云计算依赖虚拟化技术，虚拟化是不同用户共享硬件资源的关键技术。云服务提供商将多台服务器实体虚拟化后，构成一个资源池，允许多个操作系统共享这些资源。管理程序负责将各个虚拟机的空间进行分离。虚拟化技术在带来便利的同时，也存在很多风险。首先，云服务商通常是不可信的，如果云服务商提供的管理程序完全控制用户虚拟机，就可以获取用户数据。如果管理程序被恶意控制，就意味着其控制的所有虚拟机都暴露于危险的环境之中，这将对用户隐私造成极大的威胁。此外，现代计算机的数据在磁盘上通常是加密存储，但在内存中是明文存储，如果有恶意的用户想要窃取内存中其他用户的数据，又该如何保证用户数据的安全？

2016 年，AMD 提出了安全加密虚拟化（Secure Encrypted Virtualization，SEV）[Kaplan et al., 2016]。SEV 将 AMD 虚拟化技术与内存加密技术相结合，主要解决内存中数据的安全问题。2017 年，AMD 又推出了 SEV 加密状态（SEV Encrypted State，SEV-ES）[Kaplan, 2017]，对寄存器状态和数据信息进行加密。2020 年，在确保数据保密性的基础上，AMD 又通过 SEV 安全嵌套分页（SEV Secure Nested Paging，SEV-SNP）[SEV-SNP, 2020]，对数据实现了完整性保护。本小节依次介绍上述技术的关键实现细节。

安全内存加密（Secure Memory Encryption，SME）为内存加密定义了一种简单且有效的体系结构，通过存储控制器中专门的硬件 AES 加密引擎来进行加密/解密操作，如图 7.5 所示。当数据写入内存（DRAM）时，SME 通过 128 位的密钥进行 AES 加密；从内存中取出加密数据并进入处理器进行计算时，需先进行解密操作。通过内存加密，SEV 可以不共享一些隐私数据内存页面，而哪些页面进行加密由客户虚拟机决定。页面是否加密由页地址第 47 位（又称 C-bit）进行标识。要加密某页面时，客户虚拟机通过管理程序或操作系统将该页地址第 47 位置 1。当数据被放入内存时，内存控制器通过该标识启用 AES 进行加密。

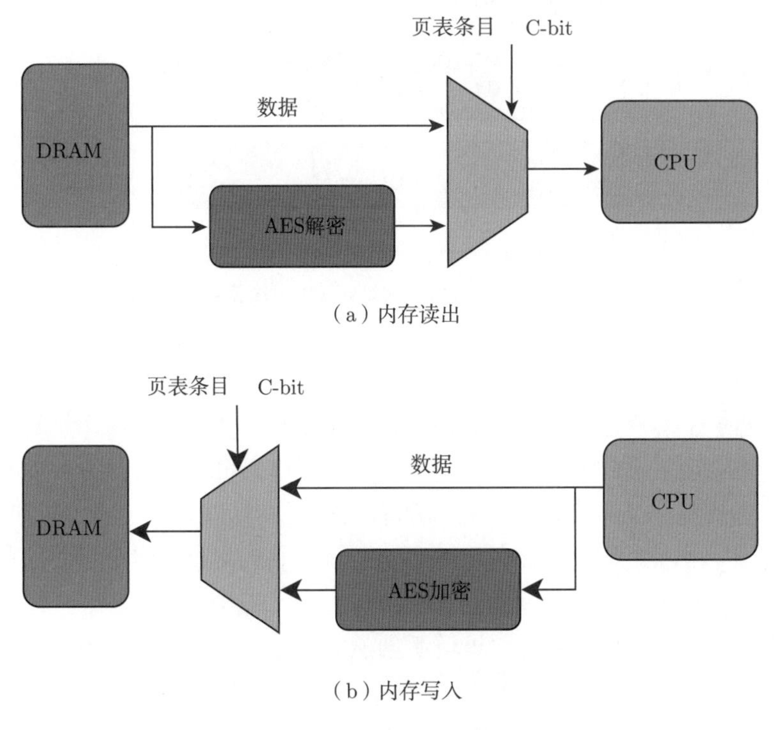

（a）内存读出

（b）内存写入

图 7.5 AMD SME

AMD 安全处理器（AMD Secure Processor，AMD-SP）是一个集成在系统芯片上的微控制器，主要功能是密钥管理。AES 使用的密钥是在系统重置时由硬件随机数生成器随机生成，并由 AMD-SP 进行管理。

AMD 虚拟化（AMD Virtualization，AMD-V）技术是 AMD 为其处理器能更好地实现虚拟化而提出的。x86 处理器系统架构没有考虑到虚拟化，所以传统计算机的虚拟化是通过纯软件的方式实现的。纯软件的方式会占用过多计算机资源，给处理器带来负担，因此 AMD 基于 x86 增加了一组硬件扩展，提出了一套指令，使得硬件能更好地辅助虚拟化。

AMD SEV 扩展了 AMD-V 架构，使一个管理程序（Hypervisor）可以控制多个客户虚拟机（Guest）。AMD SEV 的体系结构如图 7.6 所示。在一个管理程序控制下，AMD SEV 通过 AES 加密引擎将每个客户虚拟机的数据加密保存在内存中。下面介绍 SEV 中的管理程序和客户虚拟机。

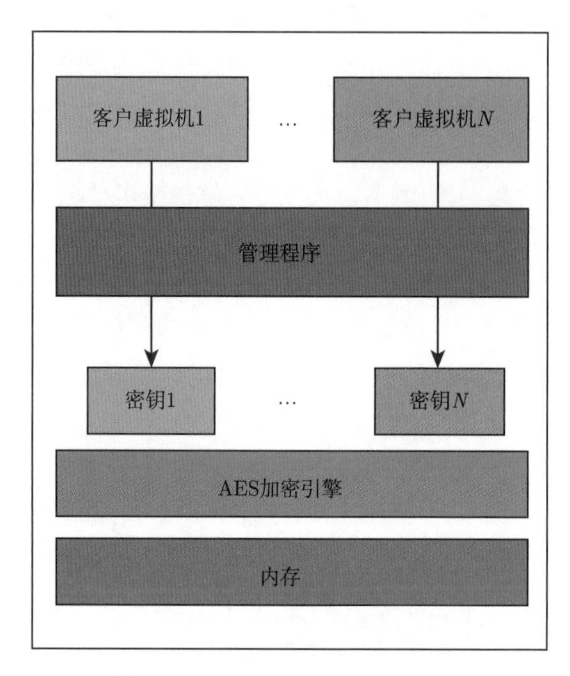

图 7.6 AMD SEV 的体系结构

管理程序是实现虚拟化的关键软件。管理程序创建一个虚拟化层，将 CPU、内存等硬件资源分配给一个客户虚拟机，与其他虚拟机隔离开，使得多个操作系统可以以虚拟机的形式共享一个物理主机的资源，并且使得用户使用虚拟机执行程序的过程与在物理主机上相同。传统的虚拟化技术中，管理程序拥有高权限，可以访问客户虚拟机的所有资源。在 AMD SEV 中，虽然管理程序仍然要协调客户虚拟机的运行，但是不能任意访问它们的资源。

客户虚拟机是用户为使用物理主机资源创建的一个虚拟机，每一个客户虚拟机都是一个功能完整的主机。在用户看来，使用虚拟机与使用裸机应是相同的。在管理程序的控制下，一个物理主机上可以运行多个虚拟机。启用 AMD SEV 功能后，AMD SEV 硬件用它的虚拟机地址空间标识符（Address Space Identifier，ASID）标记所有代码和数据，表明数据所属。在处理器内，数据和标签一起被保存，防止数据被所有者以外的人使用。当数据离开处理器后，由 AES 加密引擎对其进行加密。每个虚拟机都有一个密钥，所以不同虚拟机之间不能互相访问加密数据。如果数据被其他客户虚拟机或管理程序访问，只能得到加密的数据。

当一台物理计算机上运行多台虚拟机时，每个虚拟机都拥有自己的密钥，管理程序通过每个虚拟机的标识与 AMD-SP 进行通信，启动加密程序对虚拟机数据进行加密。管理程序和其他软件都不知道虚拟机的密钥，这使得虚拟机免受恶意管理程序的攻击。但是 AMD SEV 仅提供内存加密技术，数据进入寄存器之前会解密。如果数据进入 CPU 寄存器中计算时，客户虚拟机中断，寄存器中的数据会被保存到管理程序的内存中，管理程序可以读取该内存中的数据，所以这些数据也可能被攻击者得到。因此，在 2017 年，AMD 又提出了 SEV-ES。当客户虚拟机停止运行（VM-EXIT）时，该技术可以加密通用寄存器和客户虚拟机保存的状态，这可以防止 CPU 寄存器中的信息被泄露到管理程序等组件，甚至可以检测对 CPU 寄存器状态的恶意修改。

如果对寄存器进行加密隔离，管理程序就不能访问其中的数据，但管理程序在一些情况下必须访问其中的特定数据以支持系统的正常运行。为解决这个问题，SEV-ES 采取了和 AMD SEV 相似的策略：由客户虚拟机根据具体情况，决定向管理程序公开寄存器中的哪些信息。启用 SEV-ES 后，客户寄存器的状态会被保存到用客户虚拟机的内存加密密钥加密的内存中。任何软件（包括管理程序）都不知道这个密钥，因此管理程序无法读取实际的客户寄存器状态。恢复客户虚拟机时，CPU 会检查上次 VM-EXIT 后寄存器状态的修改，如果被修改了，CPU 会拒绝恢复该虚拟机。

为了让管理程序既能调用客户虚拟机运行，又不能任意地读取客户虚拟机的全部数据信息，SEV-ES 将虚拟机控制块（Virtual Machine Control Block，VMCB）分成了控制区域和存储区域两个部分。控制区域由管理程序管理，记录一些中断上下文信息；存储区域用于存储客户虚拟机的寄存器状态。虚拟机控制块的结构如图 7.7 所示。通过这样的结构，客户虚拟机能够灵活地决定寄存器中的哪些信息可以让管理程序访问，从而为寄存器中的数据提供保密性保护。在恢复客户虚拟机的状态时，需要检查上次 VM-EXIT 后寄存器状态的修改。

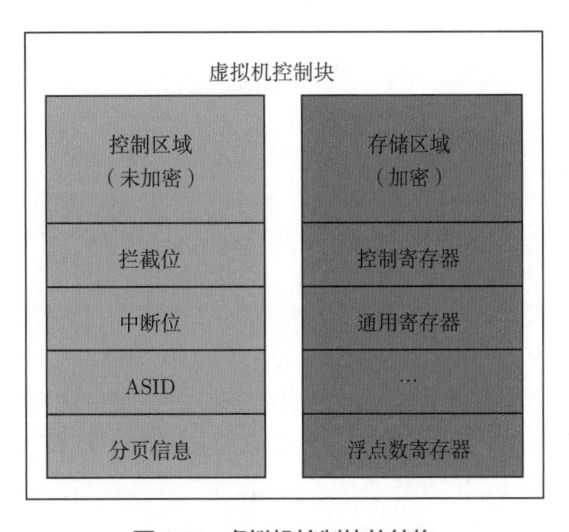

图 7.7 虚拟机控制块的结构

在传统虚拟化体系中，发生 VM-EXIT 事件时，CPU 硬件会将控制权交给管理程序，此时管理程序控制所有寄存器中的明文数据。在 SEV-ES 中，VM-EXIT 事件有自动退出（Automatic Exit，AE）和非自动退出（Non-Automatic Exit，NAE）两种类型。AE 事件通常是中断等指令，不需要管理程序模拟。AE 事件会导致 CPU 上整个执行程序的切换，CPU 硬件加密保存所有寄存器状态，将控制权交给管理程序。NAE 事件是由客户虚拟机内部执行特定指令发生的，需要管理程序模拟。NAE 事件不会导致程序的切换，系统会产生一个通信异常，由客户虚拟机处理，不需要管理程序的干预。

AMD SEV 仅通过内存加密保证了内存中数据的保密性，但是在不知道密钥的情况下，攻击者可以破坏内存中的数据，而不是读取其中的内容，导致内存数据的完整性受到破坏。AMD 基于 SEV 和 SEV-ES 提出了 SEV-SNP，可以为内存提供完整性保护。

在系统仅提供内存加密的情况下，如果攻击者获取到之前内存中加密的数据，就可以将现在的数据用之前的替换掉，而用户无法察觉数据被替换，这被称为重放攻击。如果攻击者将单个客户的内存页面映射到多个物理内存页面，就会导致系统错误，这被称为内存重映射攻击。如果攻击者将两个页面映射到同一个物理内存页面，就会导致数据丢失，这被称为内存混叠攻击。

为了防止攻击者毁坏或修改数据，SEV-SNP 强制只有内存页的所有者可以写入数据；为了防止页面映射的混乱，强制一个客户内存页只能映射到一个物理内存页面。这种完整性保护都是使用一种数据结构——反向映射表（Reverse Map Table，RMP）实现的。

反向映射表标识了物理页面与虚拟地址的映射关系，它还记录着各个表项对应的页面拥有者。SEV-SNP 中客户虚拟机页面寻址的关系如图 7.8 所示。AMD 虚拟技术采取两级分页：首先，将客户虚拟地址转换为客户物理地址；然后，将客户物理地址转换为系统物理地址。反向映射表根据系统物理地址建立索引，记录对应页面的所属关系，并且验证这个所属的客户物理地址与上一个页表中记录的客户地址是否匹配，如果不匹配，则拒绝访问该页面，这能够有效地防止重放攻击和对数据的非法修改。在反向映射表中，每一个表项仅对应一个特定的客户物理地址。这样，就保证了客户物理地址和系统物理地址是一一映射的关系，能够有效地防止内存重映射攻击和内存混叠攻击。

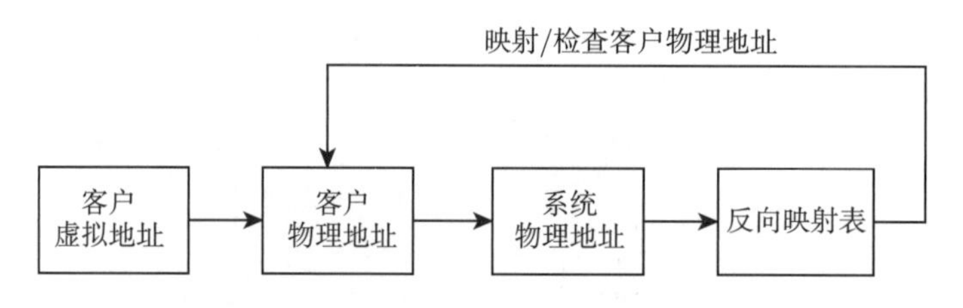

图 7.8 SEV-SNP 中客户虚拟机页面寻址的关系

SEV-SNP 允许客户虚拟机将其地址空间划分为 4 个特权级别，从高到低依次为 L0～L3。客户虚拟机给 CPU 赋予一定的权限，将地址空间划分为不同的特权级别，对应不同的权限，并在反向映射表中添加每个页面的权限。在访问内存时，CPU 不仅会检验每个页面地址所属的虚拟机，还会对该页面的访问权限进行检验。SEV-SNP 中规定，高权限等级可以修改低权限等级的一些读写权限，但不能修改管理模式的可执行权限。客户虚拟机拥有最高权限（L0），可以对其他页面进行权限的赋予和修改。SEV-SNP 在 AMD SEV 和

SEV-ES 的基础上，基于反向映射表提供了完整性保证；又通过给客户虚拟机划分权限，增加了安全性和灵活性。

总的来说，AMD SEV 的提出将客户虚拟机与管理程序分隔开来，改变了传统虚拟化技术中管理程序可以访问一切信息的权限，可将内存中的信息进行加密保存。在 AMD SEV 的基础上，SEV-ES 在客户虚拟机发生 VM-EXIT 事件时，可以将寄存器中的数据加密，防止寄存器状态和数据被修改。SEV-SNP 还增加了完整性保护，赋予了客户虚拟机划分地址空间等级的权限，又基于反向映射表保护虚拟机免受完整性攻击。AMD SEV、SEV-ES 和 SEV-SNP 的对比如表 7.2 所示。

表 7.2 AMD SEV、SEV-ES 和 SEV-SNP 的对比

项目	AMD SEV	SEV-ES	SEV-SNP
内存加密	●	●	●
寄存器加密	○	●	●
可用性	●	●	●
保密性	●	●	●
完整性	○	○	●

7.2.3 ARM TrustZone

嵌入式系统在互联网时代不断发展，手机、平板电脑、智能家居已经成为人们日常生活不可或缺的部分。但是，嵌入式系统也会面临安全问题，人们使用嵌入式设备处理个人数据，这些个人数据不能得到保护。基于此需求，ARM 提出了 TrustZone 技术，对嵌入式设备提供安全保护。ARM TrustZone 设计了一种独特的处理器模式，将整个系统的运行环境划分为安全世界和非安全世界两个部分。通过在硬件上添加安全扩展，ARM TrustZone 实现了安全世界和非安全世界硬件的完全隔离：涉及用户隐私的操作在安全世界执行，其余操作在非安全世界执行。

下面介绍 ARM TrustZone 中实现可信执行环境的功能部件。图 7.9 中的监视器部分是 TrustZone 中非安全世界和安全世界沟通的桥梁。监视器是一组异常处理程序，在两个环境进行切换时，系统通过异常进入监视器模式。在监视器模式中，代码进行上下文环境切换。

TrustZone 会为总线上的每个读写通道添加控制位——非安全位（Non-Secure，NS）。在读写过程中，非安全位的低电平表示安全，高电平表示不安全。不安全的设备被置为高电平，高电平的设备则无法访问低电平设备，这样安全世界和非安全世界之间就建立了隔离。此外，不安全的主设备的非安全位在硬件中会被设为高电平，使其无法访问安全的从设备，因此非安全世界的部件无法访问安全世界的资源，而安全的主设备可以访问任何从设备的资源。

同样，在处理器的结构中，每个处理器的核心都提供了两个虚拟核——安全核和非安全核。安全核可以使用所有资源，非安全核只能使用非安全的系统资源。处理器引入了 3 种工作模式：非安全世界模式、安全世界模式和监视器模式。非安全世界模式和安全世界模式的两个虚拟处理器分时使用物理处理器，监视器模式则用于切换处理器的虚拟核。监视器模式中的代码提供了两个虚拟核之间切换时的上下文环境备份和恢复，从而可以保存当前世界的状态，恢复正在切换的世界的状态。非安全世界模式可以通过中断或安全监视器调用（Secure Monitor Call，SMC）指令进入监视器模式。非安全世界的设备要获取安全世界的服务时，先进入非安全世界的特权模式，调用内核指令 SMC 进入监视器模式，监视器模式保存当前世界的上下文，然后进入到安全世界，提供相应的安全服务。处理器的运行世界由安全配置寄存器（Secure Configuration Register，SCR）中的非安全位标识，如果非安全位为 1，处理器在非安全世界，否则是在安全世界。如果处理器处于监视器模式，则非安全位无效。

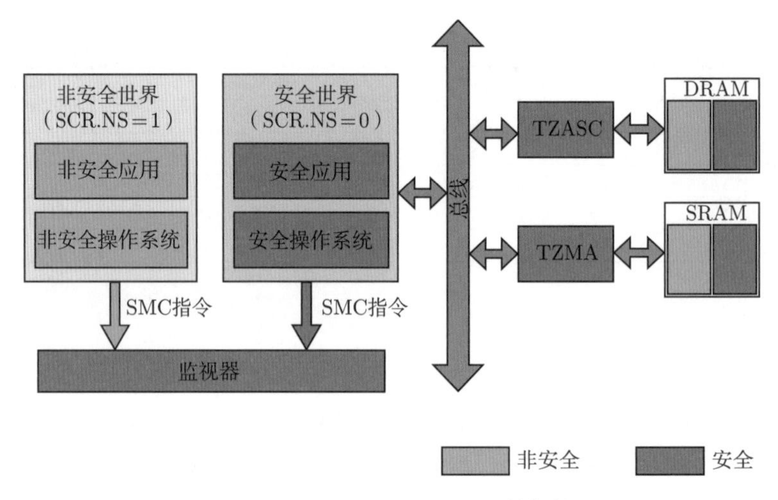

图 7.9 ARM TrustZone 的架构

SMC 指令会产生一个软件异常，发生处理器模式切换时，调用 SMC 指令，完成一次完整的上下文切换。中断也会导致处理器模式切换，当发生中断时，会切换到监视器模式，保存当前上下文并恢复将要切换到世界的信息。在 ARM TrustZone 中，IRQ 是非安全世界的中断源，FIQ 是安全世界的中断源，FIQ 的优先级比 IRQ 高。ARM TrustZone 的中断向量表也分为安全的中断向量表和非安全的中断向量表，分别存储在安全存储器和普通存储器中。安全的中断向量表可以避免被恶意程序修改。处理器发生中断时，如果是当前世界的中断，就在当前世界处理；如果不属于当前世界，则会切换到监视器模式，接收中断并进行处理。

在地址空间的划分中，TrustZone 地址空间控制器（TrustZone Address Space Controller，TZASC）将 DRAM 映射设备地址空间划分为多个区域，在安全世界的控制下，这些区域被配置为安全区域或非安全区域。TrustZone 内存适配器（TrustZone Memory Adapter，TZMA）能够将 SRAM 划分为安全的和非安全的两个部分。两个虚拟处理器的 ARM TrustZone 中提供了两个虚拟的内存管理单元（Memory Management Unit，MMU），将应用程序使用的虚拟地址转换为物理地址。地址转换通过转换表进行，该表记录了虚拟地址到物理地址的映射关系、该地址的访问权限等信息。每个世界有一组地址转换表，可以独立地进行虚拟地址到物理地址的映射。转换表描述符中也设置了非安全位字段，可以控制非安全世界对内存的访问。为了加快访问速度，在 ARM TrustZone 的系统中，同样使用快表来缓存最近使用过的页面信息。但是，快表没有根据两个世界分开，而是非安全和安全的地址项共存。快表与地址转换表一样，记录着页面所属世界的信息。

上面对处理器模式和地址空间的介绍，清晰地描述了 ARM TrustZone 软硬件的隔离机制。ARM TrustZone 技术对现有的系统进行扩展，可以尽量减少对用户的干扰：通过安全配置寄存器中的非安全位，对组件的安全性进行标注，在底层将软硬件限制在安全区域和非安全区域，不需要对现有系统软件进行很大的修改。ARM TrustZone 具有通用性和可扩展性，如今，几乎所有手机都部署了可信执行环境。众多手机厂商都基于 ARM TrustZone 技术，研发了各自的可信执行环境。

7.3　可信执行环境的技术特点

7.3.1　技术优势

可信执行环境通过软硬件协同的安全机制建立隔离的安全区域，从而保证了安全区域内部信息的保密性和完整性。它并不是简单地依赖某一密码学算法，而是一项从体系结构上实现隐私保护计算的技术。与单一使用硬件技术或软件技术的方法相比，可信执行环境具有更加广泛的适用场景。本小节分别从硬件层面和软件层面分析可信执行环境的技术优势，可信执行环境与不同层面主要技术的对比如表 7.3 所示。

表 7.3　可信执行环境与常用隐私保护技术的对比

项目	可信执行环境	硬件层面的技术	软件层面的技术
信任机制	使用可信硬件隔离机密数据	硬件加密机制	基于密码学进行数据加密
计算开销	小	小	大
适用场景	可实现通用计算，性能较优	适用场景有限，扩展性差	适用于有限参与方的特定场景，性能易受影响
实现难度	依靠硬件芯片构建，实现难度相对较小	纯硬件实现，成本较高，操作复杂	纯软件实现，需要复杂的密码学操作，实现难度相对较大

当前，专门用于加密的硬件已经有很多，其中代表性的技术有 TPM 和硬件安全模块（Hardware Security Module，HSM）。TPM 是一种芯片，旨在通过保存密钥的方式使恶意攻击者难以从物理层面突破，从而保护内部的机密信息。TPM 提供了一些基本的计算能力，它们可以生成随机密钥并通过这些密钥加密少量数据，并可以测量系统的组件并在平台配置中维护这些测量的日志寄存器。HSM 是一种外部物理设备，专门用于提供加密操作。当接收到需要加密的明文后，HSM 能够先用持有的密钥对其进行加密，然后返回密文结果。在这个过程中，操作系统不会直接处理加密密钥，能够防止物理篡改。TPM 和 HSM 都是主 CPU 和主板的独立模块，用于检测和阻止明显的物理篡改，可通过 PCI 总线、网络或类似的方式进行访问。可信执行环境的用途与上述加密硬件完全不同。与 TPM 相比，可信执行环境提供了一个更加通用的处理环境。与 HSM 相比，可信执行环境的成本更低，是正常价格的芯片组中不可或缺的一部分，具有更加广泛的适用场景。

在硬件层面的技术对比中，可信执行环境提供了一个通用的处理环境，它内置于芯片组中，综合性能和性价比更高，具有较强的适用性和可扩展性。TPM 通过提供硬件信任根实现加密操作，它们是许多计算机中内置的廉价芯片，处理能力和安全能力有限。HSM 提供了一个安全的环境来存储和处理数据，但是外部设备较昂贵，并且通常需要专业知识才能正确使用。

软件层面的技术主要是基于密码学的隐私保护技术，其中代表性的技术有安全多方计算、联邦学习和差分隐私等，均有不同的适用场景。可信执行环境的技术实现既包含了底层的密码学基础，又结合了硬件及系统安全的上层实现。在数据全生命周期的使用中，数据参与方首先可通过远程证明对可信执行环境的可信度进行验证；然后，在数据传输和计算过程中可以通过加解密保证数据的安全；计算完成后，还可以在可信执行环境内部进行数据删除，确保数据不被泄露。因为其独特的安全特性，可信执行环境能够在抵御攻击以保证内部可信应用的完整性和保密性的同时，避免额外的通信过程及公钥密码学中大量的计算开销。

在软件层面的技术对比中，仅依靠软件层面的隐私保护计算技术通常具有较大的通信开销和计算开销。可信执行环境的灵活性更大，适用场景更广泛，实现难度小，能够实现通用计算。因此，可信执行环境能够适用于需求变动快、数据量大、性能要求高等复杂的隐私保护计算场景。

7.3.2 安全问题

可信执行环境的基本思想是利用硬件技术和上层软件的共同协作实现隔离，从而对数据隐私进行保护，并保持可信环境与系统运行环境之间的计算资源共享。可信执行环境在通用计算和复杂算法中的应用更加灵活，能够更好地实现隐私保护计算。然而，没有什么技术是百分百安全的，可信执行环境也不例外，它不能解决隐私保护计算中的所有问题，也有可能被攻击利用的漏洞。本小节详细探讨可信执行环境中存在的安全问题。

1. 行业标准的问题

目前，可信执行环境的安全性标准主要是由 GP 制定的。GP 从接口、协议实现层面对可信执行环境进行了部分的规范定义和典型应用的定义，通过 GP 安全性认证的产品相对较少。针对可信执行环境硬件设备的安全标准仍在探索阶段，不同厂商都有自己的产品，实现方式存在着差异。可信执行环境技术之间的互联互通需要进一步形成更加统一的行业标准，如何统一、明确地制定可信执行环境的安全性标准是一个难题。

2. 硬件机制的问题

与联邦学习、安全多方计算和差分隐私等技术相比，可信执行环境既包含底层的密码学基础，又结合了硬件及系统软件的上层实现，其安全性不依赖具体的算法理论，而是源自隔离的硬件设备抵御攻击的能力。因此，可信执行环境非常依赖硬件实现，可以说硬件能力决定了可信执行环境的性能。其缺点也在于此，可信执行环境的安全性很大程度上依赖硬件实现。对于不同厂商的硬件，它们的安全性难以进行评估和验证，很难给出安全边界的具体定义。另外，可信执行环境的硬件隔离机制在一定程度上阻碍了资源的共享，会导致系统性能的下降。同时，增加计算资源的数量并在安全域之间进行资源的划分可能导致较大的硬件开销。因此，可信执行环境系统架构的设计需要在硬件隔离和资源共享之间找到寻求平衡。

3. 系统漏洞的问题

如上所述，可信执行环境的系统架构较复杂，因此该系统也存在着一些漏洞。侧信道攻击（side channel attack）是一种针对可信执行环境的常见攻击手段。攻击者不是直接攻击计算机组件，而是利用计算机运行时产生的泄露信息（如电磁辐射等），来获取密钥相关信息。第 7.2 节介绍的 Intel SGX、ARM TrustZone 和 AMD SEV 技术在设计时均没有考虑到侧信道攻击，因此基于侧信道的攻击也成为可信执行环境受到攻击的主要方式，成功率很高。侧信道攻击可能会利用到页表、快表、Cache、DRAM 等系统底层机制。基于页表的攻击是利用不可信的操作系统通过页表来调用位于安全区域的内存页，攻击者控制页表来得到这些隐私数据存储的物理位置，从而获取这些数据。基于快表的攻击是利用快表是一个共享的缓冲区，攻击者进程可以与正常进程共享此缓冲区，就会产生侧信道漏洞，使攻击者有机会访问到正常进程的数据。基于 Cache 的攻击是利用 Cache 中的数据比内存中的数据有更快的访问速度，并且 Cache 是共享的。所有程序使用的数据都会先加载到 Cache 中，所以攻击者就可以利用 Cache 进行攻击。攻击者也可以从不止一种组件中获取有用信息，进行组合推理，达到攻击目的。将不同技术混合，进行混合侧信道攻击也是一种常见的方法。混合侧信道攻击可将多个侧信道攻击面的信息结合，以更加准确地利用这些信息，达到攻击的目的。

瞬态执行攻击（transient execution attack）也是侧信道攻击的一种，它利用了现代处理器为了提高响应速度而设计的分支预测和乱序执行技术。在这种技术下，一些不必要的指令数据会被加载到内存中并进行计算。虽然用户并没有察觉到处理器对这些指令数据的处理，但内存或缓存中都有其存在的痕迹，这些指令被称为瞬态指令。瞬态执行攻击可以得到实际数据，而无须推理。熔毁攻击（meltdown attack）是瞬态执行攻击的一种方式，使用了乱序执行技术。也就是说，处理器会提前执行指令，如果发生异常，用户虽然不会感觉到下一步程序已经运行，但实际上相应的数据已经被加载并随时等待调用，后期处理器只是撤销这些数据，等待被新数据覆盖，这就为攻击者提供了直接获取数据的机会。幽灵攻击（spectre attack）也利用了分支预测和乱序执行技术。对于分支语句，不管是否会被选择，所有分支都会被读取到内存中，等待处理器调用，未用到的分支会直接被丢弃不做进一步处理，这使得攻击者能够获取这些数据。简言之，瞬态执行攻击是利用微架构状态的变化来影响架构状态，攻击者可以利用此性质来提取一些敏感数据，达到攻击目的。

7.4 可信执行环境的应用场景与实例

7.4.1 应用场景

可信执行环境通过建立隔离执行环境的方法，保护其内部代码和数据的保密性和完整性，与常规操作系统相比具有更高的安全性。因为具有隔离机制、算力共享、业务开放等安全特性，可信执行环境适用于大数据联邦分析、数字资产保护及隐私身份认证等隐私保护计算应用场景。

1. 大数据联邦分析

在数字化社会的发展过程中，多方联合进行大数据分析是一个重要的发展趋势。在大数据联邦分析中，各参与方都希望原始输入数据的隐私信息能够得到充分保护。如何在数据不出本地的情况下，使用隐私保护计算的方法实现各参与方之间的数据可信共享与计算，以及数据的可用而不可见，是亟待解决的问题。

根据可信执行环境的特点，可以在不同参与方之间部署分布式的可信执行环境节点网络，各参与方通过部署在本地的可信执行环境节点从数据库中获取数据，并通过一个基于可信执行环境可信根生成的加密密钥对数据进行加密。该密钥通过多个可信执行环境节点协商产生，仅在各节点的可信执行环境安全区域内部可见。加密后的数据能够在可信执行环境的节点网络之间进行传输，并最终在一个同样由可信执行环境节点组成的计算服务器中进行数据的解密、求交和运算。在计算完成后，可信执行环境节点仅对外部输出计算后的结果，而原始数据和计算过程数据均在可信执行环境内部就地销毁。

通过可信执行环境技术实现的多方数据联邦分析，既能够满足多方数据协作共享的需求，又能够充分保护各参与方之间原始数据的可用不可见。与算法层面的分布式计算或纯密态计算的方案相比，基于可信执行环境的方案具备更强大的性能和算法通用性，能够在大规模数据或计算逻辑复杂的场景中达到更好的效果。

2. 数字资产保护

随着数字化转型的发展，数据作为一种资产在企业间共享和流通已经是大势所趋。然而，数据作为一种数字资产，具备可复制、易传播的特性，如何在数据资产的共享和交易过程中保护数字资产的所有权，成为推动数据生产要素市场化需要解决的首要问题之一。

可信执行环境技术可以与区块链技术进行结合，在参与方进行数据共享和交易时，有效地确保数据所有权和数据使用权的分离和保护。所有数字资产通过数据指纹在区块链中存证，通过区块链的交易记录来追溯和监管数据所有权的变更。当数据使用权和所有权发生分离时，所有数据的使用过程必须在可信执行环境内部发生。通过对运行在可信执行环境中的程序可信度量值的存证，数据的所有者可以确定数据使用者仅在双方约定的范围和方式内使用数据。当计算完成后，原始数据会在可信执行环境内部被销毁，从而保障数据所有权不会因使用者对原始数据的沉淀而丢失。

在可信执行环境和区块链技术的结合下，数据交易过程的安全、可信和公平能够得到更好的保障，数据权属的划分也可以更加明确，从而能够让数据生产要素成为一种真正可流通的资产，促进数字化社会对于数据生产要素潜能的充分激活。

3. 隐私身份认证

身份信息认证比对的过程中，用户的个人信息需要被设备采集、上传，并存储在服务器的数据库中。无论是网络传输、持久化存储还是验证过程中的数据调用，都有可能因外部攻击或应用本身的恶意行为而导致用户隐私泄露，从而危害用户的财产甚至人身安全。

为了降低身份信息认证比对过程中的隐私泄露风险，可信执行环境技术被应用于移动端、PC 等各类终端设备中。首先，由摄像头、指纹识别器等 I/O 设备采集到的个人身份数据，经过加密后被传输到隔离的可信执行环境中。然后，这些数据会在可信执行环境内进行解密、特征提取、相似性比对等一系列操作。最后，上述操作的最终结果和再次加密的数据，通过安全的传输通道被上传至服务器。

在上述过程中，服务器仅能获得最终的比对结果和加密的原始数据，明文数据的计算完全在由用户掌握的终端设备的可信执行环境中完成。这种方式既能够保障用户隐私信息的安全性，又可以防止终端设备上其他应用对校验过程进行干扰和攻击。

7.4.2 应用实例

随着可信执行环境技术的不断发展，越来越多的可信执行环境应用涌现出来。根据第 7.2 节介绍的主流技术，Intel SGX 和 AMD SEV 适用于云计算领域，ARM TrustZone 适用于智能设备及物联网领域。本小节详细介绍这些技术的应用实例。

1. 云计算安全

作为一种分布式计算模式，云计算能够便捷、高效地计算海量的数据信息。然而，由于用户的数据存储和处理通常是在云端进行的，故确保云端的安全性变得格外重要。以往研究的重点是云端存储的安全性，对云计算安全的研究还不完善。尽管过去几年云计算应用稳步增加，但仍存在着许多挑战。对于使用云计算的组织，尤其是那些处理个人数据或维护社会最关键的基础设施（如金融、医疗和智能电网等）的组织来说，保障应用程序及其数据的保密性、完整性和可用性迫在眉睫。在将计算转移到云计算时，出于安全考虑，使用可信执行环境来保护云应用程序具有很好的效果，可信执行环境技术与云计算平台的融合是未来发展的重要方向。

随着 Intel SGX 技术的提出，云服务提供商已经开始将 Intel SGX 集成到他们的服务产品中。由于 Intel SGX 自身的优势，Intel SGX 与现有云生态系统的集成将会进一步发展。Intel SGX 在云计算中的应用与开发常规 Intel SGX 应用程序有许多相似之处。应用程序开发人员将应用程序分割为受信任和不受信任的部分，在信任边界定义接口，并在开发安全敏感的 Intel SGX 应用程序时遵循已建立的实践。然而，云计算也有它独特的问题，使得其与在本地机器上执行单个 Intel SGX 应用程序非常不同。

SecureCloud 是一种在不可信云中为大数据处理提供保护的方法 [Mondal et al., 2021]，它的目标是使用户在不受信任的云中也能够安全地处理敏感数据。图 7.10 展示了 SecureCloud 的基础结构。应用程序由一组通过事件总线（event bus）连接的微服务（microservice）组成，每个微服务的应用程序逻辑都存在一个 Enclave 中。微服务在 Enclave 外运行，运行时函数只访问加密的数据。数据的加密和解密在 Enclave 内自动、透明地执行，通过这种方法能够限制添加到 TCB 的代码量。

为了部署微服务，SecureCloud 在云服务提供商的不可信栈之上提供了安全容器（secure container），能够为 Docker 容器增加保密性和完整性。通过这种方法，系统管理员能够在受信任的环境中构建安全的容器镜像，并在不受信任的云中运行它们。为了方便地创建安全容器，SecureCloud 设计和开发了一个基于 Intel Linux 的安全容器环境（Seucre Container Environment，SCONE），它使用 Intel SGX 保护现有应用程序。SecureCloud 已经开发了原型，工作流程如图 7.11 所示。

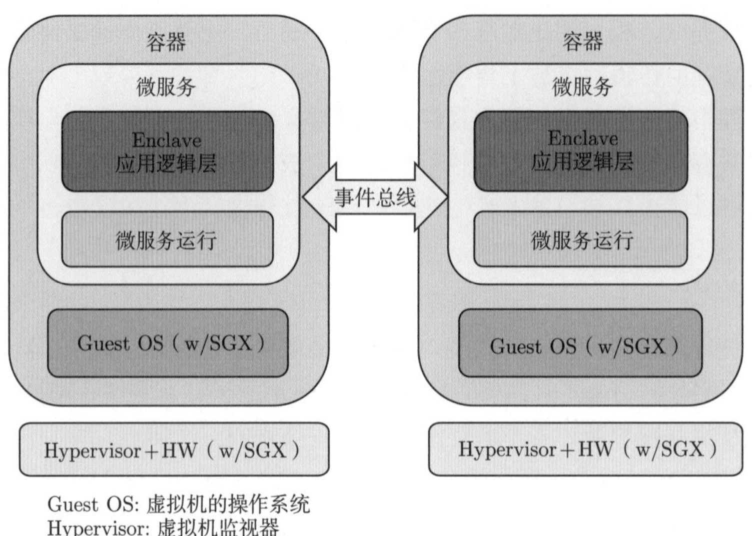

图 7.10 SecureCloud 的基础结构

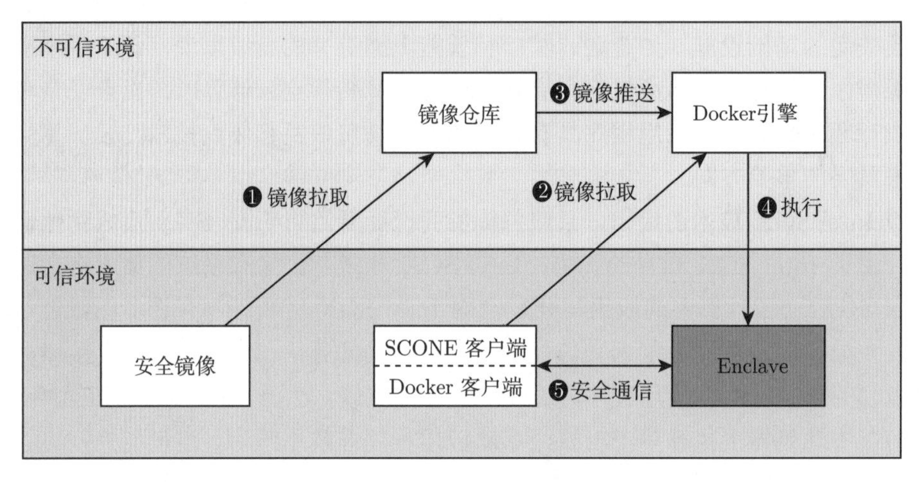

图 7.11 SecureCloud 的工作流程

对于微服务，SCONE 公开了一个基于外部系统调用的接口，该接口能够免受恶意攻击的损害。为了保护自身免受用户空间攻击，SCONE 能够执行安全性检查，并在参数传递给微服务之前将所有基于内存的返回值复制到 Enclave 内部。SCONE 能够透明地加密和验证通过文件描述符处理的数据，并且通过实现定制的线程和异步系统调用接口实现可接受的性能。SCONE 集成了现有的 Docker 环境，并确保了安全容器与标准容器之间的兼容。为了提高性能，主机操作系统必须包含一个 Linux SGX 驱动程序和一个 SCONE 内核模块。

2. 移动设备安全

移动设备的发展使得计算领域发生了极大的变化，如今的移动设备可以实现很多以前只有在 PC 端才能实现的功能。移动设备实现的如指纹解锁、安全支付等功能，必须保证其在安全的环境中。2008 年，ARM 发表了 TrustZone 技术白皮书，苹果首先应用了该技术。到如今，几乎所有的移动设备都配置了可信执行环境。各个移动设备厂商在 ARM TrustZone 的基础上，纷纷提出了自家可信执行环境的具体实现。这些可信执行环境在移动设备上实现的最重要的功能就是身份认证功能，如口令认证、指纹认证、人脸认证等。另一个重要功能是移动支付功能，安全性要求极高。

苹果将 ARM TrustZone 技术应用在指纹解锁上，以保证指纹信息的安全存储和认证。这也是 ARM TrustZone 技术第一次走进大众的视野。苹果使用了一个专门的固件安全 Enclave 处理器（Secure Enclave Processor，SEP）将苹果设备中的口令信息、指纹信息等敏感数据存储在一个隔离的硬件区域。这些敏感数据运行在特定的处理器上，该处理器与应用程序处理器是隔离的状态，并且对普通世界的信息交互进行严格控制。在进行支付时，支付信息也在该安全区域中进行验证。

高通是移动设备的主流厂商之一，在 3G、4G 和 5G 研发领域都处于领先地位，产品涵盖手机、平板电脑、汽车等领域。高通安全执行环境（Qualcomm Secure Execution Environment，QSEE）是高通在 ARM TrustZone 的基础上研发的高通处理器专用可信执行环境。使用该技术的系统宏观上也是分为两个世界——安全世界和非安全世界。在高通系统中，非安全世界对应的是 HLOS（High Level OS），安全世界对应的是 QSEE。高通系统的结构如图 7.12 所示。QSEE 为上层提供应用接口，通过系统调用，接受非安全世界的服务请求。监视器用来切换世界，可保存当前世界状态，以及恢复待切换的世界状态。

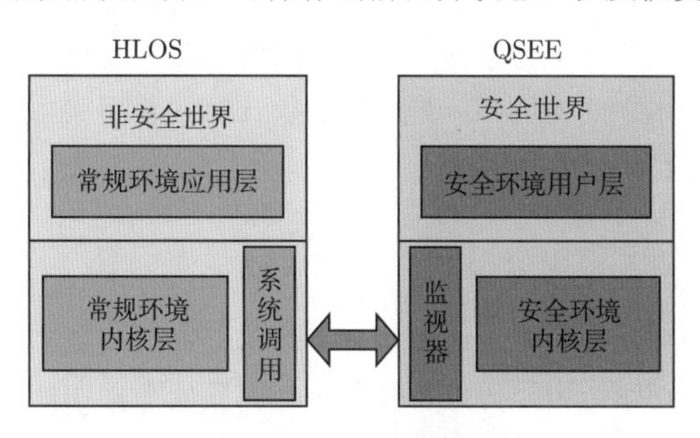

图 7.12 高通系统的结构

谷歌要求 Android 7.0 及以后的设备必须支持可信执行环境，因此现在搭载了该系统的智能设备中都配置了可信执行环境，不同厂商基于可信执行环境标准都拥有自己的可信执行环境。这些可信执行环境提供的功能基本就是可信存储、密钥管理、可信认证等功能，为敏感数据的存储和运行提供一个隔离的环境。更加具体的应用场景就是指纹识别、人脸识别、安全支付功能，支持这些功能的手机一般都配置可信执行环境。

指纹识别是现代移动设备必不可少的身份认证功能，它是基于电容检测原理，根据指纹与屏幕之间形成的耦合电容，采集与验证图像信息。指纹的采集和验证都是在可信执行环境中。在指纹采集过程中，采集到的指纹信息在可信执行环境中进行处理，并在加密后进行存储。在指纹验证过程中，待验证指纹信息也是在可信执行环境中进行处理，即与之前存储的指纹信息进行对比，并返回认证结果。人脸识别同样是对人脸图像进行采集后，在摄像头和可信执行环境之间建立安全传输通道，将采集图像传入可信执行环境，并在可信执行环境中进行特征提取后加密存储。在人脸识别过程中，图像信息由外部软件采集并发起认证，并在可信执行环境中进行特征比对，返回认证结果。在这些认证过程中，将采集到的图像信息转化为数字信息并进行加密存储时使用的密钥无法被其他软硬件获得，因此任何恶意用户都无法获得系统中的指纹、人脸信息。

移动支付已成为现在人们生活和购物的重要支付方式，其便捷性是得到广泛应用的重要原因，而其安全性是用户考虑的主要问题。当用户使用应用程序进行支付时，应用程序在非安全世界中运行，当需要执行安全支付操作时，系统会切换到安全世界。在安全世界中，支付服务的正确性使用密钥来验证，需要与用户进行交互：用户在输入账号密码时，使用安全的键盘鼠标驱动程序，在安全世界中输入信息。随着智能设备的发展，人们也可方便地使用上述指纹、人脸识别认证的方式进行支付认证。

随着智能化的不断发展，移动设备实现的功能越来越丰富，其中保护用户数据安全的措施也在不断改进。可信执行环境有效地提高了移动设备的安全性，并且效率高、用户交互性好、成本较低，因此已经成为这些设备中的一部分。随着用户对安全性要求的不断提高，移动设备可信执行环境的发展也是大势所趋。

7.5 可信执行环境的技术融合

可信执行环境与其他隐私保护计算方法在技术上各有侧重，在保障数据的可信流通和隐私性方面，单靠可信执行环境技术并不能解决所有问题。在特定场景下通过不同技术的融合解决问题，加强技术之间的协同，是隐私保护计算的新思路。本节主要介绍可信执行环境与联邦学习和智能合约技术的融合。

7.5.1 可信执行环境与联邦学习

作为基于硬件的隐私保护技术，可信执行环境可以通过与联邦学习结合来保障安全性和提高计算效率。在联邦学习中，虽然每个参与方的原始数据在计算的过程中仍然只保存在本地，但实际上攻击者可从梯度信息恢复出原始数据。为解决联邦学习中存在的问题，大多数实际应用通过加噪或同态加密的方式对梯度信息进行保护。然而，这些方案会大量增加通信开销和计算开销，降低运算效率。因此，可以使用可信执行环境与联邦学习进行结合，在可信执行环境中进行联邦学习的参数聚合等操作。由于可信执行环境的安全特性，可信执行环境与计算节点之间的交互可以通过简单数字信封的形式实现，因此可省略复杂的同态加密计算过程，使联邦学习的计算效率大幅提升。

本节介绍一个可信执行环境与联邦学习结合的框架——FLATEE [Mondal et al., 2021]，如图 7.13 所示。在 FLATEE 中，参与方首先在本地的可信执行环境中根据自己的数据训练模型，然后使用密钥对模型参数进行加密，并上传至服务器。接收到加密的模型参数后，服务器在可信执行环境中对加密的模型进行解密，并通过全局聚合解密后的本地模型参数得到新的模型。聚合完成后，服务器利用在可信执行环境中生成的密钥对新模型进行加密，并发送给各参与方。在这个框架中，可信执行环境同时承担了加密/解密和隔离计算的功能，可以在不降低计算效率的前提下有效地保障联邦学习算法的安全性。

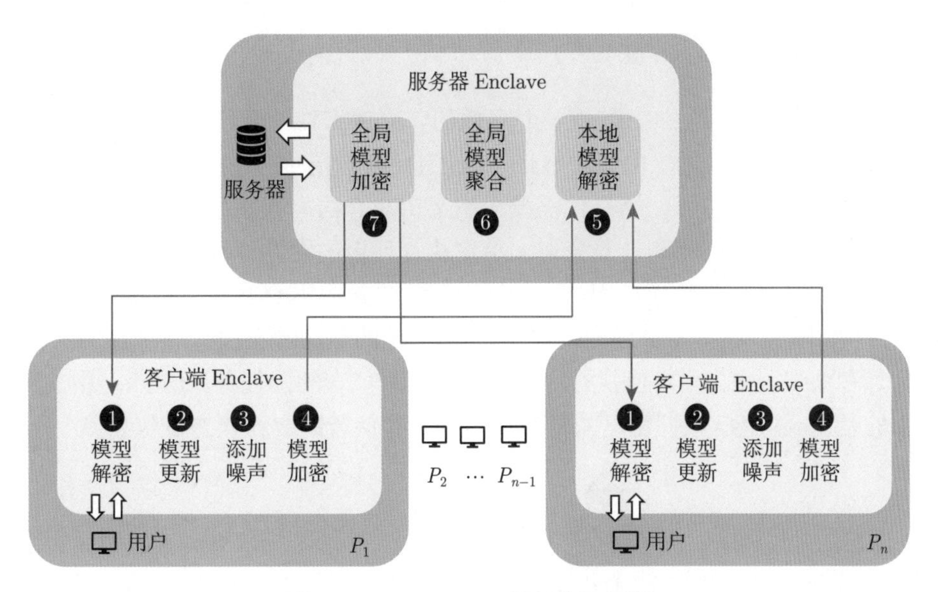

图 7.13 FLATEE 的架构和流程

FLATEE 的具体流程如算法 7.1 所示。其中，S 表示服务器，P 表示 n 个参与方的集合，参与方 P_i 拥有自己的私有数据集 D_i，而 M_{FL} 是由参与方的私有数据训练的本地模型。在开始训练之前，各参与方就 M_{FL} 达成一致，并通过服务器进行身份验证。

算法 7.1 FLATEE 算法

输入: 全局模型初始参数 ω_0，全局模型更新总轮数 T，本地模型训练轮数 E，本地训练学习率 η。

输出: 第 T 轮训练得到的全局模型参数 ω_T。

1 每个参与方 P_i 都同意模型 M_{FL}，同时服务器 S 发布模型的哈希值 $H(M_{\mathrm{FL}})$。通过这个哈希值，每个参与方都可以验证模型的本地版本。

2 检查由 P_i 的可信执行环境私钥 $\mathrm{TEE}^{\mathrm{sk}}_{\mathrm{key}_{P_i}}$ 签署的符号测量 $\mathrm{TEE}^{P_i}_{\mathrm{measure}}$，以确保 P_i 训练 M_{FL} 的安全性。

3 P_i 训练本地模型，在模型参数中加入差分隐私噪声，并发送加密后的模型参数给 S。

4 P_i 加密的模型参数在 S 的可信执行环境内部通过 $\mathrm{TEE}^{\mathrm{sk}}_{\mathrm{key}_{\mathrm{FLserver}}}$ 解密。

5 S 在可信执行环境中运行全局聚合算法，对所有参与方 P 的本地模型参数进行聚合，得到一个全局模型。S 使用密码协议（如 ORAM）来隐藏实际的内存引用序列。

6 S 计算全局模型的损失函数。如果满足错误约束，S 将加密的全局模型 $E(M_{\mathrm{G}})$ 发送给每个参与方；如果不满足，则重复步骤 3～ 步骤 5。参与方可以随时在联邦学习的过程中退出，但加入联邦学习必须等到上一轮训练过程结束后。

7.5.2 可信执行环境与智能合约

Ekiden [Cheng et al., 2019] 是一个高效的、高保密性的智能合约平台，它将区块链与可信执行环境结合。如果仅由区块链运行智能合约，则系统中所有节点都需要复制数据、进行计算并实现共识。然而，这不仅需要全网都得知合约内容和用户输入，而且全节点运行需要消耗大量的网络资源和计算资源。可信执行环境的硬件计算效率高，但它通常孤立地在本地执行，且易被本地环境影响（如断电、主机故障等会终止可信执行环境的运行）。Ekiden 将两者结合，发挥出了各自的优势。Ekiden 的架构和流程如图 7.14 所示，其将区块链的计算和共识分离，由可信执行环境承担运行智能合约的任务。Ekiden 中的可信执行环境使用的是 Intel SGX，并由区块链实现共识且存储智能合约状态等信息。

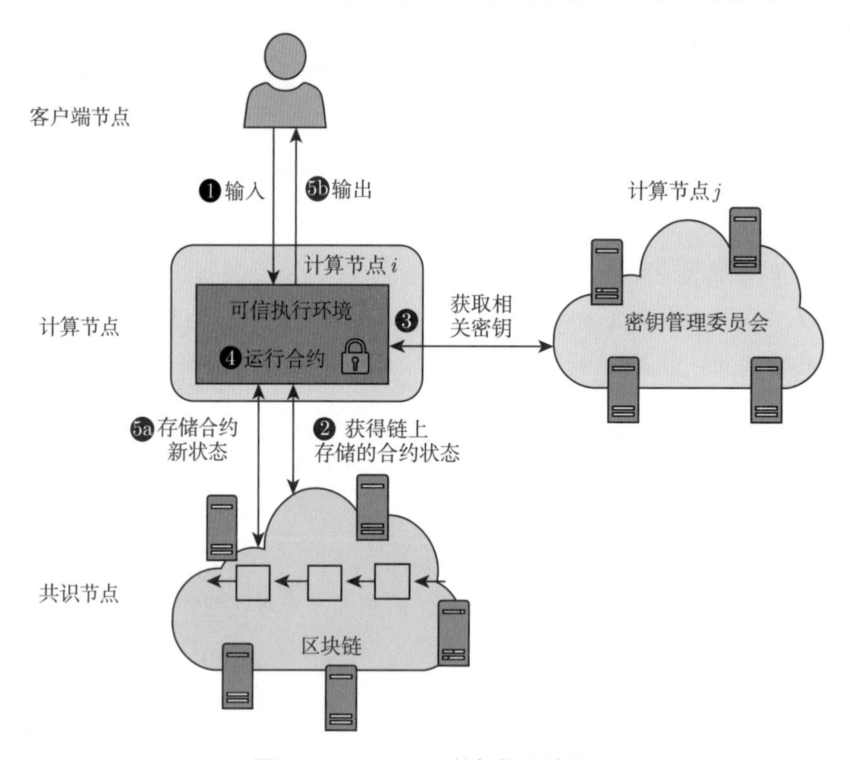

图 7.14 Ekiden 的架构和流程

一个 Ekiden 合约是一个有状态的程序，程序由之前存储在区块链上的合约状态和客户端输入在可信执行环境中计算，生成客户端输出和新的合约状态。如图 7.14 所示，Ekiden 有 3 类节点：客户端节点、计算节点和共识节点。

（1）客户端节点：可以创建合约或调用、运行现有合约。

（2）计算节点：如图 7.14 所示，计算节点由可信执行环境和密钥管理委员会组成。可信执行环境负责计算任务，可实例化多个可信执行环境来处理客户端请求、运行智能合约、生成合约状态及更新正确性的证明。密钥管理委员会负责通过运行一个分布式协议来管理可信执行环境使用的密钥。

（3）共识节点：验证智能合约状态更新的有效性；根据共识协议，对计算节点的结果进行一致性验证，并将相关信息存储在区块链上。

与单独的区块链系统不同，Ekiden 中有 K 个计算节点，它们负责运行合约，而共识节点只需要验证这 K 个节点计算结果的一致性，从而节约了计算资源。在 Ekiden 中，智能合约在区块链上是加密存储的，用户输入也是加密传输的，因为不需要所有节点去计算认证结果的准确性，这就提高了区块链的隐私性。

如果客户端要创建一个合约，可将合约发送至计算节点，在计算节点的可信执行环境中创建专属标识，从计算节点的密钥管理委员会获取该合约的公钥、私钥和合约状态密钥，并生成一个加密初始状态和一个证明初始化正确性的证明。最后，通过 Intel 认证服务生成一个签名 π 并发送给共识节点，将该合约存入区块链。

如果用户要调用合约执行，需首先获得该合约的公钥，使用公钥加密客户端输入（这里将加密结果记为 p），发送给计算节点。然后，计算节点从区块链中检索合约代码和加密过的合约之前的状态 t，将 p 和 t 加载到可信执行环境中执行。接着，可信执行环境从密钥管理委员会获得合约状态密钥和合约私钥，用来解密之前的合约状态 t 和客户端输入 p，运行合约并生成一个输出、一个新的合约状态和证明计算正确的签名 π。最后，将这些数据分别发送给用户和共识节点，为了防止返回给用户的结果和存储在区块链上的结果不一致，这两个部分通过一个原子操作实现。可信执行环境首先将合约状态和签名发送给共识节点，验证通过并记录在区块链后，将输出发送给客户端，此时客户端实现了合约调用，并且得到输出结果。

Ekiden 使用可信执行环境让智能合约在一个相对安全的环境中运行，兼顾了性能和隐私。尽管 Ekiden 在努力解决可信执行环境与区块链技术结合后产生的一些可能的安全漏洞，但仍有一些安全问题没有解决。例如，可信执行环境的侧信道漏洞还没有找到良好的解决方案。虽然在可信执行环境中执行的是当前调用的某个合约，不会持久化存储所有合约，如果受到攻击可能仅会丢失运行合约的信息，但未来如果侧信道漏洞得到很好的解决，Ekiden 的安全性会得到进一步提高。

7.6 延伸阅读

本章介绍了三种可信执行环境的一些关键实现，对于更多的细节内容，可做进一步了解。Intel SGX 官网的学术研究 [Intel, 2019] 中展示了更多与 Intel SGX 相关的应用实例。AMD 的官网 [AMD, 2021] 中有更多与 AMD SEV 相关的规范，也有介绍更加详细的产品白皮书。ARM 的官网 [ARM, 2015] 中详细地介绍了 ARM TrustZone 技术的软硬件体系，并且展示了基于 Cortex-A 的 ARM TrustZone 技术和基于 Cortex-M 的 ARM TrustZone 技术。感兴趣的读者可以自行查阅。

除了本章介绍的 Intel SGX、ARM TrustZone 和 AMD SEV，还有一些可信执行环境的实例可以供读者研究。iTrustee 是华为的可信执行环境，为华为产品提供安全保护。Trusty 是谷歌的安全操作系统，与 Android 操作系统在同一物理设备上共同运行 [Google, 2020]。TEEGris 是三星的可信框架，可兼容 TrustZone 下的应用，并且支持部署自己的应用程序 [SAMSUNG, 2020] 。接下来介绍的是 3 个完全开源的项目，读者可以直接下载，进行研究和扩展。OP-TEE 是一个完全开源的可信执行环境，它主要基于 ARM TrustZone 硬件隔

离机制的思想实现 [STMicroelectronics, 2015]。Open TEE 是芬兰阿尔托大学和 Intel 合作的一个开源项目，是一种软件实现的、虚拟的可信执行环境 [McGillion et al., 2015]。TLK（Trust Little Kernel）是由 NVIDIA 开发的一个基于 LK（Little Kernel）的开源可信执行环境 [NVIDIA, 2015]。

可信执行环境的安全性和高效性，使其在越来越多的领域有着广阔的发展前景。随着物联网的普及，安全是智能设备的主要设计目标，许多研究将可信执行环境应用于物联网的数据处理与存储。然而，仅加入可信执行环境难以解决智能设备对服务器的海量连接，和对实时性的高要求等问题。因此，许多研究将可信执行环境与其他技术结合，构造出更加有效的隐私保护方案。Pinto 等 [2017] 提出一种物联网环境中增强的可信执行环境，可满足物联网设备对实时性的需求。云计算和雾计算可以提高物联网的处理效率，Valadares 等 [2022] 提出一种在云雾环境下使用可信执行环境增强物联网安全性的方案。考虑物联网设备的数据管理权力较集中，第三方实体之间共享用户数据的方式缺乏透明度，Ayoade 等 [2018] 提出了一种使用可信执行环境和区块链对物联网设备的数据进行分布式管理的方案。

第 8 章 差分隐私

在古典密码学的进程中，没有办法确保某种机制是安全的，只能通过不断地修补来抵御新的攻击。现代密码学的出现为人们带来了希望，借助形式化定义和精确的假设，人们可以通过严格的数学推导获得绝对可靠的安全保障。无独有偶，在隐私保护计算发展初期，隐私保护方法和隐私攻击手段此消彼长。人们迫切需要一种可证明的隐私框架，用来量化和管理统计过程中累积的隐私风险。2006 年，在一系列卓越工作的基础上，差分隐私应运而生，并在此后数年间迅速成为社会各界普遍认可的隐私标准。

本章介绍差分隐私的相关知识。第 8.1 节和第 8.2 节分别介绍差分隐私的基本思想和数学概念，之后三节讨论差分隐私算法的设计与分析：第 8.3 节介绍两种基础机制，它们是构成复杂算法的必要组件；第 8.4 节介绍算法设计过程中的关键选择，这些问题的答案取决于对隐私和效用的权衡；第 8.5 节讲解两个已部署在实际环境中的算法，在给出理论保证的同时展示运行效果。

8.1 差分隐私的基本思想

差分隐私开启了人们对统计隐私的形式化研究，其通过严格的数学理论向人们揭示如何在对个人一无所知的前提下学得有关群体的统计特征。在引入复杂的符号和公式前，本节首先走近差分隐私的哲学，了解其蕴含的精妙思想和稳固保障。

8.1.1 差分隐私的承诺

差分隐私向人们提供了一个承诺，即参与统计调查几乎不会使应答者受到额外的伤害。下面从一个简单的思想实验开始，看看差分隐私是如何兑现承诺的，如例 8.1 所示。

例 8.1 思想实验

研究人员从社会各界随机选取一群人展开调查。在这一过程中，管护者收集应答者的个人信息，并向使用者发布分析结果，如图 8.1 所示。作为应答者之一，张三意识到去标识化的结果能够被重新标识，因而十分担心自己的隐私处境。

考虑这样一种场景，分析照常进行，而张三的信息被排除在外。这意味着分析结果不再与张三的信息有关，从而彻底地保护了他的隐私。上述场景可以命名为张三的“退出场景”，与之相对的是人人参与的“现实场景”。在“现实场景”中，张三及其他所有应答者的信息都将被使用，而分析结果也将依赖每个人的信息。

为保护所有应答者的隐私，我们需要为每个人构造“退出场景”。然而，这样做将导致整个数据集被清空。

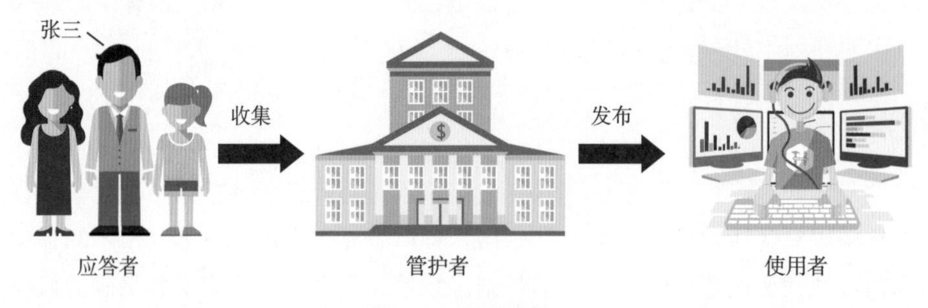

图 8.1 思想实验

尽管无法实际应用，但上述实验告诉我们，隐私保护取决于输入和输出之间的信息关系。二者的依赖程度越高，应答者所面临的隐私风险或遭受的隐私损失也就越大。

一种极端的尝试是完善保密（perfect secrecy），它要求输出与输入完全无关。换句话说，不管输入数据如何变化，统计算法的输出结果始终相同，这使得攻击者无法从输出结果中推断出有关输入数据的任何信息。然而，完善保密在极尽隐私的同时，也完全阻止了信息发布，因为其忽略了统计显著性所导致的相关性，而这显然与隐私保护计算的初衷相悖。

差分隐私放宽了完善保密的目标，它要求输出与输入几乎无关，如图 8.2 所示。具体来说，差分隐私允许现实场景与退出场景存在一定的偏差，并通过参数 ε 加以刻画。这种偏差一方面使得统计显著事实的发布成为可能，另一方面使得应答者的隐私损失维持在较低水平。从经济学角度看，一旦给予相应的回报或激励，人们会欣然贡献自己的数据。

参数 ε 又称隐私预算，它凝聚了差分隐私的核心理念。差分隐私的缔造者们敏锐地意识到，隐私保护计算始终面临着两个相悖的目标。新的统计信息在造福社会的同时，也会对应答者的隐私权利造成伤害，而调节公共利益和隐私代价之间的关系并不属于信息科学的范畴。ε 以非常简洁和抽象的形式刻画了这一现象，它可以看作由政策制定者所掌握的调节统计隐私和效用的旋钮。越小的取值意味着越强的隐私保护和越大的效用损失，反之则隐私保护越弱、效用损失越小。研究人员可以在实验过程中使用不同的值进行测试，而最终的选择取决于现行的隐私政策。当社会对隐私的认知和需求产生变化时，人们只需调整 ε 的取值，而无须耗费精力重新设计隐私定义。

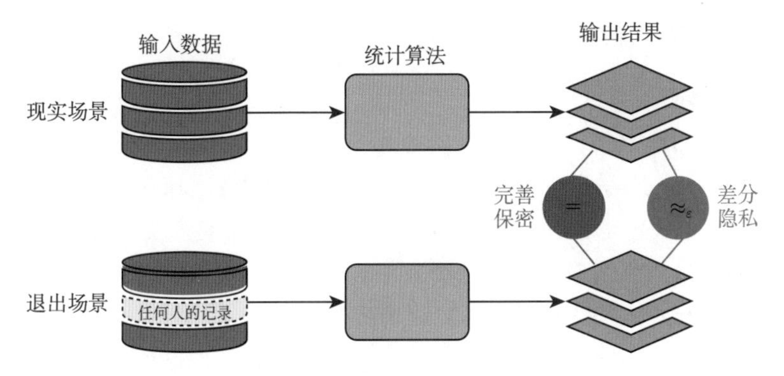

图 8.2 完善保密与差分隐私

ε 的引入使得差分隐私可以度量个人信息对输出结果的最大影响，从而限制应答者由于参与统计调查而增加的隐私风险。在现实中，人们不仅要应对单纯的隐私泄露，更要面临由此带来的精神损失、财产损失和人身伤害等一系列严重后果。神奇的是，差分隐私同样可以化解这些问题，我们将在接下来的几个例子（见例 8.2 ~ 例 8.4）中一探究竟。

例 8.2 左右为难的选择

李四是一名 60 岁的女性，她正在考虑是否参与一项医学研究。尽管该研究能够帮助李四了解自身的健康状况，但也可能会影响她未来的人寿保险费用。例如，研究结果可能揭示李四患有冠心病，并且在明年死亡的概率远高于同龄女性。如果保险公司得知此类信息，那么他们很可能会大幅提高李四明年的保险费用。

因此，李四希望研究机构采取充分的隐私保护措施，并确保她的参与只会对保险费用产生有限的影响。

需要指出的是，即便李四没有参加这项医学研究，她明年的保险费用依旧有可能增加。

例 8.3 基线风险

李四持有保险金额为 10 万元的人寿保单，为此需要逐年交纳一定的保险费用。具体计算方式为

$$（当年缴纳的）明年的保险费用 = 保险金额 \times 明年的死亡概率$$

根据此前对同类人群的测算，保险公司认为李四有 1% 的可能在明年死亡，故她明年的保险费用为 1000 元。

假设李四选择退出这项研究，这并不妨碍研究的正常进行。最终，研究表明肥胖的人更容易患有冠心病，而这一结论可能促使保险公司修改现行的测算方法。面对身高体重指数过高的 60 岁女性，他们或许会将死亡概率提高到 5%。这样一来，李四明年的保险费用将增至 5000 元。

显然，上述情况是难以避免的，因为李四无法阻止其他人参与这项医学研究。换句话说，李四不可能获得比自己的退出场景更多的隐私。由他人应答而造成的隐私风险被称为基线风险，而此类风险并不在差分隐私的保护范围内。接下来，我们在基线风险的基础上，

讨论由于李四参与而造成的特定风险。

例 8.4 特定风险

基于李四的测试数据，研究人员认为她有 50% 的可能在明年死于冠心病。若保险公司设法获得这一报告，那么李四明年的保险费用将从 5000 元激增至 5 万元。

幸运的是，这项研究将在差分隐私的保护下进行，研究人员只会发布一个包含噪声的统计摘要，而不会发布任何精确的数据。如果将 ε 设定为 0.1，那么保险公司对李四死亡概率的估计最多不超过 6%。这是因为

$$5\% \times (1+2\varepsilon) = 5\% \times (1+2\times 0.1) = 6\% \tag{8.1}$$

因此，李四明年的保险费用最多从 5000 元增加到 6000 元。

可以看到，医学研究的结果改变了保险公司对李四的评估，从而使李四蒙受了经济损失。概括地说，隐私风险的本质就是由数据发布造成的信念改变，而差分隐私使得这种改变不超过 e^{ε} 倍。当 ε 趋于 0 时，$e^{\varepsilon} \approx 1+\varepsilon$①。这种量化的保证使得李四可以判断医学研究的结果与经济损失相匹配，从而做出参与或退出的决定。此外，当大多数人因隐私顾虑而选择退出时，研究人员可以使用更小的 ε 来提高人们的参与热情。

需要指出的是，例 8.4 中的计算在现实中很难执行。这是因为特定风险与基线风险紧密相关，而后者依赖医学研究的结论，李四不可能在医学研究进行前就得到基线风险。值得庆幸的是，差分隐私为任意的基线风险提供了保障，式 (8.2) 总是成立。

$$\text{特定风险} = \min\{e^{2\varepsilon} \times \text{基线风险}, 100 - e^{-2\varepsilon} \times (100 - \text{基线风险})\} \tag{8.2}$$

8.1.2 差分隐私的本质

差分隐私使得针对敏感个人信息的统计分析和机器学习成为可能，任何人的参与只会对计算结果产生微小的影响，因而也只会受到有限的伤害。换言之，潜在的攻击者难以从已发布的统计信息中推断出任何个人的敏感属性，甚至也无从知晓某条数据是否被使用。下面进一步对差分隐私的概念进行阐释。

差分隐私是一个定义，而不是一种算法。差分隐私是为统计算法定制的数学保证，这一保证包含威胁模型和隐私目标两个部分。威胁模型用于假定攻击者的能力，而并不限制攻击者的策略（攻击者如何使用其能力）。隐私目标则明确了算法所能阻止的攻击。差分隐私的强大之处在于，其假设攻击者具有任意的辅助信息和计算能力，并确保攻击者无法从输出结果中还原任何个人信息，从而可以抵御识别（distinguishing）和重建（reconstruction）等逆向推断攻击。

作为形式化的隐私定义，差分隐私为算法的设计、分析和比较提供了便利。如果某种算法可以被证明满足差分隐私，那么就不必担心其输出结果会揭示个人信息。反之，则必然存在隐私泄露。我们也可以随时将一种算法替换为另一种算法，而只要确保隐私预算相同，原有的隐私保障就不会改变。此外，某种算法的局限并不意味着差分隐私的失败。如

① 式 (8.1) 中的乘法因子 2 是因为后验信念可以表示为两个概率的比，而每个概率最多变化 e^{ε} 倍。

果想要声称差分隐私机制无法提供更高的效用，那么必须证明没有任何算法可以超越给定准确性目标。

差分隐私适用于群体分析，而非个人。差分隐私为应答者提供了类似退出场景的隐私保护。换句话说，差分隐私掩盖了个人的贡献，隐藏了个人的参与和退出，从而排除了确定个人信息的可能。然而，在完善保密基础上的微小妥协，使得差分隐私计算能够较精确地学得有关样本或总体的普遍事实。这一先决条件也造就了差分隐私的成功，常见的计算任务包括参数估计（如直方图和列联表）、假设检验（如卡方检验和方差分析）、机器学习（如分类、回归和聚类）和数据合成等。

差分隐私会不可避免地引入统计噪声。隐私保护需要随机性，不平凡（最少有两种不同输出）的确定算法无法满足差分隐私，如图 8.3 所示。对于不平凡的确定算法，一定存在两个仅相差一条记录的数据集（如红色和绿色的正方形）被同一函数映射到不同结果（如红色和绿色的三角形）的情况，这将使攻击者明确这条记录的存在或缺失，从而泄露应答者的隐私。尽管差分隐私算法具有相当大的灵活性，但不确定性的增加必然会造成统计效用的损失。一种简单的办法是不断提升样本容量，从而使差分隐私噪声所造成的误差远小于系统的固有误差（如抽样误差）。如何缓解统计隐私和效用的紧张关系是差分隐私研究的核心问题。

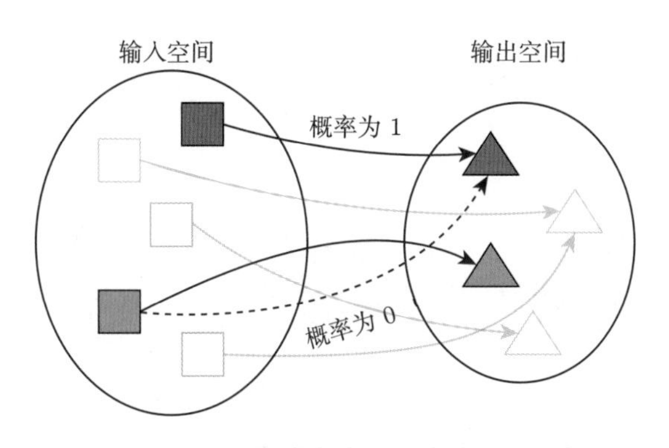

图 8.3 不平凡的确定算法无法满足差分隐私

差分隐私能够管理累积的隐私风险。任何有用的统计过程都会泄露个人信息。这些信息会随着数据的重复使用而不断积累，最终使隐私荡然无存。信息恢复基本定律（fundamental law of information recovery）告诉我们，隐私是一种有限的资源，发布太多过于精确的统计量必然导致隐私的消亡。为避免累积的隐私风险，我们有必要对隐私损失进行计算、跟踪和限制，而差分隐私正是这样一种工具。差分隐私将由输入改变所引起的输出变化视为隐私损失，并通过隐私预算进行约束。多个差分隐私算法的组合仍然满足差分隐私，这使得模块化的设计与分析成为可能。有许多研究致力于精准刻画隐私损失的累积，从而允许更多或更精确的统计发布。

差分隐私能够提供面向未来的保护。一种有效的隐私机制必须能够抵御尚未发现或难以预见的隐私攻击。因为一旦隐私泄露发生，事后补救往往收效甚微，信息技术的发展使得数据的复制和传播变得轻而易举。差分隐私并没有对攻击者的背景、算力和策略进行限制，这意味着即便攻击者拥有无限的辅助信息和计算资源，他们最终也无法攻破差分隐私算法。攻击者甚至无法增加任何隐私损失。在不接触原始数据的前提下，任何使用差分隐私算法输出作为输入的函数都仍然满足差分隐私。

差分隐私不依赖算法和参数的保密性。柯克霍夫（Kerckhoff）原则告诉我们，密码系统的安全不应依赖除密钥以外任何事物的保密性，这无疑与仰仗算法保密的模糊式安全（security by obscurity）形成了鲜明对比。在差分隐私之前，统计披露控制大多以黑箱形式进行。统计机构需要隐藏数据的变换程度，从而保留数据用户对分析结果的不确定性。差分隐私继承了 Kerckhoff 原则，只有随机种子需要保密，而隐私算法和参数的公开并不影响其所提供的隐私保证。这种透明性首次将隐私与效用的权衡取舍置于众目之下，既能帮助政策制定者做出科学、合理的决策，也能强化人们对所用隐私技术的理解、信任与监督。

8.2 差分隐私的数学概念

第 8.1 节介绍了差分隐私的基本思想。下面我们用数学语言精准刻画差分隐私的定义与性质，从形式化的角度再次探寻差分隐私的承诺与本质。

8.2.1 数学定义

明确一个计算模型：假设一个可信的管护者持有全部应答者的原始数据，并通过隐私接口响应由不可信的使用者提出的计算请求，如图 8.4 所示。

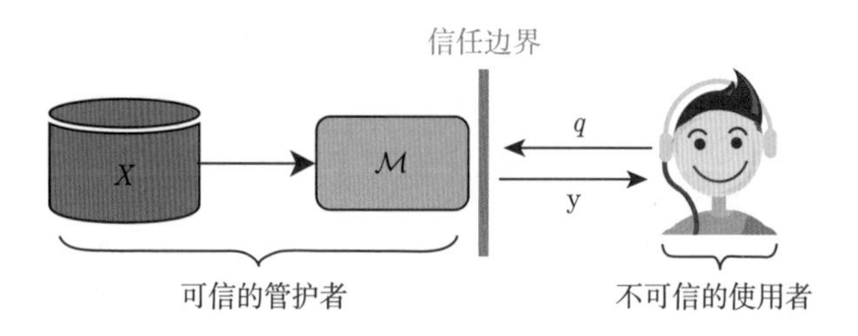

图 8.4 计算模型

令 $\mathbb{X}$ 为包含所有可能取值的数据全集，则数据集可以看作由 $\mathbb{X}$ 中的元素构成的多重集，记为 $X \in \mathrm{MSets}(\mathbb{X})$。对于两个数据集 $X, X' \in \mathrm{MSets}(\mathbb{X})$，我们将对称差的势作为二者之间的距离，即 $d_{\mathrm{sym}}(X, X') = |X \Delta X'|$。若 $d_{\mathrm{sym}}(X, X') \leqslant 1$，则称 X 与 X' 为相邻数据集，记为 $X \simeq X'$。作为一种特殊情况，数据集也可以表示为长度固定为 n 的多元组 $\boldsymbol{x} = (x_1, \cdots, x_n) \in \mathbb{X}^n$，并使用汉明距离 $d_{\mathrm{Ham}}(\boldsymbol{x}, \boldsymbol{x}')$ 作为度量。我们很容易通过随机排序将多元组转换为多重集，并求得 $d_{\mathrm{sym}}(X, X') = 2d_{\mathrm{Ham}}(\boldsymbol{x}, \boldsymbol{x}')$[②]。

查询是外界从数据集中获取信息的唯一途径，它可以概括为任意函数 $q \in \mathbb{Q}$。下面重点关注计数查询，它统计数据集 $X \in \mathrm{MSets}(\mathbb{X})$ 中满足谓词 $\varphi : \mathbb{X} \to \{0,1\}$ 的记录总数，即 $q(X) = \sum\limits_{x \in X} \varphi(x)$。若 $x \in X$ 具有性质 φ，则 $\varphi(x) = 1$，否则 $\varphi(x) = 0$。有时，我们也会考虑更一般的统计查询（又称线性查询），它将 φ 的值域扩展到 $[0,1]$。尽管形式简单，

② 该等式成立是因为修改一条记录等价于将原有记录删除，并添加一条新的记录。

但上述查询具有极其重要的意义。它们不仅可以刻画常见的统计量，还能够模拟许多机器学习算法，从而完成复杂的统计分析任务。

机制 $\mathcal{M}: \mathrm{MSets}(\mathbb{X}) \to \mathbb{Y}$ 用于返回查询的结果。其中，$\mathbb{Y}$ 为输出空间。作为一种随机算法，$\mathcal{M}$ 将数据集 $X \in \mathrm{MSets}(\mathbb{X})$ 映射为任意类型的输出 $\mathcal{M}(X) \in \mathbb{Y}$。为简化分析，将输入 X 视为固定量，而将输出 $\mathrm{y} = \mathcal{M}(X)$ 视为随机变量③。差分隐私要求应答者的个人数据对查询结果的影响尽可能小。换句话说，针对相邻数据集 X 和 X'，机制 $\mathcal{M}$ 的输出 $\mathcal{M}(X)$ 和 $\mathcal{M}(X')$ 应具有相似的概率分布。

定义 8.1　ε-差分隐私

给定 $\varepsilon \geqslant 0$，对于所有相邻数据集 $X \simeq X' \in \mathrm{MSets}(\mathbb{X})$ 及所有事件 $Y \subseteq \mathbb{Y}$，若

$$\Pr[\mathcal{M}(X) \in Y] \leqslant \mathrm{e}^{\varepsilon} \Pr[\mathcal{M}(X') \in Y] \tag{8.3}$$

则称随机算法 $\mathcal{M}: \mathrm{MSets}(\mathbb{X}) \to \mathbb{Y}$ 满足 ε-差分隐私。

从定义 8.1 中能够看到，差分隐私提供了最坏情况下的隐私保证，它面向所有的相邻数据集和所有可能发生的事件，且不对攻击者的背景和能力进行任何限制。差分隐私可以看作统计不可区分性（statistical indistinguishability）的扩展，它以商的形式度量概率分布的相似性，并且允许任意大小的比值。隐私预算 ε 确定了比值的上界。当 $\varepsilon = 0$ 时，差分隐私等价于完善保密，$\mathcal{M}(X)$ 与 $\mathcal{M}(X')$ 的分布始终相同，无法发布任何有用信息；当 $\varepsilon = \infty$ 时，$\mathcal{M}$ 等价于不平凡的确定算法，$\mathcal{M}(X)$ 与 $\mathcal{M}(X')$ 的分布完全不同，无法提供任何有效的保护。由于隐私观念的复杂性与多样性，选择 ε 的普适准则仍然有待开发。一般认为，ε 是一个介于 0.01 到 1 之间的较小数值，具体取值与应用场景紧密相关。

8.2.2　基本性质

差分隐私的性质可以概括为“4C”，即凸性（convexity）、后处理封闭性（closure under post-processing）、群体性（collectivity）及可组合性（composability），它们都是复杂算法设计与分析的理论基石。其中，凸性和后处理封闭性被认为是隐私公理（privacy axiom），任何隐私定义都应该具有这两种性质，否则就是有缺陷的。

凸性的保证相当直观，如图 8.5（a）和公理 8.1 所示。如果从多种差分隐私机制中任选一个来回答查询，那么这样做必然满足差分隐私，只要该决定与输入数据无关。此时，系统中的随机性不仅来自机制的选择过程，也来自被选择的机制本身。

公理 8.1　凸性

给定 $p_1, \cdots, p_k \in [0,1]$ 且 $\sum_{i=1}^{k} p_i = 1$，若 $\mathcal{M}_1, \cdots, \mathcal{M}_k$ 均满足 ε-差分隐私，则以概率 p_i 执行 $\mathcal{M}_i$ 的机制 $\mathcal{M}$ 仍满足 ε-差分隐私。

后处理封闭性确保差分隐私机制的结果不可逆，如图 8.5（b）和公理 8.2 所示。换句话说，在不接触原始数据的情况下，任何针对差分隐私机制输出的计算都不会使隐私恶化。

③ 另一种做法是将 X 视为某一总体的随机样本，二者在许多方面具有一致的结论。

因此，利用后处理操作可以得到丰富且精准的统计结论。此外，在满足某些条件时，对差分隐私机制输出的随机变换甚至可以改善隐私。

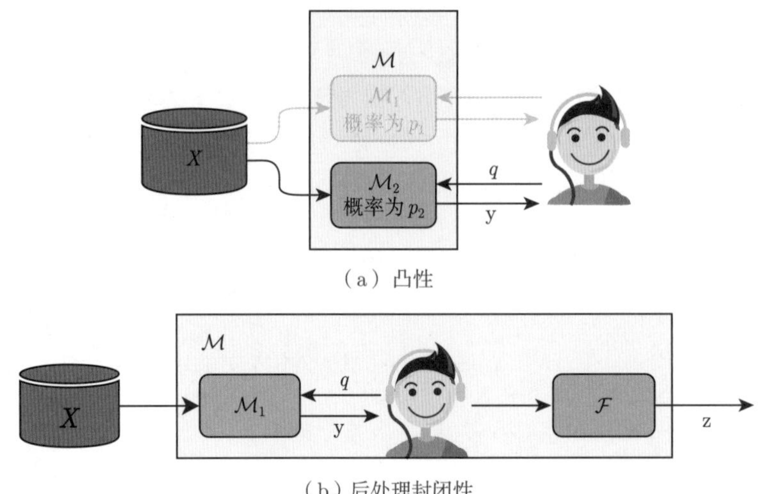

（a）凸性

（b）后处理封闭性

图 8.5　隐私公理

公理 8.2　后处理封闭性

若 $\mathcal{M}_1 : \mathrm{MSets}(\mathbb{X}) \to \mathbb{Y}$ 满足 ε-差分隐私，则对于任意随机算法 $\mathcal{F} : \mathbb{Y} \to \mathbb{Z}$，$\mathcal{F} \circ \mathcal{M}_1 : \mathrm{MSets}(\mathbb{X}) \to \mathbb{Z}$ 仍满足 ε-差分隐私。

群体性将差分隐私机制的保护对象从个人延展到群体，如定理 8.1 所示。这是一种自然的隐私需求，因为人们往往属于各种群体（如家庭、工作团队和社交群组），而群体中的成员彼此信任，愿意共享敏感数据。随着群体规模的扩张，信任基础会逐渐薄弱，这会导致隐私风险的提升。群体性精准地刻画了这一现象，隐私保护的强度会随群体规模 k 的增长呈线性下降。

定理 8.1　群体性

若 $\mathcal{M} : \mathrm{MSets}(\mathbb{X}) \to \mathbb{Y}$ 满足 ε-差分隐私，则对于所有 $X \simeq_k X' \in \mathrm{MSets}(\mathbb{X})$，$\mathcal{M}$ 满足 $k\varepsilon$-差分隐私。其中，$X \simeq_k X'$ 当且仅当 $d_{\mathrm{sym}}(X, X') = k$。

定理 8.1 蕴含着一项重要结论，即虽然 ε 可以取较小的值，但使用过小的 ε 会无法得到任何有用信息。若 $\varepsilon \ll \dfrac{1}{k}$，则 $k\varepsilon \ll 1$，这意味着 $\mathcal{M}$ 在任何数据集 X 和 X' 上都会具有相似的输出分布，无论它们之间的距离 k 是多少。换句话说，$\mathcal{M}$ 会掩盖任何统计事实。对于足够大的 k 值，我们理应得到具有明显区别的输出分布。在多元组记法 $\boldsymbol{x}, \boldsymbol{x}' \in \mathbb{X}^n$ 和汉明度量 $d_{\mathrm{Ham}}(\boldsymbol{x}, \boldsymbol{x}')$ 下，k 的最大值为 n，即 $\boldsymbol{x}$ 和 $\boldsymbol{x}'$ 中的数据记录完全不同。此时，ε 必须远大于 $\dfrac{1}{n}$。

可组合性是差分隐私区别于其他隐私定义的标志，也是其取得成功的关键，如定理 8.2 所示。如果运行多个不同的差分隐私机制，那么组合后的机制依然满足差分隐私。利用这一性质，我们既可以回答有关同一数据集的多个查询，又可以利用简单的模块构建复杂算法。

定理 8.2 可组合性

若 $\mathcal{M}_1,\cdots,\mathcal{M}_k$ 均满足 ε-差分隐私，则串行组合机制 $\mathcal{M}_{\text{seq}}$ 满足 $k\varepsilon$-差分隐私，并行组合机制 $\mathcal{M}_{\text{par}}$ 满足 ε-差分隐私。

串行组合和并行组合是两种最基本的组合方式，它们具有截然不同的设计思路，如图 8.6 所示。对于一系列差分隐私机制 $\mathcal{M}_1,\cdots,\mathcal{M}_k$，串行组合要求每个机制 $\mathcal{M}_i$ 均在相同的数据集 X 上运行，即 $\mathcal{M}_{\text{seq}}(X)=(\mathcal{M}_1(X),\cdots,\mathcal{M}_k(X))$。由于对数据的重复使用，隐私损失将随使用次数 k 的增长呈线性增加。为避免这一情况，并行组合将数据集 X 分为 k 个不相交子集 $X_1,\cdots,X_k$，并限制每个机制 $\mathcal{M}_i$ 仅在子集 X_i 上运行，即 $\mathcal{M}_{\text{par}}(X)=(\mathcal{M}_1(X_1),\cdots,\mathcal{M}_k(X_k))$。这使得总体隐私损失仅与单次计算相当，而与 k 的取值无关。

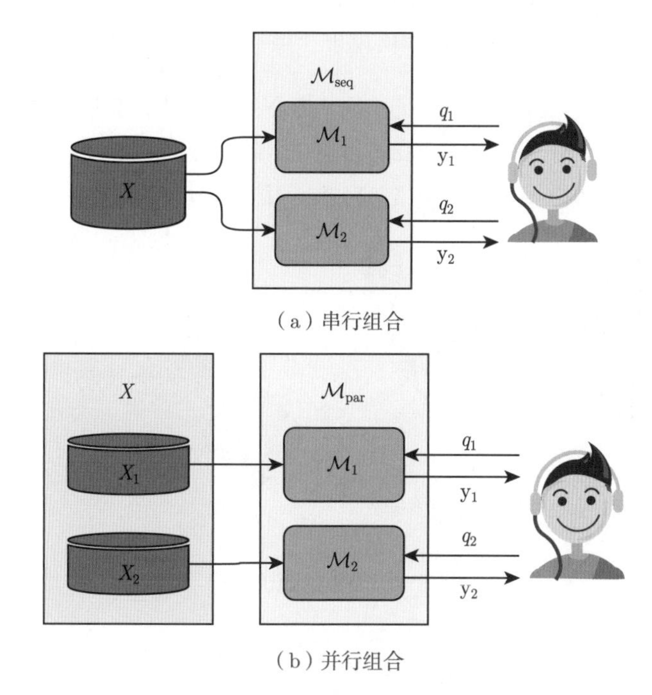

图 8.6 差分隐私机制的两种基本组合方式

8.3 差分隐私算法的组件

本节介绍两种重要的差分隐私机制——随机应答（Randomized Response，RR）和加性扰动，它们几乎出现在所有文献中。

8.3.1 随机应答

随机应答是一项社会调查技术，被认为是最早的差分隐私机制。假设调查者想要知晓人群中具有某一性质的比例（如吸烟率或肥胖率）。为实现这一目标，调查者需要向每个应答者发放问卷，并汇总所有答案。然而，若调查的性质涉及敏感议题（如患病情况、失信行为或犯罪记录），则大多数应答者更倾向于隐瞒。他们可能拒绝作答、含糊其辞或给出虚假的答案，而这无疑会对调查的结论产生影响。随机应答提供了一种精妙的解决方案，预先设计的随机性既让应答者保留了隐私，又能使调查者得出可靠的结论，如例 8.5 所示。

例 8.5　简单的随机应答

某校想要调查有多少学生曾在考试中作弊，从而决定是否开展诚信教育活动。尽管已公开声明既往不咎，但被选为应答者的同学们仍然将信将疑。为打消他们的顾虑，调查者设计了以下程序。

(1) 隐蔽地投掷一枚硬币。

(2) 如果正面朝上，则返回真实答案。

(3) 如果反面朝上，则投掷第二枚硬币，并根据其正反回答“是”或“否”。

让我们看看真实答案为“是”的应答者将会如何作答，如图 8.7 所示。首先，他有 50% 的概率回答“是”。其次，在另外 50% 的概率中，他又有 50% 的概率回答“是”，即他有 25% 的概率回答“是”。因此，该应答者共有 75% 的概率回答“是”。

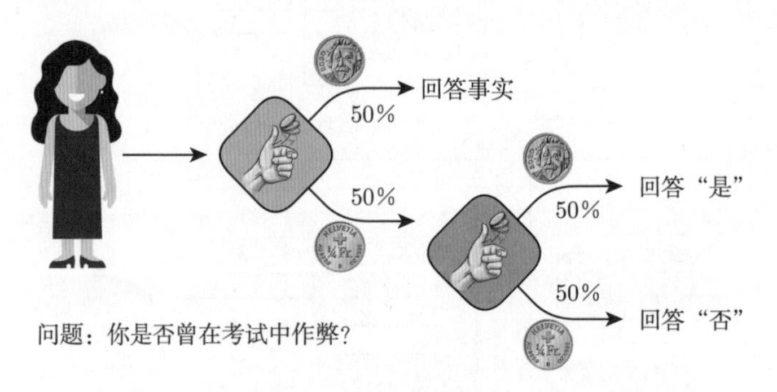

图 8.7　简单的随机应答

可以发现，调查者可以从回答“是”的应答者比例 γ' 中，恢复出真实答案为“是”的应答者的比例 γ：

$$\gamma' = 0.75\gamma + 0.25(1-\gamma) = 0.25 + 0.5\gamma \tag{8.4}$$

$$\gamma = 2(\gamma' - 0.25) \tag{8.5}$$

一方面，上述方案允许应答者对自己的答案进行合理的否认（plausible deniability），从而实现了隐私保护。另一方面，尽管调查者无法判断某个答案是真实的还是随机的，但这并不妨碍他们较精确地估计出具有某一性质的应答者的比例。只要应答者的数量足够多，那么人为引入的噪声就会以很大的概率被抵消。

接下来，正式介绍随机应答机制 $\mathcal{M}_{\mathrm{RR}}$，如算法 8.1 所示。对于数据集 $\boldsymbol{x} \in \mathbb{X}^n$ 中的每条记录 x_i，$\mathcal{M}_{\mathrm{RR}}$ 以一定概率 p 返回谓词 $\varphi(x_i)$，并以概率 $1-p$ 翻转真实结果。

算法 8.1 随机应答机制 $\mathcal{M}_{\mathrm{RR}}$

输入: 数据集 $\boldsymbol{x}=(x_1,\cdots,x_n)\in\mathbb{X}^n$，谓词 $\varphi:\mathbb{X}\to\{0,1\}$，隐私参数 $\varepsilon>0$。

输出: 比特序列 $\mathbf{y}=(\mathrm{y}_1,\cdots,\mathrm{y}_n)\in\{0,1\}^n$。

1 **for** $i=1$ **to** n **do**

2

$$\mathrm{y}_i=\begin{cases}\varphi(x_i), & \text{以概率 } p=\dfrac{\mathrm{e}^\varepsilon}{\mathrm{e}^\varepsilon+1}\\ 1-\varphi(x_i), & \text{以概率 } 1-p\end{cases} \tag{8.6}$$

定理 8.3 为随机应答机制 $\mathcal{M}_{\mathrm{RR}}$ 的隐私保证。

定理 8.3

随机应答机制 $\mathcal{M}_{\mathrm{RR}}$ 满足 ε-差分隐私。

证明 首先，考虑某个特定的输出 $\boldsymbol{y}=(y_1,\cdots,y_n)\in\{0,1\}^n$。根据独立性，有

$$\Pr[\mathcal{M}_{\mathrm{RR}}(\boldsymbol{x})=\boldsymbol{y}]=\prod_{i=1}^n \Pr(\mathrm{y}_i=y_i|x_i) \tag{8.7}$$

不妨设相邻数据集 $\boldsymbol{x}\simeq\boldsymbol{x}'$ 仅在位置 n 相异，可以得到

$$\frac{\Pr[\mathcal{M}_{\mathrm{RR}}(\boldsymbol{x})=\boldsymbol{y}]}{\Pr[\mathcal{M}_{\mathrm{RR}}(\boldsymbol{x}')=\boldsymbol{y}]}=\frac{\Pr(\mathrm{y}_n=y_n|x_n)}{\Pr(\mathrm{y}'_n=y_n|x'_n)}\leqslant\frac{p}{1-p}=\mathrm{e}^\varepsilon \tag{8.8}$$

其次，对于所有可能的事件 $Y\subseteq\{0,1\}^n$，有

$$\begin{aligned}\Pr[\mathcal{M}_{\mathrm{RR}}(\boldsymbol{x})\in Y]&=\sum_{\boldsymbol{y}\in Y}\Pr[\mathcal{M}_{\mathrm{RR}}(\boldsymbol{x})=\boldsymbol{y}]\leqslant\sum_{\boldsymbol{y}\in Y}\mathrm{e}^\varepsilon\Pr[\mathcal{M}_{\mathrm{RR}}(\boldsymbol{x}')=\boldsymbol{y}]\\&=\mathrm{e}^\varepsilon\Pr[\mathcal{M}_{\mathrm{RR}}(\boldsymbol{x}')\in Y]\end{aligned} \tag{8.9}$$

因此，$\mathcal{M}_{\mathrm{RR}}$ 满足 ε-差分隐私。 □

在例 8.5 中，应答者以 $\frac{3}{4}$ 的概率返回真实答案，故 $p=\frac{3}{4}$。因此，投掷两枚均匀硬币所构成的随机应答机制满足 $\log 3$-差分隐私。与式 (8.5)相似，也可以根据随机应答的结果 $\mathbf{y}=(\mathrm{y}_1,\cdots,\mathrm{y}_n)$，对计数查询 $q(\boldsymbol{x})=\sum_{i=1}^n\varphi(x_i)$ 进行估计。

考虑后处理函数 $\hat{q}(\mathbf{y})=a\sum_{i=1}^n\mathrm{y}_i+b$，希望找到 a 和 b 的值，使得 $\hat{q}(\mathbf{y})$ 成为 $q(\boldsymbol{x})$ 的无偏估计量，即 $\mathrm{E}[\hat{q}(\mathbf{y})]=q(\boldsymbol{x})$。

$$\begin{aligned}\mathrm{E}[\hat{q}(\mathbf{y})]&=a\sum_{i=1}^n\mathrm{E}(\mathrm{y}_i)+b\\&=a\sum_{i=1}^n[p\,\varphi(x_i)+(1-p)(1-\varphi(x_i))]+b\end{aligned}$$

$$
\begin{aligned}
&= a(2p-1)\sum_{i=1}^{n}[\varphi(x_i)] + an(1-p) + b \\
&= a(2p-1)q(\boldsymbol{x}) + an(1-p) + b
\end{aligned} \tag{8.10}
$$

因此，有

$$
\begin{cases} a(2p-1) = 1 \\ an(1-p) + b = 0 \end{cases} \tag{8.11}
$$

可以得到，$a = \frac{\mathrm{e}^{\varepsilon}+1}{\mathrm{e}^{\varepsilon}-1}$ 和 $b = -\frac{n}{\mathrm{e}^{\varepsilon}-1}$，即 $\hat{q}(\mathbf{y}) = \frac{\mathrm{e}^{\varepsilon}+1}{\mathrm{e}^{\varepsilon}-1}\sum_{i=1}^{n}\mathrm{y}_i - \frac{n}{\mathrm{e}^{\varepsilon}-1}$。

定理 8.4 为随机应答机制 $\mathcal{M}_{\mathrm{RR}}$ 的效用保证。

定理 8.4

给定统计过程 $\hat{q}(\mathbf{y}) = \frac{\mathrm{e}^{\varepsilon}+1}{\mathrm{e}^{\varepsilon}-1}\sum_{i=1}^{n}\mathrm{y}_i - \frac{n}{\mathrm{e}^{\varepsilon}-1}$，则随机应答机制 $\mathcal{M}_{\mathrm{RR}}$ 满足

$$
|\hat{q}[\mathcal{M}_{\mathrm{RR}}(\boldsymbol{x})] - q(\boldsymbol{x})| \leqslant O\left(\frac{\sqrt{n}}{\varepsilon}\right) \tag{8.12}
$$

8.3.2 加性扰动

第 8.1 节中提到，有多种输出的确定算法无法满足差分隐私。加性扰动可通过添加显式的噪声将确定算法转换为随机算法，进而实现差分隐私。随之而来的问题是，需要添加多少噪声，以及依据何种分布？

针对第一个问题，差分隐私引入了全局敏感度（Global Sensitivity，GS）的概念（见定义 8.2），其刻画了输入数据的变化对查询结果的最大影响。

定义 8.2　全局敏感度

任意查询 $q : \mathrm{MSets}(\mathbb{X}) \to \mathbb{R}$ 的全局敏感度为

$$
\mathrm{GS}(q) = \max_{X \simeq X'} |q(X) - q(X')| \tag{8.13}
$$

全局敏感度给出了一个上界，即为了掩盖任何个人的贡献，加性扰动必须引入多大程度的不确定性。显然，不同的查询 q 会产生不同的全局敏感度。全局敏感度越高，保护隐私所需要的随机性也就越多，而查询结果的误差也就越大。

针对第二个问题，让我们回顾定义 8.1。差分隐私要求输入数据的变化对输出分布的改变不超过 e^{ε} 倍，这无疑令服从指数族分布的噪声受到青睐。具有代表性的选择是拉普拉斯分布 $\mathrm{Lap}(\mu, b)$（又称双指数分布），其概率密度函数为

$$
p_{\mathrm{w}}(w|\mu, b) = \frac{1}{2b}\exp\left\{-\frac{|w-\mu|}{b}\right\} \tag{8.14}
$$

在明确了所需噪声的尺度与来源后，下面正式介绍拉普拉斯机制（Laplace Mechanism，LM），如算法 8.2 所示。顾名思义，拉普拉斯机制 $\mathcal{M}_{\mathrm{L}}$ 使用服从拉普拉斯分布的随机噪声

$\mathsf{w} \sim \mathrm{Lap}(0, b)$ 对查询结果 $q(x)$ 进行加性扰动，噪声的尺度 b 将由全局敏感度 $\mathrm{GS}(q)$ 与隐私预算 ε 共同决定。

算法 8.2 拉普拉斯机制 $\mathcal{M}_{\mathrm{L}}$

输入: 数据集 $X \in \mathrm{MSets}(\mathbb{X})$，查询 $q : \mathrm{MSets}(\mathbb{X}) \to \mathbb{R}$，隐私参数 $\varepsilon > 0$。

输出: $\mathsf{y} \in \mathbb{R}$。

1 计算全局敏感度 $\mathrm{GS}_1(q)$。

2 生成随机变量 $\mathsf{w} \sim \mathrm{Lap}(0, b)$，其中 $b \geqslant \dfrac{\mathrm{GS}(q)}{\varepsilon}$。

3 $\mathsf{y} = q(X) + \mathsf{w}$。

定理 8.5 为拉普拉斯机制的隐私与效用保证。

定理 8.5

拉普拉斯机制 $\mathcal{M}_{\mathrm{L}}$ 满足 ε-差分隐私。

证明 首先，考虑某个特定的输出 $y \in \mathbb{R}$。设 $p_{\mathsf{y}}(y)$ 是 $\mathcal{M}_{\mathrm{L}}(X)$ 的概率密度函数。由于 $\mathsf{y} = q(X) + \mathsf{w}$ 且 $\mathsf{w} \sim \mathrm{Lap}(0, b)$，故

$$p_{\mathsf{y}}(y) = p_{\mathsf{w}}(y - q(X)) = \frac{1}{2b} \exp\left\{-\frac{|y - q(X)|}{b}\right\} \tag{8.15}$$

类似地，设 $p_{\mathsf{y}'}(y)$ 为 $\mathcal{M}_{\mathrm{L}}(X')$ 的概率密度函数，可以得到

$$\frac{p_{\mathsf{y}}(y)}{p_{\mathsf{y}'}(y)} = \exp\left\{\frac{1}{b}\big[|y - q(X')| - |y - q(X)|\big]\right\} \tag{8.16}$$

根据三角不等式，有

$$|y - q(X')| - |y - q(X)| \leqslant |q(X) - q(X')| \tag{8.17}$$

又因为 $b \geqslant \dfrac{\mathrm{GS}(q)}{\varepsilon}$，故

$$\frac{p_{\mathsf{y}}(y)}{p_{\mathsf{y}'}(y)} \leqslant \exp\left\{\frac{\varepsilon}{\mathrm{GS}(q)}|q(X) - q(X')|\right\} \leqslant \exp\left\{\frac{\varepsilon}{\mathrm{GS}(q)}\mathrm{GS}(q)\right\} = \mathrm{e}^{\varepsilon} \tag{8.18}$$

其次，对于所有可能的事件 $Y \subseteq \mathbb{R}^k$，有

$$\frac{\Pr[\mathcal{M}_{\mathrm{L}}(X) \in Y]}{\Pr[\mathcal{M}_{\mathrm{L}}(X') \in Y]} = \frac{\displaystyle\int_{y \in Y} p_{\mathsf{y}}(y)}{\displaystyle\int_{y \in Y} p_{\mathsf{y}'}(y)} \leqslant \max_{y \in Y} \frac{p_{\mathsf{y}}(y)}{p_{\mathsf{y}'}(y)} \leqslant \mathrm{e}^{\varepsilon} \tag{8.19}$$

因此，拉普拉斯机制 $\mathcal{M}_{\mathrm{L}}$ 满足 ε-差分隐私。 □

定理 8.6

给定查询 $q:\mathrm{MSets}(\mathbb{X})\to\mathbb{R}$，则对任意 $\beta\in(0,1]$，拉普拉斯机制 $\mathcal{M}_{\mathrm{L}}$ 满足

$$\Pr\left[|\mathcal{M}_{\mathrm{L}}(X)-q(X)|\leqslant b\log\frac{1}{\beta}\right]\geqslant 1-\beta \tag{8.20}$$

其中，$b\geqslant\dfrac{\mathrm{GS}(q)}{\varepsilon}$。

8.4 差分隐私算法的设计

至此，本章已经介绍了差分隐私的数学原理，以及构建复杂算法的基本工具。然而，差分隐私的系统设计还面临着一系列关键选择。这些选择源自算法应用的具体场景和人们的实际需求，并决定了隐私和效用的天平如何倾斜。本节从信任模型、交互方式、隐私定义这 3 个维度进行介绍。

8.4.1 信任模型

信任模型的正确选择是算法成功应用的关键。根据隐私变换位置的不同，信任模型常被分为中心模型（central model）、本地模型（local model）和中间信任模型（intermediate trust model）。中心模型（见图 8.8）假设管护者可信，能访问到应答者最原始的输入，具有高效用、低隐私的显著特点。整个过程中，机制 $\mathcal{M}$ 仅在进程结束时运行一次。中心模型常被用于统计数据或直方图发布中，2020 年美国人口普查（US Census）便是中心模型在现实世界中的典型应用。在该模型中，应答者必须愿意与管护者分享他们未经处理的隐私数据，并相信管护者正确地执行了差分隐私机制。

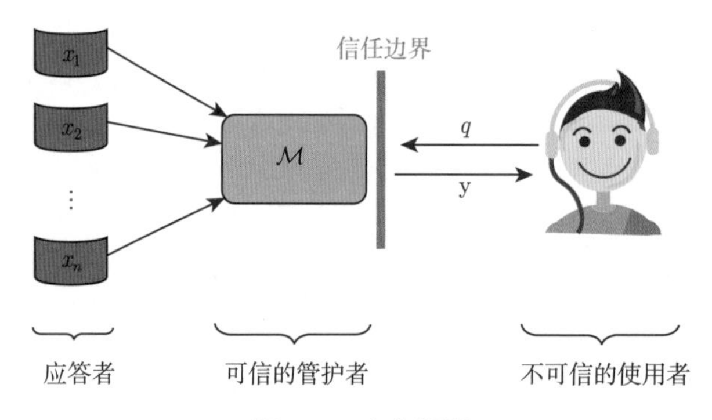

图 8.8 中心模型

但近年来，现实场景中管护者滥用数据或因网络攻击而泄露数据的事件频繁发生，人们普遍担忧并倾向不信赖管护者的隐私保护能力。本地模型（见图 8.9）为这种现实需求提供了解决方案，有效地避免了对单一可信管护者的依赖，以及由此产生的单点安全故障。与需要可信管护者的中心模型不同，本地模型要求应答者在共享数据之前就进行差

分隐私变换，由管护者收集并通过一定的后处理算法求得群体统计信息，实现信任最小化。通常，管护者获得的统计类型局限于计数统计，并取决于本地扰动机制和后处理机制的设计。这一整套数据加噪、收集与分析流程也构成了本地差分隐私保护协议。该协议既满足了管护者获取群体统计信息的需求，又赋予了应答者对其所提供数据进行合理否认的能力。

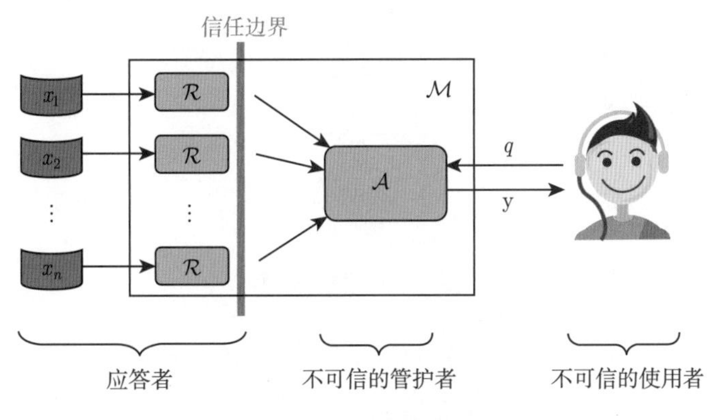

图 8.9 本地模型

然而，天下没有免费的午餐。本地模型隐私性的提升往往以牺牲效用为代价。从定理 8.4 和定理 8.6 可以看出，本地模型产生的误差至少为 $O\left(\frac{\sqrt{n}}{\varepsilon}\right)$，中心模型则为 $O\left(\frac{1}{\varepsilon}\right)$。这是因为本地模型需要对每条数据添加独立而非相关的噪声，这些噪声的叠加会产生更大的随机性，从而不可避免地增加计算误差。一般而言，本地模型的信任假设更贴合实际应用，因此如 Chrome 浏览器、iOS、MacOS 及 Windows 系统等工业界的应用都使用了本地模型。特别地，为提升统计效用，商业实体往往倾向设置更大的隐私预算，而这又极大地削弱了隐私保护的效果。

那么，有没有一种模型能各取所长，实现隐私与效用方面的平衡？换言之，是否存在一种模型能采用本地模型的数据处理方式得到与中心模型的准确性接近的效果？答案是肯定的。一些工作致力于中间信任模型的研究，包括混合模型、匿名模型和网络模型。

正如多数文献中提及的，人们对隐私的态度千差万别。混合模型利用这一观点，根据应答者对管护者的信任差异，将应答者分为信任或缺乏信任两个组别，并分别为其设计合适的中心/本地模型机制。具体而言，混合模型通过利用少部分应答者的信任，来提升任务整体的计算效用，如图 8.10 所示。与混合模型不同，匿名模型在本地模型的基础上，使用安全计算隐藏消息来源，为应答者提供了额外的隐私性。匿名模型所使用的安全计算函数既能通过分布式密码协议实现，又能选择可信执行环境进行部署。常见的函数包括安全置乱和安全聚合。两者的区别在于前者需要向管护者提供无序的本地报告，后者则只需披露聚合结果。除此之外，网络模型通过限制攻击者的视野以减小所需噪声的规模。特别地，在去中心化系统中，网络模型只为应答者提供相邻节点的报告。

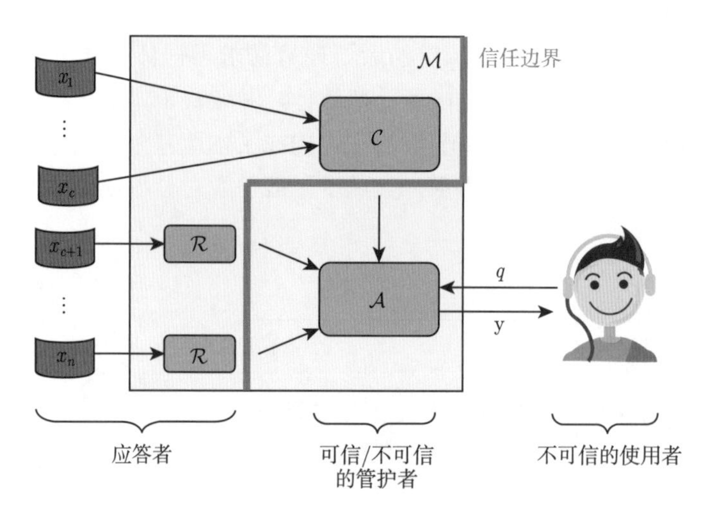

图 8.10 混合模型

下面以采用安全置乱的匿名模型为例,详细介绍一种典型框架——ESA(Encode-Shuffle-Analyze),它由编码器、置乱器和分析器这 3 个元素构成(分别用 $\mathcal{R}$、$\mathcal{S}$、$\mathcal{A}$ 表示),如图 8.11 所示。编码器操作与本地模型相似,主要完成数据本地编码操作,实现对应答者数据的范围、粒度和随机化程度的控制,通常认为是可信的。置乱器作为 ESA 的核心组件,用于分批接收应答者编码后的数据,能在数据不可知的前提下完成置乱操作,达到匿名目的,通常被认为是半诚实服务器。此操作消除了特定于应答者的元数据(如时间戳或源 IP 地址),并在将大量编码数据转发给分析器之前对其进行批处理操作,以此混淆数据来源。分析器则用于接收置乱器发布的数据,并在相应规则下完成统计数据的分析与校正,通常假定其为不可信服务器。

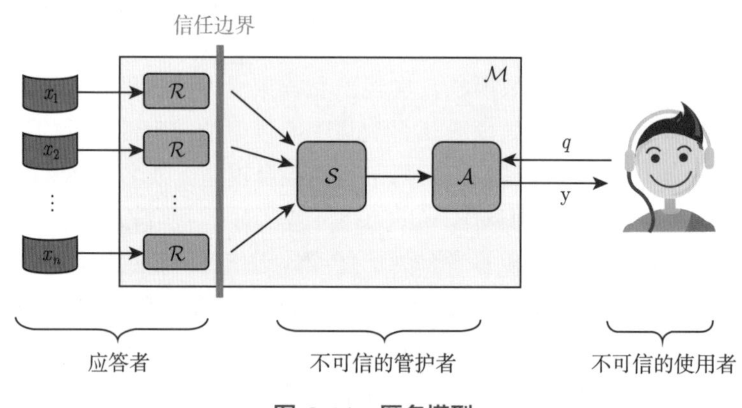

图 8.11 匿名模型

ESA 框架的精妙之处在于置乱器与分析器的分离,这是实现匿名通信的关键环节。如果把每位应答者经置乱器处理后得到的最终数据看作一份报告,那么置乱器的作用就是打破/解耦应答者与他们的报告间的联系。换言之,置乱器可知晓哪些应答者发送了数据,但看不到实际数据内容。分析器相反,能看到批量的数据内容,但不知源自哪个应答者。作为 ESA 框架的一种具体实现,由谷歌开发的 Prochlo 协议使用 Intel SGX 作为代理服务器实现置乱操作,以消除对外部匿名通道的依赖。

8.4.2 交互方式

在数据驱动和差分隐私的约束下，隐私保护数据发布和隐私保护数据挖掘得到了广泛研究。以隐私保护数据发布为例，一种最常见的任务是查询。假设希望在包含众多应答者信息记录的数据集 X 上近似一组实值查询 $\mathbb{Q} = \{q_1, q_2, \cdots, q_k\}$，如计数、求和、平均值、中位数或其他范围查询等。根据实现环境的不同，可将差分隐私分为非交互式设定（non-interactive setting）、交互式设定（interactive setting）及自适应设定（adaptive setting）3 种。

非交互式设定是三者中最简单的一种（见图 8.12）。它要求查询结果遵循一次性发出原则，即针对所有可能的查询 $\mathbb{Q}$，管护者应在满足差分隐私的条件下一次性地发布所有查询结果。该结果可以是统计分析、机器学习模型，也可以是数据集的“净化”版本，由使用者自行完成后续查询操作。非交互式设定最大的优势在于不限制使用者的查询次数，劣势则是查询结果对应的效用和时效性相对较差。目前，非交互式数据发布的研究方向包括批查询、列联表发布及净化数据集发布等。

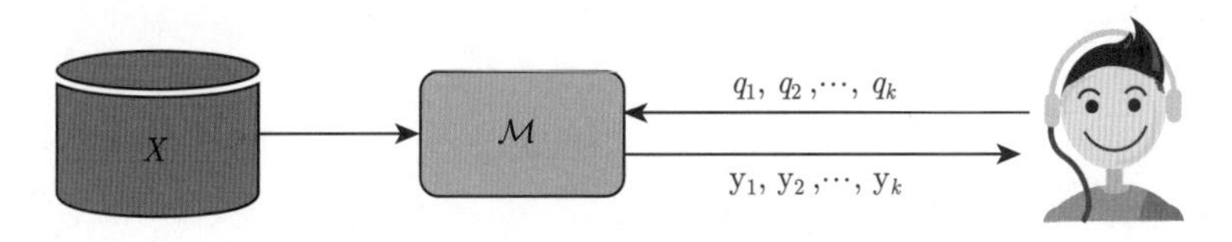

图 8.12 非交互式设定

与非交互式设定不同，交互式设定要求机制 $\mathcal{M}$ 在满足一定效用的条件下，以给定隐私预算 ε 回答尽可能多的查询，且查询 q_i 只有在前一个查询 q_{i-1} 的答案被发布后才能继续响应，查询序列通常预先已确定。交互式设定的一大优势是时效性好，能实时返回查询结果，缺点是查询数量有限，连续的交互式查询会使隐私预算消耗过快。因此，合理地将隐私预算分配至整个算法，并保证整个过程的隐私损失控制在预算 ε 之内，在交互式设定中至关重要。发布机制和基于直方图的数据发布是交互式隐私保护数据的主要研究方向，两者的区别在于：是依据数据集响应查询还是依据数据集建立起的直方图分布响应查询。特别地，自适应设定是交互式设定下的一种特例。它强调查询序列事先未知且查询 q_i 可能依赖之前查询 $q_1, q_2, \cdots, q_{i-1}$ 的答案。交互式设定和自适应设定如图 8.13 所示。

需要指出，就交互方式而言，在设计差分隐私机制时应聚焦查询的数量、输出的准确性及计算效率这 3 项是否适用所选场景。其中，查询数量意味着该机制的容量，即机制能够回答的最大查询数量；输出的准确性表示机制可提供的效用，由随机结果和真实结果之间的预期误差衡量；计算效率则由响应查询的运行时间度量，若时间是数据集大小 n 和属性维度 d 的多项式，则认为机制是高效的。

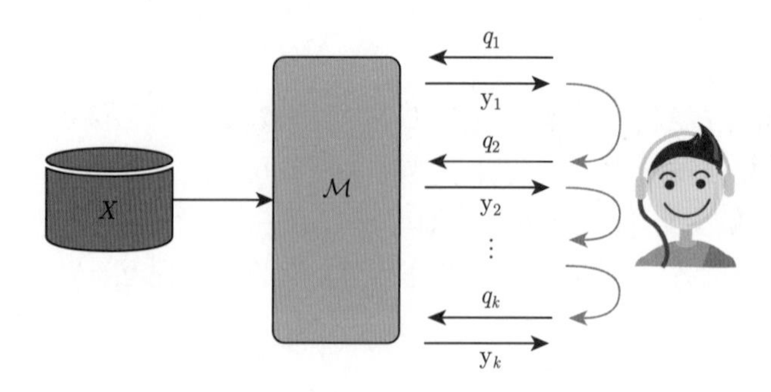

图 8.13　交互式设定和自适应设定

8.4.3　隐私定义

在许多情况下，差分隐私的要求显得过于理想和保守，这势必会影响计算结果的效用和参与计算的动机。截至本书成稿之时，差分隐私已经出现了数百种衍生定义，它们从不同方面对其原始定义进行了改进。为梳理这些衍生定义，本小节首先对定义 8.1 进行重述，见定义 8.3。

> **定义 8.3　差分隐私重述**
> 在最坏情况下，即使攻击者拥有完善的背景知识和无限的计算能力，也无法从一致的应答者中辨认出有关某一个体的任何信息。

在定义 8.3 的基础上，我们可以将所有衍生定义分为 7 类，如表 8.1 所示。每种类别可以视为隐私定义空间中的一个维度，而来自不同维度的定义可以组合成新的、有意义的定义。由于篇幅限制，下面仅就隐私损失量化、相邻输入定义和隐私参数配置这 3 个维度展开阐述，感兴趣的读者可进一步参阅文献 [Desfontaines et al., 2020]。

表 8.1　隐私定义空间的 7 个维度及其代表性定义

维度	描述	动机
隐私损失量化	如何量化隐私损失？	平均风险以得到更好的组合性质
相邻输入定义	哪些内容会受到保护？	保护特定的值或多个应答者
隐私参数配置	隐私等级能否因人而异？	刻画具有不同隐私需求的应答者
背景知识假设	攻击者具有多少先验知识？	使用噪声较少的机制
隐私风险解释	怎样描述攻击者的知识增益？	探索对隐私的其他直观解释
附加泄露考量	攻击者的知识增益与谁有关？	保证相关数据的隐私
计算能力限制	攻击者具备多强的算力？	将差分隐私与密码技术结合

1. 隐私损失量化

直观地说，隐私损失就是特定输出 Y 所对应的真实 ε 值，这种量化使得不同机制间可以相互比较。下面给出形式化定义。

定义 8.4 隐私损失随机变量

对于所有相邻数据集 $X \simeq X' \in \mathrm{MSets}(\mathbb{X})$，令 $\mathsf{y} = \mathcal{M}(X)$ 与 $\mathsf{y}' = \mathcal{M}(X')$，存在隐私损失函数

$$\mathsf{PL}_{\mathsf{y}||\mathsf{y}'}(y) = \log \frac{p_{\mathsf{y}}(y)}{p_{\mathsf{y}'}(y)} \tag{8.21}$$

隐私损失随机变量

$$\mathsf{L}_{\mathsf{y}||\mathsf{y}'} = \mathsf{PL}_{\mathsf{y}||\mathsf{y}'}(\mathsf{y}) \tag{8.22}$$

其中，$p_{\mathsf{y}}(y)$ 表示随机机制 $\mathcal{M}$ 的密度函数。

从定义 8.1可知，差分隐私提供了最坏情况下的隐私保证，要求 $\Pr[\mathsf{L}_{\mathsf{y}||\mathsf{y}'}] \leqslant \varepsilon$。然而，对分析性结果执行严格失真化的处理可能导致实际应用中数据效用的显著损失。因此，一些松弛化的差分隐私定义被提出。近似差分隐私（approximate DP）通过引入近似项 δ 来放宽定义 8.1，以补偿隐私损失大于 ε 的输出，记作 (ε, δ)-差分隐私，可表示为式 (8.23) 或式 (8.24)：

$$\Pr[\mathcal{M}(X) \in Y] \leqslant \mathrm{e}^{\varepsilon} \Pr[\mathcal{M}(X') \in Y] + \delta \tag{8.23}$$

$$\Pr\left[\mathsf{L}_{\mathsf{y}||\mathsf{y}'} \geqslant \varepsilon\right] \leqslant \delta \tag{8.24}$$

其中，参数 δ 表示定义 8.1的失败概率（failure probability），在取值上应远小于数据集大小 n 的倒数，即 $\delta \ll \dfrac{1}{n}$。因此，(ε, δ)-差分隐私可以直观地理解为以 $1 - \delta$ 的概率满足 ε-差分隐私。

然而，提供最坏情况下的隐私保证在多数情况下显得过于严格，更恰当的做法是刻画并限制平均水平的隐私风险。例如，库尔贝克-莱布勒隐私（Kullback-Leibler privacy）考虑了隐私损失随机变量的算术平均值，(α, ε)-雷尼差分隐私（Rényi DP）则通过限制隐私损失随机变量的第 α 阶矩来控制平均函数的选择，见式 (8.25)。当 $\alpha = 2$ 时，考量的正是 e^{L} 的算术平均值。此外，平均隐私损失的方式还包括对互信息的利用，它度量了随机变量间的相互依赖程度，如互信息差分隐私（Mutual Information DP，MI-DP），其保护强度介于 ε-差分隐私和 (ε, δ)-差分隐私之间。

$$\mathrm{E}_{\mathrm{Y}}\left[\mathrm{e}^{(\alpha-1)\mathsf{L}_{\mathsf{y}||\mathsf{y}'}}\right] \leqslant \mathrm{e}^{(\alpha-1)\varepsilon} \tag{8.25}$$

层峦叠嶂数不尽，一山更比一山高。有些定义比简单考虑隐私损失的最坏情况或平均水平更加深入。它们试图以更小的 ε 获得与近似差分隐私相同的效用和对最坏情况的更强控制力，这主要通过控制隐私损失随机变量的尾部分布得以实现。首次将该思想严格形式化的是 (ξ, ρ)-零集中差分隐私（Zero Concentrated DP）。该定义通过概率分布间的雷尼散度刻画了服从次高斯分布的隐私损失随机变量，并要求随机变量集中在 0 附近，属于集中差分隐私的另一种表现形式，见式 (8.26)。它通过引入参数 ρ，刻画了式 (8.25) 中 α 与 ε 之间的对应关系，即给定参数 ρ，对应于每个 α 的 ε 最多不超过 $\rho\alpha$。

$$\mathrm{E}_{\mathrm{Y}}\left[\mathrm{e}^{(\alpha-1)\mathsf{L}_{\mathsf{y}||\mathsf{y}'}}\right] \leqslant \mathrm{e}^{(\alpha-1)(\rho\alpha+\xi)} \tag{8.26}$$

之后，零集中差分隐私还衍生出如下一系列变体。

（1）(ξ, ρ, δ)-近似零集中差分隐私（Approximate ZCoDP）：通过仅在概率大于 $1-\delta$ 的事件（而非在整个分布）上取雷尼散度，来放宽 (ξ, ρ)-零集中差分隐私。

（2）(ξ, ρ, c)-有界集中差分隐私（Bounded CoDP）：要求不等式只在 α 不超过阈值 c 时成立，来放宽 (ξ, ρ)-零集中差分隐私，即要求所有雷尼散度均小于一个阈值。

（3）(ρ, c)-截断集中差分隐私（Truncated CoDP）：用同样的方法放宽 $(0, \rho)$-零集中差分隐私。不同的是，它只要求部分雷尼散度小于一个阈值。

2. 相邻输入定义

"修改由 (X, X') 构成的集合对，使得 $\mathcal{M}(X) \approx \mathcal{M}(X')$" 等同于更改受保护的敏感属性。这意味着，若要调整差分隐私以保护不同的敏感属性，只需更改定义 8.1中相邻数据集的定义即可。

在定义 8.1中，数据集 X 与 X' 间的差异有两种解释：一种是数据集大小相同且仅在一条记录上不同（通过修改记录实现）；另一种是数据集较相邻数据集多一条记录（通过添加/删除记录实现）。两种解释分别对应了有界差分隐私（bounded DP）和无界差分隐私（unbounded DP），它们在本质上实现了不同的隐私目标。前者保护了记录的值，后者保护了记录在数据集中的存在性。值得一提的是，任何满足 ε-无界差分隐私的算法都满足 2ε-有界差分隐私，这是因为修改一条记录可以通过先删除原有记录，再添加一条新记录实现。一种更严格的定义是客户端/应答者差分隐私，它涵盖了同一应答者可以对数据集进行多次贡献的情况，如 (k, ε)-群体隐私，它通过一个额外参数描述了更改单个应答者会影响的最大记录数。

修改相邻数据集定义的另一思想是考虑仅有特定类型的信息是敏感的。通常来说，攻击者知道目标用户患有癌症，比他们知道目标用户没有患癌症存在的威胁更大。这源于前者泄露了特定用户的特定信息且为敏感信息。为此，需要一种能为敏感信息提供严格隐私保障的定义。单边差分隐私（One-Side DP，OSDP）刻画了这一思想，它在掩盖敏感信息取值的同时，隐藏了信息是否敏感这一事实。本质上，OSDP 提供了类似差分隐私的不可区分性，不同的是这一特性仅针对敏感信息，即 OSDP 只保护敏感信息的隐私，对非敏感信息的泄露不作限制。在相邻数据集上，OSDP 要求 X' 是通过将 X 中的敏感数据替换为任意数据得到的。其中，敏感性概念由"策略"形式化，用于指定哪些数据为敏感数据。之后，类似的定义陆续出现，如受保护的差分隐私（protected DP）。该定义被应用于图领域，以保证任何使用者不能对被保护节点的相应边集有更多了解，而对非保护节点的边集不作保证。

缩小相邻数据集的范围是修改定义的又一方式。定义 8.1要求任意一对相邻数据集间的结果都具有 ε-不可区分性。但在实践中，管护者有时想要保护的数据集 X 可能只有一个。此时，需要一种能为特定数据集提供严格隐私保障的定义，而缩小相邻数据集定义的范围可以实现这一需求。也就是说，管护者只需保证给定数据集与其所有相邻数据集之间具有 ε-不可区分性，而非任意相邻数据集之间，这一定义又被称为个体差分隐私（individual DP）。之后，逐例差分隐私（per-instance DP) 在该定义的基础上作了进一步限制，它除了固定要保护的数据集 X 外，还固定了所要替换的记录。

3. 隐私参数配置

差分隐私默认为所有保护对象赋予相同的隐私预算。但这种“一刀切”的方式忽略了一个事实，即人们的隐私态度和期望可能是不同的。直接对所有保护对象赋予相同的隐私等级可能会导致不必要的效用损失。为解除这一限制，个性化差分隐私（Personalized DP，PDP）或异质差分隐私（Heterogeneous DP，HDP）允许隐私等级随输入发生变化，见式 (8.27)。其中，$\Psi(x_i)$ 指数据 x_i 所对应的应答者的隐私偏好。定制差分隐私（tailored DP）进一步推广了这一定义。它在已有基础上引入了异常值隐私，即根据记录是不是数据集中的异常值来加强或削弱记录的隐私要求，进而调整个体的隐私保护水平。

$$\Pr[\mathcal{M}(X) \in Y] \leqslant \mathrm{e}^{\Psi(x_i)} \Pr[\mathcal{M}(X') \in Y] \tag{8.27}$$

在不同输入中调整隐私等级还可以采用随机方式，即仅保证某些被随机选取的用户具有特定的隐私等级。一个例子为随机差分隐私（random DP），它是定义 8.1的弱化版，允许“边缘情况”数据集不受保护。这是通过随机生成数据并允许一小部分情况不满足 ε-不可区分性来表现的。

8.5 差分隐私算法的应用实例

本节介绍两个标志性应用——随机可聚合隐私保护序列响应（Randomized Aggregatable Privacy-Preserving Ordinal Response，RAPPOR）[Erlingsson et al., 2014] 和差分隐私随机梯度下降（Differentially Private Stochastic Gradient Descent，DPSGD）[Abadi et al., 2016]。它们通过精巧的策略有效地缓解了统计隐私和效用的紧张关系，从而为差分隐私算法的实际应用和大规模部署奠定了坚实的基础。表 8.2 从设计考量和适用组件等方面对二者进行了总结与比较。

表 8.2 RAPPOR 与 DPSGD 的对比

项目	RAPPOR	DPSGD
信任模型	本地模型	中心模型
交互方式	非交互方式	交互方式
隐私定义	ε-差分隐私	(ε, δ)-差分隐私
适用组件	随机应答	加性扰动

8.5.1 RAPPOR

为提供有效且可靠的在线服务，云服务商需要掌握有关其用户和客户端软件活动的最新统计资料。举例来说，为了评估僵尸网络或客户端劫持的泛滥程度，云服务商可能希望监测在过去 24 小时内，有多少客户端的关键首选项被重写。例如，将用户预设的主页重定向至已知的恶意网站。然而，收集这类信息经常使得运营商左右为难。一方面，直接收集可能会损害终端用户的隐私。即便只通过主页设定也可能唯一地识别出某一用户，从而对其产生危害。另一方面，放弃收集同样会对用户不利。如果运营商无法获得正确的统计数据，他们就不能对服务进行有针对性的改进，从而使用户受益。

为应对这种情况，来自谷歌的研究人员提出了隐私数据收集机制 RAPPOR，并将其部署到 Chrome 网络浏览器中。简单来说，RAPPOR 可以看作第 8.3.1 小节中随机应答机制的扩展，每个客户端都会生成一组比特序列而非单个比特。RAPPOR 的主要贡献包括以下 3 个方面。

（1）RAPPOR 可以收集任意类型的数据。对于分类数据，可以直接使用每个比特表示客户端是否属于某个类别。该类别也可以扩展到连续的范围，从而支持数值或定序数据的收集。更一般地，RAPPOR 采用了布隆过滤器（Bloom filter），以应对分类数量难以枚举的情况或处理其他非分类数据。布隆过滤器是一种紧凑的数据结构，其通过一组哈希函数将任意值映射到固定长度的比特序列中。

（2）RAPPOR 能够提供纵向、长期的隐私保证。针对多次收集的场景，传统的随机应答机制并不能提供合理的否认。回顾例 8.5，若同一位参与者的 100 次回答中有 75 次为“是”，那么其真实答案为“否”的概率仅为 1.39×10^{-24}。针对这一问题，RAPPOR 采取了两步式的随机应答方法。第一步称为永久随机应答（Permanent Randomized Response，PRR），用于创建一个扰动后的比特序列，并永久取代原始答案保存在客户端。这一做法又称为备忘（memoization），能够有效地遏制平均攻击（averaging attack），即攻击者通过多次观测噪声值以无限的准确率逼近真实值。第二步称为瞬时随机应答（Instantaneous Randomized Response，IRR），用于在每次数据收集时对永久随机应答的结果进行扰动。瞬时随机应答的主要目的是防止攻击者对特定目标进行跟踪与识别。

（3）RAPPOR 具有一套新颖、高效的解码方案。为实现边缘分布估计，它结合了假设检验、最小二乘法，以及最小绝对收缩和选择算子（Least Absolute Shrinkage and Selection Operator，LASSO）回归等方法。在此基础上，RAPPOR 还使用期望最大化（Expectation Maximization，EM）算法实现联合分布估计，并能够在数据全集未知的情况下发现频繁项 [Fanti et al., 2016]。

下面给出 RAPPOR 的算法细节，如算法 8.3 所示。该算法在客户端接收任意本地数据 x 和一系列参数 k、s、r、q、p。

在编码阶段，RAPPOR 使用 s 个哈希函数 $h_1, \cdots, h_s$ 将 x 映射到长度为 k 的布隆过滤器 $\boldsymbol{b}$ 中。也就是说，$\boldsymbol{b}$ 中最多有 s 比特被置 1，其余 $k-s$ 比特均为 0。为减少将不同值映射到相同位置的碰撞概率，RAPPOR 还支持对客户端进行分组，并为每组分配不同的哈希函数集。需要注意的是，分组数量与算法效用紧密相关。分组数量太少难以解决碰撞问题，而分组数量过多则会使每组的报告数量不足，难以消除噪声的影响。

算法 8.3　RAPPOR

输入: 本地数据 $x \in \mathbb{X}$，布隆过滤器的长度 $k \in \mathbb{Z}^+$，哈希函数集的大小 $s \in \mathbb{Z}^+$，常数 $r \in [0,1]$，$q,p \in (0,1)$。

输出: 瞬时随机应答 $\boldsymbol{b}^{\mathrm{IRR}} \in \{0,1\}^k$。

// 编码阶段

1 构建布隆过滤器 $\boldsymbol{b} \in \{0,1\}^k$。其中，$b_i = 1$ 当且仅当存在某个哈希函数 $h_l(x) = i$，$l \in \{1,\cdots,s\}$。

// 扰动阶段

2 构建永久随机应答 $\boldsymbol{b}^{\mathrm{PRR}} \in \{0,1\}^k$，并在需要报告 x 时重复使用。其中，

$$b_i^{\mathrm{PRR}} = \begin{cases} b_i, & \text{以概率 } 1 - \dfrac{1}{2}r \\ 1 - b_i, & \text{以概率 } \dfrac{1}{2}r \end{cases}, \quad i = \{1,\cdots,k\} \tag{8.28}$$

3 构建 $\boldsymbol{b}^{\mathrm{IRR}} \in \{0,1\}^k$，并将其上传至服务器。若 $b_i^{\mathrm{PRR}} = 1$，则

$$b_i^{\mathrm{IRR}} = \begin{cases} b_i^{\mathrm{PRR}}, & \text{以概率 } q \\ 1 - b_i^{\mathrm{PRR}}, & \text{以概率 } 1 - q \end{cases}, \quad i = \{1,\cdots,k\} \tag{8.29}$$

否则，有

$$b_i^{\mathrm{IRR}} = \begin{cases} b_i^{\mathrm{PRR}}, & \text{以概率 } p \\ 1 - b_i^{\mathrm{PRR}}, & \text{以概率 } 1 - p \end{cases}, \quad i = \{1,\cdots,k\} \tag{8.30}$$

在扰动阶段，RAPPOR 通过永久随机应答生成噪声版本的布隆过滤器 $\boldsymbol{b}^{\mathrm{PRR}}$，并覆盖 $\boldsymbol{b}$ 存储在本地。每次需要报告 x 时，RAPPOR 首先利用瞬时随机应答对已备忘的 $\boldsymbol{b}^{\mathrm{PRR}}$ 展开变换，然后将最终报告 $\boldsymbol{b}^{\mathrm{IRR}}$ 发送给服务器。我们可以借用 3 枚不均匀的硬币解释上述过程，它们维持原有结果的概率分别为 $1 - \dfrac{1}{2}r$、q 和 p。对比特序列的每个位置 i，永久随机应答始终选用第一枚硬币生成 b_i^{PRR}。瞬时随机应答则根据 b_i^{PRR} 的值选用不同的硬币。若 $b_i^{\mathrm{PRR}} = 1$，则使用第二枚硬币生成 b_i^{IRR}，否则使用第三枚硬币。需要指出的是，r、q 和 p 均为可调参数，它们与 s 共同决定了 RAPPOR 所能提供的隐私保证。

下面通过例 8.6 直观地展示 RAPPOR 的运行过程。

例 8.6　RAPPOR 报告的生命周期

给定客户端的本地数据 $x =$ “differentialprivacy.org”，并设置布隆过滤器的长度 $k = 8$，哈希函数集的大小 $s = 2$，常数 $r = 0.5$、$q = 0.75$、$p = 0.5$。

RAPPOR 报告的生命周期如图 8.14 所示。在布隆过滤器 $\boldsymbol{b}$ 中，x 被压缩为两个信号比特。对于这两个信号，一个在永久随机应答 $\boldsymbol{b}^{\mathrm{PRR}}$ 中得以保留，另一个则被

噪声永久湮没，即便是最强的攻击者，也无法对其进行恢复。每次报告 x 时，客户端都将构建新的瞬时随机应答 $\boldsymbol{b}^{\text{IRR}}$，并将其发送给服务器。

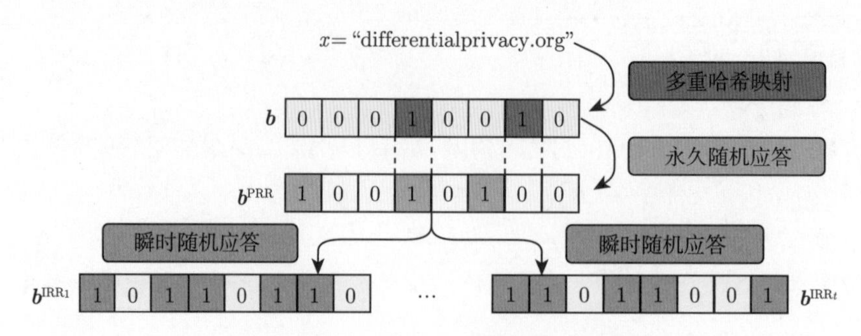

图 8.14 RAPPOR 报告的生命周期

双层随机应答使得 RAPPOR 能够抵御多种类型的攻击者。最弱的攻击者（如临时的窃听者）只能看到某个客户端的单次报告，而较强的攻击者（如恶意的管理员）可以看到某个客户端一段时期或全部周期的报告。永久随机应答为参与者提供了最低程度的隐私保证，瞬时随机应答的引入则放大了这一保证。然而，随着重复收集次数的增加，瞬时随机应答所提供的放大效应会逐渐减弱。最终，RAPPOR 所能提供的隐私保证会收敛于永久随机应答。定理 8.7 给出了永久随机应答和首次瞬时随机应答的隐私保证，其结论需要借助引理 8.1。

引理 8.1

令 q^*（或 p^*）为布隆过滤器某个比特被置 1（或被置 0）的情况下观察到 1 的概率，则有

$$q^* = \Pr(b_i^{\text{IRR}} = 1 | b_i = 1) = \frac{1}{2}r(p+q) + (1-r)q \tag{8.31}$$

$$p^* = \Pr(b_i^{\text{IRR}} = 1 | b_i = 0) = \frac{1}{2}r(p+q) + (1-r)p \tag{8.32}$$

定理 8.7 RAPPOR 的隐私保证

永久随机应答满足 ε_∞-差分隐私。其中，

$$\varepsilon_\infty = 2s\ln\left(\frac{1-\frac{1}{2}r}{\frac{1}{2}r}\right) \tag{8.33}$$

在永久随机应答的基础上，首次瞬时随机应答满足 ε_1-差分隐私。其中，

$$\varepsilon_1 = s\ln\left[\frac{q^*(1-p^*)}{p^*(1-q^*)}\right] \tag{8.34}$$

与传统的随机应答机制相比，RAPPOR 需要更复杂的解码方案。这是因为布隆过滤器致使信息损失，而人为添加的噪声加剧了这一问题。为实现边缘分布估计，首先需要恢

复每个比特 i 真正在布隆过滤器中被置 1 的频数 t_i。设 n 为报告总数，c_i 为所有报告中观察到比特 i 被置 1 的数量，则有

$$\mathrm{E}(c_i) = q^* t_i + p^*(n - t_i) \tag{8.35}$$

然后，通过移项，可以得到 t_i 的无偏估计量：

$$\hat{t}_i = \frac{c_i - np^*}{q^* - p^*} \tag{8.36}$$

与此同时，需要对数据全集中的所有数据类型进行编码。设 m 为数据全集的大小，使用与客户端相同的 s 个哈希函数 $h_1, \cdots, h_s$ 将每种类型 $j \in \{1, \cdots, m\}$ 映射到长度为 k 的布隆过滤器 $\boldsymbol{b}_j$ 中。

最后，需要挑选可能出现的数据类型，并对其频率进行估计和检验。令 $\hat{\boldsymbol{t}} = (\hat{t}_1, \cdots, \hat{t}_k) \in \mathbb{N}^k$，$\boldsymbol{B} = (\boldsymbol{b}_1, \cdots, \boldsymbol{b}_m) \in \{0,1\}^{k \times m}$。使用 LASSO 拟合 $(\boldsymbol{B}, \hat{\boldsymbol{t}})$ 的线性回归模型：

$$\boldsymbol{w}^* = \arg\min_{\boldsymbol{w}} ||\hat{\boldsymbol{t}} - \boldsymbol{B}\boldsymbol{w}||_2^2 + \lambda||\boldsymbol{D}||_1 \tag{8.37}$$

将非零参数 w_j^* 所对应的列 $\boldsymbol{b}_j$ 作为候选数据类型，并构成新的矩阵 $\boldsymbol{B}^*$。使用最小二乘法拟合 $(\boldsymbol{B}^*, \hat{\boldsymbol{t}})$ 的线性回归模型：

$$\boldsymbol{v}^* = \arg\min_{\boldsymbol{v}} ||\hat{\boldsymbol{t}} - \boldsymbol{B}^*\boldsymbol{v}||_2^2 \tag{8.38}$$

得到每种类型 j 的估计频率 v_j^*、标准误差与 p 值。将 p 值与邦费罗尼（Bonferroni）校正水平 $\dfrac{\alpha}{m} = \dfrac{0.05}{m}$ 进行比较，以确定有哪些估计在统计上显著大于 0，从而进一步降低误报率。

以上便是有关 RAPPOR 的全部介绍，感兴趣的读者可进一步阅读相关材料，了解以 RAPPOR 为基础衍生出的后续工作。此外，苹果、微软也推动了差分隐私的发展，场景同样是数据的收集与分析，如分析用户使用表情的频数、用户访问网页的频数，或用户使用各自应用程序、系统程序的时长。

8.5.2 DPSGD

机器学习算法通过研究大量数据更新模型参数，以使其在某类任务中具有更好的表现。通常，人们希望这些参数能够编码数据中蕴含的一般模式（如肥胖者更易患有冠心病），而不是有关特定训练样例的事实（如李四患有冠心病）。然而，机器学习算法并不会主动忽略这些细节。过拟合的存在使得模型具有过目不忘的能力，而这令全副武装的攻击者有了可乘之机。他们不仅可以根据模型辨别应答者，甚至可以实现从模型到数据的逆向工程。因此，为机器学习算法赋予隐私保护能力成为人们关注的焦点。

DPSGD 是当前最受欢迎的隐私保护机器学习算法。它立足于非隐私的随机梯度下降算法，并通过对梯度的截断和扰动获得差分隐私保证，见算法 8.4。

算法 8.4 DPSGD

输入: 样本 $\{x_1, x_2, \cdots, x_n\}$，损失函数 $l(\boldsymbol{\omega}, x_i)$，第 t 次迭代所需的学习率 η_t，噪声规模 σ，组大小 G[④]，梯度范数边界 C。

输出: 参数 $\boldsymbol{\omega}_T$。

1 初始化 $\boldsymbol{\omega}_0$。
2 **for** $t \in 1, \cdots, T$ **do** // T 为迭代次数
3 　在抽样概率 $q = \dfrac{G}{n}$ 下随机抽样 G_t。
4 　**for** $i \in G_t$ **do** // 计算梯度
5 　　计算 $\boldsymbol{g}_t(x_i) = \nabla_{\boldsymbol{\omega}_t} l(\boldsymbol{\omega}_t, x_i)$。
6 　$\bar{\boldsymbol{g}}_t(x_i) = \boldsymbol{g}_t(x_i) / \max\left(1, \dfrac{\|\boldsymbol{g}_t(x_i)\|_2}{C}\right)$。 // 梯度截断
7 　$\widetilde{\boldsymbol{g}}_t = \dfrac{1}{G}\left(\sum_i \bar{\boldsymbol{g}}_t(x_i) + \mathrm{w}\right)$，其中 $\mathrm{w} \sim \mathrm{Gauss}(0, \sigma^2 C^2 \boldsymbol{I})$。 // 噪声添加
8 　$\boldsymbol{\omega}_{t+1} = \boldsymbol{\omega}_t - \eta_t \widetilde{\boldsymbol{g}}_t$。 // 梯度下降

通过截断梯度，单一样本对差分隐私保证的影响被限定在预定义的截断阈值 C 内，这样做的目的是约束单一样本对模型参数 $\boldsymbol{\omega}$ 的敏感度，以及缓解因梯度过大而造成的模型不收敛问题。在多层神经网络中，每一层可以采用不同的阈值设置见式 (8.39)。

$$\|\boldsymbol{g}(x)\|_2 = \begin{cases} \|\boldsymbol{g}(x)\|_2, & \|\boldsymbol{g}(x)\|_2 \leqslant C \\ C, & \|\boldsymbol{g}(x)\|_2 > C \end{cases} \tag{8.39}$$

截断后的梯度会被聚合并注入高斯噪声。值得注意的是，不确定的随机梯度下降步数使得算法的差分隐私性难以保证。作为 DPSGD 的核心部分，矩会计（moment accountant）缓解了隐私预算随步数的变化增长过快的问题，与已有的限制总体隐私预算的方法相比，实现了更严格的隐私损失上界。这源自它考量了除隐私损失本身值及其数学期望之外的其他随机变量性质。

我们知道，随机变量的分布由矩母函数（moment generating function）唯一确定。期望作为随机变量的"一阶原点矩"，很大程度上体现了随机变量分布的某种性质，但无法唯一确定随机变量的分布。此时，如果能通过矩母函数计算出所有 λ 阶矩的上界，而不仅仅是期望，则意味着能得到一个更紧的隐私损失上界。DPSGD 中的矩会计利用这一思路，对复杂组合机制下的隐私损失进行了严格的分析计算，是目前的高级组合定理无法实现的。

设 q 为随机抽样概率，T 为迭代次数，噪声为服从标准差 $\sigma = \sqrt{2\log\dfrac{1.25}{\delta}}/\varepsilon$ 的高斯分布。此时，对于分组 G，每次迭代满足 (ε, δ)-差分隐私。考虑到 G 本身是数据集中的随机样本，通过抽样概率 $q = G/n$ 得到。依据隐私放大原理，对于整个数据集，每次迭代应满足 $\big(O(q\varepsilon), q\delta\big)$-差分隐私。基于此，定理 8.8给出了 DPSGD 的隐私保证。

④ 这里的组大小 G 与常规机器学习中称为批处理（batch）的计算分组不同，它由多个 batch 组成，目的是限制内存消耗，降低噪声添加量。

定理 8.8 DPSGD 的隐私保证

设 q 为随机抽样概率，T 为迭代次数，噪声为服从标准差 $\sigma = \sqrt{2\log\frac{1.25}{\delta}}/\varepsilon$ 的高斯分布。T 次迭代后，DPSGD 满足 $(O(q\varepsilon\sqrt{T}), \delta)$-差分隐私。

为了对比矩会计的优势，图 8.15 展示了相同条件下，依据不同组合可提供的差分隐私保证。可以看到，与高级组合相比，采用矩会计的 DPSGD 分别在 ε 部分和 δ 部分省去了因子 $\sqrt{\log\frac{1}{\delta'}}$ 和 qT，为客户端提供了更严格的上界。

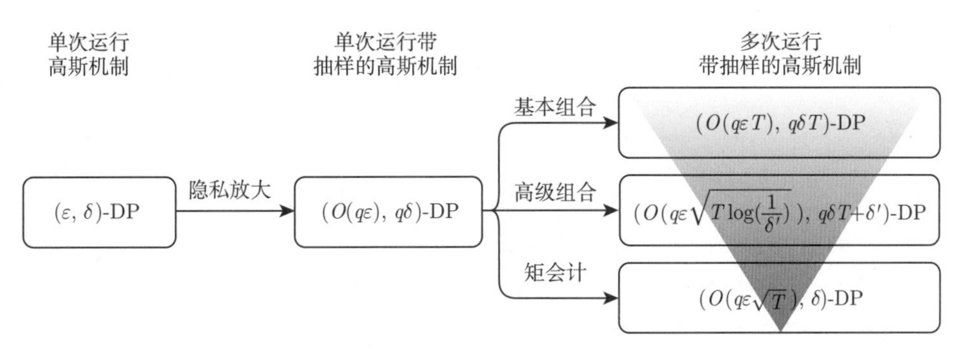

图 8.15 不同组合下的隐私保证

借助定理 8.8，可以得到更一般化的结论，见定理 8.9。

定理 8.9

设 q 为随机抽样概率，T 为迭代次数，存在常数 c_1、c_2，使得 $\forall\varepsilon < c_1 q^2 T, \delta > 0$。若高斯机制的标准差为

$$\sigma \geqslant c_2 \frac{q\sqrt{T\log(1/\delta)}}{\varepsilon} \tag{8.40}$$

则 DPSGD 满足 (ε, δ)-差分隐私。

下面简要给出定理 8.9 的证明思路。

证明 前文提到，差分隐私等价于约束机制 $\mathcal{M}$ 在相邻数据集输出分布上的差异。这一差异可以通过隐私损失随机变量 $\mathsf{L}_{\mathsf{y}||\mathsf{y}'}$（定义 8.4）加以衡量。这里我们引入辅助输入 aux，令 $\mathsf{y} = \mathcal{M}(X, \text{aux})$，它要求第 k 个机制 $\mathcal{M}_k$ 的输出作为第 $k+1$ 个机制 $\mathcal{M}_{k+1}$ 的输入。

由于直接采用随机变量的尾部边界可能导致松散的界，因此考虑用随机变量的对数矩代替，式 (8.41)为第 λ 阶的对数矩母生成函数。

$$\alpha_{\mathcal{M}}(\lambda; \text{aux}, X, X') = \log \mathrm{E}_{\mathsf{y}}\left[\exp\left(\lambda \mathsf{L}_{\mathsf{y}||\mathsf{y}'}\right)\right] \tag{8.41}$$

$$\alpha_{\mathcal{M}}(\lambda) = \max_{\text{aux}, X, X'} \alpha_{\mathcal{M}}(\lambda; \text{aux}, X, X') \tag{8.42}$$

接下来，结合标准马尔可夫（Markov）不等式[⑤]求得尾阶，即差分隐私意义上的隐私损失。需要注意，这里只需关注违反差分隐私的部分不超过 δ 即可，也就是 $\mathsf{L}_{y||y'} \geqslant \varepsilon$ 的部分。

$$
\begin{aligned}
\Pr[\mathsf{L}_{y||y'} \geqslant \varepsilon] &= \Pr\left[\exp\left(\lambda \mathsf{L}_{y||y'}\right) \geqslant \exp(\lambda\varepsilon)\right] \\
&\leqslant \frac{\mathrm{E}_{\mathrm{Y}}\left[\exp\left(\lambda \mathsf{L}_{y||y'}\right)\right]}{\exp(\lambda\varepsilon)} \\
&\leqslant \exp(\alpha - \lambda\varepsilon)
\end{aligned}
\tag{8.43}
$$

通过计算矩母函数的最小值，求得 δ：

$$
\delta = \min_{\lambda} \exp\left(\alpha_{\mathcal{M}}(\lambda) - \lambda\varepsilon\right) \tag{8.44}
$$

进而结合 ε，求得 σ 的大小。至此，定理 8.9 得证。 □

本节给出的两个实例仅为差分隐私应用的冰山一角，感兴趣的读者可进一步阅读相关材料，了解 CMS [Apple Differential Privacy Team, 2017]、PATE [Papernot et al., 2017] 等其他应用或理论方面的最新进展。

8.6 延伸阅读

正如本章开篇所言，差分隐私是在一系列工作中诞生的，包括 Dinur 等 [2003]、Dwork 等 [2004]、Blum 等 [2005] 和 Dwork 等 [2006b] 的工作。“差分隐私”这一名称受到 Michael Schroeder 的启发，并在 [Dwork, 2006] 中首次使用。由于对差分隐私理论的创建与发展，Cynthia Dwork 等人先后被授予哥德尔奖（Gödel Prize）、高德纳奖（Knuth Prize）、理查德·卫斯里·汉明奖章（Richard W. Hamming Medal）和帕里斯·卡内拉基斯理论与实践奖（Paris Kanellakis Theory and Practice Award）。

随机应答技术在 20 世纪中期便已出现 [Warner, 1965]。本章介绍的方法又称为强制应答（forced response），应答者必须根据随机化设备的结果，返回真实或预设的答案。常用的随机化设备包括硬币、骰子和纸牌，也可以使用确定数值（如电话号码和生日）的随机变体。有时，回答“是”本身可能对应答者造成困扰，并促使其违背协议。伪装应答（disguised response）通过将原有答案替换为无害的表示形式（如不同的颜色），有效地缓解了这一问题。除扰动答案外，应答者也可以改变回答的问题以保护隐私。例如，选择回答敏感问题的对立问题（mirrored question）或无关问题（unrelated question）。Blair 等 [2015] 详细地介绍了随机应答技术，并给出了统计分析、实验说明和改进方案。

高斯机制 [Dwork et al., 2006a] 和拉普拉斯机制 [Dwork et al., 2006b] 是最常见的加性扰动机制。然而，连续分布的随机样本难以在有限计算机中表示和产生。Mironov [2012] 指出，有限精度近似有可能造成灾难性的隐私泄露。尽管系统记录的隐私损失微不足道，但

⑤ 在概率论中，马尔可夫不等式给出了随机变量的函数大于等于某正数的概率的上界。

通过检查噪声输出的低阶位，攻击者能够重建整个数据集。从离散分布中进行抽样可以解决这一问题，Ghosh 等 [2009] 和 Canonne 等 [2020] 分别提出了离散版本的拉普拉斯机制和高斯机制，前者又称为几何机制。

指数机制实现了差分隐私机制的大一统 [McSherry et al., 2007]。为适应有限计算机，Ilvento [2020] 提出了以 2 为底的指数机制。Durfee 等 [2019] 证明指数机制与添加耿贝尔（Gumbel）噪声的报告加噪最大值（Report Noisy Max，RNM）机制是等价的，从而实现了时间最优的频繁项挖掘。Dong 等 [2020] 精准地刻画了指数机制的隐私损失，Ding 等 [2022] 则利用输出项与候选项之间的差距信息进一步地缩减了隐私预算。

差分隐私的成功源自人们对现代密码学的深刻理解。[Katz et al., 2020] 是学习这些知识的非常好的资料。[Wood et al., 2021] 用浅显的语言和丰富的案例传达了差分隐私的精髓，可以作为差分隐私的入门读物。[Dwork et al., 2014] 详细地阐述了差分隐私的思想、技术、限制及应用，被认为是差分隐私的圣经。[Vadhan, 2017] 和 [Kamath et al., 2020] 分别从理论计算机科学和推断统计学的角度对差分隐私进行了介绍，它们主要关注计算的复杂度和困难性。[Near et al., 2021a] 和 [Near et al., 2021b] 更加侧重工程实践，前者概述了回答数据库式查询所涉及的策略、机制与系统，后者则提供了大量的程序设计案例。

第 9 章 数据删除

在数字时代，人类生活最根本的改变，或许就是记忆和遗忘的关系已经反转了。个人信息被数字存储器长久保存已经成为常态，而遗忘则成了非常态。然而，这些被存储的用户信息可能会被违规地收集与滥用，并导致个人隐私及利益受到严重威胁。因此，信息收集者应允许用户提出删除（遗忘）他们的数据的请求，并能够提供便捷地响应这些要求的方式，以保护用户的隐私。删除应该达到什么样的效果，以及如何执行删除，是值得我们思考和讨论的问题。

本章第 9.1 节讨论执行数据删除应考虑的问题及可能面临的挑战，并介绍一个完整的、可执行的数据删除流程。第 9.2 节介绍数据删除的形式化定义，旨在为设计数据删除操作提供指导，并依照定义对其进行评估。针对所请求数据在机器学习模型中留下的痕迹（模型参数），第 9.3 节介绍相关删除操作（机器遗忘）的定义、策略和评估指标。这是机器学习场景中数据删除全流程的重要组成部分。最后，针对在现实情况中难以完全清除历史痕迹的情况，第 9.4 节分析数据删除前后存在的差异，并讨论由此产生的隐私威胁和应对策略。

9.1 数据删除的基本思想

记忆的丧失称为遗忘，存在记忆便存在遗忘。在数字时代，人们对记忆的期望往往由存储器实现。与人脑的记忆相比，存储器具有更大的容量，所存储的记忆也有更多的形式与更丰富的细节，使得依赖存储器的记忆正逐渐成为一种常态。这些记忆在给人们带来便利的同时，也可能产生不可预测的负面影响，这使得遗忘个人信息的需求逐渐被重视。针对该问题，许多国家及地区已经出台了相关法律法规来保障人们删除自己的数据的权利。本节从技术角度出发，针对执行数据删除时可能面临的 3 个问题展开详细的讨论，即是否删、删什么、怎么删。

9.1.1　记忆与遗忘

记忆是人脑对经历过的事物的识别、保持、再现或再认。作为一种基本的心理过程，它是人类学习、工作和生活的基本技能。人们往往希望拥有一份好的记忆力以记住生活中的种种信息，进而将其作为经验来减少陌生带来的恐惧。然而在一般情况下，生物的记忆不是永久的，遗忘是一种常态。

从古至今，为让有价值的记忆不被遗忘，人们利用壁画、石碑、书籍、器具铭文等形式的载体将记忆保存。到了数字时代，技术的不断发展让存储的成本逐渐降低，依赖数字存储器的记忆迅速蔓延。生活中的每件事都可以被以各种形式存储记录，并留下可以被分析的数字痕迹。通常，捕获和分析这些数据有助于预测人类在各种情况下的行为和需求，如商品推荐、单词预测甚至交通优化等。但考虑到这些数据通常也包含个人的电子邮件、医疗记录和贷款记录等敏感信息，如果不加控制地进行分析，很可能产生负面影响。

一个经典的例子是大数据杀熟，即经营者运用大数据收集消费者的信息，通过分析其消费偏好、消费习惯、收入水平等信息，将同一商品或服务以不同的价格出售给不同的消费者，导致常客购买的价格反而比其他客户要贵许多。又如，曾经犯过错误的个体已经为某个错误付出了代价，即使这个错误只是一个小小的误会且他也诚心悔改，但在多年后仍可能由于这个错误而遭受不公正的待遇。

所谓“互联网没有记忆”，并非是指互联网无法记忆。恰恰相反，正是由于互联网强大的记忆力而导致的海量碎片化信息，会让人们轻易地失去或转移焦点。然而，这并不代表曾经的痕迹已被擦除。一旦这些信息被重新唤醒，彼此间产生关联，就有可能造成毁灭性的打击。这种威胁使得越来越多的人想要删除自己的信息，让互联网真正将自己遗忘。

大艺术家罗丹曾说：“什么是雕塑？就是在石料上去掉那些不要的东西。”对于自身的信息，每个人都可以是雕塑家，保留主观上有意义的“石料”，而删除那些无意义的“石料”。个人数据删除与否理应考虑到主观需求。但实际上，由于操作难度与信息安全的限制，删除数据的操作难以由用户独自完成，往往是在用户提出删除请求后由数据收集者审核并执行相应的删除操作。然而，数据收集者似乎无法从满足这些请求中获得明显的好处。个人请求删除其数据的愿望往往与数据收集者的利益相冲突。数据收集者很可能由于经济激励或仅仅是因为删除成本高昂而保留数据。针对该情况，目前很多国家已经开始在法律中对个人删除数据的相关权利进行规定。例如，欧盟在 2017 年通过了 GDPR，美国加利福尼亚州在 2018 年通过了 CCPA，以及我国在 2021 年通过的《中华人民共和国个人信息保护法》。例 9.1 展示了一些与数据删除相关的法律条例。

例 9.1　与数据删除相关的法律条例

- GDPR 第 7 条规定，“数据主体有权随时撤回其同意”。第 17 条规定，“资料主体有权在某些条件下向控制人提出删除其个人资料的要求，控制人有义务不过度拖延地删除个人资料”。
- CCPA 第 1798.105 条规定，“消费者有权要求企业删除企业从消费者处收集的有关消费者的任何个人信息”，以及“收到消费者可核实请求的企业……应从其记录中删除消费者的个人信息”。

- 《个人信息保护法》第 47 条规定，“个人信息处理者未删除的，个人有权请求删除”。

如何在技术层面明确数据删除的定义、规范并加以实施，仍然存在着许多困难与挑战。

9.1.2 问题与挑战

为了更好地理解删除的含义和要求，在执行删除时应考虑以下 3 个方面。

首先，应当同意何种删除请求？一个诚实的数据收集者在处理删除请求时面临的第一个挑战是确定是否同意此删除请求。其中，诚实的数据收集者是指能积极地响应所有合法的删除请求并诚实地删除用户所要求数据的数据收集者。本章重点讨论删除请求合法且数据收集者诚实的情况。需要注意的是，在某些特殊情况下，数据收集者有权保存一些关键信息，如可在审判案件中作为证据的支付信息。例 9.2 中给出了该问题在《个人信息保护法》中的相关规定。

例 9.2　《个人信息保护法》第 47 条

有下列情形之一的，个人信息处理者应当主动删除个人信息；个人信息处理者未删除的，个人有权请求删除：

（一）处理目的已实现、无法实现或者为实现处理目的不再必要；

（二）个人信息处理者停止提供产品或者服务，或者保存期限已届满；

（三）个人撤回同意；

（四）个人信息处理者违反法律、行政法规或者违反约定处理个人信息；

（五）法律、行政法规规定的其他情形。

法律、行政法规规定的保存期限未届满，或者删除个人信息从技术上难以实现的，个人信息处理者应当停止除存储和采取必要的安全保护措施之外的处理。

其次，应当删除哪些内容？当用户的删除请求满足删除条件时，数据收集者面临的第二个挑战是根据删除应达到的目标，确定删除的范围和删除的内容。从直觉来讲，一个彻底且完整的删除应做到不留痕迹。换言之，在执行删除操作后，所请求的数据及其贡献或影响应与该数据从未出现过一致，即系统应表现得像该数据从未出现过一样。因此，删除的内容应包括请求的原数据和由原数据产生的贡献或影响。前者就是原数据本身，而后者往往通过依赖数据的形式体现，如机器学习中训练后的模型参数。值得注意的是，虽然一些法律条例中并不对由原数据产生的依赖数据做出删除要求，但由于依赖数据可能被用于推理原数据信息，蕴含着一定隐私泄露的风险，因此，“不留痕迹”应是最稳妥的删除方案。

最后，应当如何实现删除操作？对于原数据，应由数据收集者从存储中彻底删除。而对于依赖数据，最简单的方法是直接删除，但这样做往往会同时消除其余数据的贡献，导致需要消耗额外资源用剩余数据重新计算。高效的方法是精确地分析出原数据的贡献或影响，并在依赖数据中进行剔除，但此操作的难度会随着任务复杂度的提高而上升。另一种可选的方法是修改依赖数据的生成机制，在对原始数据进行计算的过程中使用隐私机制。这样做能够确保依赖数据与隐私无关，从而在删除请求到来时，无须进行任何与依赖数据有关的操作。实现删除操作不仅仅是一个简单而直接的动作，为满足不留痕迹，除了删除原数据和处理依赖数据，还应考虑在删除原数据时可能存在的数据检索、数据存储问题，以及在处理依赖数据时可能存在的删除效率和潜在的威胁。下面就上述 5 个方面进行详细讨论。

（1）**数据检索问题**。数据收集者为了响应用户的删除请求，需要精准地找到该用户数据的存储位置。当存在诸如搜索、查询等数据业务时，数据收集者也需要防止恶意用户查询到其他用户数据，以避免用户数据隐私被泄露的风险。为满足上述需求，一个保证数据安全的身份验证机制十分必要。该机制应该能够为用户提供一种检索他们存储的数据的途径，包括用于查询存储位置的键，以及用于访问控制的身份验证序列。并且，这种身份验证的机制应该是随机的，否则任何知道其目标用户初始状态（如用户名和密码）的攻击者，都可以对目标用户的数据进行操作。

（2）**数据存储问题**。在通过身份验证机制找到用户的数据后，仅删除存储器内的数据往往是不够的。由于存储方式的原因，即使删除操作被诚实地执行，依旧存在隐私泄露的风险。这种风险体现在执行删除操作前后存储结构的变化。例 9.3 具体地揭示了这一风险。

例 9.3 **数据存储问题**

如图 9.1 所示，假设肺炎患者的信息被顺序地保存在此存储结构中。在病患张三（已痊愈）因个人原因请求删除其数据，经相关审核通过，且数据收集者执行了相应删除操作后，原来存放张三数据的内存单元会变为空。这样看似直接、简单且正确的删除操作存在隐私泄露的风险。首先，这样的操作至少暴露了曾存储在该位置的数据大小。其次，如果存储单元内的数据结构可见或可被推测，那么就有可能被攻击者根据相邻存储单元的数据推断出被删除的数据内容。如果数据是依靠用户的标识信息顺序存储的，甚至可能推断出标识个人身份的信息。

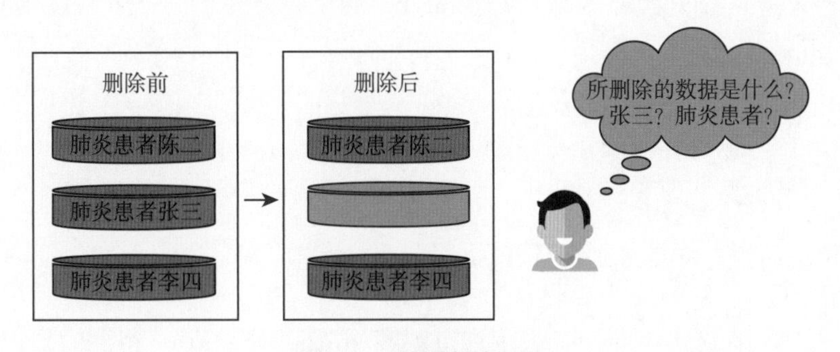

图 9.1 数据存储问题

由图可见，在执行删除操作后，由于此空存储单元的相邻数据均为肺炎患者，那么推断出空存储单元内的原数据也是肺炎患者信息的概率就很高，而事实也正是如此。如果患者的标识信息本身就是有序排列的，并且此排序规则可被推理出，那么就极易暴露用户的隐私信息。假设按照一定规则，陈二、张三和李四总是按照此顺序排列，则即使张三的数据从内存中被抹除，依旧可推理出此空存储单元中的原数据为张三的数据。由此，尽管张三的数据已经在内存中被彻底抹除，攻击者仍可能推理出一条不包含在存储单元内的数据信息——“张三是肺炎患者”。

总之，如果将数据以顺序存储的方式保存在相邻的多个存储单元里，就意味着数据之间的逻辑关系暴露在了存储结构中。如果这种逻辑关系恰好与可识别的数据具有密切的关系，那么由此逻辑关系甚至能推测出更多的隐私信息。因此，当数据收集者想要不留痕迹地删除一段数据时，不仅要保证删除后的存储器中没有残存的原数据信息，还要避免依靠存储结构来推断被删除数据信息的风险。换句话说，数据收集者应该在数据存储前考虑使用具有隐私安全性的数据结构。

一种可行的方案是采用具有历史独立性的数据结构来存储数据 [Naor, 2001]。历史独立性要求第三方无法从数据存储的结构中获取数据信息。根据对观察次数的要求，历史独立性可被分为弱历史独立性和强历史独立性 [Hartline et al., 2005]，定义分别如定义 9.1 和定义 9.2 所示。

定义 9.1　弱历史独立性

某一数据结构从初始状态 state_0，经过任意两个操作序列 s_X 和 s_Y 后达到状态 state_A，且满足：

$$
\begin{aligned}
\left(\text{state}_0 \xrightarrow{s_\text{X}} \text{state}_\text{A}\right) \wedge \left(\text{state}_0 \xrightarrow{s_\text{Y}} \text{state}_\text{A}\right) \Longrightarrow \forall \text{state}_\text{a} \in \text{state}_\text{A}, \\
\Pr\left[\text{state}_0 \xrightarrow{s_\text{X}} \text{state}_\text{a}\right] = \Pr\left[\text{state}_0 \xrightarrow{s_\text{Y}} \text{state}_\text{a}\right]
\end{aligned} \tag{9.1}
$$

则称此数据结构具有弱历史独立性。

定义 9.2　强历史独立性

某一数据结构从状态 state_A，经过任意两个操作序列 s_X 和 s_Y 后达到状态 state_B，且满足：

$$
\begin{aligned}
\left(\text{state}_\text{A} \xrightarrow{s_\text{X}} \text{state}_\text{B}\right) \wedge \left(\text{state}_\text{A} \xrightarrow{s_\text{Y}} \text{state}_\text{B}\right) \Longrightarrow \forall \text{state}_\text{a} \in \text{state}_\text{A}, \\
\forall \text{state}_\text{b} \in \text{state}_\text{B}, \Pr\left[\text{state}_\text{a} \xrightarrow{s_\text{X}} \text{state}_\text{b}\right] = \Pr\left[\text{state}_\text{a} \xrightarrow{s_\text{Y}} \text{state}_\text{b}\right]
\end{aligned} \tag{9.2}
$$

则称此数据结构具有强历史独立性。

上述定义中，state_a 与 state_b 表示通过观察 state_A 与 state_B 得到的知识。如果在观察过程中，除了数据结构当前的抽象状态外，不能从数据结构的内存表示中学习到任何数据信息，那么此数据结构就是历史独立的。弱历史独立性与强历史独立性的不同之处在于对数据结构的观测次数的假设。在强历史独立性定义下，数据结构可以被观测多次，而在弱历史独立性定义下只能被观测一次。

（3）**数据依赖问题**。用户及数据收集者的某些行为可能会引入数据的依赖关系，当数据收集者无法跟踪这些具有依赖关系的数据时，则认为删除是不彻底的。下面通过一个例子来描述一种由数据依赖产生的问题。

例 9.4 数据依赖问题

如图 9.2所示，考虑一个数据收集者，它为每个用户分配一个假名，该假名可以通过伪随机排列方法 Permute(·)（种子由数据收集者保密）的输出计算而来。想象一个用户在系统中使用真实身份（id）注册了一个账户 1，并被分配了假名 pd。随后，用户又使用 pd 作为他的身份信息重新注册了一个新的账户 2。此时，用户提出请求，希望数据收集者删除自己使用 id 注册的第一个账户。在这种情况下，即使数据收集者完全删除了所请求的账户，关于 id 的信息仍然隐含在其内存中，并且存在被计算出来的风险。

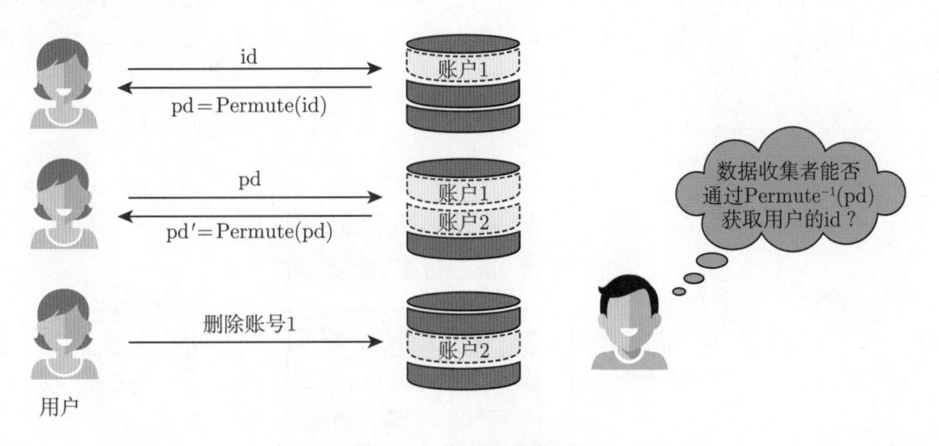

图 9.2 数据依赖问题

因此，用户的操作可能导致数据收集者无法准确地定义应被处理的依赖数据。在这种情况下，最直接的方法是限制用户和环境的交互，或者要求用户明确地指出要删除相关的全部数据（包含账户 1 与账户 2）。同样，数据收集者也可能在使用用户数据时产生依赖数据，如由用户数据计算而来的统计结果或机器学习场景中由数据训练的模型。这些结果依赖每个参与的数据，如不谨慎处理，很容易导致用户面临隐私泄露的风险。例如，一个机器学习模型通常可以被看作它所训练数据的高维表示。这些数据特征在被模型识别和记忆后，很可能受到恶意攻击者的反向推断。在机器学习中，删除依赖数据中部分数据的贡献被称为机器遗忘（machine unlearning），其形式化定义见本书第 9.3 节。

（4）**删除效率问题**。在机器学习场景下，响应删除请求最直接的方法是完全删除训练好的模型并用其余的数据重新训练模型。但是，训练一个功能强大的深度学习模型除了需要良好的数据，往往还需要大量的计算资源、专业的模型设计，以及复杂的模型调参。这就意味着直接删除模型再重新训练的方法，对于模型所有者来说需要付出巨大的时间开销和计算开销。因此，如何设计高效的遗忘算法，减少计算开销，是实现机器遗忘的一个关键挑战。

（5）**潜在威胁**。在现实生活中，已经公开的数据或统计结果通常是无法被彻底删除的。在这种情况下，数据删除前后带来的差异在一定程度上会暴露那些请求删除的数据，导致隐私泄露。关于该问题的分析和解决详见本书第 9.4 节。

9.1.3 小结

为了使数据删除做到不泄露用户隐私，不仅需要直接彻底地删除原数据，并处理可能透露原数据信息的依赖数据，还需要对数据的检索方式及存储方式有所要求。如图 9.3 所示，在数据存储、使用和删除之前都应该有身份验证机制，即验证用户身份并提供一种合理的索引方式作为个人数据的唯一标识，以精准地跟踪到需要删除的原数据和依赖数据。对于存储方式，删除前后的存储状态不应泄露已经删除的数据信息。而删除过程则需要考虑全面，既要彻底删除请求的原始数据，又要删除可能推出原始数据的相关内容。安全的、不泄露隐私的数据删除应包括上述 3 个部分，即可以唯一标识用户数据的身份验证机制、不因存储方式泄露数据信息的存储结构，以及包含删除原数据和处理依赖数据这两个部分的删除过程。

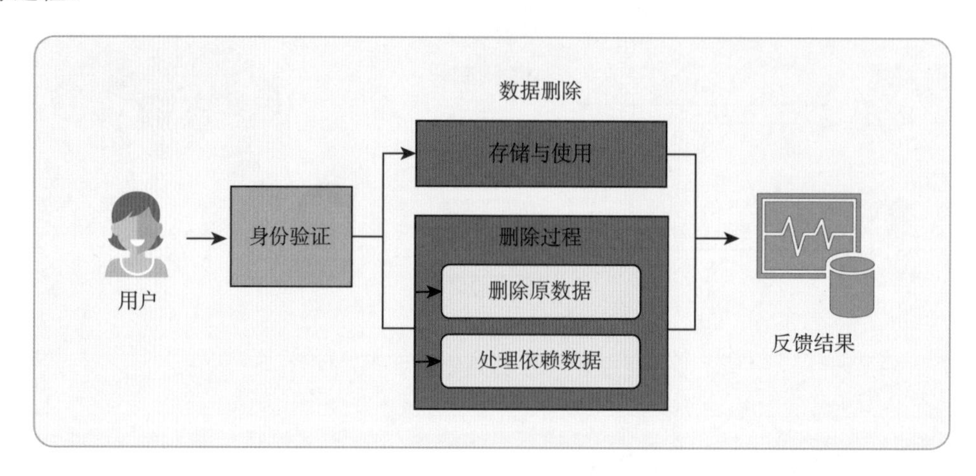

图 9.3 数据删除的全流程

9.2 广义数据删除框架

本节首先定义数据删除应满足的要求（删除合规，第 9.2.1 小节），并讨论满足该定义所需要的限制，旨在为设计数据删除操作时提供指导并依照要求对删除操作做出评估。通过在一定程度上放松限制，第 9.2.2 小节描述数据收集者在与外部实体共享用户数据时应满足的删除合规（条件删除合规）。第 9.2.3 小节则展示删除合规具有的一些组合性质。

9.2.1 删除合规

当用户提出数据删除请求时，在请求合理的情况下数据收集者应及时做出响应。为方便描述，我们把数据收集者收集数据、用户提出删除请求及数据收集者响应该请求并做出相应的数据删除操作，视为真实世界中发生的事件。而在理想世界中，除了用户从未提供过所请求删除的数据外，其余与真实世界完全相同。

考虑一个数据收集者 X、一个用户 Y，除此之外的其他所有实体被称为环境 Z。数据收集者 X 与用户 Y 的交互可以由一个元组 $(X, \pi, \pi_{\mathrm{d}})$ 表示，其中 π 可以是任意协议（如提供个人数据)，π_{d} 为相应的删除协议。假设数据收集者 X 使用具有历史独立性的存储结构，并能够为每一个用户 Y 提供随机的身份验证机制。$(X, \pi, \pi_{\mathrm{d}})$ 在统计上满足删除合规的要求是保证数据被删除后的真实世界的状态与该数据从未存储过的理想世界的状态一致或至少非常接近。定义 9.3 为删除合规的形式化定义 [Garg et al., 2020]。

定义 9.3 删除合规

给定一个数据收集者 X、一个删除请求者 Y（用户），以及环境 Z。令 $(\mathrm{state}_X^{\mathrm{R},\lambda}, \mathrm{view}_Z^{\mathrm{R},\lambda})$ 表示真实世界执行的相应部分，$(\mathrm{state}_X^{\mathrm{I},\lambda}, \mathrm{view}_Z^{\mathrm{I},\lambda})$ 表示理想世界执行的相应部分。其中，λ 为参与者的安全参数，state 表示数据收集者存储器中的内容，view 表示数据收集者和环境之间的通信。如果在概率多项式时间内，对于任意环境 Z、删除请求者 Y 及无界区分器 D，有一个可忽略函数 $\varepsilon(\cdot)$ 对所有的 $\lambda \in \mathbb{N}$ 满足：

$$\left|\Pr\left[D(\mathrm{state}_X^{\mathrm{R},\lambda}, \mathrm{view}_Z^{\mathrm{R},\lambda}) = 1\right] - \Pr\left[D(\mathrm{state}_X^{\mathrm{I},\lambda}, \mathrm{view}_Z^{\mathrm{I},\lambda}) = 1\right]\right| \leqslant \varepsilon(\lambda) \tag{9.3}$$

则称 $(\mathrm{X}, \pi, \pi_{\mathrm{d}})$ 在统计上满足删除合规。

也就是说，式 (9.3) 中两个分布的统计距离最大为 $\varepsilon(\lambda)$，当 $\varepsilon(\lambda) = 0$ 时，就实现了严格意义上的不留痕迹。

为满足上述定义，可以对数据收集者和用户分别进行一定的限制。首先，数据收集者不应该向环境共享或出售其收集的用户数据。这是因为在与外部实体共享用户数据后，数据收集者会难以保证外部环境中的实体可以响应删除请求并满足删除合规，从而失去响应用户删除请求的能力。其次，用户不应该与环境交互其数据信息，避免数据泄露的风险。例 9.5展示了在数据收集者不与环境共享或出售用户数据的情况下，满足删除合规的例子。

例 9.5 一般删除

如图 9.4 所示，考虑一个公司 X（数据收集者），用户 Y 与公司 X 的交互包括：提供数据、查询数据、提出删除数据的请求，以及在执行相应操作后获得反馈。考虑在统计上满足删除合规，公司 X 具有用于验证用户身份的随机身份验证机制，并且使用具有历史独立性的数据结构来存储用户的数据。当用户 Y 想要删除自己提供的数据时，需要向公司 X 提出一个删除请求，公司 X 在对用户进行身份验证后，从具有历史独立性的数据结构中执行精准的删除操作，并将结果反馈给用户 Y。

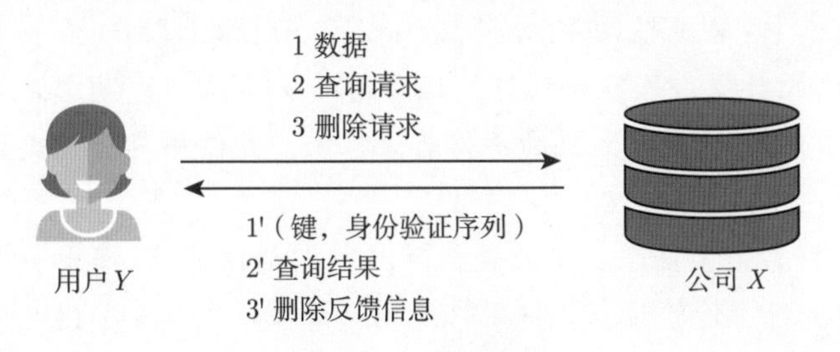

图 9.4 一般删除

9.2.2 条件删除合规

例 9.5 展示的一般删除具有较苛刻的要求，其中要求数据收集者不与任何外界实体进行交互。这在一定程度上可以放松，但必须对外界实体进行一定的约束。考虑数据收集者 X，因为存储空间的问题将数据存储的业务交由 n（$n \in \mathbb{Z}^+$）个第三方实体 W。其中，X 只在其终端存储索引信息，而用户的数据被存储在 W 中。当数据的存储业务在多个 W 中以链式传播时，为防止用户的数据被 W 泄露，处于链间的每一个 W_i 都应扮演 X 的角色且与 X 有着相同的要求。而处于链尾的 W_i 应满足以下两个条件：首先，W_i 应诚实地执行 X 提出的任何删除请求；其次，W_i 在执行数据删除时应在统计上满足删除合规，即保证数据删除后的真实世界的状态与该数据从未存储过的理想世界的状态一致。此时，称环境 Z（包含第三方实体 W）满足辅助删除合规。

X 在与满足辅助删除合规的 Z 交互时所执行的删除操作为条件删除，该删除所满足的删除合规称为条件删除合规，如定义 9.4 所示。

定义 9.4　条件删除合规

给定一个数据收集者 X、一个删除请求者 Y，以及环境 Z。令 $(\text{state}_X^{\text{R},\lambda}, \text{state}_Z^{\text{R},\lambda})$ 表示真实世界中 X 执行的相应部分，$(\text{state}_X^{\text{I},\lambda}, \text{state}_Z^{\text{I},\lambda})$ 表示理想世界中 X 执行的相应部分。在环境 Z 满足辅助删除合规性的条件下，如果在概率多项式时间内，对于任何删除请求者 Y 及所有无界区分器 D，有一个可忽略函数 $\varepsilon(\cdot)$ 对所有的 $\lambda \in \mathbb{N}$ 满足：

$$\left|\Pr\left[D(\text{state}_X^{\text{R},\lambda}, \text{state}_Z^{\text{R},\lambda}) = 1\right] - \Pr\left[D(\text{state}_X^{\text{I},\lambda}, \text{state}_Z^{\text{I},\lambda}) = 1\right]\right| \leqslant \varepsilon(\lambda) \tag{9.4}$$

则称 (X, π, π_{d}) 满足条件删除合规。

值得注意的是，与定义 9.3不同，定义 9.4允许数据收集者与环境中的第三方实体进行相关的数据交互，但必须对该实体进行要求，即满足辅助删除合规。特别地，如果实体 W 满足条件合规，则可以将环境 Z 中的单个实体 W 扩展为任意数量的实体。

例 9.6 为在数据收集者 X 将用户数据外包存储的情况下，满足条件删除合规的例子。

例 9.6　条件删除

考虑一个公司 X，因为存储空间的问题决定将数据的存储业务交由另一个公司 W 来经营，其中 W 满足辅助删除合规。如图 9.5所示，用户 Y 可向公司 X 提供、查询和删除自己的数据，并且得到执行操作后的反馈信息。考虑满足数据删除的合规性，公司 X 与 W 均具有随机的身份验证机制，且使用具有历史独立性的数据结构来存储用户的数据或索引信息。

当用户 Y 想要删除自己提供的数据时，需要向公司 X 提出一个删除请求。公司 X 在对用户进行身份验证后，将用户的删除请求以外部索引键和外部身份验证序列的关联方式提供给外包公司 W。外包公司 W 依据公司 X 提供的信息，执行精准的删除操作，并将结果反馈给公司 X。此时，公司 X 需要将用户数据的索引、外部索引、身份验证及外部的身份验证等依赖数据精准地删除，并将相应的执行结果信息反馈给用户 Y。

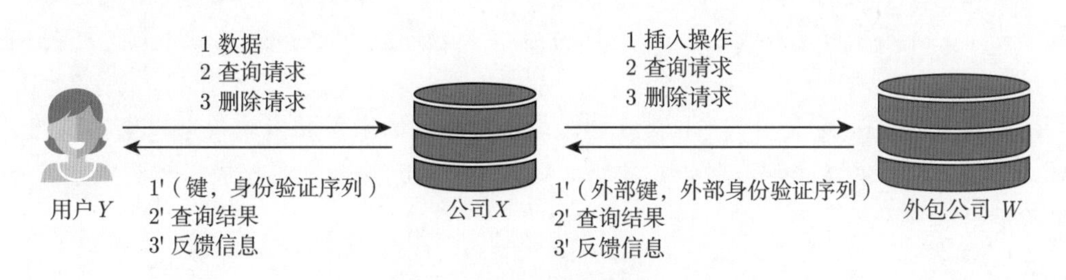

图 9.5 外包存储数据示例

9.2.3 组合性质

前文描述了单个数据收集者在响应单个用户的删除请求时，数据收集者的删除操作在统计上满足删除合规的情况。它可以用来评估单个数据收集者响应一条删除请求的删除操作是否满足要求。但在评估整个系统的数据删除操作时，仅依靠重复执行对单个数据收集者响应单个删除请求的操作显得十分烦琐。本小节描述删除合规具备的性质，以简化评估整个系统的数据删除设计。

为方便描述，这里给出两类特殊的删除请求者：k-代表用户和不经意用户。

k-代表用户（见定义 9.5）描述删除请求者 Y 在与数据收集者 X 交互时，被允许启动的实例数量最大为 k 的用户。

定义 9.5 k-代表用户

如果有一个用户 Y，在与数据收集者 X 通过协议 (π, π_d) 进行交互时，最多启用 k（$k \in \mathbb{N}$）个实例，则称该用户是 k-代表用户。

不经意用户（见定义 9.6）意在说明单个用户对多个实例的启动决策（任意 π 的决策）不受之前删除结果（任意 π_d 的结果）的影响。

定义 9.6 不经意用户

如果有一个用户 Y，在与数据收集者 X 通过协议 (π, π_d) 进行交互时，由用户 Y 启动的任意协议 π 与其任意删除协议 π_d 的结果无关，则称该用户为不经意用户。

为了量化数据收集者服从删除合规性的程度，下面给出删除合规误差的定义（见定义 9.7）。

定义 9.7 删除合规误差

给定一个数据收集者 X、一个删除请求者 Y 及环境 Z。令 $(\mathrm{state}_X^{\mathrm{R},\lambda}, \mathrm{view}_Z^{\mathrm{R},\lambda})$ 表示真实世界中数据收集者执行的相应部分，$(\mathrm{state}_X^{\mathrm{I},\lambda}, \mathrm{view}_Z^{\mathrm{I},\lambda})$ 表示理想世界中数据收集者执行的相应部分。如果在概率多项式时间内，对于任意环境 Z、删除请求者 Y 及无界区分器 D，$(\mathrm{X}, \pi, \pi_\mathrm{d})$ 的删除合规误差可以视为一个函数 $\epsilon : \mathbb{N} \to [0,1]$。

对于 $\lambda \in \mathbb{N}$，函数值 $\epsilon(\lambda)$ 为删除合规的上界。当各方都以 λ 作为安全参数时，删除合规性误差的表达式为

$$\left|\Pr\left[D(\text{state}_X^{\mathrm{R},\lambda}, \text{view}_Z^{\mathrm{R},\lambda}) = 1\right] - \Pr\left[D(\text{state}_X^{\mathrm{I},\lambda}, \text{view}_Z^{\mathrm{I},\lambda}) = 1\right]\right| \tag{9.5}$$

根据定义 9.5 ~ 定义 9.7，下面分别讨论多个删除请求者和多个数据收集者时的删除合规。对于一个不经意用户，数据收集者 $(X, \pi, \pi_{\mathrm{d}})$ 的删除合规误差最多与请求删除 π 的实例数量呈线性增长关系，如定理 9.1 所示。

定理 9.1

对于任意 k（$k \in \mathbb{Z}^+$），同时满足用户与数据收集者之间的协议 (π, π_{d})，k-代表不经意用户的删除合规性误差最多为 1-代表删除合规性误差的 k 倍。

如果有 k 个彼此独立的、1-代表、不经意用户要求 X 删除他们的数据，那么 X 在处理所有这些请求时出现的误差最多是它在处理单个删除请求时出现误差的 k 倍。

接下来，讨论多个数据收集者的情况，其中每个数据收集者的业务可能不同，即收集的数据不同。当多个数据收集者收集了同一组用户的数据时，可以将他们视作一个整体进行统计删除合规分析。对于具有相同的用户 Y 的两个数据收集者 X_1 和 X_2，相关数据操作的协议分别是 $(\pi_1, \pi_{1,\mathrm{d}})$ 和 $(\pi_2, \pi_{2,\mathrm{d}})$。当 Y 是 1-代表用户时，Y 可以分别向 X_1 和 X_2 提供或请求删除数据 data_1 和 data_2。如果 X_1 和 X_2 关于数据 data_1 和 data_2 的删除操作在统计上均满足删除合规，那么可以将两个数据收集者视为一个整体 (X_1, X_2)，并将 Y 对数据执行的操作也视为一个整体 $\big((\pi_1, \pi_2), (\pi_{1,\mathrm{d}}, \pi_{2,\mathrm{d}})\big)$。因此，这种复合的操作也同样满足删除合规，具体表述如定理 9.2 所示。

定理 9.2

对于数据的收集和删除，如果数据收集者 X_1 和 X_2 有各自的协议 $(\pi_1, \pi_{1,\mathrm{d}})$ 和 $(\pi_2, \pi_{2,\mathrm{d}})$，并且这些协议均满足删除合规的定义，那么对于不经意的用户，协议的组合 $\big((\pi_1, \pi_2), (\pi_{1,\mathrm{d}}, \pi_{2,\mathrm{d}})\big)$ 同样满足删除合规。

如果该用户是不经意的，则可以将这种结论扩展到 k-代表的情况。由此可以得到更普遍的结论：对于具有相同不经意用户 Y 的数据收集者 X_1 和 X_2，数据操作的协议 $(\pi_1, \pi_{1,\mathrm{d}})$ 和 $(\pi_2, \pi_{2,\mathrm{d}})$ 均满足删除合规的定义，则 (X_1, X_2) 组合的删除操作同样满足删除合规。依此类推，可以将两个数据收集者扩展到任意 n 个满足条件的数据收集者。

9.3 机器学习中的数据删除

本章前两节分别强调了数据删除的重要性，介绍了数据删除的形式化定义和性质。本节讨论在机器学习场景下如何高效地处理模型中的依赖数据（机器遗忘），并从机器遗忘的要求（第 9.3.1 小节）、遗忘策略（第 9.3.2 小节）及评估指标（第 9.3.3 小节）这 3 个方面展开详细讨论。

9.3.1 机器遗忘

在机器学习的场景下，由于模型本身的计算过程复杂且可解释性较差，精确地清除请求数据在模型内的贡献（处理模型中的依赖数据）成为一个具有挑战性的问题。一种最直接的处理模型中依赖数据的方法是完全删除训练好的模型，并在用其余的数据重新训练。然而，该方法往往伴随着大量的时间开销和计算开销，缺乏现实意义。因此，机器遗忘的目标是在机器学习模型中清除被删除数据贡献的同时降低计算开销。

需要注意的是，首先，机器遗忘强调在删除过程中如何高效地处理依赖数据（模型参数），属于在删除过程中处理依赖数据的一种高效方法。其次，机器遗忘强调删除指定数据后的模型与从未使用该数据训练的模型无法区分，对于模型删除前后由于环境差异而造成的隐私问题，将在第 9.4 节讨论。

考虑输入数据集 $D=\{x_1,\cdots,x_m\}$ 为一个由 m 个数据点组成的集合。算法 $\mathcal{A}(\cdot)$ 是基于数据集 D，并在假设空间 $\mathbb{H}$ 和元数据空间 $\mathbb{M}$ 中取值的（随机）算法。令 $\mathcal{A}(D)$ 表示在数据集 D 上训练的模型，$\mathcal{A}(D_{-i})$ 表示在不包括数据点 x_i 的数据集 D_{-i} 上训练的模型，y 表示模型的输出值，$R_{\mathcal{A}}(D,\mathcal{A}(D),i)$ 表示通过机器遗忘算法将模型 $\mathcal{A}(D)$ 中的数据点 x_i 遗忘后的模型。精确机器遗忘强调的是遗忘特定数据点后的模型 $R_{\mathcal{A}}(D,\mathcal{A}(D),i)$ 与从未使用该数据训练的模型 $\mathcal{A}(D_{-i})$ 分布相同，具体定义如定义 9.8 所示。

定义 9.8 精确机器遗忘

对于任意数据集 D 和数据点 x_i，若 $\mathcal{A}(D_{-i})$ 和 $R_{\mathcal{A}}(D,\mathcal{A}(D),i)$ 满足：

$$\mathcal{A}(D_{-i}) =_d R_{\mathcal{A}}(D,\mathcal{A}(D),i)$$

则称删除模型中数据贡献的操作 $R_{\mathcal{A}}(\cdot)$ 是精确机器遗忘。其中，$=_d$ 表示分布相同。

通过要求 $\mathcal{A}(D_{-i})$ 和 $R_{\mathcal{A}}(D,\mathcal{A}(D),i)$ 之间距离（或散度）的上界，定义 9.8 可以被放宽为近似机器遗忘。对于任意的数据集 D 和任意一个可测量子集 $S\subseteq\mathbb{H}\times\mathbb{M}$，如果通过删除操作返回模型 $R_{\mathcal{A}}(D,\mathcal{A}(D),i)$ 的概率不超过通过重新训练返回模型 $\mathcal{A}(D_{-i})$ 概率的 δ^{-1} 倍，则称数据删除操作 $R_{\mathcal{A}}$ 是算法 $\mathcal{A}$ 的 δ-删除，即该删除操作满足近似机器遗忘（见定义 9.9）。

定义 9.9 近似机器遗忘

对于任意的数据集 D 和任意一个子集 $S\subseteq\mathbb{H}\times\mathbb{M}$，满足：

$$\Pr\left[\mathcal{A}(D_{-i})\in S|D_{-i}\right]\geqslant\delta\Pr\left[R_{\mathcal{A}}(D,\mathcal{A}(D),i)\in S|D_{-i}\right]$$

则称删除模型中数据贡献的操作 $R_{\mathcal{A}}(\cdot)$ 是近似机器遗忘。

9.3.2 遗忘策略

机器遗忘的目标是移除或替代所请求删除数据的贡献，以达到删除特定数据后的模型与从未使用该数据进行训练的模型不可区分。Ginart 等 [2019] 研究了在机器学习中实现高效遗忘的 4 种算法原则——线性计算、懒惰学习、模块化和量化。

对于线性计算模型而言，通过简单的后处理就可以消除单个数据点对一组参数的影响（见例 9.7）。

例 9.7 线性模型

对于线性模型：

$$f(\boldsymbol{x}) = \boldsymbol{\omega}^{\mathrm{T}}\boldsymbol{x} + \varepsilon$$

给定数据集 $D = \{(x_1, y_1), (x_2, y_2), \cdots, (x_n, y_n)\}$，利用最小二乘法对 $\boldsymbol{\omega}$ 和 ε 进行估计。为方便讨论，令 $\hat{\boldsymbol{\omega}} = (\boldsymbol{\omega}; \varepsilon)$，当 $\boldsymbol{x}^{\mathrm{T}}\boldsymbol{x}$ 满秩或正定时，模型参数 $\hat{\boldsymbol{\omega}}$ 的最优解为

$$\hat{\boldsymbol{\omega}}^* = (\boldsymbol{x}^{\mathrm{T}}\boldsymbol{x})^{-1}\boldsymbol{x}^{\mathrm{T}}\boldsymbol{y}$$

若数据点 i 请求删除，则可在 $O(d^2)$ 时间内，通过伍德伯里矩阵恒等式（Woodbury matrix identity）① 和矩阵分解技术显式地推导出新数据集 D_{-i} 上的参数最优解 $\hat{\boldsymbol{\omega}}^*_{-i}$。用 $\hat{\boldsymbol{\omega}}^*_{-i}$ 替代原先的参数 $\hat{\boldsymbol{\omega}}$，便可达到删除所请求数据的贡献的目的。

懒惰学习的思想是把计算过程推迟到预测阶段。在某种意义上，懒惰可以被解释为将计算从训练转移到推理，因此相应的删除操作可以被简化。一种贯彻了懒惰学习思想的简单例子是 K 近邻算法，该算法将从数据集中删除一个点直接转换为在推理时更新模型。这种思想与非参数技术（non-parametric technique）[Bontempi et al., 2001] 有异曲同工之处。当对推理时间和模型记忆时间的要求小于对训练时间或删除时间的要求时，可认为懒惰学习的策略是最有效的。

模块化的思想是将计算状态或模型参数与数据集的特定分区进行关联。可以通过隔离需要重新计算的特定数据处理模块，来解释对数据集的部分删除。SISA（Sharded，Isolated，Sliced and Aggregated 的简称）算法（见例 9.8）是一种典型的利用模块化策略执行机器遗忘的算法 [Bourtoule et al., 2021]。

例 9.8 模块化策略：SISA

如图 9.6 所示，先将收集的数据集 D 分割为多个模块 $(D_1, D_2, \cdots, D_N)$，再将每个模块分为多个切片。例如，模块 D_1 是由切片集 $(D_{1,1}, D_{1,2}, \cdots, D_{1,R})$ 组成。每个模块单独作为一个模型的训练集独立训练，其中训练过程中的数据是以切片的形式不断增量添加的。在预测时，选取适当方法聚合各个模型 $(M_1, M_2, \cdots, M_N)$ 的预测结果作为最终结果。

当有数据需要被删除时，仅需先定位该数据第一次被使用前的模型状态，然后从此状态开始重新训练该模型。最后，重新将各个模型结果聚合，即可得到不包含该数据贡献的模型。

① $(\boldsymbol{A}+\boldsymbol{AUC})^{-1} = \boldsymbol{A}^{-1} - \boldsymbol{A}^{-1}\boldsymbol{U}(\boldsymbol{C}^{-1} + (\boldsymbol{VA})^{-1}\boldsymbol{U})^{-1}(\boldsymbol{VA})^{-1}$，其中 $\boldsymbol{A}$、$\boldsymbol{U}$、$\boldsymbol{C}$ 和 $\boldsymbol{V}$ 表示适形尺寸的矩阵。

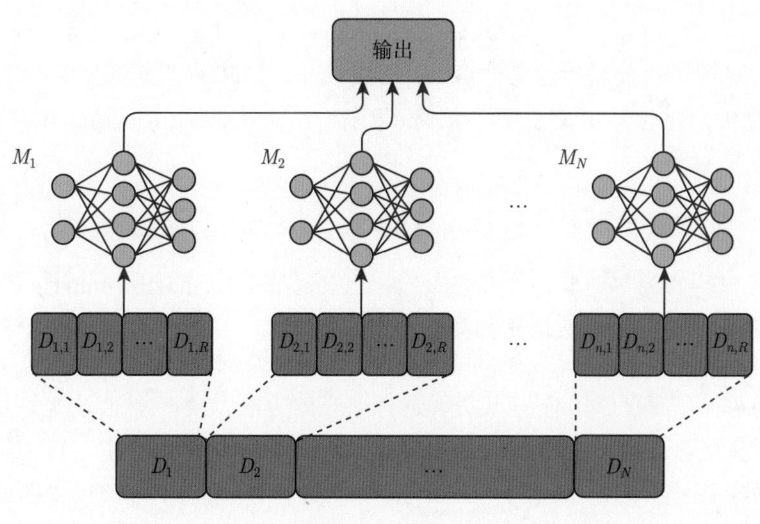

图 9.6　SISA

从概念上讲，该算法借鉴了分布式训练和集成学习的思想，在大规模数据集的场景下，分块的数据也能够捕获重要的结构和特征，使模型表现几乎不受影响。但当数据集太小、请求删除的数据过多或学习任务很复杂时，模型的性能可能会有所下降。缓解这个问题的一种方法是对部分数据点进行复制。当然这些被复制的数据点也可能被请求删除，因此决定复制哪些数据点以提高模型的准确性是一个具有挑战性的问题。

量化思想源于机器模型从数据集空间到模型空间的连续感，即数据集的微小变化会导致模型（分布）的微小变化，这在统计和计算学习理论中被称为稳定性。因此，可以利用稳定性（显式地或隐式地）量化从数据集到模型的映射。当模型参数小于数据集规模时，对于远小于数据集规模的少量删除来说，模型的输出通常不会改变，即模型 $\mathcal{A}(D)$ 可以在被重用的同时仍然满足删除的要求 [Ullah et al., 2021]。

在该思想的基础上，可以通过进一步修改模型参数来响应删除请求，如一种选择性遗忘特定训练数据的擦除算法（以下简称选择遗忘，见例 9.9）[Golatkar et al., 2020a]。该算法不需要访问原始的训练数据，也不需要重新训练整个模型。被擦除过的模型可以与重新训练的标准模型无法区分，从而在实现删除数据的同时，阻止攻击者获取被删除数据的信息。

例 9.9　选择遗忘

给定数据集 D，令 $D_{\mathrm{f}} \subset D$ 为请求被删除的数据，D_{r} 为从 D 中除去 D_{f} 后的保留数据。通过算法 $\mathcal{A}(\cdot)$，可以在 D 上训练一个模型（或一组权重 $\boldsymbol{\omega}$），即 $\boldsymbol{\omega} = \mathcal{A}(D)$。擦除函数 $S(\boldsymbol{\omega})$ 为一个作用于模型参数 $\boldsymbol{\omega}$ 的随机函数，形式化定义为

$$S(\boldsymbol{\omega}) = \boldsymbol{\omega} - \boldsymbol{H}^{-1}\nabla L_{D_{\mathrm{r}}}(\boldsymbol{\omega}) + (\lambda\sigma_{\mathrm{h}}^2)^{\frac{1}{4}}\boldsymbol{H}^{-\frac{1}{4}}\epsilon \tag{9.6}$$

其中，黑塞矩阵 $\boldsymbol{H} = \nabla^2 L_{D_{\mathrm{r}}}(\boldsymbol{\omega})$，超参数 λ 可以权衡有关被遗忘数据的剩余信息和模型的准确性，超参数 σ_{h} 反映了用连续梯度流近似 SGD 算法的误差，ϵ 为模型训练时的随机种子。

对于一个已经训练好的模型，其梯度通常满足 $\nabla L_D(\boldsymbol{\omega}) = 0$，此时可以得到：

$\nabla L_{D_\mathrm{r}}(\boldsymbol{\omega}) = -\nabla L_{D_\mathrm{f}}(\boldsymbol{\omega})$、$\nabla^2 L_{D_\mathrm{f}}(\boldsymbol{\omega}) = \nabla^2 L_D(\boldsymbol{\omega}) - \nabla^2 L_{D_\mathrm{r}}(\boldsymbol{\omega})$。将这些等式与式 (9.6) 结合，即可实现对请求数据的遗忘。当然，在实践中，计算并保留深度学习模型的黑塞矩阵并不现实，此时可以使用莱文伯格–马夸特（Levenberg-Marquardt，L-M）算法来近似黑塞矩阵：

$$\nabla^2 L_D(\boldsymbol{\omega}) \simeq \mathrm{E}_{x\sim D, y\sim p(y|x)}\left[\nabla_{\boldsymbol{\omega}} \log p_{\boldsymbol{\omega}}(y|x) \nabla_{\boldsymbol{\omega}} \log p_{\boldsymbol{\omega}}(y|x)^{\mathrm{T}}\right] \tag{9.7}$$

该黑塞矩阵的近似与费希尔信息矩阵[②]（Fisher information matrix）完全一致，因此该擦除函数可以从信息理论的角度来解释。

下面讨论两种在深度学习模型下实现选择遗忘的方法。第一种方法是利用费希尔信息矩阵来近似黑塞矩阵。由于费希尔信息矩阵太大，无法存储在内存中，可以计算它的对角线或使用克罗内克因子（Kronecker-factorized）来进行分解近似。此时，擦除函数 $S(\boldsymbol{\omega})$ 可以简化为

$$S(\boldsymbol{\omega}) = \boldsymbol{\omega} + (\lambda\sigma_\mathrm{h}^2)^{\frac{1}{4}} \boldsymbol{F}^{-\frac{1}{4}} \tag{9.8}$$

其中，$\boldsymbol{F}$ 代表在数据集 D_r 上训练的 $\boldsymbol{\omega}$ 的费希尔信息矩阵。由于该方法依赖模型的梯度，当出现梯度消失或爆炸时，则难以实现量化。第二种方法是通过变分优化直接最小化遗忘拉格朗日方程，即在优化遗忘拉格朗日量中噪声的同时将损失的增加保持在最低限度。形式上，可以定义为最小化式 (9.9)：

$$L(\boldsymbol{\Sigma}) = \mathrm{E}_{n\sim N(0,\sum)}\left[L_{D_\mathrm{r}}(\boldsymbol{\omega}+n)\right] - \lambda \log|\boldsymbol{\Sigma}| \tag{9.9}$$

最优的 $\boldsymbol{\Sigma}$ 可以看作在平滑模型的上计算出的费希尔信息矩阵，噪声 $n \sim \mathrm{Gauss}(0, \boldsymbol{\Sigma})$。

9.3.3 评估指标

有效的机器遗忘需要在清除特定数据贡献的同时，确保遗忘的效率和遗忘后的模型效果，即遗忘彻底性、遗忘效率及遗忘保真度（机器遗忘对模型表现的影响）。

1. 遗忘彻底性

遗忘彻底性的评估机制需要满足以下两个重要的条件：第一，该机制需要在机器学习模型中留下可以验证用户身份的唯一标识；第二，这种独特的标识对正常预测时模型的表现可忽略不计。一种评估遗忘彻底性的方法是对遗忘后的模型进行目标数据的成员推理攻击（membership inference attack），以评估目标数据在模型中的信息量。成员推理攻击的性能越差，残留目标数据的贡献就越少。但该方法需要构建推理模型，会消耗较多的计算资源。另一种方法是利用后门攻击的思想验证遗忘的彻底性。在经典的后门攻击中，恶意用户操纵部分训练数据作为触发后门的输入（如图像中特定位置的像素值）使最终训练的机器学习模型返回一个恶意用户希望的标签，且模型在没有被触发时能够提供正常预测。后门攻击的思想要求模型学习到攻击者数据中隐藏的知识（触发器到特定标签的映射），并利用这种隐藏的知识来验证遗忘的效果。具体来说，不同的用户选择不同的后门触发器和相

② 费希尔信息矩阵：费希尔信息量的向量化定义。费希尔信息量表示随机变量的一个样本所能提供的关于状态参数在某种意义下的平均信息量。

对应的目标标签，并将它们添加到训练样本中，可作为用于评估遗忘效果的后门数据。用户可以通过要求数据收集者删除自己的后门数据，并验证删除后的模型对后门触发器的效果，来验证机器遗忘方法的彻底性。较低的后门成功率表明模型已不包含该数据的贡献，由此可以表明数据收集者采用的机器遗忘方法的彻底性。此外，还可以通过香农互信息或费希尔信息矩阵等指标刻画梯度中残留的特定数据信息量，实现对信息残留的有效估计，以达到对遗忘彻底性的评估。

2. 遗忘效率

机器遗忘的第二个评估指标是遗忘效率，原则上遗忘的运行时间应小于重新训练模型的时间。一种简单的方法是评估执行多次（或一定比例数据）删除操作后的平均单次操作时间。对于模块化的删除策略来说，训练样本的数量与模型的训练时间之间存在一定的线性关系。此时，可以通过统计需要重新训练的样本数量来估计删除所需要的时间，以避免由硬件和软件等因素导致的测量训练时间时的差异。

3. 遗忘保真度

不同应用中的模型表现可以根据准确度、查准率、查全率、图像质量或与应用任务相关的其他指标来度量。机器遗忘要求遗忘后的模型表现与删除请求数据后再重训的模型表现一致或差距不大。因此，可以将遗忘后模型性能与重训后模型性能的差（遗忘保真度）作为评估机器遗忘对模型表现影响的指标。

9.4 难以遗忘的记忆

第 9.3 节讨论了如何在机器学习场景下满足机器遗忘，但实现机器遗忘只是满足删除合规的要素之一。另一个需要考虑的要素是数据收集者在删除数据后覆写已公开的计算结果是否会导致所请求删除数据的泄露。当删除前的结果因业务需求等因素已经被公布出去，且难以挽回时，再进行数据删除，就会导致两种不同的结果被先后公布。在这种的情况下，请求删除数据反而可能会弄巧成拙，致使史翠珊效应[③]（Streisand effect），即想要遗忘的数据实际上变得更加明显。本节探讨由删除前后公布结果的差异所带来的隐私威胁及相关的解决思路。

9.4.1 潜在威胁

对于数据收集者而言，用户提出删除数据的请求往往是滞后的，即在提出删除请求之前，该数据已经为数据收集者做出了一定的贡献，并且包含此贡献的结果可能已被公布或被使用了。在接收到删除请求并执行了不留痕迹的删除操作之后，数据收集者应重新计算出一个不包含所请求删除数据贡献的结果。而已经被公布的旧结果与执行删除后得到的新结果之间的差异很可能蕴含着巨大的隐私威胁。这种包含用户数据贡献的结果既可以是一个经过简单统计计算的输出，也可以是一个通过迭代训练出来的模型。

对于简单的统计算法，计算的输入和输出有着明显的对应关系，此时删除请求数据前后的输出结果差异很容易暴露所请求删除数据的信息，如例 9.10 所示。

---

③ 试图阻止大众了解某些内容，或压制特定的网络信息，结果适得其反，反而使该事件被更多的人了解。

例 9.10　统计算法输出差异的潜在威胁

如图 9.7 所示，某公司统计了一些用户的年薪，得到了一个统计结果——用户年薪的均值为 11 万元。在计算出平均年薪后，分析部门得到公布的结果，并将其用于相关业务的分析。接着，某个用户提出删除自身数据的请求。公司在审核请求后执行数据删除，计算出响应删除请求后的统计结果——11.5 万元。在这种情况下，公司虽然执行了合规的数据删除，但年薪为 11 万元的统计结果很可能已被记忆。如果分析部门的某职员试图窃取被删除数据的信息，那么只需对已记忆的 11 万元与新公布的 11.5 万元进行简单分析，就可以推断出被删除的数据是 10 万元。

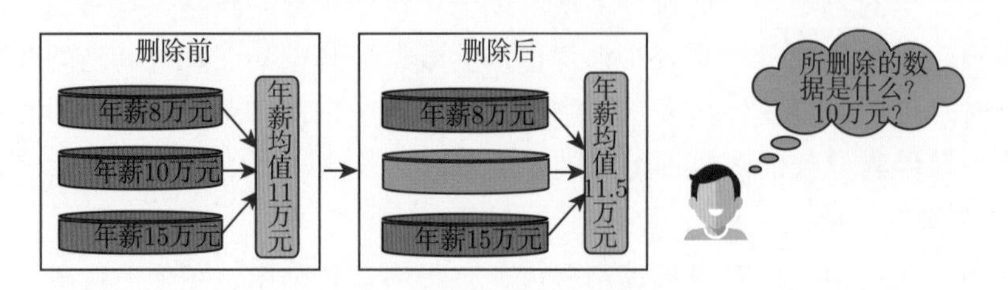

图 9.7　统计结果差异

对于通过复杂迭代训练的模型，虽然其输出结果的可解释性较差，但删除前后模型输出的差异至少暴露了该数据是否参与训练，即受到恶意攻击者的成员推理攻击[④]。

例 9.11　模型输出差异的潜在威胁

如图 9.8 所示，一个医疗机构希望通过收集患者的行为习惯来分析研究相关疾病的诱因。该机构在原始数据集 D 上训练了一个模型 $\mathcal{A}(D)$，并得到患者 i 对于相关疾病的预测置信度为 0.05、0.9、0.05。当患者 i 请求删除自己的数据时，该机构必须执行相关的遗忘算法，并得到新的模型 $R_{\mathcal{A}}(D,\mathcal{A}(D),i)$。此时，患者 i 在新模型下的预测置信度为 0.1、0.7、0.2。在这种情况下，虽然该机构删除了用户 i 的数据，但该患者在删除前后的两个模型中的预测置信度差异可能被记住，并可能因此暴露该数据曾经参与过训练的信息。

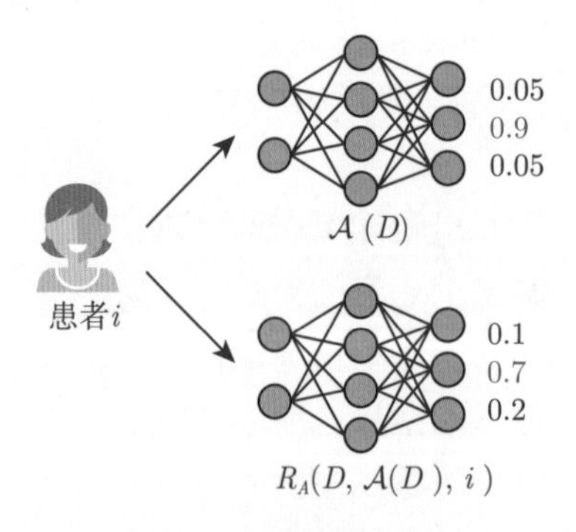

图 9.8　模型输出差异

④ 由于模型对成员样本有更好的记忆能力，导致模型对成员样本有较高的预测置信度，因此可以利用模型对成员样本与非成员样本的预测置信度差异进行推理。

9.4.2 贡献掩盖

面对上述潜在的隐私威胁，我们并不是无计可施。在数据使用的过程中进行一定的扰动，掩盖存在于删除前后差异中的数据贡献，便是一个很好的解决方案。这种思想与本书第 8 章介绍的差分隐私相似。

当包含用户数据贡献的结果是一个统计计算的输出时，在公布前通过加性扰动机制对该输出添加噪声，就可以缩减删除请求数据前后的结果差异，达到贡献掩盖的目的。换句话说，对数据贡献的结果进行扰动，无论是在数据删除前还是在数据删除后，统计结果都不会发生显著的改变，如例 9.12 所示。

例 9.12　带噪声的统计结果

利用加性扰动机制，在执行删除操作前后的年薪均值上添加噪声，如图 9.9 所示。这样，执行删除操作前后的年薪均值不仅受到被请求删除的数据影响，还受到所加噪声的影响。额外随机性的引入可使统计结果保持稳定，进而掩盖删除操作。

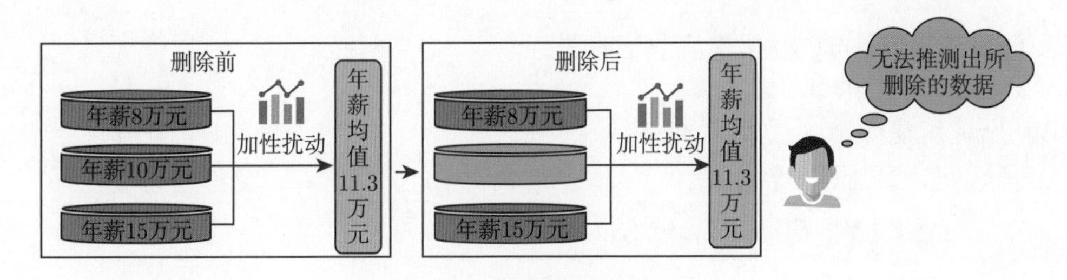

图 9.9　带噪声的统计结果

当包含用户数据贡献的结果是模型时，可以通过在模型训练阶段添加噪声来掩盖数据的贡献。下面介绍两个算法，分别是带噪声的随机梯度下降算法（noisy-m-A-SGD）和带噪声的随机梯度遗忘算法（unlearning for noisy-m-A-SGD）[Ullah et al., 2021]。

针对经验风险最小化的问题，带噪声的随机梯度下降算法（见算法 9.1）关注模型之间的差异性，具体操作是在相邻迭代轮次的更新梯度之间添加噪声。这样，梯度之间的差异并不直接代表着数据的贡献，对隐私推理攻击有一定的防御效果。并且这种算法在利用数据进行模型构建时，保存了每轮模型的相关信息，能够在执行数据删除操作时，快速地重构出一个不包含用户数据贡献的模型。

当用户提出删除数据的请求时，带噪声的随机梯度遗忘算法首先寻找到在小批量梯度更新的过程中使用了需要删除数据的迭代轮次，然后将需要删除的数据替换为其余任意一个未被抽样选择到的数据，并在这些迭代轮次中重新计算更新梯度。接着，将替换后计算得到的梯度与替换前的梯度进行分布的比较。如果替换前后梯度的差异性不大，则可以近似地认为使用了再次随机抽样的数据同样可以获得当前的模型，即不需要重新训练当前模型。如果替换后梯度与替换前梯度之间的差异较大，即当删除数据对模型的更新造成了较大影响时，则需要从该轮次开始，重新对模型进行训练。这种算法在低维空间有着更好的表现，但会牺牲一定的内存，用于存储模型在训练过程中产生的一些中间值。算法 9.2 为相应的带噪声的随机梯度遗忘算法过程。

算法 9.1 带噪声的随机梯度下降算法

输入: 初始化的模型 $\boldsymbol{\omega}^{(t_0)}$，数据点 $\{x_1,\cdots,x_N\}$，训练轮数 T，学习率 η，小批量数据的大小 m，以及噪声规模 σ。

输出: 训练后的模型 $\widehat{\boldsymbol{\omega}}=\boldsymbol{\omega}^{(T+1)}$。

1 $\boldsymbol{\omega}^{(0)}=0$
2 **for** $t=t_0$ **to** T **do**
3 　每轮随机选择 m 个样本 $\boldsymbol{b}^{(t)}$
4 　$\boldsymbol{\omega}'^{(t)}=\left(1-\alpha^{(t)}\right)\boldsymbol{\omega}^{(t)}+\alpha^{(t)}\boldsymbol{\omega}^{(t-1)}$
5 　$\boldsymbol{g}^{(t)}=\dfrac{1}{m}\sum\limits_{x_n\in\boldsymbol{b}^{(t)}}\nabla f\left(\boldsymbol{\omega}'^{(t)},x_n\right)$
6 　$\boldsymbol{\omega}^{(t+1)}=p\left(\mathring{\boldsymbol{\omega}}^{(t)}-\eta\left(\boldsymbol{g}^{(t)}+\boldsymbol{\theta}^{(t)}\right)\right),\boldsymbol{\theta}^{(t)}\sim\mathrm{Gauss}(0,\sigma^2\boldsymbol{I})$
7 　$\mathrm{Save}(\boldsymbol{b}^{(t)},\boldsymbol{\theta}^{(t)},\boldsymbol{\omega}^{(t)},\mathring{\boldsymbol{\omega}}^{(t)},\boldsymbol{g}^{(t)})$

算法 9.2 带噪声的随机梯度遗忘算法

输入: 请求遗忘的数据点 x_j。

输出: 遗忘数据点 x_j 后的模型。

1 **for** $t=1,2,\cdots,T$ **do**
2 　$\mathrm{Load}\left(\boldsymbol{b}^{(t)},\boldsymbol{\theta}^{(t)},\boldsymbol{\omega}^{(t)},\mathring{\boldsymbol{\omega}}^{(t)},\boldsymbol{g}^{(t)}\right)$
3 　**if** $x_j\in\boldsymbol{b}^{(t)}$ **then**
4 　　抽样选择$x_i\sim\mathrm{Uni}\left([n]\backslash\boldsymbol{b}^{(t)}\right)$
5 　　$\boldsymbol{g}'^{(t)}=\boldsymbol{g}^{(t)}-\dfrac{1}{m}\left(\nabla f\left(\mathring{\boldsymbol{\omega}}^{(t)},x_j\right)-\nabla f\left(\mathring{\boldsymbol{\omega}}^{(t)},x_i\right)\right)$
6 　　$\mathrm{Save}\left(\boldsymbol{g}'^{(t)},b^{(t)}\backslash\{x_j\}\cup\{x_i\}\right)$
7 　$\boldsymbol{\xi}^{(t)}=\boldsymbol{g}^{(t)}+\boldsymbol{\theta}^{(t)}$
8 　$\mathsf{x}\sim\mathrm{Gauss}(\boldsymbol{g}^{(t)},\sigma^2\mathbb{I})$
9 　$\mathsf{x}'\sim\mathrm{Gauss}(\boldsymbol{g}'^{(t)},\sigma^2\mathbb{I})$
10 　**if** $\mathrm{Uni}(0,1)\geqslant\dfrac{p_{\mathsf{x}}\left(\boldsymbol{\xi}^{(t)}\right)}{p_{\mathsf{x}'}\left(\boldsymbol{\xi}^{(t)}\right)}$ **then**
11 　　$\boldsymbol{\xi}'^{(t)}=\mathrm{Reflect}\left(\boldsymbol{\xi}^{(t)},\boldsymbol{g}'^{(t)},\boldsymbol{g}^{(t)}\right)$⑤
12 　　$\boldsymbol{\omega}^{(t+1)}=\boldsymbol{\omega}^{(t)}-\eta\boldsymbol{\xi}'^{(t)}$
13 　　$\mathrm{Save}\left(\boldsymbol{\xi}'^{(t)}\right)$
14 　　noisy-m-A-SGD $\left(\boldsymbol{\omega}^{(t+1)},t+1\right)$

利用添加噪声的方式进行贡献掩盖不可避免地带来了数据准确率的偏差。噪声大小与准确率高低的平衡取决于敏感度与隐私预算。

⑤ $\mathrm{Reflect}(\boldsymbol{u},\boldsymbol{x},\boldsymbol{y})=\boldsymbol{x}+(\boldsymbol{y}-\boldsymbol{u})$。

9.5　延伸阅读

随着个人隐私保护意识的增强及公民数据权利相关法律的完善，数据删除应运而生。数据删除要求在执行删除操作之后，所请求数据的贡献或影响应与该数据从未出现过一致。在机器学习场景中，不留痕迹的数据删除强调除应删除原请求数据之外，还应重点处理从原数据中学习到的信息（模型参数），以达到删除特定数据后的模型与从未观察到该数据的模型不可区分。针对支持向量机（Support Vector Machine，SVM），一种名为增量 SVM 学习的方法被提出，可以实现可逆的增量过程 [Cauwenberghs et al., 2001]。对于推荐系统、岭回归和 KNN，Schelter [2019] 分别提出了 3 种相应的递减更新过程来解决删除依赖数据的问题。对于线性回归模型和逻辑回归模型，Izzo 等 [2020] 提出了一种近似机器遗忘算法 PRU（Projective Residual Update），其中计算代价与特征维度呈线性关系而与数据量无关。对于树模型，Brophy 等 [2020] 提出了一种名为 DART（Data Addition and Removel Trees）的机器遗忘方法。森林中每棵 DART 的模型更新都是精确的，这意味着从 DART 模型中删除实例产生的模型与对更新的数据重新训练的模型完全相同。Liu [2020] 提出了一种在联邦学习框架下实现机器遗忘的方法——FedEraser，可以消除请求删除的联邦客户数据对全局模型的影响，为分布式学习算法下的机器遗忘提供了一种思路。

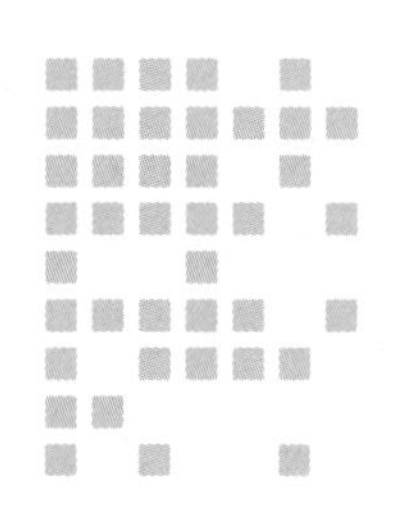

第10章 智能合约

1994 年，尼克 • 萨博（Nick Szabo）首次提出智能合约（Smart Contract）的概念，并将其定义为“执行合约条款的计算机化交易协议”。但是，当时的智能合约因为缺乏可信的运行平台而难以被广泛应用。时代的发展将区块链带入人们的视野，为智能合约提供了可信的平台基础。以太坊实现了智能合约可编程的功能，促进了智能合约在多种行业的灵活应用。预言机（oracle）将区块链与智能合约组成的链上封闭环境与现实世界连接起来，让智能合约能够调用链下的可信数据。智能合约的逐渐成熟，为隐私策略的部署、执行与监管提供了新的手段。在隐私策略的部署方面，参与方利用智能合约的编程语言准确地描述策略规则，使代码逻辑符合期望和要求。在隐私策略的执行方面，智能合约将预定义的规则和逻辑转化为机器可用的形式，只有符合策略规则才能自动执行。在隐私策略的监管方面，部署和调用智能合约的操作均被打包成交易存储在区块链上，区块链的可追溯和不可篡改等特性，保证了智能合约的合约内容能被有效地实施且可验证。

本章介绍智能合约的相关知识。第 10.1 节介绍智能合约的诞生、发展和基本思想，并说明了智能合约与策略执行的关系。第 10.2 节从发展历程、架构、分类和特点 4 个方面阐述区块链技术。第 10.3 节首先介绍智能合约的运行机制，然后介绍典型的智能合约平台，最后给出它的基本架构。第 10.4 节以形式化分析的方法描述智能合约的建模及验证过程。第 10.5 节首先简述预言机的背景及工作流程，然后详细介绍 Chainlink 和 Oraclize 预言机项目。第 10.6 节介绍智能合约分别与联邦学习、安全多方计算融合的原理及方法，展示了技术融合的作用和优势。

10.1 智能合约的基本思想

早在远古时代，传统合约（或合同）的早期形式就已出现。随着社会的进步，传统合约也在不断发展。电子商务的出现催生了电子合同，智能合约作为广义电子合同的一种，由尼克·萨博首次提出。但是，当时的智能合约由于缺乏可信平台技术的支撑，没有得到过多关注。区块链的诞生为智能合约提供了可信平台，使智能合约获得重生并被广泛应用。智能合约作为实现隐私策略的关键技术之一，能够保证判断条件的准确性、计算的正确性及结果的可审计性，实现了策略被严格遵守和实施的目的。

10.1.1 走近智能合约

传统合约可以追溯到古希腊和古罗马时期，那时的交易活动就有了签署远期交易合约的做法，即“交易承诺在前，履约行为在后”。传统合约多以口头承诺或书面形式存在，合约条款规定了签署合约的双方（自然人或法人）的权利和义务，并符合现行的法律。仲裁方可根据合约条款，判定合约主体（甲方和乙方）对权利和义务的执行情况。当合约出现错误时，合约主体纠正这种非数字形式的传统合约是比较简单的，如可以通过法律手段进行补救。但是传统合约具有较多问题，如它的自然语言语句可能存在歧义性，合约主体的主观判断容易出现对合约条款的认知差异等。另外，在适用范围方面，传统合约由于地域、文化和法律等不同而受限于特定范围。

20 世纪 80 年代，电子商务进入大众视野。电子商务的发展使得电子合同开始出现。电子合同是通过电子信息网络，以数据电文形式订立的合同，常见形式包括电报、传真、电子邮件等。电子签名、电子认证等技术保障了电子合同的安全。其中，电子签名可以用于确认签署者的身份及电子合同文件的完整性；电子认证是通过第三方机构验证签名的真实性，主要用于解决合约主体信用的问题。电子合同也会存在一些问题，如需要 App 使用者点击确认的 App 协议在出现纠纷时会有复杂的权责确认过程。电子合同虽然在签订形式上比传统合约更加灵活方便，扩展了使用范围，但是，电子合同的内容也是自然语言，因此同传统合约一样容易产生语句的歧义性。

1994 年，尼克·萨博首次提出智能合约。尼克·萨博认为，智能合约至少需要两个参与方，合约执行过程中不需要全部参与方聚集在一起。例如，自动售卖机与投币人之间的合约是按照产品对应的价格，用硬币等价交换投币人需要的产品，该交换过程只需要按照自动售卖机中预先设定的计算机化交易规则进行。当然，智能合约的含义远不止于自动售卖机，它是由代码定义，在满足合约条件时会以主动方式强制执行，一旦运行，参与方和其他人员均无法干预。需要注意的是，智能合约通常被认为属于广义电子合同的范畴。遗憾的是，尽管智能合约的概念很早被提出，但是由于缺乏可信的运行平台，出现了理论远超实践的现象。早期的智能合约无法充分展现自身的功能和价值，因此没有得到广泛关注和应用。

1996 年，李嘉图合约（Ricardian contract）出现在大众视野，它是将发行的法律文件作为合约连接到金融密码领域的支付系统，发行过程能够识别合约存在的问题，并描述支付系统的详细支付过程，发行过程不可伪造。李嘉图合约可以同时供计算机程序和人类阅读。它是将合约内容进行数字化处理，并需要经过密码签名和验证，也从法律角度为智能合约提供了合规的合约模版，具有法律约束力。而智能合约的合约内容不具有法律约束力，这意味着它难以作为法律案件的证据。同时，人类对智能合约代码的可读性较差。遗憾的是，当时的李嘉图合约没有在技术方面实现更多突破，因此没有得到进一步的发展。

时代的发展把区块链带入人们的生活，也使智能合约得到重生。2009 年，比特币的正式诞生标志着区块链技术的问世。区块链技术是一种分布式的记账技术，能够以去中心化和公开透明的方式记录链上全部的交易数据。2013 年，以太坊的出现使得在区块链上运行智能合约成为一个新的研究方向。以太坊支持可编写的智能合约功能，极大地扩展了区块链的应用范围。可以说，如果没有以太坊，智能合约仍会停留在概念层面，难以得到长远的发展。以太坊“复活”了智能合约，并将智能合约的发展推向了新高度。作为可信的平台基础，区块链让智能合约得以广泛运行和发展；与此同时，智能合约也是区块链的重要应用之一。一方面，区块链技术解决了智能合约容易被篡改的问题，保证了合约内容和每次调用合约的记录均不能被篡改。区块链的分布式存储和可追溯的特性，为智能合约提供了自动和强制执行的可信平台基础。另一方面，智能合约可编程的特点使区块链能灵活地适用于多种应用场景，使区块链不再是单一的加密货币支付平台，还能满足很多复杂的业务需求和应用场景，如供应链金融领域、政务领域、医疗和民生领域等。总的来说，区块链赋能智能合约，可使智能合约获得区块链的特性。智能合约的参与方是区块链上拥有数字身份的节点，智能合约的内容是按照预定义逻辑编写的代码，与传统合约相比，具有语义确定的特点。智能合约可以自动判断触发条件，适合在全球范围内推广使用。当需要仲裁机构对部分具有法律效力的智能合约进行仲裁时，可通过链上的交易记录进行责任判定。

10.1.2 实现隐私策略

在隐私保护计算中，策略执行需保证隐私策略能够被遵守和实施。本小节从隐私策略的部署、执行与监管这 3 个方面，阐明智能合约如何为隐私策略提供了新的手段。

在隐私策略的部署方面，数据提供者和结果使用者共同协商数据共享的用途和方式、要共享的数据类型，以及如何保证策略能被有效实施。因此，实现策略执行需要对数据提供者的数据进行积极控制，并将输出选择性地发布给结果使用者。这种控制需要隐私服务者利用一种正式的语言来描述参与方和执行规则，并将这些规则转化成机器语言；策略实施点用来保证这些规则得到遵守。智能合约的编程语言作为一种正式的语言，可以准确地描述执行规则。当设计和创建智能合约代码时，参与方可根据策略的目标和要求编写代码，使代码逻辑符合参与方的期望。因此，智能合约用来描述和转化输入数据和输出结果的处理规则，将规则通过编程语言转化为机器可用的形式。另外，区块链作为策略实施点，具有可用性、完整性、可审计和不可篡改等特性。基于区块链的智能合约获得了这些特性，从而保证了策略可以被有效地执行。

在隐私策略的执行方面，数据提供者可以要求对提供的数据进行控制，结果使用者可以要求审计数据处理的正确性。因此，执行过程的正确性和可审计性尤为重要。智能合约具有自动执行的特性，可使输入数据按照预定义的规则和逻辑执行，这保证了执行结果的正确性和可信性。同时，智能合约的脚本一旦被部署，就会长期存在于区块链网络，具有防篡改和可追溯的特点，这保证了策略规则的有效性和可审计性。具体来说，智能合约的执行过程依赖区块链上交易的调用和存储，需要合约调用条件及共识机制的验证。首先，当交易发起时，智能合约会验证该交易是否符合调用条件（如输入数据的格式），只有符合条件的交易才能被执行。然后，共识机制对交易进行验证。共识节点先对交易进行搜集、排序和打包，再进行共识确认和全网广播；区块链节点收到交易后执行交易并写入数据库，完成交易存储。智能合约在执行策略规则时具有强制力，即使没有可信第三方，也能够自动地执行预设策略。同时，调用智能合约的交易记录均存储在区块链中，保证了计算结果的可审计性，满足了隐私策略在执行过程中的要求。

在隐私策略的监管方面，参与方不仅可以验证区块链的交易内容，还可以通过形式化的方法验证合约内容。部署和调用智能合约的交易记录均存储在区块链网络中，结果使用者可利用这些记录查询和验证合约内容及执行结果，这有利于监督和管理隐私策略。当交易内容出现违规情况时，结果使用者可利用交易记录进行调查取证，以便对违规者进行处罚。另外，智能合约的形式化分析方法可以分析合约内容及其执行逻辑，并检查是否存在脆弱性，这降低了对隐私策略的分析难度，提高了监管能力。当参与方对隐私提出具体要求时，可利用形式化方法分析及验证智能合约是否符合策略要求，同时提高智能合约的安全性，保证合约编写的准确性和可验证性，也避免了歧义性的问题。

智能合约能够保证隐私策略得到遵守和实施，符合策略执行的要求。但是，智能合约在实现策略执行时也有需要改善的地方。例如，区块链的交易对所有的网络节点都是公开透明的，这导致智能合约在实现隐私策略时，会将数据和计算过程向所有节点公开，而不只是参与方。为解决这个问题，可以将智能合约与其他隐私保护计算技术结合（如安全多方计算、可信执行环境），实现对隐私数据的选择性披露。

10.2　区块链技术

从程序员们娱乐的游戏，到世界瞩目的加密货币，区块链技术不断地经历着人们的追捧和质疑, 其巨大的发展潜力被各行各界人士看好。因此，区块链技术成为了新兴技术的“宠儿”。本节详细介绍区块链的发展历程、架构、分类及特点。

10.2.1　发展历程

2008 年，Nakamoto [2008] 将比特币带入了公众的视野。从此，区块链技术如火如荼地发展起来。2010 年 5 月 18 日，Laszlo Hanyecz 在 Bitcoin Talk 留言板上发表了一篇 153 字的帖子，他愿意使用 1 万个比特币来换取比萨，比萨可以是从商店购买的，也可以是自制的，但是需要将比萨送到他的家门口。4 天之后，密码学爱好者 Jercos 趁商家优惠，花费 25 美元购买了两份比萨寄给了 Laszlo，并按承诺获得了 1 万个比特币。因为 Laszlo 的举动，5 月 22 日被今天的比特币支持者们称为“比特币国际比萨日”。区块链是一种链式数据结构，它按照时间顺序将数据区块连接起来，如图 10.1 所示。通过应用密码学技术，区块链保证了数据的不可篡改性和不可伪造性。区块链技术的发展历程可以划分为 3 个阶段。

图 10.1　链式数据结构

区块链 1.0 时代以比特币为代表，实现了可编程货币。可编程货币是用数字形式表示的真实货币，也称为代币。这种货币通过电子账本进行跟踪，可实现公开、安全的交易信息共享。比特币使用了未花费的交易输出（Unspent Transaction Output，UTXO）模型，每笔交易都有明确的资金来源和资金去向。大多数货币需要依靠特定的发行机构发行，而比特币并非如此，它是根据特定算法，在区块链节点通过大量计算生成。比特币区块链的第一个区块诞生于 2009 年 1 月 4 日，由创始人中本聪持有。一周后，中本聪发送了 10 个比特币给密码学专家 Hal Finney，这成为比特币史上的第一次交易。比特币是区块链技术的首个成功应用，且比特币的发展促进了区块链技术的逐渐兴起。但是，比特币基于工作量证明（Proof of Work，PoW）共识机制，需要挖矿软件进行大量低价值运算，会消耗巨大的能源，且具有交易吞吐量较小和扩展性差的问题。

区块链 2.0 时代以以太坊为代表，实现了数字资产的编程应用。2013 年年末，Vitalik Buterin 发表了以太坊初版白皮书，以太坊由此诞生。2014 年年初，以太坊白皮书被正式发表 [Buterin et al., 2014]。以太坊在比特币的基础上做了较多改进，如灵活性更强、首次在区块链中使用账户的概念等，最重要的是大规模应用了智能合约。开发者可以利用智能合约实现更多个性化的需求和应用，极大地拓宽了区块链技术的应用场景和领域。以太币是以太坊的原生加密货币，是继比特币之后市值第二大的加密货币。但是，以太坊中交易的吞吐量有限，无法支持大规模实时交易应用，且极易拥堵、手续费较高，这成为制约区块链在产业中大规模商用的重要原因。

区块链 3.0 时代以 Hyperledger Fabric 为代表，实现了商用分布式区块链操作系统和底层平台的设计。该时期致力于攻克高并发、低能耗、并行分布式数据账本技术，寻求能够大幅度提升交易速度，且无须通过挖矿机制的共识算法，并希望最终形成一个安全、智能、标准化、可大规模商业化应用的区块链生态。Fabric 诞生于 2015 年，是 Hyperledger 最早期的项目之一。Fabric 是一个企业级的分布式账本技术平台，它旨在促进成员间的合作，简化业务流程，以满足多行业多用户的需求。经过多年的创新与发展，Fabric 已经成为联盟链项目开发的主流框架，受到众多企业级公司的青睐。

2019 年 10 月 24 日，习近平总书记强调把区块链作为核心技术自主创新的重要突破口，加快推动区块链技术发展。2019 年 12 月 2 日，区块链一词入选《咬文嚼字》2019 年十大流行语。区块链已走进大众视野，成为社会的关注焦点。当前，区块链的热门研究方向包括跨链技术、去中心化应用（Decentralized Application，DApp）、去中心化自治组织（Decentralized Autonomous Organization，DAO）和去中心化金融（Decentralized Finance，DeFi）。区块链架构的不一致性使不同区块链系统之间无法直接互联互通，形成了一个个区块链孤岛。跨链是通过使用一些技术，包括公证人机制、哈希锁定、侧链/中继链、分布式秘钥控制，连接相对独立的区块链系统，实现资产、数据等的互操作，从而解决区块链孤岛问题。DApp 是从底层区块链平台发展出的各种分布式应用，用于区块链提供对外服务。DAO 是一个去中心化的组织，其不受集中控制或第三方干预，它的规则由代码设置并由运行该软件的计算机网络强制执行。DeFi 是基于开放的去中心化平台开发的一系列金融类应用，整个业务流程由链上交互动作完成。当前，大部分的 DeFi 项目都在以太坊上进行。

10.2.2　架构

尽管不同的区块链系统在具体实现方面存在差异，但在整体架构上有许多共同之处。如图 10.2 所示，区块链通常可以分为 6 个层次，包括数据层、网络层、共识层、激励层、合约层和应用层。

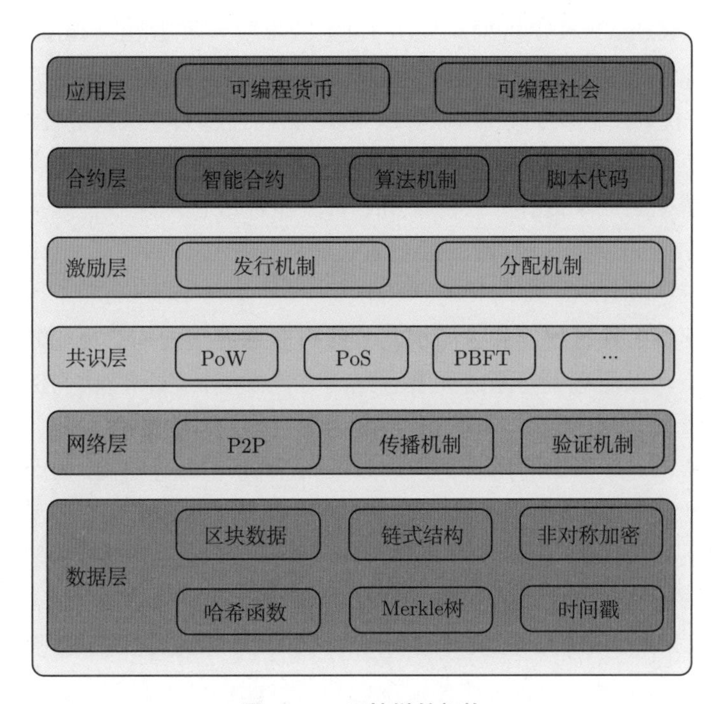

图 10.2　区块链的架构

数据层包含了链式结构、区块数据和哈希函数等，是最底层的技术，保证了数据的防篡改性。比特币采用 Merkle 树的数据结构，以太坊和 Fabric 都对其进行了改进，以太坊采用 Merkle Patricia 树，Fabric 采用 Merkle Bucket 树。比特币采用基于资产的数据类型，而以太坊和 Fabric 采用基于账户的数据类型。在基于资产的模型中，资产为核心，所有权是资产的一个属性，作为一个字段记录在资产中。在基于账户的模型中，账户是核心，资产是账户下的一个字段。比特币的区块在早期采用嵌入式数据库系统 BerkleyDB 存储，但是该数据库系统在 2012 年停止维护了，因此后续更换为非关系型数据库系统 LevelDB。以太坊区块也是采用 LevelDB 存储。在 Fabric 0.6 版本及之前，区块仅支持 LevelDB 存储，但是在 1.0 版本之后，支持 LevelDB 和 CouchDB 两种方式存储。

网络层主要负责构建点对点（Peer-to-Peer，P2P）的网络，传播数据并参与数据有效性的校验。通过 P2P 网络，区块链可以在没有中央服务器的情况下达到快速同步数据的目的。比特币的 P2P 网络基于 TCP 协议构建，而以太坊的 P2P 网络则提供 UDP 和 TCP 两种连接方式，是一个完全加密的网络。Fabric 的 P2P 网络基于 Gossip 协议构建。现有的区块链平台大多是根据实际需求，在比特币传播机制的基础上重新设计或改进出新的传播机制。验证数据有效性的方法是根据预先定义好的标准，从多个方面进行验证，包括数据结构、语法规范性和数字签名等。

共识层包含了各种共识机制，确保了区块链状态的一致性。共识机制是指以去中心化的方式就网络的状态达成统一的过程，它确保了只有真实的事务才能被记录在区块链上。比特币采用 PoW 共识机制来保证账本数据的一致性。以太坊曾经采用 PoW 共识机制，现在已经转向权益证明（Proof of Stake，PoS）共识机制。Fabric 0.6 版本采用了实用拜占庭容错（Practical Byzantine Fault Tolerance，PBFT）共识机制，但是在 1.0 版本就改成了分布式队列（Kafka）共识机制，且在 1.4.1 版本引入了 Raft（Replication and Fault Tolerant）共识机制。挖矿的过程也是一个共识形成的过程，比特币在挖矿时使用 SHA-256 算法，网络越大，找到新区块的难度就越高，因此能耗也越大。以太坊曾经依赖 Ethash 挖矿算法，它的特点是挖矿的效率与 CPU 基本无关，却和内存大小和内存带宽正相关，这意味着大规模部署采用共享内存方式的矿机芯片并不能线性或超线性地提高挖矿效率。但是，当以太坊转向 PoS 共识机制后，就不需要通过挖矿达成共识了。Fabric 自被创建时，就不需要通过挖矿达成共识。

激励层包括奖励的发行机制和分配机制，负责奖励遵守规则参与记账的节点，并惩罚不遵守规则的节点，以促进整个系统朝着利好的方向发展。以比特币为例，发行机制规定比特币的发行总量为 2100 万个，系统每过 10 分钟生成一个新的区块，并奖励区块的生产者一定数量的比特币。最开始的挖矿奖励是 50 个比特币，每经过 21 万个区块，奖励就会减少一半。据计算，到 2140 年比特币就会全部发行完毕，从这以后，矿工的奖励将全部来自交易的手续费。以太币的发行机制与比特币有所不同，以太币没有总量的限制，平均每 13 秒产生一个新的区块。以太币来自最初的众筹阶段和后期的挖矿奖励，众筹阶段大约发行了 7200 万个以太币。最初，出块奖励为 5 个以太币，后来经过了两次调整，现在的出块奖励为 2 个以太币，后续还有可能会继续调整。分配机制是指加密货币在产生交易时需要支付一部分手续费，手续费会奖励给记账节点。Fabric 不需要激励措施，每个节点都有动机去维护这条链。因为 Fabric 中的成员相互了解并存在合作关系，一旦成员进行恶意操作，立刻会被其他成员发现并对其进行惩罚。

合约层包含各类脚本、算法和智能合约，3 种区块链技术采用的编程语言和执行环境各不相同。比特币的脚本语言被设计成非图灵完备的，运行在内置的脚本引擎上，它既足够简单，又能满足货币转账的各种需求。以太坊的智能合约是图灵完备的，它的运行环境是以太坊虚拟机（Ethereum Virtual Machine，EVM），节点可以使用 Solidity 语言编写智能合约，智能合约的内容可以包含货币转账在内的任意逻辑。在 Fabric 中，智能合约也被称为链码，常用图灵完备的 Go、Java、Node.js 等语言编写，并使用 Docker 容器来运行智能合约。

应用层封装了区块链的各种应用场景和案例，如可编程货币、数据存储、数据鉴证、金融交易、资产管理和选举投票等，是实现可编程社会的基础。由于应用场景不同，应用层需要设计不同的业务功能，这使得应用层在实现具体的功能时存在差异，但在架构上仍具有一定的共性，例如都需要提供 API 接口、监管和跨链技术等。

10.2.3 分类

根据是否有准入机制，区块链可以分为非许可区块链和许可区块链；根据数据读写范围来分，又可以分为公有链、联盟链和私有链。公有链可称为非许可区块链，联盟链和私有链可称为许可区块链。

非许可区块链是一种开放的网络，任何人都可以加入该网络，参与验证交易，并且参与方地位平等。比特币和以太坊都属于非许可区块链。这类区块链上的数据都是公开透明的，并且每个参与方都存储了网络中全部的历史数据，因此系统很难被破坏。由于没有中央实体控权，因此只有超过 50%的参与方同意，才能实现任何类型的更改。但是，该网络需要使用代币作为激励，以此鼓励各参与方共同参与进来，维护系统的安全运行。在现实世界中，大多数加密货币都在非许可区块链上运行。

许可区块链是一个封闭的网络，其中预先指定的各参与方（如某个联盟的成员）互动并参与数据的验证。当预先指定的参与方仅有一个时，称为私有链，反之称为联盟链。Fabric 属于许可区块链，专为在企业环境中应用而设计交易速度快且交易成本低，但只有被授权的节点才能参与到区块链中，这违背了区块链去中心化的初衷，但是其交易速度更快且交易成本大幅降低。许可区块链技术适用于对各参与方身份要求比较严格的业务场景中，如在金融交易中，必须遵循了解客户（Know Your Customer，KYC）和反洗钱（Anti-Money Laundering，AML）的相关法规。大多数许可区块链共识不依赖复杂的计算问题, 因此攻击者的攻击成本也比较低。

10.2.4　特点

区块链具有匿名性、防篡改、可追溯、去中心化和公开透明的特点，这些特点都是通过密码学技术保证的。

匿名性是指区块链中的节点通过账户地址无法获知彼此的真实身份。在区块链中进行交易时，双方仅需要公布自己的账户地址。下面以以太坊为例说明账户地址的生成过程。首先，系统使用 Secp256k1 椭圆曲线生成 256 位随机数，作为该账户的私钥。然后，系统将私钥转化为 Secp256k1 非压缩格式的公钥，即 512 位的公钥。接着，使用哈希运算 Keccak256 计算公钥的哈希值，转化为十六进制字符串。最后，取十六进制字符串的后 20 字节，以太坊地址就产生了。

防篡改是指一旦数据信息被验证通过，并成功地写入区块链中，就无法被修改。区块链中的区块是由链式数据结构进行存储的，除了第一个区块（创世区块）之外，每一个区块都指向前一个区块。每个区块都由区块头和区块体组成，区块头包含父区块哈希值、挖矿难度值、时间戳、一次性随机数（Nonce）和默克尔树（Merkel tree）等信息，区块体包含交易的列表。由于每个区块都包含父区块哈希值，可通过该哈希值快速验证父区块是否被篡改。区块的任何一个字段发生变化，都会影响区块的哈希值。如果攻击者企图篡改一笔交易，需修改该区块之后的所有区块，这会消耗大量的算力。同时，由于区块链系统是多节点维护的，每个全节点都存储着完整且最新的数据结构。因此，如果篡改数据，需要至少修改 51% 的全节点所存储的数据。由于区块链网络中的区块数量和全节点数量都很多，因此被篡改的难度非常大，以至于基本不可能实现，由此保证了防篡改的特性。

可追溯是指区块链上的任何一笔交易都有完整记录，可以查询与某一状态相关的全部交易记录。这种特性也是由链式数据结构保证的。通过链式结构，人们能够从任意一个区块追溯到创世区块。

去中心化是指网络中没有中央服务器,每个节点的地位都是平等的。区块链通过 P2P 网络保证了去中心化，这是一种全分布式的拓扑结构，节点之间互相广播收到的信息。在区块链网络中，交易从某个节点产生，该节点将消息广播到相邻的节点，相邻的节点再继续广播，一传十、十传百，最终传播到全网。每个节点都遵守相同的密码学规则和少数服从多数的原则，共同验证并记录全网的交易数据，因此可以避免单个节点宕机带来的损失。

公开透明是指区块链是一个公开的分布式账本结构，其中每个账户的资产、交易记录都是全网公开的，每一个全节点都存储着完整的数据结构。同时，任何一个人或区块链上的节点都可以通过公开的接口查询区块链数据记录，这是区块链系统值得信任的基础。

10.3 智能合约的运行

智能合约的运行机制可概括为节点发起交易、智能合约执行引擎执行交易、共识机制验证及区块链存储的过程。不同的智能合约平台虽然在运行机制上具有一些共性，但是在编程语言和运行环境等方面存在诸多差异，汇总和分析这些平台是深入理解智能合约的关键。

10.3.1 运行机制

智能合约的运行原理如图 10.3 所示。在智能合约执行引擎中，智能合约包含合约的代码、状态及环境 3 个部分，不同的执行引擎对智能合约的原理和分类均有影响。合约状态随着合约执行过程的不同而发生变化，合约管理者根据合约的不同执行过程来管理合约。当节点发起交易时，需首先利用智能合约执行引擎执行交易，然后经过共识机制，将验证过的正确交易存储到区块链。若智能合约需要调用区块链外的数据，可请求使用预言机验证过的可信外部数据。有关预言机的内容将在第 10.5 节详细介绍。

智能合约的运行机制因执行引擎的差异而不同。一般来说，智能合约包含编程语言、编译器、事件、容错机制等部分，编程语言和执行引擎对智能合约的开发具有较大影响。因此，根据执行引擎的架构差异，可以将执行引擎分为基于栈的执行引擎、容器执行引擎和解释型执行引擎。下面介绍不同引擎在智能合约的原理和分类方面的区别。

在基于栈的执行引擎中，指令集根据栈数据结构来设计，智能合约利用栈来实现执行过程。在执行过程中，智能合约源码会先被编译为字节码，每个字节码表示一个操作，数据的入栈和出栈操作会被记录在指令记录中，最后执行到代码结尾得到返回结果。基于栈的指令集具有平台间移植性好、指令集小、编译器实现较简单的优点，缺点是在功能实现时需要较多指令而导致性能下降。常见的基于栈的执行引擎主要包含 EVM、HVM（HyperVM Virtual Machine）和 WASM（WebAssembly）等。

在容器执行引擎中，智能合约运行在安全容器中。安全容器作为沙箱执行环境，实现了执行逻辑与数据的隔离。与虚拟机类型的智能合约执行环境不同，容器执行引擎实现了智能合约在安全容器内独立运行，执行过程只需将应用程序及依赖包打包即可。与基于栈的执行引擎相比，容器执行引擎更加轻便和灵活。典型的容器执行引擎是 Hyperledger Fabric 的链码。

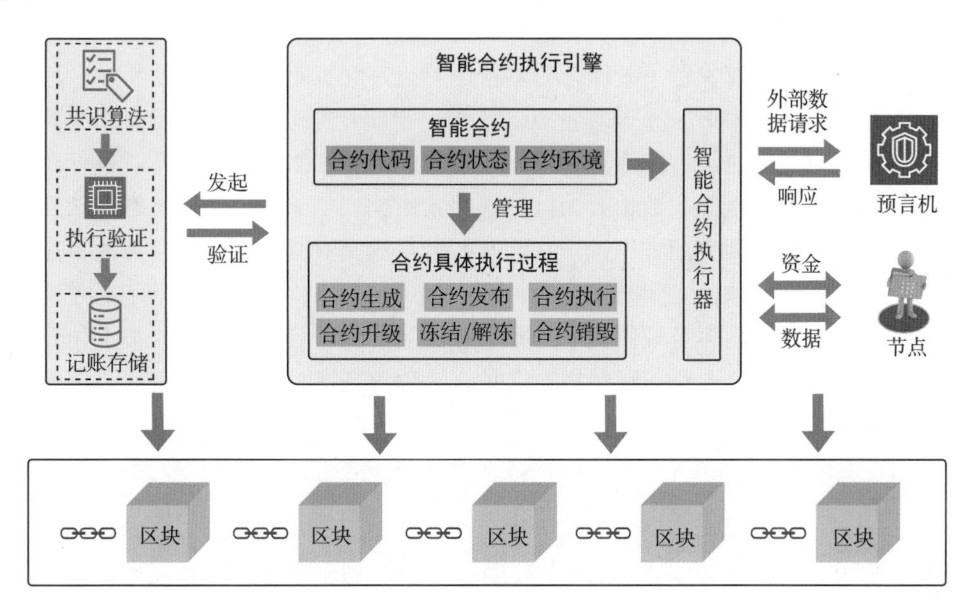

图 10.3 智能合约的运行原理

解释型执行引擎与前两种执行引擎的最大区别是每笔交易对应独立的交易脚本。字节码交易脚本是一个编码交易逻辑的程序，包括交易账户和执行逻辑，执行过程依靠交易脚本的执行逻辑。解释性执行引擎的优点是有较好的灵活性、可编程性和安全性，典型应用是天秤币 Move 语言。交易脚本调用 Move 模块与区块链中的 Move 资源交互。天秤币的账户是一个容器，能包含任意数量的 Move 资源和 Move 模块。天秤币在可扩展性、安全性、可靠性等方面具有较大优势。

总的来说，智能合约的执行过程包括合约生成、合约发布、合约执行、合约升级、合约冻结/解冻和合约销毁等部分。值得强调的是，有些智能合约由于在使用者需求及应用场景等方面不同，可能只包含其中的部分过程，对此本小节不做进一步分析。下面逐一对这 6 个过程进行介绍。合约生成是合约参与方明确合约目标及协商合约功能，利用编程语言实现合约功能，并对合约代码的有效性、正确性、安全性与合法性进行验证。在合约生成过程中，合约功能需要被反复修改和完善，以达到参与方的要求。合约发布是将合约代码上传到区块链：首先，交易发起者对合约进行签名，然后发送给 P2P 网络中的所有节点，当节点之间达成共识后，将合约打包进区块并广播至全网。合约执行是触发已经部署在区块链账本中的智能合约。合约执行过程首先需要参与方发起交易，然后智能合约验证发起过程是否符合合约的执行条件，只有符合条件的交易才能被执行。当执行完成后，更新所有合约参与方的交易数据并存储在区块链上，保证可追溯性和不可篡改性。合约升级是为修复合约漏洞或增加新功能而部署一组新合约，保证新合约可以访问旧合约的必要状态。对于合约冻结/解冻，一般只能由合约管理者通过禁止调用读写接口来冻结合约，也可以解冻（撤销）冻结操作，使合约恢复正常状态。合约销毁是指合约在完成功能后（无须再被调用时），可以进行“自我销毁”。销毁的代码是在合约编写过程中由开发者设计和实现的，当达到预设条件时就可以运行。合约销毁只是该合约不能再被调用，但是合约数据及之前的调用记录依然存在区块链上。

随着区块链种类和数量的增多，智能合约在运行机制方面也会不断更新和改进。智能合约结合区块链之后，既保留了智能合约本身的特点，又拥有了区块链的特性，因此，基于区块链的智能合约有如下 3 个基本特点。首先，智能合约可以自动执行且结果确定。当事件触发满足指定条件时，智能合约会根据预定义的逻辑和功能自动执行。执行结果不受设备差异、执行时间、执行次数、人为操作等因素影响。如果事件不满足触发条件则不被执行，整个过程不被任何第三方干扰。其次，智能合约具有高效性与实时性的特点。智能合约的调用过程是在区块链上实时触发的，能高效地响应事件请求，满足了高效性和实时性。最后，智能合约的内容及调用记录均不可篡改且可被验证。智能合约被上传到区块链后，合约内容不可篡改，合约执行结果也会被永久保存在区块链账本中。通过查询区块链的交易记录可获得执行记录和状态，这保证了执行过程与执行结果的可验证性。

10.3.2 平台

现有的很多区块链系统支持智能合约，开发人员构建出应用程序接口使智能合约的开发更加方便和友好，技术的发展也使合约开发变得更加普及，使基于区块链的智能合约平台得到快速发展。表 10.1 展示了典型的智能合约平台，这些平台在区块链的设计、智能合约编程语言和运行环境等方面均有不同。其中，数据模型包含基于交易和基于账户两种方式。基于交易的模型即 UTXO 模型，每笔交易都有明确的交易资金来源和资金去向，也可以有多个输入和多个输出。在基于账户的模型中，账户与实际生活中的银行账户相似，可用于快速查询验证交易。

表 10.1 基于区块链的智能合约平台对比

智能合约平台	数据模型	智能合约编程语言	执行环境
以太坊	基于账户	Solidity、Serpent、Vyper	EVM
Hyperledger Fabric	基于账户	Go、Java、Node.js	Docker
天秤币	基于账户	Move	Move 虚拟机
趣链区块链	基于账户	Java、Solidity	HVM
Corda	基于交易	Java、Kotlin	JVM
EOS	基于账户	C++	WASM
Hyperledger Sawtooth	基于账户	Go、JavaScript、Python	Docker
BigchainDB	基于交易	Crypto-Conditions	Docker
Stellar	基于账户	Python、JavaScript、Go、PHP	Docker
Rootstock	基于账户	Solidity	虚拟机

下面对表 10.1 中的智能合约平台进行详细介绍。由于以太坊和 Hyperledger Fabric 的相关内容在第 10.2 节已有说明，故此处不再赘述。

2019 年 6 月，Facebook 提出了全球加密数字货币——天秤币，运行在天秤币区块链上，使用 BFT 共识机制。天秤币的使命是满足数十亿账户容量需求，开发团队希望它能够在安全性、稳定性、扩展性、吞吐量和低时延等方面都有出色的金融服务表现。天秤币的编程语言是自主设计的新的 Move 语言，运行在 Move 虚拟机中。Move 语言吸取了以往智能合约安全事件的经验，具有资源有限、灵活、安全和可验证等特点。

趣链区块链由趣链科技自主研发，是我国第一个国产自主可控的联盟链平台，采用可插拔多级加密机制，支持全国密，支持 RBFT（Redundant Byzantine Fault Tolerance）、NoxBFT、Raft 等多种共识算法；在智能合约方面，支持 Java、Solidity 等编程语言，执行环境为 HVM，具有编程友好和安全高效的特点。

2016 年 4 月，R3 发布了一个用于数字货币的分布式账本平台——Corda。它是基于交易的数据模型，共识算法为 Raft，智能合约采用 Java 和 Kotlin 等高级编程语言，运行在 JVM 中。

EOS 旨在提高可扩展性，其共识算法是将 BFT 和委托权益证明（Delegated Proof of Stake，DPOS）结合起来，融合了两种共识算法的优点。EOS 的执行环境是 Wasm，编程语言支持 C++（需将 C++ 编译成 Wasm 后运行），是一个不需要节点支付手续费的智能合约平台。

Hyperledger Sawtooth 是一个开源的企业级区块链即服务的平台，支持多种共识机制，如 PBFT 共识机制和逝去时间证明（Proof of Elapsed Time，PoET），支持的编程语言包括 Go、JavaScript、Python 等。它的执行环境为 Docker，通过隔离核心账本系统与应用程序来实现，这样既保证了安全，又使开发变得更加容易。

BigchainDB 于 2016 年 2 月发布，它是一个区块链数据库，具有高吞吐、低时延、结构化查询等优点，采用 Tendermint 共识机制，智能合约编程语言为 Crypto-Conditions，执行环境为 Docker。

Stellar 是一个支持数字货币的联盟区块链平台，使用自主开发的 Stellar 共识机制（Stellar Consensus Protocol，SCP），采用基于账户的数据模型，并支持多种智能合约编程语言，如 Python、Javascript、Go 和 PHP 等，智能合约执行环境为 Docker，有效地减少了开销。

Rootstock 运行在比特币上，主要支持数据货币交易，采用基于账户的数据模型，使用 Solidity 编写智能合约，合约运行在自主开发的虚拟机中。

10.3.3 基本架构

本小节在智能合约运行原理的基础上，结合智能合约的技术发展及应用实践，给出了如图 10.4 所示的智能合约的基本架构。由于当前对智能合约的研究尚存在进步的空间，因此，该架构是未来智能合约发展的理想架构。模型架构主要包括基础设施层、合约层、运维层、表现层和应用层 5 个组成部分，下面对各层逐一进行介绍。

基础设施层涵盖了支撑智能合约功能实现及应用所需要的基础设施。基础设施层采用分布式账本存储方式，并通过 P2P 网络通信，利用共识算法实现节点共同记账。该过程保证智能合约一旦部署则不可篡改且可追溯。预言机是为区块链提供链外可信数据的服务提供者，使区块链可以获得互联网中可信的外部数据，而不仅局限于使用者对智能合约的调用数据。数据来源的扩展使智能合约应用变得更加灵活和广泛。

合约层是合约架构的关键部分，包含环境、协议和参数 3 个部分。智能合约作为计算机可以运行的程序，需要底层开发环境，由于合约平台在编程语言、合约库和环境 API 等方面均存在差异，因此，智能合约需要根据实际应用选择合适的开发环境。协议包含智能合约从功能商定到生成合约代码的过程。各参与方需要对合约的功能进行协商，在符合法律规定的前提下，生成符合功能要求的协议，并进一步生成符合安全及其他标准要求的代码，同时检查合约是否满足不同合约之间的交互准则。参数主要包括合约管理、调用合约的节点及合约执行过程中的数据参数和业务方面的参数。

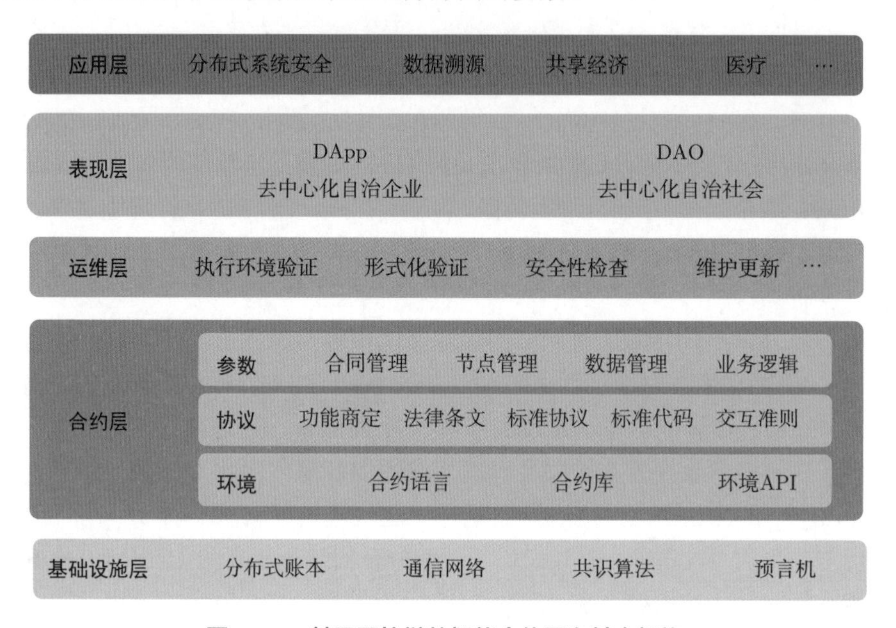

图 10.4 基于区块链的智能合约平台基本架构

运维层需要进行多方面的验证和维护，如执行环境验证和形式化验证等，其中形式化验证是将从合约生成到运行完成的整个过程转变为形式化语言，对每个环节进行严格的数学方法验证。安全性检查是检测漏洞，若发现漏洞则及时修补，保证合约按照既定规则运行。当合约需要满足新增功能需求时，可进行维护更新，并可对已经完成使命的合约进行销毁。由于智能合约涉及现实世界的经济利益，因此，利用运维层维护合约的安全性和有效性是非常重要的。

表现层封装了合约在应用中的不同分类，包括提供丰富应用的 DApp、自动执行业务许可的 DAO、去中心化自治企业（Decentralized Autonomous Corporation，DAC），以及连接真实世界与虚拟社会的去中心化自治社会（Decentralized Autonomous Society，DAS）等。DAO 因为 The DAO 攻击而难以实现完全的自治组织，但是依然可以实现监管下的有限制的 DAO。DAC 的理想状态是能在去中心化环境下自主运行，无须人为干预，所有的交易均记录在区块链上。利用智能合约创建 DAS 比创建 DAC 更加困难，因为 DAS 不仅包含大量的智能合约，而且允许不同的 DAS 进行交易，利用智能合约实现社会内部的自治和不同社会之间的贸易。随着虚拟现实技术的发展，DAS 有可能成为虚拟社会的重要支撑。

应用层将智能合约应用于各行各业，如分布式系统安全、数据溯源、共享经济和医疗等方面。智能合约还能根据合约设计实现多元信息的匹配和执行，这不仅解决了信任问题，还能高效、自动地执行任务，为审计监管提供可信的数据。

10.4 智能合约的形式化分析

智能合约具有“代码即合约”的特性，需要部分满足法律要求，所以开发者应从合规的角度出发，设计严谨的合约代码，保证智能合约的编写规范、精确验证、可信执行和法律合规。在智能合约的规模化和标准化发展趋势中，Hu 等 [2020] 提出了 SCE，将软件工程、形式化方法和法律结合在一起，实现了智能合约的设计开发、合约维护和执行过程的系统性、模块化和规范性，在开发效率、一致性和标准化等方面具有较大优势。

形式化分析的方法是利用数学证明来验证安全性和规范性，可以避免自然语言的歧义性和不确定性的问题，因此用形式化的方式能更准确地描述智能合约。另外，很多智能合约缺乏形式化方法的规范，所以在判断合约正确性、规范性和安全性时均存在较大隐患，这从侧面体现了形式化方法的重要性。

10.4.1 形式化建模

智能合约的形式化建模是利用数学模型组件来实现建模的技术，可保证系统行为的准确性和无二义性。智能合约一般由节点、地址、值、运行功能和合约状态等组成。根据抽象等级的不同，合约建模可以分为基于合约的模型和基于程序的模型，两者各有优势，互为补充。

基于合约的模型考虑合约与节点、合约与合约，以及合约与区块链之间可能的高级交互行为，所以主要包含节点、合约和区块链状态等信息。其中，节点信息包括节点的账户地址、余额和历史交易等，合约信息包括合约所有者、合约地址、事件和操作等，区块链状态信息包括区块号、时间戳和矿池等。基于合约的模型在分析合约与节点或外部环境之间的交互过程时是非常有效的，但是这种较高抽象等级的方法难以准确反映执行细节的变化。

基于程序的模型是一种抽象等级较低的模型，提供了细粒度的安全性分析和验证，在精细化分析合约功能和检测漏洞方面比较有效，常用的方法是利用抽象语法树、字节码分析、控制流图和程序追踪等进行建模。抽象语法树是分析智能合约的源代码，通过轻量级语法分析将源代码表示为树结构，通过树结构反映代码的结构，这有利于对源代码的精准分析和优化。字节码分析是分析编译后的字节码，可以将合约分成基本块再分析程序逻辑，能更好地反映机器指令级别的细节过程。但与抽象语法树相比，字节码分析难以分析完整的语法，可能错过重要的源代码级别的信息。控制流图可以分析执行过程中所有可能的程序路径，多属于静态分析方法。其中，符号执行是通过输入符号值，通过约束求解进行路径分析，目前已逐渐成为主流技术。程序追踪是分析程序执行过程中的指令序列和事件，动态分析合约的执行行为。

下面根据 SCE 中的形式化描述，利用例 10.1 和例 10.2 分别展示构建智能合约模型以及交易模型的形式化建模过程。

例 10.1 智能合约的形式化模型

自动机是有限状态机的数学模型，本例用自动机来建模智能合约模型。合约 C 用 3 个元素来表示：

$$C = (\text{Inf}, A^*, \{A_1, A_2, \cdots, A_n\}) \tag{10.1}$$

其中，合约共 n 个参与方；Inf 表示所有参与方的信息；A^* 表示合约自动机；$A_1, A_2, \cdots, A_n$ 表示合约执行自动机的集合，A^* 为该集合的组合。

A^* 可以被描述为

$$A^* = (s^*, S^*, E, f^*, T^*) \tag{10.2}$$

其中，s^* 表示初始状态；$S^* = \{(s_1^*, s_2^*, \cdots, s_n^*), b\}$，表示所有自动机在执行背景 b 下的状态集合，s_i^* 表示参与方 i 的状态集，$s_i^* \in S_i$，且有 $s^* \in S^*$；E 表示所有输入事件的集合；f^* 表示所有转换函数的集合，可以表示为 $f^* : S^* \times E \to S^*$；$T^*$ 是最终状态的集合，$T^* \subset S^*$。

结合式 (10.1) 和式 (10.2)，参与方 i 可表示为

$$P_i = (s_i, S_i, E, f_i, T_i),\ i = 1, 2, \cdots, n \tag{10.3}$$

其中，s_i 表示初始状态；S_i 表示参与方 i 的执行状态集合，$s_i \in S_i$；E 表示所有输入事件的集合；转换函数集合 f_i 可以表示为 $f_i : S_i \times E \to S_i$；$T_i$ 是参与方 i 的最终状态集合，$T_i \subset S_i$。

例 10.2 交易的形式化模型

区块链上的节点 U 利用地址标志节点的身份属性，地址可用 addr 来表示，由 m 个哈希字节组成，用 $\mathbb{B}_m$ 表示，则有 $\text{addr} \in \mathbb{B}_m$。交易用 T 来表示，一条交易记录主要包含如下内容。

交易发送（TX_s）：发送者由 s_n 个哈希字节地址 $\mathbb{B}_{s_n}$ 表示，如果是普通数据，则该值为空，则有 $\text{TX}_s \in \{\mathbb{B}_{s_n}, \varnothing\}$。

交易接收（TX_o）：接收者由 o_n 个哈希字节地址 $\mathbb{B}_{o_n}$ 表示，如果是普通交易或智能合约创建的交易，该值为空，则有 $\text{TX}_o \in \{\mathbb{B}_{o_n}, \varnothing\}$。

交易类型（TX_y）：交易的类型较多，如账户间转账、发行代币、修改账户数据等，用 y_n 比特的正数 $\mathbb{P}_{y_n}$ 表示，有 $\text{TX}_y \in \mathbb{P}_{y_n}$。

随机数（TX_c）：交易发送者的交易数量，用于确定对该发送者来说的交易顺序，用 c_n 比特的正数 $\mathbb{P}_{c_n}$ 表示，有 $\text{TX}_c \in \mathbb{P}_{c_n}$。

交易值（TX_v）：交易值用 v_n 比特的正数 $\mathbb{P}_{v_n}$ 来表示，有 $\text{TX}_v \in \mathbb{P}_{v_n}$。

交易结果（TX_r）：交易执行的结果包括成功、失败或其他等，用 r_n 比特的正数 $\mathbb{P}_{r_n}$ 来表示，有 $\text{TX}_r \in \mathbb{P}_{r_n}$。

时间戳和交易数据分别用 TX_p 和 TX_d 来表示。因此，交易 T 可以表示为如下形式：

$$T = \langle \text{TX}_s, \text{TX}_o, \text{TX}_y, \text{TX}_c, \text{TX}_v, \text{TX}_r, \text{TX}_p, \text{TX}_d \rangle \tag{10.4}$$

式 (10.4) 满足：$\mathrm{TX}_s \in \{\mathbb{B}_{s_n}, \varnothing\} \wedge \mathrm{TX}_o \in \{\mathbb{B}_{o_n}, \varnothing\} \wedge \mathrm{TX}_y \in \mathbb{P}_{y_n} \wedge \mathrm{TX}_c \in \mathbb{P}_{c_n} \wedge \mathrm{TX}_v \in \mathbb{P}_{v_n} \wedge \mathrm{TX}_r \in \mathbb{P}_{r_n}$

交易执行是智能合约中最复杂的部分，执行过程需要交易状态的转换。设状态转换函数为 $\mathcal{F}$，交易前的系统状态为 α，交易之后的系统状态 α'，则有

$$\alpha' \equiv \mathcal{F}(\alpha, T) \tag{10.5}$$

10.4.2 形式化验证

智能合约的形式化验证方法较多，包含模型检测、定理证明、程序验证、符号执行和运行时验证等，下面详细介绍这些形式化验证方法。

模型检测利用有限状态自动验证系统模型，是一项相对成熟的技术。模型检测使用精确的数学语言，通过搜索状态空间来验证形式化规范，适合描述智能合约的建模和形式规范，以及建立自动框架。有关模型检测的研究较多，较流行的是利用 NuSMV[Cimatti et al., 1999] 和 nuXmv[Cavada et al., 2014] 模型检测器。nuXmv 是基于 NuSMV 开发的扩展版本，主要用于功能性验证，如需求模型。模型检测是自动且高效的，但是受限于检测器的状态组合爆炸问题，难以实现对智能合约的精确建模。为此，模型检测需要对智能合约进行抽象操作，或者在执行过程中做简化假设。这些操作虽然损失了建模的完整性，但是依然能达到自动验证系统状态的目的。

定理证明是将系统和属性规范为数学逻辑进行验证，能精确地分析和描述智能合约正确执行的条件。这些条件可以是合约状态或环境的正确性属性和安全需求等。定理证明与模型检测的区别在于，模型检测只能支持有限状态系统，而定理证明可验证无穷状态系统。Coq 定理证明器是一种交互式（半自动化）辅助的定理证明工具，能在交互式环境下实现数学定理以及程序规范，可以给出验证后的函数式编程代码。Isabelle/HOL（High-Order Logic）定理证明器作为交互式证明工具，支持不同阶的逻辑推理，其中元逻辑和对象逻辑是两种重要的逻辑。Agda 提供了依赖类型的函数式编程语言，支持正归纳和归纳递归数据类型。定理证明存在一些不足，如通常需要人的参与、不能完全自动化进行，且很少考虑合约通信和时间属性，对研究人员的数学理论功底也有较高要求。

程序验证可以验证智能合约的正确性，Boogie[Barnett et al., 2005]、LLVM（Low Level Virtual Machine）[Lattner et al., 2004] 和 Datalog[Abiteboul et al., 1995] 等都是较流行的框架。它的具体过程是先将智能合约源代码编码成可验证的语言，然后进行更广泛的验证分析。其中，Boogie 将程序语义转换成其他语言，如将 Solidity 编译成 Boogie 语言，那么智能合约被转换成带注释的合约内容，这使得合约漏洞分析变得更加容易。LLVM 是基于透明的程序分析的编译器框架，可以提供终身的程序分析和验证。Datalog 可以通过编写谓词和规则来验证结果，Datalog 和它的引擎能检测出以太坊智能合约的字节码和执行路径的漏洞。程序验证方法具有明显优势，但是也有一些不合理之处：因为程序验证需要抽象出合约的执行组件和内存模型，所以难以保证抽象过程的准确性和完备性。

符号执行能够通过执行多个具体的执行路径来验证智能合约的正确性，常用于检测合

约漏洞。符号执行是一种白盒分析方法，多数情况下用于字节码级别的智能合约脆弱性分析。符号执行可以分析智能合约的执行路径和逻辑，常用的工具包括 Oyente[Luu et al., 2016]、Mythril[Mueller, 2018] 和 VerX[Permenev et al., 2020] 等。Oyente 是检测合约漏洞的测试工具，Mythril 是合约的安全分析工具，VerX 能够自动验证合约功能。同时，符号执行也可以在交易间进行验证，更有利于发现漏洞，代码覆盖率较高，但是存在路径爆炸问题，所以难以遍历所有可能的执行路径。此外，符号执行难以处理包含大量哈希函数的智能合约，在对内存和合约交互进行符号建模时也存在困难，设计难度较大。

运行时验证是在系统运行过程中验证行为的正确性和规范性，可以提供动态运行时的漏洞防御，保证了智能合约的安全性。运行时验证能在复杂的执行环境中进行建模，也能应对由于状态和路径爆炸而难以实施的验证难题，常见的方法有模糊测试等。运行时验证是一项仍然处于探索阶段的轻量级验证技术，在一次验证过程中只验证一个区块链平台的执行指令序列。多数运行时验证方法是在链上进行验证，可以及时检测并拒绝有漏洞的交易，也可以通过在智能合约的源代码中插入保护代码来防御漏洞。为了提高检测效果，模糊测试可以先与污点分析、符号执行等方法结合后再进行验证，这样能够取得较好的效果。运行时验证具有自适应和自我调整的特点，可以验证智能合约的安全性和功能性，但是由于应用条件过于严格，所以难以应用在真实的生产场景中。

上述形式化验证方法各有优缺点，在选择验证方法时应主要考虑智能合约的形式化模型，再选择具体的验证方法，才能取得较好的效果。

图 10.5 展示了 SCE 中的智能合约验证过程，下面详细说明验证步骤。

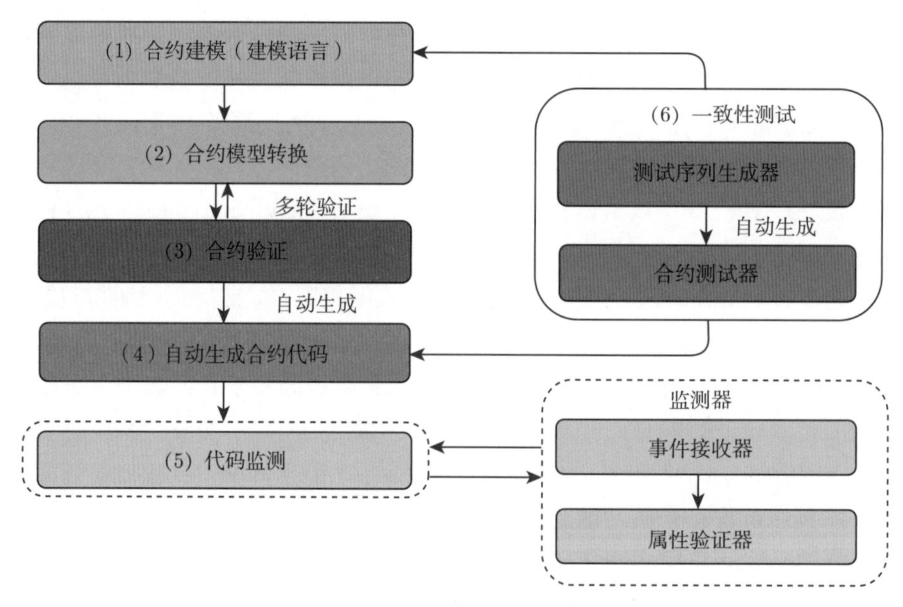

图 10.5 SCE 中的智能合约验证过程

（1）合约建模利用形式化规范来构建合约，避免了自然语言描述带来的模糊性问题，可以支持合约的工程实现和自动化，提供无歧义的数学描述合约的方法。

（2）合约模型转换是将一个模型转换为另一个模型，并验证这两个模型的一致性。在有些情况下，只用一种形式化语言不足以准确地描述合约模型，因此需要转换成其他形式化语言。在转换过程中，需利用转换规则、转换方法和转换工具实现两个模型的映射，保证合约属性一致。转换方法包括人工转换方法和自动转换方法。例如，ATL（ATLAS Transformation Language）[Jouault et al., 2008] 就是一种自动实现模型转换的专用语言。

（3）合约验证用来验证是否存在逻辑错误，包括不变性、等价性等方法。模型转换和合约验证需要反复执行多轮，从而保证合约验证结果的可靠性。形式化验证包括模型验证和推理验证。模型验证利用穷举状态的方式来验证，可利用抽象建模方法避免状态爆炸问题。推理验证是先从合约规范中生成数学证明的要求，再用自动定理证明器来履行这些要求。

（4）自动生成合约代码实现了自动验证合约的功能，可将满足要求的合约转换为可执行的合约，满足大规模生产智能合约的要求。

（5）代码监测用于监测正在执行的程序。监测器利用运行时验证来监测系统操作，从而确定是否符合规范要求。

（6）一致性测试。在这一步中，合约测试器会不断监测合约代码是否与建模的合约一致。

10.5 预言机

“世界那么大，我想去看看”——2015 年 4 月 14 日早晨，一封辞职信引发网络热议。我们不禁想到，区块链与智能合约组成的链上代码封闭环境如何“看”现实世界呢？例如，智能合约的执行需要外部信息触发的情况。针对这个问题，预言机给出了答案。它扩展了智能合约的功能，使其能够更好地服务于隐私保护计算。

10.5.1 链接世界

区块链上的数据都是通过被动输入得到的，无法对现实世界数据进行直接请求和主动获取，因此，对于现实世界来说，区块链网络是一个孤岛。如何将现实世界的可信数据实时、高效地上传到区块链，已成为一个严峻的挑战。幸运的是，预言机的出现解决了这一问题。区块链领域提到的预言机，并不是一个能预测未来的工具，而是一个可信数据提供商。它能够检索现实世界的数据，并将这些数据发布到区块链上供智能合约使用。现实世界的数据也包括其他区块链上的数据。预言机是智能合约与现实世界进行数据交互的重要接口，让智能合约可以对现实世界做出反应。

区块链中一切需要与现实世界进行数据交互的应用都需要预言机。例如，有一个天气预报预警的 DApp，其节点可以通过链上智能合约查询天气预报数据。但是这些数据并不是在链上自行生成的，而是需要智能合约先向气象服务网站的接口发起请求，然后才能获取数据。此时，预言机就可以发挥作用，具体过程是：智能合约先向预言机发起请求，然后由预言机执行气象服务网站接口的调用，再将返回的响应数据发送给智能合约，供智能合约使用。预言机提供的数据可能是公开的（如资产价格或各种事件信息），也可能是隐私的（如银行账户信息或身份验证信息）。简而言之，预言机对区块链来说至关重要，因为预言机能够扩大智能合约的应用范围，进一步推动区块链技术的发展。

10.5.2 工作流程

预言机一般作为一个独立的模块与智能合约的执行引擎进行互操作，其工作流程如图 10.6 所示，分为以下 5 个步骤。

（1）区块链节点调用智能合约，向预言机发起服务请求，智能合约的执行引擎检测到节点正在执行一笔涉及预言机的交易。

（2）智能合约的执行引擎将该请求通过消息通信组件转发给预言机。

（3）预言机收到请求之后，发起向外部数据源获取数据的请求。

（4）预言机获取数据之后，使用交易生成器产生回调交易并签名。这一过程会使用 TEE 等技术保障数据的安全和不可篡改。

（5）预言机将签名后的回调交易返回给智能合约执行引擎，以便执行引擎使用这些数据进行后续操作。

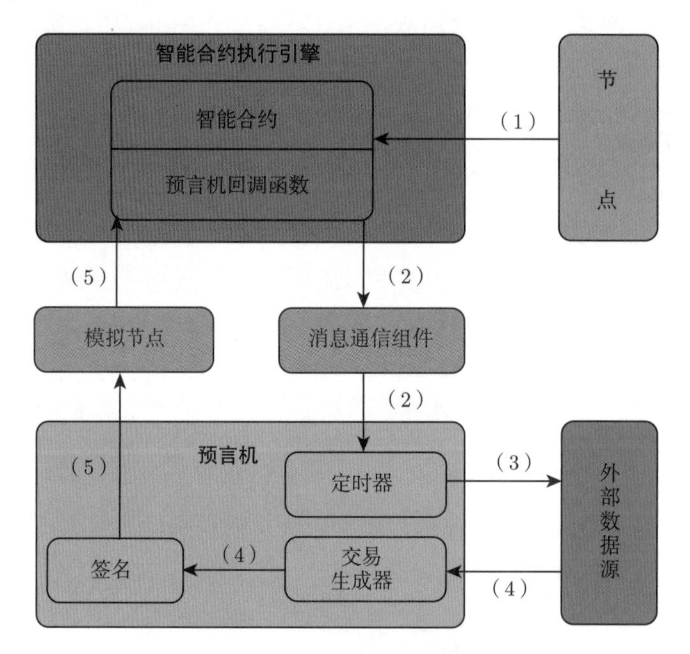

图 10.6 预言机工作流程

区块链是一个可信的实体，那么，对区块链提供服务的任何实体也应是可信的。所以，预言机也必须为节点提供可信的服务，以及准确、及时地返回结果。理想的预言机应当满足以下 5 个条件。第一，数据调用是在双方相互信任的基础上进行，预言机应保证数据源头的可信及反馈给节点的数据和数据源查询的数据一致，防止数据被篡改。第二，数据调用具有高效性：预言机应该在规定时间内，响应节点的请求并将数据反馈给节点，否则会受到惩罚。第三，数据调用的高安全性：预言机的设计应能够有效地阻止各种攻击，如女巫攻击、吃空饷等。第四，预言机应符合激励相容原则，设计的激励机制和监督机制必须实现激励相容。第五，数据应当作为一种资产，根据其重要性和稀缺性进行定价并写入智能合约，即数据资产化。

除此之外，返回结果的真实性对智能合约来说是至关重要的，可以通过以下 5 个方面保证预言机响应数据的真实性。第一，建立声誉和报酬机制：预言机服务商每次提供服务都会有相应的代币奖励，如果服务商能够提供高质量数据，它的声誉就会增加，更有可能在后续服务中再次被选中而获得更多奖励。第二，调用多个数据源：利用多个数据源的聚合结果能有效地降低错误信息的概率。这样，只有在大部分数据源或节点服务商受到损害的情况下，才可能将错误数据写进区块链。第三，使用多个预言机：可以通过依赖多个预言机来降低错误数据的概率，或减少单个预言机宕机带来的危害。第四，建立保证金机制：缴纳一定的保证金可以防止预言机服务商故意作恶。第五，使用可信执行环境：在可信执行环境中运行预言机服务可以增加安全性。

10.5.3　代表项目

根据预言机节点的数量的不同，预言机可以分为去中心化预言机和中心化预言机。去中心化的预言机是由多节点构成的网络，从不同的节点获取数据，最后进行加权平均运算得到结果。这类预言机确保了上传到链上的数据一定是安全可靠的，可最大限度地防止单点故障和数据造假。中心化的预言机需要引入第三方可信机构（如国家或能提供背书的大型企业）独立地验证预言机的可信性。由此可知，去中心化的预言机适用于可用性要求高、实时性要求低的场景，而中心化的预言机适用于实时性要求高、可用性要求低的场景。Chainlink 和 Oraclize 分别是去中心化预言机和中心化预言机的代表项目。

Chainlink 被称为 DeFi 领域最可靠的预言机网络，它的网络节点兼容比特币、以太坊和 Fabric。LINK 是 Chainlink 的本地加密货币，用于支付 Chainlink 节点运营商费用。Chainlink 采用门限签名技术，Chainlink 节点可以验证预言者的行为和交易是否合理，至少一半的可用 Chainlink 节点签名才能够继续进行交易。Chainlink 的核心思想是为预言机打造一个可信的市场，奖励行为良好的 Chainlink 节点并宣传其表现和声誉，同时惩罚有恶意行为的 Chainlink 节点。Chainlink 的核心目标是连接链上环境和现实世界，因此其包括链上和链下两个模块。每一个模块都是可升级的，可以随着技术的发展不断地更新迭代。

链上模块的任务是返回由 Chainlink 节点合约做出的数据请求或查询的回复。这个模块由 3 个智能合约组成，分别是声誉合约、订单匹配合约和聚合合约。声誉合约负责记录服务商的平均响应时间、任务完成率等与历史服务水平相关的数据。订单匹配合约负责根据声誉值选取服务商。聚合合约负责收集服务商的返回结果，聚合数据，并返回一个最终的结果。链上工作流程分为预言机选择、数据上报和数据聚合这 3 步。预言机选择是指节点在购买预言机服务时会在服务水平协议中明确具体的服务要求。服务水平协议包括数据参数、所需预言机的数量等各种内容。此外，节点还会确定对声誉合约和聚合合约的要求，满足要求的预言机服务商可以参与竞标，并支付一定的保证金来保障其服务质量。一旦参与竞标，它们需要严格执行服务水平协议的内容，如出现违约行为，就会被没收保证金作为惩罚，用处罚的方式避免了服务商只收钱不办事。竞标者的数量达到门限值且竞标时间结束之后，首先会从候选者中选出一定数量的预言机为节点提供服务，然后敲定服务水平协议，生成一条日志。被选中的预言机会根据服务水平协议的具体内容提供服务。数据上报指当生成了新的记录时，链下预言机就会执行合约并将数据发送到链上。数据聚合指数据聚合合约先收集所有预言机的返回结果，并计算出加权值；然后，将这个加权值发送至 Chainlink 节点的具体合约函数中；最后，由 Chainlink 节点合约进行后续的计算。每台预言机的返回数据质量都会被发送至声誉合约中，由声誉合约更新该预言机的声誉值。

链下模块主要指 Chainlink 节点。它提供外部世界的数据，并执行来自链上模块合约的请求。Chainlink 节点的核心部分负责与区块链进行交互、任务调度并平衡外部服务的工作量。每个任务都可以被分成很多子任务，这些子任务以流水线的方式依次被执行。每个子任务被执行完之后，其结果会被传递给下一个子任务，直到获得最终结果。除了 Chainlink 节点软件内置的几个子任务（如 HTTP 请求、JSON 解析等），链下模块还能通过创建外部适配器来定制子任务。适配器可以轻松地配置并验证来自任何开放 API 的数据。

Chainlink 的工作流程如图 10.7 所示，分为以下 7 步。

（1）Chainlink 节点请求合约发起链上请求。

（2）链上合约为预言机记录事件。

（3）Chainlink 核心软件收到事件记录并向适配器发送任务。

（4）Chainlink 适配器执行任务，向外部 API 请求数据。

（5）Chainlink 适配器处理返回数据并将结果返回至核心软件。

（6）Chainlink 核心软件将数据传回链上合约。

（7）链上合约将数据聚合成单一数据，并返回至 Chainlink 节点请求合约。

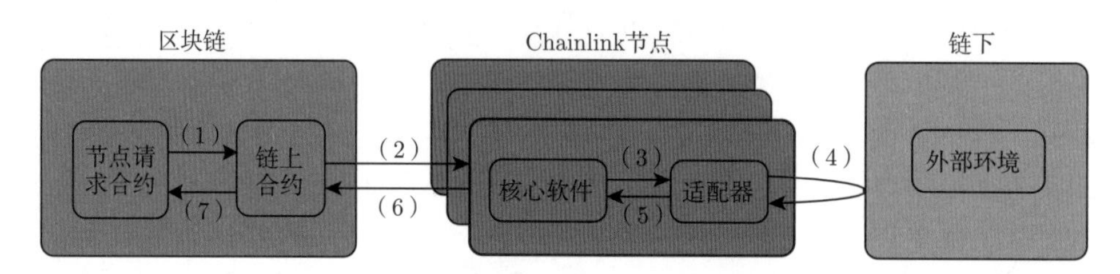

图 10.7　Chainlink 的工作流程

Oraclize 是一个中心化的预言机，能够提供可证明的、诚实的预言机服务。Oraclize 的网络节点兼容以太坊、Monax、Rootstock 和私有网络等多个区块链平台，但是最主要的客户是在以太坊平台上。它使得智能合约能够访问其他区块链或万维网的数据。Oraclize 从数据来源的可靠性及传输过程中未被篡改这两个方面保证了数据的安全性。亚马逊云主机、谷歌和 Ledger 既具有权威性又值得信赖，因此保证了数据来源的可靠性。Oraclize 通过 TLSNontary 证明、安卓证明等方式证明了确实是从原始数据源获取的数据，并在传输过程中未被篡改。数据来源以 URL、WolframAlpha、IPFS、Computation 类型为主，其中：URL 是互联网中的连接；WolframAlpha 是沃尔夫勒姆研究公司开发出的新一代搜索引擎，它能根据问题直接给出答案；IPFS 是文件传输系统中的数据；Computation 允许抓取应用的链下执行结果。针对不同的数据源和服务请求，Oraclize 支持 JSON、XML、HTML Parser 和 Binary Helper 这 4 种输出格式，并支持不同格式之间的转换，从而提高数据的可读性。在 Solidity 中，解析结果是十分困难的，并且代价很大。Oraclize 提供了一个解析助手，负责在服务端处理解析，最终得到的解析结果就是节点想要的那部分。

Oraclize 的工作流程如图 10.8 所示，分为以下 5 步。

（1）节点通过对 Oraclize 发布一个调用请求来获取数据，并指定数据源和参数。

（2）Oraclize 监听到链上有交易之后，按需求访问相应的资源。

（3）数据源将数据返回给 TLSNontary 证明模块。

（4）TLSNontary 证明模块将证明结果反馈至 Oraclize。

（5）Oraclize 获取数据后，利用 callback 函数返回结果。

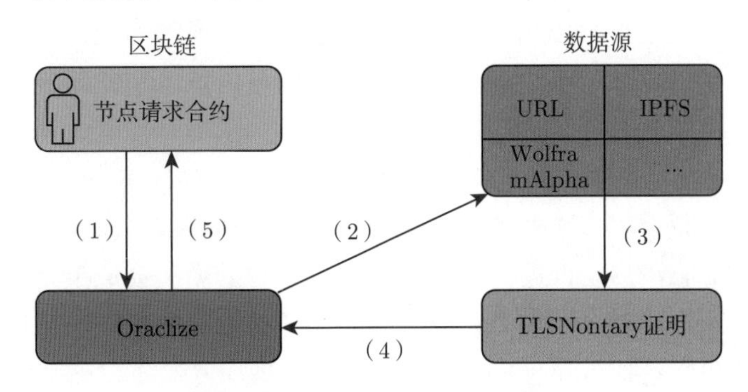

图 10.8 Oraclize 的工作流程

10.6 智能合约的技术融合

从当前的研究来看，智能合约能够与隐私保护计算的多种其他技术进行融合，达到更好的隐私保护效果。本节分别以智能合约与联邦学习、安全多方计算的技术融合为例，详细展示融合的目的、过程和效果。

10.6.1 智能合约与联邦学习

联邦学习作为隐私保护技术，可以在不暴露数据提供者的私有数据的情况下进行协同训练，以获得一个更好的模型。如果使用隐私服务者进行聚合，则需要应对较多挑战，如隐私服务者的单点故障和不诚实行为的问题。具体来说，隐私服务者从所有数据提供者处搜集模型并分发的过程可能造成网络带宽负载过大，数据提供者之间也存在信任问题。基于区块链的去中心化联邦学习可以应对上述挑战，利用智能合约取代隐私服务者，实现模型更新和聚合分发的过程。第一，在联邦学习的数据提供者选择阶段，智能合约可以制定数据提供者的筛选规则，对验证通过的数据提供者进行授权。第二，在联邦学习的训练环节，可根据聚合规则编写智能合约代码，实现自动聚合及结果的共识验证。第三，如果需要评估数据提供者的贡献，则区块链的验证节点可利用智能合约定义的量化评估标准和规则，结合区块链历史块的交易记录进行评估，得到可信的评估结果。此外，根据任务的设计，还可进行经济奖励和惩罚，来规范任务训练过程和提高数据提供者的积极性。

下面介绍基于智能合约的联邦学习方法。该方法结合了激励机制和委员会机制，可实现高效、安全的联邦学习。

（1）选择数据提供者：为防止在区块链历史记录中有过不诚实行为的数据提供者参与到联邦学习中，在联邦学习任务发布后，需要对申请加入任务的数据提供者进行综合评估并进行选择，只有得到授权的数据提供者才能加入训练任务。

（2）缴纳保证金：为激励数据提供者积极贡献本地数据和算力资源，数据提供者需要缴纳一定金额的保证金，保证诚实地训练模型，并将训练好的本地模型积极上传到区块链。

（3）全局模型初始化：开始第 0 轮训练，将随机初始化的全局模型 M_0 上传到区块链，广播给全部数据提供者。数据提供者 P_i 利用该模型进行训练，得到本地模型 M_i。

（4）模型上传及验证：数据提供者将 M_i 上传到委员会，委员会成员利用本地数据对所有上传的本地模型进行打分，只有得分符合阈值要求的模型才能打包到区块链。在受到恶意攻击时，该机制通过验证模型更新来识别恶意数据提供者，提高了系统的稳健性和安全性。

（5）选举委员会成员：每一轮均需选举诚实的委员会成员，根据第 E 轮委员会对数据提供者的评分结果进行排序，选举排名靠前的 T 个数据提供者组成第 $E+1$ 轮的委员会。当然，这种方法会面临冷启动问题，即如何选举第 0 轮的委员会成员。为避免恶意数据提供者的影响，可以采用随机选取委员会成员的方式，也可以将参与第 0 轮的全部数据提供者均作为委员会成员对其他数据提供者进行评分，得到评分排序。第 0 轮之后的轮数按照排序结果选举诚实节点。委员会评估结果均需上传到区块链，由智能合约自动选举委员会成员，保证选举的真实性、客观性和可审计性。这种委员会机制依靠诚实节点的相互加强，增加了抗攻击性，提高了稳健性和安全性。

（6）全局模型更新：当更新的本地模型数量满足 K 个时，智能合约触发聚合过程。智能合约按照预设的聚合规则，自动更新下一轮全局模型并上传到区块链。这种无须全部数据提供者上传模型的方式，可以保证每轮聚合 K 个模型，所以既能保证模型效果，又能节约每轮训练的时间。

（7）奖励评估：只有成功上传本地模型或被选举为委员会成员的数据提供者，才能获得奖励。委员会可以设置恶意数据提供者的识别机制，如搭便车攻击（利用随机数生成模型更新）。根据评估结果，如果数据提供者连续多轮评分都较低，则可认为是搭便车攻击，扣除搭便车者的奖励及保证金作为惩罚。

（8）重复步骤（4）$\sim$ 步骤（7），直到全局模型满足收敛要求。

在基于智能合约的联邦学习方法中，如何激励数据提供者积极贡献数据和算力、参与联邦学习的其他环节等是非常重要的，所以，激励机制的设置对于促进训练任务的高效完成至关重要。而公平性作为激励机制的组成部分，是激励的基础，也是激励效果的保证，可以说，没有公平性就没有激励。当前，对公平性的研究主要体现在两个方面：公平的奖励分配和公平的模型分配。公平的奖励分配是按照评估规则，对高贡献的数据提供者给予较高奖励，反之亦然。公平的模型分配是无须分配奖励，而是根据数据提供者的贡献，在每一轮训练时，对高贡献的数据提供者分配一个较高质量的模型用于他的本地训练，反之亦然。当训练结束时，高贡献数据提供者会获得一个优质模型，而低贡献数据提供者获得的模型较差。当然，这个较差的模型依然优于数据提供者仅靠本地数据训练得到的模型。实现有效的激励机制，保证激励机制的公平性，是提高训练效率、促进训练任务良性持续发展的重要基础和动力。

智能合约协调联邦学习的训练过程，包括上传本地模型和下载全局模型等。这些过程均需要共识节点利用共识算法进行验证，只有验证通过的交易才会被记账节点打包至区块中存储，这一过程避免了联邦学习隐私服务者的单点故障和不诚实的问题，也缓解了过重的通信开销负载。模型参数均需上传到区块链，一旦部署则难以篡改和不可否认，保证了可验证性和可审计性；由于交易记录永久保存在区块链上，整个训练过程更加可信，避免了恶意数据提供者的篡改，加强了对恶意行为的判定和追责取证的能力。智能合约公开的奖惩规则有利于规范数据提供者的行为，也有助于保证联邦学习任务的过程透明和结果公正。

10.6.2　智能合约与安全多方计算

如何在多方协同计算过程中保证智能合约安全是一个尚未解决的难题。当前，采用 SMC 技术来实现智能合约被认为是最具潜力的方案之一。这类项目有很多，如 Datum 个人信息分享市场，Data Broker DAO 的 IoT 数据分享市场，矩阵元的 JUGO、iCube、ARPA 等。

去中心化系统中的随机数生成是一个难题，采用安全多方计算的方法可以生成公平的、不受个体操纵的随机数。例如，小蚁区块链是一种基于区块链技术的去中心化网络协议，旨在对实体世界的资产和权益进行数字化，并提供 P2P 网络进行登记发行、转让交易、清算交割等金融业务。小蚁区块链可应用于股权众筹、P2P 网贷和数字资产管理等领域。在小蚁的共识算法中, 记账人被投票选举出来后, 会随机选出一个人来出块。每个区块生成前，记账人之间需要协作生成一个区块随机数。记账人使用 Shamir 秘密共享方案来协作生成随机数。该方案可以通过密文 S 生成 N 份秘密份额，持有其中的 K 份，就能还原出密文 S。记账人（假设有 $N+1$ 个）之间通过以下 3 步就可以对随机数达成共识。

（1）每位记账人各自生成一个随机数，将此随机数通过 Shamir 秘密共享方案生成 N 份秘密份额，用其他 N 个记账人的公钥加密，并广播给其他记账人。

（2）当收到其他 N 个记账人的广播后，将其中自己可解密的部分解密，并广播。

（3）当收集到至少 K 份秘密份额后，就可以解出随机数。获得所有记账人的随机数后，合并生成区块随机数。

在上述方法中，随机数由各记账人协同生成。只要有一个诚实的记账人参与其中，即使其他所有记账人合谋，也无法预测或构造此随机数。将上述过程编写成智能合约，便可自动执行，高效地解决了去中心化系统中随机数生成的难题。

除此之外，各个机构间数据合作的需求与意愿强烈，但是面临数据安全和隐私泄露的问题。因此，机构间数据的合作落地非常困难，实际上形成了无数的数据孤岛。蚂蚁集团旗下的蚂蚁链推出了蚂蚁链摩斯多方安全计算平台，简称摩斯平台，很好地解决了上述问题。该平台是基于区块链和安全多方计算技术研发的一个用于企业间数据安全共享的基础平台，它始终秉持“数据可用不可见”和“将计算移动到数据端”的原则。目前，该平台已经实现商用，并在金融、电信、汽车等 10 多个行业落地。它能够利用安全多方计算技术在数据不出库、不泄露的前提下完成分布式计算，实现了“数据可用不可见”，解决了企业间数据协同计算过程中的数据安全和隐私保护问题。它利用区块链技术进行数据服务调用的存证、授权、计费等，增加了产品可信度，可防止造假，且保证了数据真实性和数据质量。从技术能力来看，摩斯平台支持数据脱敏、数据集合求交、数据安全统计分析、隐私机器学习等功能。最终，摩斯平台打通了数据孤岛，能够帮助机构之间实现安全、便捷、合规的数据合作，为用户带来更多的便利和实惠。

综上可知，安全多方计算在区块链系统中的作用正在不断被挖掘，使智能合约多方计算成为一个备受瞩目的技术亮点。安全多方计算和智能合约的组合，能够保障智能合约执行中的输入隐私性和计算正确性，并能大大推动数据的应用合规和安全发展。这两者的组合在将来可能成为通用的基础设施，解决信任问题，释放巨大价值。

10.7 延伸阅读

尼克·萨博在 [Szabo, 1997] 中对智能合约做了详细介绍。随后，李嘉图合约作为一种描述金融工具的方法在 [Grigg, 2004] 中被提出，成为支付系统的重要组成部分。

在隐私保护计算中，智能合约作为主权层中隐私策略的技术之一，继承了分布式账本的可用性和完整性，使合约一直存储在区块链网络中，这保证了执行过程能够按照既定合约逻辑进行 [Garrido et al., 2021]。蔡维德 [2020] 对智能合约的法律问题做了详细介绍。书中提到，智能合约是一种新的监管，英国法律协会也已经支持它成为具有法律效力的合同，通过科技与法律结合的方式，让法律变得更加智能化。更多相关法律问题可参考 [Giancaspro, 2017]。在智能合约的运行过程中，执行引擎具有非常重要的位置。邱炜炜 等 [2022] 分析了不同的执行引擎和他们的运行机制，较好地解释了合约如何提供沙箱环境来保证执行的确定性、有限性和规范性。智能合约平台的快速发展促进了智能合约的进步和普及，Zheng 等 [2020] 在图灵完备性、共识机制、许可和应用等方面详细地介绍了多种智能合约平台。

另外，Hu 等 [2020] 提出了 SCE，促进了智能合约与法律的结合，并用形式化分析的方式分析了潜在的问题，提高了合约执行的效率和内容验证的准确性。Tolmach 等 [2021] 着眼于安全性和功能正确性，阐述了智能合约的形式化规范和验证，详细地介绍了形式化规范的分类和方法。但是，形式化的方法面临着诸多挑战，如程序级的形式化分析需要依赖专家的经验性漏洞，这会导致难以识别未知漏洞，因此，鼓励参与方定义漏洞也是一个不错的方法。

区块链 [Zheng et al., 2018] 的应用范围越来越广，在产品溯源、数字医疗、供应链等领域都有广泛的应用 [Bodkhe et al., 2020]。目前，跨链已经成为区块链的一个主流研究方向，它能够解决数据孤岛问题 [Buterin, 2016]。区块链一开始被构建时，它被设想为能够提供一种适合所有人的解决方案，这意味着所有的交易、智能合约或其他任何事情都在一条链上执行。但是随着区块链技术的发展，大量的区块链项目迅速涌入，不同区块链项目的共识算法、数据结构差异较大 [Xiong et al., 2022]，因此无法直接进行互操作。为此，跨链成为重要的研究方向，Lin 等 [2021] 详细地介绍了主流的跨链技术，Ghosh 等 [2021] 介绍了一种适用于财团组织的跨链机制。但是，跨链系统面临着诸多安全问题 [Xue et al., 2021]，如跨链桥项目 AnySwap 新推出的 V3 跨链流动性池遭受黑客攻击，造成了近 800 万美元的巨大损失。因此，研究如何保证跨链系统的安全性是十分必要的。

区块链没有预言机 [Beniiche, 2020]，就像计算机没有网络。蔡维德 [2020] 指出，没有预言机的区块链无法与外部世界建立联系，也无法为智能合约提供充足的数据。这充分说明了预言机对区块链和智能合约的重要性 [Caldarelli, 2020]。Chainlink[Breidenbach et al., 2021] 和 Oraclize[Bertani, 2022] 是当前两种主流的预言机类型。目前，预言机最主要的应用场景是 DeFi，它被称为公链智能合约中发展最迅速的领域之一。然而，如果没有预言机，

DeFi 就无法获得正常运行所需的所有数据 [Caldarelli et al., 2021]。预言机面临的最大问题是如何平衡去中心化和监管。在预言机从尝试和探索到逐渐走向成熟和大规模应用的过程中，监管的角色是不可或缺的，尤其是在金融领域，而且，当前去中心化的预言机还无法达到领先公链级别的安全和去中心化。这些最薄弱的环节会严重威胁智能合约的安全性，进而影响到隐私保护计算。因此，通过设置奖惩机制、建立信誉值制度等方式来确保安全具有重要意义。

当前，智能合约与其他隐私保护计算技术结合的研究成为一个热门方向。Li 等 [2020b] 使用联邦学习结合智能合约的方式，结合委员会共识机制，优化了聚合过程和区块链存储方式，提高了联邦学习的训练效率和安全性。Wang 等 [2020a] 分别介绍了智能合约和安全多方计算的优缺点，并说明了两者结合可以实现更广泛的应用。小蚁区块链白皮书 [徐义吉 等, 2021] 介绍了使用智能合约和安全多方计算技术，可以解决去中心化系统中随机数的难题。摩斯平台白皮书 [蚂蚁链团队, 2018] 介绍了智能合约和安全多方计算技术的结合可以促进企业间的合作。

第三部分

应用实践

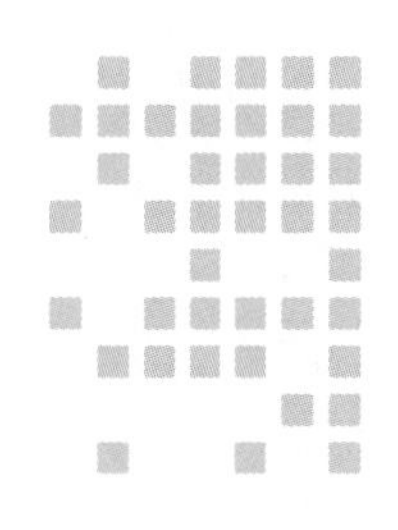

第11章 隐私保护计算的应用指南

任何技术方案的成熟和落地都必须以遵守政策法规和行业标准为前提，隐私保护计算也不例外。在法律方面，许多国家都已构建了数据保护法律体系，通过立法来规范数据收集、处理等活动，加强企业内部监管，促进市场规范发展。国内而言，有《中华人民共和国网络安全法》（以下简称《网络安全法》）《数据安全法》《个人信息保护法》等相关法律法规。国际而言，有欧盟的 GDPR、美国加利福尼亚州的 CCPA、英国的《2018 年数据保护法案》等相关法律法规。标准方面，目前许多国家和地区已针对数据安全标准和隐私保护技术制定了一系列标准。例如，国内的《信息安全技术个人信息安全规范》等国家标准，以及国际组织制定的《Guide for Architectural Framework and Application of Federated Machine Learning》等国际标准。此外，在满足法律法规和标准要求的前提下，由于不同的隐私保护技术在多个维度上具有不同的特点，因此从业者还需要依据具体的业务需求选择合适的隐私保护技术。

本章介绍隐私保护技术的应用指南。第 11.1 节和第 11.2 节分别介绍隐私保护技术相关的法律法规和标准体系。第 11.3 节介绍隐私保护技术的应用准则，希望能对从业者在选择使用隐私保护技术时起到参考作用。

11.1 隐私保护计算的法律法规

隐私保护技术作为平衡数据商业价值与个人隐私权益保护的可行技术解决方案之一，其安全实现必须严格遵从法律法规相关要求。换言之，对数据的处理应用，要依照数据所承载内容的法律法规规定。因此，本节对国内外相关法律法规的总体情况进行梳理和总结，希望能帮助相关行业从业者、学习者在技术应用的同时，具备一定的法律知识。

11.1.1 国内法律法规

近年来，我国数字经济持续高速增长，为解决随之而来的隐私问题，国家陆续出台了多部数据安全和信息安全等方面的法律法规。我国在法律、行政法规、部门规章、地方性法规等不同层次的法律规范上，均不同程度地针对数据处理应用等问题做出了相应的规定。

1. 法律

表 11.1展示了部分与隐私保护计算相关度高的部分法律。

表 11.1 与隐私保护计算相关的部分法律

法律	发布时间	主要内容
《个人信息保护法》	2021 年	以保护个人信息权益、规范个人信息处理活动为核心，旨在实现个人信息权益保护与个人信息合理利用之间的平衡
《数据安全法》	2021 年	确立了一系列数据安全制度，规定了数据处理主体的数据安全义务，并就政务数据安全与开放提出了相关要求。此外，还明确了主管部门的职责及违规的法律责任
《中华人民共和国密码法》	2019 年	明确了党管密码的根本原则，确立了密码工作领导和管理体制，明确了密码分类管理原则及核心密码、普通密码、商用密码管理的各项制度措施
《中华人民共和国电子商务法》	2018 年	保障电子商务各方主体的合法权益，规范电子商务行为，维护市场秩序，促进电子商务持续健康发展
《网络安全法》	2016 年	保障网络安全，维护网络空间主权和国家安全、社会公共利益，保护公民、法人和其他组织的合法权益，促进经济社会信息化健康发展

《网络安全法》针对网络数据的处理应用做出了规定。作为我国网络安全领域的首部法律，该法规旨在保障网络安全，维护网络空间主权和国家安全、社会公共利益，保护公民、法人和其他组织的合法权益，促进经济社会信息化健康发展。

凡在中华人民共和国境内建设、运营、维护和使用网络，以及网络安全的监督管理，均适用于《网络安全法》。为促进大数据及信息化发展，《网络安全法》的第二章“网络安全支持与促进”对网络安全标准体系制定、网络安全技术研发等有助于支持和促进网络安全发展的措施做出了规定。为保障网络数据安全，《网络安全法》第 40 条 ~ 第 44 条规定了网络运营者应当对其收集的用户信息严格保密，建立健全用户信息保护制度，不得违法、违约收集、使用、处理他人的个人信息。对于违反该法的法律责任，《网络安全法》在第六章中做出了相关规定。

《密码法》针对密码这一数据处理技术做出了规定。作为我国密码领域的综合性、基础性法律，该法旨在规范密码应用和管理，促进密码事业发展，保障网络与信息安全，提升密码管理的科学化、规范化、法治化水平。

《密码法》第 2 条规定：“本法所称密码，是指使用特定变换对信息等进行加密保护或者安全认证的产品、技术和服务。”该“密码”与人们普遍认知的“密码”不同，在日常生活中，如支付“密码”、登录“密码”等是一种口令，用于身份认证；而在《密码法》中，“密码”的主要功能是提供加密保护和安全认证。此外，国家对密码实行分类管理，不同密级信息所使用的密码不同。根据《密码法》第 6 条 ~ 第 8 条，密码分为核心密码、普通密码和商用密码，其中核心密码、普通密码用于保护国家秘密信息，商用密码用于保护不属于国家秘密的信息。

《数据安全法》针对数据处理活动做出了规定。作为我国数据安全领域的基础性法律，该法旨在规范数据处理活动，保障数据安全，促进数据开发利用，保护个人、组织的合法权益，维护国家主权、安全和发展利益。

《数据安全法》对适用范围与出境管理进行了规定。凡在中华人民共和国境内开展数据处理活动及其安全监管，均适用于该法。该法第 3 条对数据、数据处理、数据安全进行了定义："数据，是指任何以电子或者其他方式对信息的记录。数据处理，包括数据的收集、存储、使用、加工、传输、提供、公开等。数据安全，是指通过采取必要措施，确保数据处于有效保护和合法利用的状态，以及具备保障持续安全状态的能力。"此外，针对数据出境问题，该法第 31 条规定："关键信息基础设施的运营者在中华人民共和国境内运营中收集和产生的重要数据的出境安全管理，适用《中华人民共和国网络安全法》的规定；其他数据处理者在中华人民共和国境内运营中收集和产生的重要数据的出境安全管理办法，由国家网信部门会同国务院有关部门制定。"

《数据安全法》将数据安全上升到国家安全范畴。该法第 4 条明确指出："维护数据安全，应当坚持总体国家安全观，建立健全数据安全治理体系，提高数据安全保障能力。"针对数据的国家安全审查制度，该法第 24 条要求："对影响或者可能影响国家安全的数据处理活动进行国家安全审查。"针对境外数据侵害国家安全的行为，该法第 2 条规定："在中华人民共和国境外开展数据处理活动，损害中华人民共和国国家安全、公共利益或者公民、组织合法权益的，依法追究法律责任。"针对属于管制物项的数据，该法第 25 条规定："国家对与维护国家安全和利益、履行国际义务相关的属于管制物项的数据依法实施出口管制。"

《数据安全法》对数据分类分级保护制度进行了探索。该法第 21 条对该制度进行了详细介绍。国家建立数据分类分级保护制度，根据数据在经济社会发展中的重要程度，以及一旦遭到篡改、破坏、泄露或非法获取、非法利用，对国家安全、公共利益或个人、组织合法权益造成的危害程度，对数据实行分类分级保护。国家数据安全工作协调机制统筹协调有关部门制定重要数据目录，加强对重要数据的保护。对于关系国家安全、国民经济命脉、重要民生、重大公共利益等的国家核心数据，实行更加严格的管理制度。各地区、各部门应当按照数据分类分级保护制度，确定本地区、本部门及相关行业、领域的重要数据具体目录，对列入目录的数据进行重点保护。

总体而言，《数据安全法》主要有以下 3 个特点。一是坚持安全与发展并重：设专章对支持促进数据安全与发展的措施做出了规定，保护个人、组织与数据有关的权益，提升数据安全治理和数据开发利用水平，促进以数据为关键生产要素的数字经济发展。二是加强具体制度与整体治理框架的衔接：从基础定义、数据安全管理、数据分类分级、重要数据出境等方面，进一步加强与《网络安全法》等法律的衔接，完善我国数据治理法律制度建设。三是回应社会关切：加大对数据处理违法行为的处罚力度，建设重要数据管理、行业自律管理、数据交易管理等制度，回应实践问题及社会关切。

《个人信息保护法》针对个人信息的保护做出了规定。作为我国首部保护个人信息的专门法律，该法旨在保护个人信息权益，规范个人信息处理活动，促进个人信息合理利用。

《个人信息保护法》对适用范围进行了规定。该法第 3 条第 1 款规定："在中华人民共和国境内处理自然人个人信息的活动，适用本法。"第 3 条第 2 款规定："在中华人民共和国境外处理中华人民共和国境内自然人个人信息的活动，有下列情形之一的也适用本法：（一）以向境内自然人提供产品或者服务为目的；（二）分析、评估境内自然人的行为；（三）法律、行政法规规定的其他情形。”对于个人信息的定义，该法第 4 条规定：“个人信息是以电子或者其他方式记录的与已识别或者可识别的自然人有关的各种信息，不包括匿名化处理后的信息。个人信息的处理包括个人信息的收集、存储、使用、加工、传输、提供、公开、删除等。”对于“匿名化”的定义，该法第 73 条规定：“匿名化，是指个人信息经过处理无法识别特定自然人且不能复原的过程。”

《个人信息保护法》对个人信息处理原则进行了规定。该法第 5 条 ~ 第 8 条规定了个人信息的处理原则，具体包括：处理个人信息应当遵循合法、正当、必要和诚信原则，不得通过误导、欺诈、胁迫等方式处理个人信息；处理个人信息应当具有明确、合理的目的，并应当与处理目的直接相关，采取对个人权益影响最小的方式；处理个人信息应当遵循最小化原则，即应当限于实现处理目的的最小范围，不得过度收集个人信息；处理个人信息应当遵循公开、透明原则，公开个人信息处理规则，明示处理的目的、方式和范围；处理个人信息应当保证个人信息的质量，避免因个人信息不准确、不完整对个人权益造成不利影响。

《个人信息保护法》对“告知–同意规则”进行了详细规定。该法第 13 条 ~ 第 18 条指出：处理个人信息应当取得个人同意，除非法律、行政法规规定应当保密或者不需要告知，或者告知将妨碍国家机关履行法定职责；基于个人同意处理个人信息的，该同意应当由个人在充分知情的前提下自愿、明确作出；基于个人同意处理个人信息的，个人有权撤回其同意；个人信息处理者不得以个人不同意处理其个人信息或者撤回同意为由，拒绝提供产品或者服务；个人信息处理者在处理个人信息前，应当以显著方式、清晰易懂的语言真实、准确、完整地向个人告知该法所列举的各个事项。

《个人信息保护法》对自动化决策、人脸识别等人工智能技术进行了规范。对于“自动化决策”，该法第 24 条规定：“个人信息处理者利用个人信息进行自动化决策，应当保证决策的透明度和结果公平、公正，不得对个人在交易价格等交易条件上实行不合理的差别待遇。”该规定有力地遏制了“大数据杀熟”等现象。对于“人脸识别”，该法第 25 条规定：“在公共场所安装图像采集、个人身份识别设备，应当为维护公共安全所必需，遵守国家有关规定，并设置显著的提示标识。所收集的个人图像、身份识别信息只能用于维护公共安全的目的，不得用于其他目的；取得个人单独同意的除外。”该规定有效地防止了由人脸识别技术滥用造成的用户权益侵害。

总体而言，《个人信息保护法》构建了完整的个人信息保护框架，其规定涵盖了个人信息的范围，以及个人信息从收集、存储到使用、加工、传输、提供、公开、删除等所有处理过程；明确赋予了个人对其信息控制的相关权利，并确认与个人权利相对应的个人信息处理者的义务及法律责任；对个人信息出境问题、个人信息保护的部门职责、相关法律责任进行了规定。

2. 行政法规、部门规章

基于法律内容的稳定性和程序制定的严格性，以及国内数据问题的复杂性，短时间内国内数据问题更加妥当的处理方式是先以行政法规和政府规章的形式解决，后续再通过总结实务中的经验，逐步稳妥地提高立法层级，最终形成完善的数据治理规范体系。因此，近年来随着数据经济的发展，关于数据安全和信息安全的行政法规和部门规章与往年相比数量更多、范围更广。下面以《汽车数据安全管理若干规定（试行）》和《互联网信息服务算法推荐管理规定》为例展开介绍，随着智能汽车领域、推荐系统领域的快速兴起，唯有规范行业秩序，才能促进行业健康有序的发展。

《汽车数据安全管理若干规定（试行）》（以下简称《汽车数据规定》）是汽车行业数据安全方面的专门规定，旨在规范汽车数据处理活动，保护个人、组织的合法权益，维护国家安全和社会公共利益，促进汽车数据合理开发利用。

《汽车数据规定》第 3 条对汽车的数据相关定义进行了规定：汽车数据，包括汽车设计、生产、销售、使用、运维等过程中涉及个人信息的数据和重要数据；汽车数据处理，包括汽车数据的收集、存储、使用、加工、传输、提供、公开等；汽车数据处理者，是指开展汽车数据处理活动的组织，包括汽车制造商、零部件和软件供应商、经销商、维修机构及出行服务企业等。同时，汽车数据被进一步划分为个人信息、敏感个人信息、重要数据，其中个人信息和敏感个人信息的定义与《个人信息保护法》中一致。个人信息，是指以电子或其他方式记录的与已识别或可识别的车主、驾驶人、乘车人、车外人员等有关的各种信息，不包括匿名化处理后的信息；敏感个人信息，是指一旦泄露或非法使用，可能导致车主、驾驶人、乘车人、车外人员等受到歧视或人身、财产安全受到严重危害的个人信息，包括车辆行踪轨迹、音频、视频、图像和生物识别特征等信息；重要数据，是指一旦遭到篡改、破坏、泄露或非法获取、非法利用，可能危害国家安全、公共利益或个人、组织合法权益的数据。

《汽车数据规定》明确了汽车数据处理者在汽车数据处理活动中的处理原则。该规定第 6 条提出，汽车数据处理者在开展汽车数据处理活动中应坚持车内处理原则、默认不收集原则、精度范围适用原则、脱敏处理原则。此外，该规定第 7 条 ~ 第 9 条还明确了处理个人信息、敏感个人信息的具体要求。针对个人信息，一是告知义务，二是征得同意义务，三是匿名化要求。针对敏感个人信息，在履行告知、征得个人单独同意等义务的基础上，还应当满足限定处理目的、提示收集状态、为个人终止收集提供便利等具体要求。针对个人生物识别特征信息，该规定明确具有增强行车安全的目的和充分的必要性方可收集。

《互联网信息服务算法推荐管理规定》（以下简称《算法推荐规定》）作为我国第一部以算法作为专门规制对象的部门规章，旨在规范互联网信息服务算法推荐活动，弘扬社会主义核心价值观，维护国家安全和社会公共利益，保护公民、法人和其他组织的合法权益，促进互联网信息服务健康有序发展。

《算法推荐规定》对适用范围进行了规定。该规定第 2 条指出，在中华人民共和国境内应用算法推荐技术提供互联网信息服务（以下简称算法推荐服务），适用本规定。其中，应用算法推荐技术是指利用生成合成类、个性化推送类、排序精选类、检索过滤类、调度决策类等算法技术向用户提供信息。

《算法推荐规定》明确了算法推荐服务提供者的主体责任。该规定第 2 章对信息服务规范进行了专章介绍，要求算法推荐服务提供者应当坚持主流价值导向，积极传播正能量，不得利用算法推荐服务从事违法活动或传播违法信息，应当采取措施防范和抵制传播不良信息（详见该章第 6 条）。

《算法推荐规定》明确了算法推荐服务提供者应保障的用户权益。该规定第 3 章对用户权益保护进行了专章介绍，权益包括：算法知情权，要求告知用户其提供算法推荐服务的情况，并公示服务的基本原理、目的意图和主要运行机制等；算法选择权，要求向用户提供不针对其个人特征的选项，或者便捷的关闭算法推荐服务的选项；针对向未成年人、老年人、劳动者、消费者等主体提供服务的算法推荐服务提供者做出具体规范。

2021 年，各大隐私保护相关法律的相继落地象征着国内隐私保护计算市场进入了蓬勃发展的阶段。此后，国内也随之发布了大量与隐私保护计算相关行政法规、部门规章。表 11.2统计了 2021 年 1 月 1 日至 2022 年 1 月 30 日的部分相关法规。

表 11.2　与隐私保护计算相关的行政法规、部门规章汇总

行政法规/部门规章	发布时间	主要内容
《互联网信息服务算法推荐管理规定》	2021 年	聚焦算法推荐服务乱象问题，构建算法安全治理体系，规范互联网信息服务算法推荐活动
《网络安全审查办法》	2021 年	通过对关键信息基础设施运营者采购活动进行审查和对部分重要产品等发起审查，保障关键信息基础设施供应链安全，维护国家安全
《加强信用信息共享应用促进中小微企业融资实施方案》	2021 年	敦促各地区、各部门加快信用信息共享步伐，深化数据开发利用，加强信息安全和市场主体权益保护
《关于加强互联网信息服务算法综合治理的指导意见》	2021 年	建立、健全算法安全治理机制，构建并完善算法安全监管体系，推进算法自主创新，促进算法健康、有序、繁荣发展
《汽车数据安全管理若干规定（试行）》	2021 年	规范汽车数据处理活动，保护个人、组织的合法权益，维护国家安全和社会公共利益，促进汽车数据合理开发利用
《关键信息基础设施安全保护条例》	2021 年	针对关键信息基础设施安全保护工作实践中的突出问题，细化《网络安全法》中的有关规定，将实践证明成熟、有效的做法上升为法律制度
《常见类型移动互联网应用程序必要个人信息范围规定》	2021 年	落实《网络安全法》中关于个人信息收集合法、正当、必要的原则，规范移动互联网应用程序个人信息收集行为，保障公民个人信息安全

3. 地方性法规

截至本书成稿之时，仅深圳和上海制定了数据领域的综合性地方法规，它们分别为《深圳经济特区数据条例》（以下简称《深圳数据条例》）和《上海市数据条例》。这两部条例均确定了对数据权益的保护，强化了对用户权益的保障，并且均设专章对公共数据进行了详细规定。

（1）对数据权益的保护。《深圳数据条例》第 59 条规定：“市场主体对合法处理数据形成的数据产品和服务，可以依法自主使用，取得收益，进行处分。”《上海市数据条例》第 2 章“数据权益保障”规定：自然人、法人和非法人组织通过合法、正当的方式收集的数据，依法受到保护。

（2）对用户权益的保障。两部条例进一步对基于个人信息的个性化推荐、自动化决策及人脸识别等应用进行了规范。《深圳数据条例》第 29 条规定：数据处理者进行用户画像时，应向用户明示用户画像的具体用途和主要规则，并为用户提供拒绝的途径。该条例第 68 条还进一步规定了市场主体除却特殊豁免情况，不得利用数据分析，对交易条件相同的交易相对人实施差别待遇。《上海市数据条例》第 24 条规定：利用个人信息进行自动化决策，应当遵循合法、正当、必要、诚信的原则，保证决策的透明度和结果的公平、公正；当自动化决策对个人权益有重大影响时，应对用户予以说明，并为用户提供便捷的拒绝方式。此外，针对人脸识别，两部条例均禁止将生物特征信息用作身份识别的唯一方式。

两部条例都设专章对公共数据进行了详细规定。例如，针对公共数据共享，它们均确立的原则包括：以共享为原则，不共享为例外；通过大数据中心共享；公共数据按照开放类型分为无条件开放、有条件开放和不予开放 3 类。

11.1.2 国际法律法规

大数据、人工智能等新技术、新应用的兴起，加速了全球科技革命和产业变革的进程，打破了各领域的原有定位和边界，也使得数据隐私安全问题成为各国关注的重点。近年来，许多国家和地区为了应对新技术发展的快速变革，纷纷颁布相关的法律法规，严格规范和引导信息安全与隐私保护相关问题。数据隐私安全立法行动以前所未有的速度向全球扩张，都在不同程度上对数据安全和个人信息保护做出规定，以不同的功能和方式保护数据和信息安全。

1. 欧盟：统一立法

欧盟在数据和信息保护方面的立法比较严格，如 GDPR 规定个人数据涵盖所有与特定个人相关的信息，对个人数据给予了最大限度的保护。此外，欧盟在数据保护体制方面采取“统一立法模式”，将公权力主体与私权利主体共同纳入调整范围，其立法直接适用于欧盟各成员国，无须各成员国立法。

欧盟重视数字经济，力促数字技术进步，因而其在隐私领域的立法工作也体现着构筑“数字单一市场”的思想。对于由 27 个成员国构成的欧盟，保证数据隐私安全是促进欧盟境内数据自由流通，进而建立数字单一市场的一个重要环节。目前，欧盟在隐私保护法规方面已建立了相对成熟的体系和框架（见表 11.3），是全球许多国家推进隐私立法工作的重要借鉴对象。

表 11.3 欧盟与隐私保护计算相关的法律法规

法律法规	发布时间	主要内容
《数据保护指令》	1995 年	规范欧盟范围内处理个人数据的行为
《网络与信息安全指令》	2016 年	加强基础服务运营者、数字服务提供者的网络与信息系统安全，并要求各成员国制定本国的网络安全国家战略
《非个人数据自由流动条例》	2018 年	保障欧盟境内非个人数据的自由流动，并对数据本地化要求等问题做出了具体规定
《通用数据保护条例》	2018 年	该条例取代了 1995 年的《数据保护指令》，旨在保护自然人的个人数据，并保障其在欧盟境内的自由流通
《欧盟网络安全法案》	2019 年	进一步加强新形势下的网络安全保障能力
《数据市场法》	2020 年	进一步强化了数据主体权利，并对违法行为处以高额罚款
《电子隐私法规》	2021 年	该法规是 GDPR 的特别法，是一部有针对性地保护欧洲公民电子通信隐私的法案
《数字服务法》	2022 年	进一步加强对数字平台的监管，确保平台对其算法负责，并改进内容审核

GDPR 对我国的《个人信息保护法》等法律起到了重要的启发作用，主要具有以下

特点。

（1）适用范围广：一切数据处理活动一旦涉及欧洲公民，无论其提供的服务或产品是否收费，无论其数据处理或控制行为是否发生在欧盟境内，无论是否属于欧盟企业或组织，均需严格遵守 GDPR 的相关要求。

（2）正确数据处理原则：规定数据处理应遵循合法、正当、透明的原则，数据处理的目的有限，仅处理为达到目的的最少数据，确保数据准确、时新，存储数据的期限不得长于为达到目的所需的时间和采取技术和管理措施以保护数据安全等原则。

（3）创造性地引入被遗忘权和可携带权：被遗忘权是指当个人数据已和收集处理的目的无关、数据主体不希望其数据被处理或数据控制者已没有正当理由保存该数据时，数据主体可随时要求收集其数据的企业或个人删除其个人数据。如果该数据被传递给了第三方，数据控制者应通知该第三方删除该数据。可携带权是指数据主体可向数据控制者索要其数据，也可将其个人数据转移至另一个数据控制者。

（4）大幅提高违规成本：对于一般性违法行为，罚款上限是 1000 万欧元或前一年全球营业收入的 2%（两值中取大者）；对于严重违法行为或造成了严重后果的情况，罚款上限是 2000 万欧元或前一年全球营业收入的 4%（两值中取大者），这加大了营业者的违法成本。

2022 年 4 月 23 日，欧盟就《数字服务法》(Digital Services Act，DSA) 达成一致。该法被认为是互联网监管历史上的一个里程碑，它有效地遏制了互联网巨头们不受约束的权利，使人们走向更尊重人权的网络世界。《数字服务法》的适用范围包括：提供网络基础设施的在线中介服务，如互联网接入供应商、域名注册商；托管服务，如云服务和网站托管服务；在线买卖平台，如电子商务、应用商店、协作经济平台及社交媒体平台；特大在线平台，如谷歌、脸书等，它们在传播非法内容及造成社会危害方面具有特别的危害。虽然截至本书成稿之时，《数字服务法》的具体条文并未公布，但是欧盟委员会对该法做了一些大致的说明：改进打击非法商品、服务或内容的措施，并且电子商务平台需要保留交易基本信息以进行非法商品的追溯；保障用户的言论自由，赋予用户就被删除内容提出上诉的权利；大型在线平台必须保证其推荐算法对其用户保持透明，并且需要向外部研究员提供关键数据以便了解在线平台的风险演变；禁止在网络平台上发布针对特定类型人群（如未成年人），以及基于宗教信仰、种族和性取向的定向广告。

2. 美国：分散立法

美国高度重视隐私权，其隐私保护的立法可以追溯到 20 世纪 70 年代。下面主要从联邦立法、州立法两个层面对美国立法的现状进行介绍。

美国在信息保护方面推行“行业自律为主，政府监管为辅”的相对宽松的隐私保护模式，其数据保护体制采取“分散式立法模式”，即公务机关和非公务机关在个人信息处理上遵循不同的规则。对于公务机关，美国设置了《信息自由法》《1974 年隐私法案》限制公权力侵犯个人信息利益；对于非公务机关，不同行业领域设置有不同的专项信息保护条框，如规制信用报告机构、保护消费者的信用报告的《公平信用报告法》，以及规制教育机构及政府、保护学生信息的《家庭教育权和隐私法》。

表 11.4展示了部分与隐私保护计算相关的美国联邦法律法规。

表 11.4　与隐私保护计算相关的美国联邦法律法规

法律法规	发布时间	主要内容
《信息自由法》	1967 年	保障民众对行政情报的知情权
《公平信用报告法》	1970 年	保护消费者的信用报告
《家庭教育权和隐私法》	1974 年	保护学生的教育信息
《1974 年隐私法案》	1974 年	保护公民的个人信息档案
《视频隐私保护法》	1988 年	保护消费者的录像带、视频游戏等试听材料的租赁或购买记录
《健康保险可携性和责任法》	1996 年	保护患者的个人医疗数据
《儿童在线隐私保护法》	1998 年	将 13 岁以下儿童的网上隐私保护放在优先地位
《金融服务现代化法》	1999 年	保护消费者的财务数据
《经济和临床健康卫生信息技术法》	2009 年	以激励惩戒机制促进美国个人健康医疗数据的电子化
《澄清域外合法使用数据法》	2018 年	规制获取域外数据合法性的问题
《开放政府数据法》	2018 年	促进政府数据开放政策的法律化
《国家安全和个人数据保护法案》	2019 年	强调数据主权，对“特别关注国家”和“特别关注科技企业”的数据收集、传输和使用行为进行限制
《国家生物识别信息隐私法案》	2020 年	对个人的生物识别信息的收集和披露进行规定

虽然美国在联邦立法层面并没有一部统一的、囊括所有数据类型的专门法律，但是美国各州都在如火如荼地制定全面的隐私保护法案。截至本书成稿之时，已经生效的、全面的州立法有 CCPA、《消费者数据隐私保护法案》（Consumer Data Protection Act，CDPA）和《科罗拉多州隐私法案》（Colorado Privacy Act，CPA）等。

CCPA 是美国第一部全面的隐私法案，由加利福尼亚州 (以下简称加州) 在 2018 年 6 月 28 日发布，于 2020 年 1 月 1 日生效，被称为美国“最严厉、最全面的个人隐私保护法案”。CCPA 适用于在加州开展“商业活动”的企业，主要规定了企业保护个人隐私的责任和消费者控制个人数据的权利。CCPA 主要赋予了消费者以下 3 个方面的主要权利。

（1）知情权：消费者有权知悉企业收集了哪些个人信息、收集信息的目的，以及与企业共享数据的第三方等情况，消费者有权要求企业提供关于自己的个人信息。

（2）选择权：包括选择加入权和选择退出权。欲出售个人信息给第三方的企业需通知个人信息主体。16 岁以下的未成年人，需明确同意出售个人信息，企业方可出售，即选择加入权。注意，16 岁以上的成年人，企业只需告知而无须取得同意。消费者有权在任何时候要求企业不得出售其个人信息，即选择退出权。

（3）删除权：又称被遗忘权。除 CCPA 规定的例外情况，消费者有权要求企业删除从消费者处收集到的个人信息。

CCPA 之后，由弗吉尼亚州发布的 CDPA 和由科罗拉多州发布的 CPA 均参照 CCPA 进行立法，法案内容类似。值得注意的是，2020 年 11 月，加州通过了第 24 号提案，又称《加利福尼亚州隐私权利法案》（California Consumer Privacy Act，CPRA），该法案全面地增强并扩大了 CCPA 的规范内容。

3. 其他国家

联合国贸易和发展会议 2020 年 4 月的报告显示，截至 2020 年全球已有 2/3 的国家立法保护网络数据和隐私，如韩国的《个人信息保护法》、新加坡的《个人数据保护法》、英国的《2018 年数据保护法案》、巴西的《通用数据保护法》、印度的《个人数据保护法案》、泰国的《个人数据保护法》、南非的《个人信息保护法》、新西兰的《2020 年隐私法》和日本的《个人信息保护法》。

表 11.5列出了涉及隐私保护计算的国际法规，由于全球相关法规的规模庞大，该表只罗列部分。各国隐私法案虽在监管和运行机制上大体相同，但仍会根据本国的实际情况量身定制。以英国为例，英国在脱离欧盟之后，该国的数据安全政策也逐步与欧盟脱钩。其数据政策改革的主要思想是：适当放松数据监管，促进数据跨境流动。在此背景下，虽然 GDPR 作为欧盟的法规不再适用于英国，但英国的《2018 年数据保护法案》（DPA 2018）已将 GDPR 的要求纳入英国法律，并形成了与 GDPR 保持一致的《英国通用数据保护条例》（UK GDPR），最终形成了 DPA 2018、UK GDPR 和《隐私和电子通信法规》（PECR）三法并列的法规格局，共同保护英国人民的数据安全。在政策方面，英国为进一步改革数据保护法规，先后发布了《国家数据战略》《国家数据保护法改革咨询方案》。

表 11.5　其他国家隐私保护计算相关的法规及发布时间

国家	法规	发布时间
加拿大	《个人信息保护与电子资料法》（PIPEDA）	2000 年
韩国	《个人信息保护法》（PIPA）	2011 年
新加坡	《个人数据保护法》（PDPA）	2012 年
新加坡	《网络安全法》(Cybersecurity Act)	2018 年
新加坡	《身份信息保护指导规则》（NRIC Advisory Guidelines）	2019 年
新加坡	《可信数据共享框架》（Trusted Data Sharing Framework）	2019 年
英国	《2018 年数据保护法案》（DPA 2018）	2018 年
印度	《个人数据保护法案》（PDP）	2018 年
巴西	《通用数据保护法》（LGPD）	2018 年
澳大利亚	《消费者数据权利法案》	2019 年
泰国	《网络安全法》	2019 年
泰国	《个人数据保护法》（PDPA）	2020 年
南非	《个人信息保护法》（POPIA）	2020 年
新西兰	《2020 年隐私法》	2020 年
日本	《个人信息保护法》（APPI）	2022 年

11.2　隐私保护计算的标准体系

许多国家和行业开始顺应形势，针对相关需求制定隐私保护计算的标准，这些标准中规定了数据生命周期的安全需求及安全评估方案。国内外各组织也针对隐私保护技术制定了标准，以促进隐私保护技术走向产业化。

11.2.1　国内标准

目前，国内关于隐私保护计算的标准主要分为两类：一类是提出隐私安全需求，规范数据使用流程，以保护数据和隐私安全；另一类是对具体隐私保护技术提出应用准则。因此，本小节从数据安全条款和隐私保护计算标准两个方面对国内标准进行介绍。

对于数据安全条款，表 11.6 展示了近 3 年的相关标准中具有代表性的部分。根据这些条款的内容纲要及标准之间的引用关系绘制的数据安全条款内容纲要和联系如图 11.1所示。这些条款涉及个人信息数据、医疗健康数据、政务信息共享数据、金融数据及通用数据，几乎涵盖了对数据安全要求较高的行业。条款中具体介绍了数据收集、应用、存储、使用等阶段的数据安全要求，其中部分安全要求可以依靠隐私保护技术实现，下文会根据示例具体介绍。

表 11.6　数据安全标准条款

标准类型	标准名称	标准进展
国家标准	《信息安全技术　个人信息安全规范》（GB/T 35273—2020）	现行
	《信息安全技术　数据安全能力成熟度模型》（GB/T 37988—2019 ）	现行
	《信息安全技术　个人信息去标识化指南》（GB/T 37964—2019 ）	现行
	《信息安全技术　个人信息去标识化效果分级评估规范（征求意见稿）》	制定中
	《信息安全技术　个人信息安全影响评估指南》（GB/T 39335—2020 ）	现行
	《信息安全技术　健康医疗数据安全指南》（GB/T 39725—2020 ）	现行
	《信息安全技术　政务信息共享　数据安全技术要求》（GB/T 39477—2020）	现行
行业标准	《个人金融信息保护技术规范》（JR/T 0171—2020 ）	现行
	《金融数据安全　数据生命周期安全规范》（JR/T 0223—2021）	现行

《信息安全技术　个人信息安全规范》（GB/T 35273—2020）是由全国信息安全标准化技术委员会组织制定和归口管理的国家标准。该标准于 2020 年 3 月 6 日正式发布，于 2020 年 10 月 1 日开始实施，被评为 2020 年中国网络安全大事件。该标准针对个人信息面临的安全问题，依据《网络安全法》等相关法律，规范个人信息控制者在收集、存储、使用、共享、转让、公开披露、删除等信息处理环节中的相关行为，旨在遏制个人信息非法收集、滥用、泄露等现象，最大限度地保障个人的合法权益和社会公共利益。标准中提出的许多安全需求均可使用隐私保护技术实现。例如，该标准第 6.2 节提出收集个人信息后，个人信息控制者宜立即进行去标识化处理，并采取技术和管理方面的措施，将可用于恢复识别个人的信息与去标识化后的信息分开存储并加强访问和使用的权限管理；第 6.3 节提出在个人敏感信息的传输和存储过程中，应采用加密等安全措施；第 11.5 节针对数据安全能力提出个人信息控制者应根据有关国家标准的要求，建立适当的数据安全能力，落实必要的管理和技术措施，防止个人信息的泄露、损毁、丢失、篡改。

《信息安全技术　数据安全能力成熟度模型》（GB/T 37988—2019）是 2021 年 3 月 1 日开始实施的一项中华人民共和国国家标准，归口于全国信息安全标准化技术委员会。该标准给出了组织数据安全能力的成熟度模型架构，规定了数据采集安全、数据传输安全、数据存储安全、数据处理安全、数据交换安全、数据销毁安全、通用安全的成熟度等级要求。标准中明确地提出了数据应用各阶段需要具有的数据安全处理技术，例如，第 7.1 节在数据加密传输相关的内容中提出应有对传输通道两端主体身份鉴别和认证的技术方案和工具，应有对传输数据加密的技术方案和工具，包括针对关键的数据传输通道的加密方案，以及对传输数据内容进行加密；第 9.4 节在数据处理环境安全相关的内容中提出应对分布式处理过程中不同数据副本节点数据的完整性和一致性进行定期检测，应具备对密文数据进行搜索、排序、计算等透明处理的技术能力，应建立分布式处理过程中的数据泄露控制机制；第

11.1 节在数据销毁安全相关的内容中提出应采用技术工具对核心业务存储媒体的数据内容进行擦除销毁。

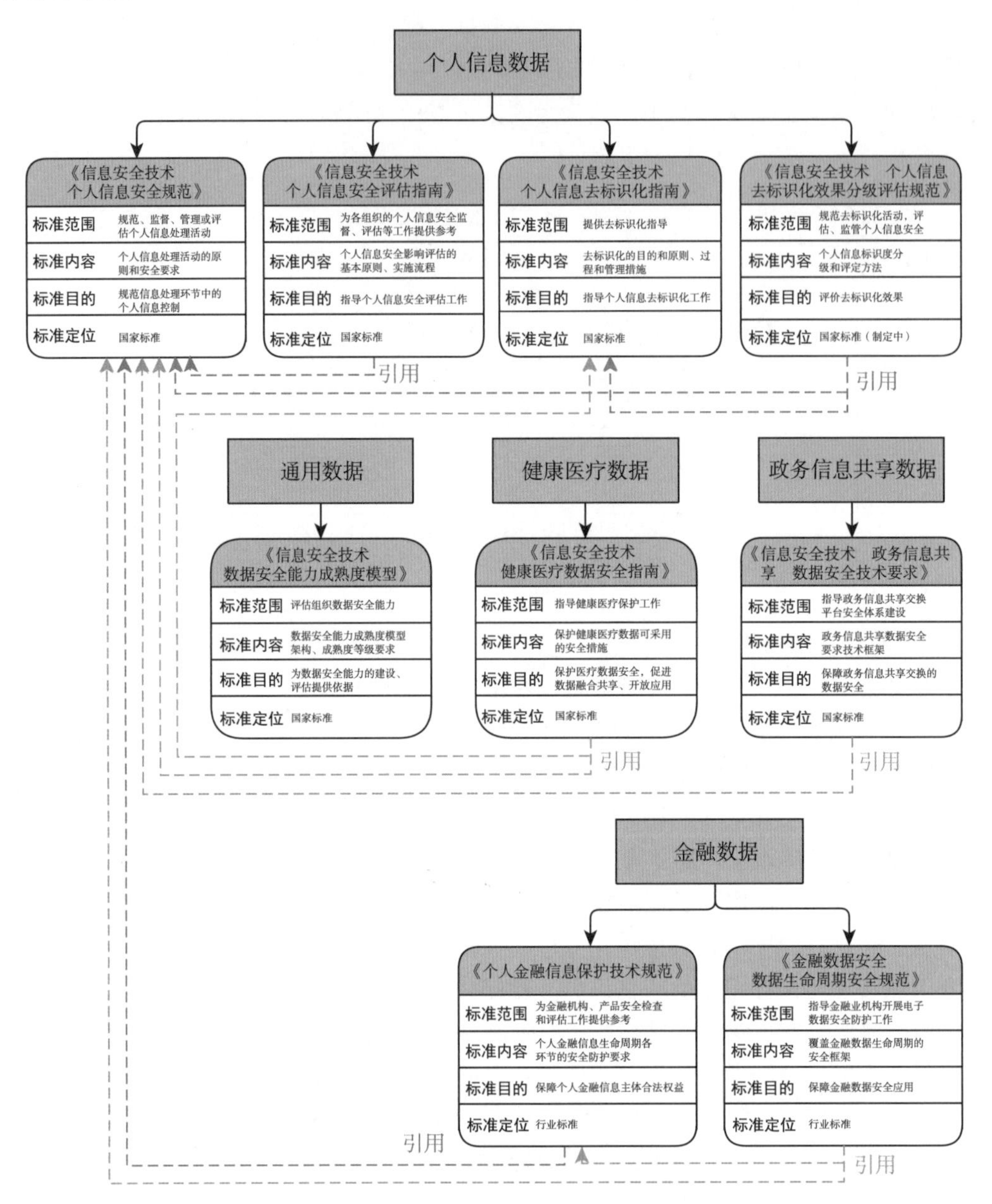

图 11.1 数据安全条款内容纲要和联系

《信息安全技术 个人信息去标识化指南》（GB/T 37964—2019）是全国信息安全标准化技术委员会归口管理的国家标准，于 2020 年 3 月 1 日开始实施。该标准描述了个人信息去标识化的目标和原则，提出了去标识化过程和管理措施。另外，该标准在附录中列出了常用的去标识化技术及常用的去标识化模型，其中也有对隐私保护技术的应用。例如，在“A.2 去标识化常用密码技术”中提到使用同态加密和同态秘密共享进行去标识化，并分别阐述了选择和使用这两种技术的注意事项；在“B 去标识化模型”中提出使用差分隐私模型进行去标识化，并在 B.2.5 中给出了差分隐私去标识化的实例。

《信息安全技术　个人信息去标识化效果分级评估规范（征求意见稿）》与 GB/T 35273—2020 和 GB/T 37964—2019 成体系，根据重标识风险从高到低将个人信息标识度划分成 4 级：1 级是包含直接标识符的数据；2 级是删除了直接标识符，但包含准标识符的数据；3 级是消除了直接标识符，且重标识风险低于设定阈值的数据；4 级是对数据进行汇总分析得出的聚合数据，不再包含个例数据。此外，该规范还提出了个人信息去标识化效果评定流程、重标识风险计算方法。最后，该规范在附录中给出了直接标识符示例、准标识符示例、去标识化效果分级评定示例。

《信息安全技术　个人信息安全影响评估指南》（GB/T 39335—2020）是 2021 年 6 月 1 日开始实施的一项国家标准，归口于全国信息安全标准化技术委员会。该标准给出了个人信息安全影响评估的基本原理、实施流程，并在附录中给出了评估性合规的实例及评估要点、高风险的个人信息处理活动示例、个人信息安全影响评估常用工具表、个人信息安全影响评估参考方法。

《信息安全技术　健康医疗数据安全指南》（GB/T 39725—2020）是 2021 年 7 月 1 日开始实施的一项国家标准，归口于全国信息安全标准化技术委员会。该标准给出了健康医疗数据控制者在保护健康医疗数据时可采取的安全措施、安全目标、分类体系、使用披露原则、安全措施要点、安全管理指南、安全技术指南和典型场景数据安全。在安全技术指南部分，该标准提出了健康医疗数据在其生命周期中应采用的安全措施：宜针对数据生命周期内的各项活动，包括数据采集、数据传输、数据处理、数据交换、数据销毁等实施数据安全措施，以降低安全风险，保证数据安全；宜采用密码技术保证数据在采集、传输和存储过程中的完整性、保密性、可溯源性；数据控制者应按照 GB/T 37964—2019 开展去标识化工作。

《信息安全技术　政务信息共享　数据安全技术要求》（GB/T 39477—2020）归口于全国信息安全标准化技术委员会，于 2021 年 6 月 1 日开始实施。该标准提出了政务信息共享数据安全要求技术框架，规定了政务信息共享过程中共享数据准备、共享数据交换、共享数据使用阶段的数据安全技术要求，以及相关基础设施的安全技术要求。事实上，目前大多数安全技术都要求使用隐私保护技术，如该标准第 6.3 节中提到：共享数据使用方在共享数据处理过程中应建立共享数据业务的数据透明加密处理能力；数据销毁功能应满足数据销毁安全技术要求。

《个人金融信息保护技术规范》（JR/T 0171—2020）由中国人民银行提出，并由全国金融标准化技术委员会归口管理，于 2020 年 2 月 13 日开始实施。该标准将个人金融信息按敏感程度、泄露后造成的危害程度，从高到低分为 C3、C2、C1 共 3 个类别；同时，规定了个人金融信息在收集、传输、存储、使用、删除、销毁等生命周期各环节的安全防护要求，从安全技术和安全管理两个方面，对个人金融信息保护提出了规范性要求。该标准提出的部分安全需求可使用隐私保护技术实现，如第 6.1 节中提到：应确保收集信息来源的可溯源性；应使用加密通道或数据加密的方式进行传输；应采用技术手段，在金融产品和服务涉及的系统中去除个人金融信息，使其保持不可被检索和访问。

《金融数据安全　数据生命周期安全规范》（JR/T 0223—2021）由中国人民银行提出，并由全国金融标准化技术委员会归口管理，于 2021 年 4 月 8 日开始实施。该标准规定了金融数据生命周期的安全原则、防护要求、组织保障要求，以及信息系统运维保障要求，并建立了覆盖数据采集、传输、存储、使用、删除及销毁过程的安全框架。该标准还根据安全性遭到破坏后的影响范围和影响程度，将金融数据的安全级别由高到低划分为 5 级、4 级、3 级、2 级、1 级。该标准中提到的部分安全需求可使用隐私保护技术实现，如：应采用数字签名、时间戳等方式，确保数据传输的抗抵赖性；应采用密码技术或非密码技术等方式，确保数据的完整性；在停止提供金融产品或服务时，应对其在提供该金融产品或服务的过程中搜集的个人金融信息进行删除或匿名化处理。

表 11.7 展示了部分隐私保护计算国内标准。这些标准对各类隐私保护技术进行了定义，并介绍了它们的应用框架、流程等，为隐私保护技术真正落地应用提供了参考准则。

表 11.7 部分隐私保护计算国内标准

技术	标准组织	标准名称
多方安全计算	中国人工智能产业发展联盟	《共享学习系统技术要求》（AIIA/S 02001—2020）
	中国支付清算协会	《多方安全计算金融应用评估规范》（T/PCAC 009—2021）
	全国金融标准化技术委员会	《多方安全计算金融应用技术规范》（JR/T 0196—2020）
可信执行环境	中国人工智能产业发展联盟	《共享学习系统技术要求》（AIIA/S 02001—2020）
	全国金融标准化技术委员会	《移动终端支付可信环境技术规范》（JR/T 0156—2017）
区块链	全国金融标准化技术委员会	《区块链技术金融应用 评估规则》（JR/T 0193—2020）
		《金融分布式账本技术安全规范》（JR/T 0184—2020）

部分隐私保护计算国内标准的内容纲要如图 11.2 所示。其中，共享学习是一种应用可信执行环境和多方安全计算的机器学习范式，旨在聚合多方数据信息，并在多个数据提供商和计算平台互不信任的情况下保护多方数据隐私。《共享学习系统技术要求》中规定了基于两种隐私保护技术的共享学习的技术要求。此外，关于多方安全计算的两个标准分别从技术要求和评估规范角度出发，对多方安全计算技术的应用提供了准则。在关于区块链的两个标准中，《金融分布式账本技术安全规范》从技术使用出发，对技术细节进行了详细的描绘；《区块链技术金融应用 评估规则》则注重使用区块链技术后的相关评估工作的规范。以上标准内容各有侧重，下面进行简要介绍，读者可翻阅标准文档了解具体内容。

《共享学习系统技术要求》（AIIA/S 02001—2020）由中国人工智能产业发展联盟发布，于 2020 年 3 月 30 日开始实施。该标准项目用于制定共享学习系统的技术要求，规范了共享学习的定义、技术框架及流程、技术特性、安全要求。标准中还提出了基于可信执行环境的共享学习系统、基于多方安全计算的共享学习系统，并详细地介绍了两种系统的技术框架、功能组件、技术流程。标准附录中提出了共享学习的使用场景：智能风控、智能营销。

《多方安全计算金融应用技术规范》（JR/T 0196—2020）由中国人民银行提出，并由全国金融标准化技术委员会归口管理，于 2020 年 11 月 24 日开始实施。该标准规定了多方安全计算技术金融应用的基础要求、安全要求、性能要求等，适用于金融机构开展多方安全计算金融应用的产品设计、软件开发。标准附录中提出了多方安全计算的典型应用分类、典型应用场景、系统参考架构。

《多方安全计算金融应用评估规范》（T/PCAC 009—2021）由中国支付清算协会提出，

并由中国支付清算协会安全与技术标准专业委员会归口管理，于 2021 年 6 月 29 日开始实施。该标准规定了多方安全计算金融应用的技术评估、安全评估、性能评估要求，适用于多方安全计算的金融应用机构、技术服务提供商和解决方案提供商。

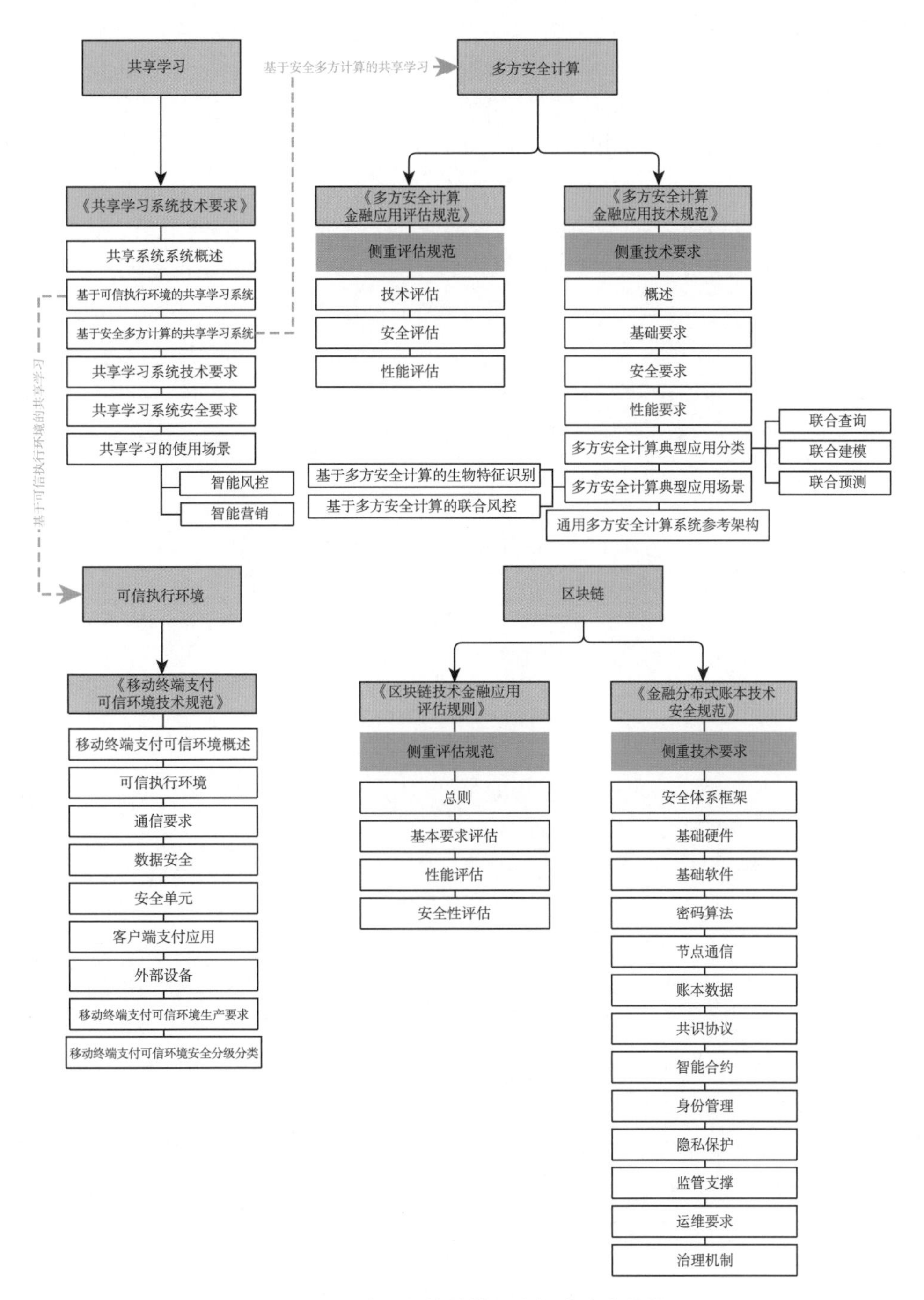

图 11.2 隐私保护计算国内标准内容纲要

《移动终端支付可信环境技术规范》（JR/T 0156—2017）由中国人民银行提出，并由全国金融标准化技术委员会归口管理，于 2017 年 12 月 11 日开始实施。该标准规定了移动终端支付领域可信环境的整体框架、可信执行环境、通信要求、数据安全、安全单元、客户端支付应用等主要内容。标准中介绍了可信执行环境的总体架构、安全目标、硬件安全要求、安全存储、安全启动、加解密服务、密钥体系、访问控制等内容。

《区块链技术金融应用 评估规则》（JR/T 0193—2020）由中国人民银行提出，并由全国金融标准化技术委员会归口管理，于 2020 年 7 月 10 日开始实施。该标准规定了区块链技术金融应用的总则、基本要求评估、性能评估、安全性评估等。

《金融分布式账本技术安全规范》（JR/T 0184—2020）由中国人民银行提出，并由全国金融标准化技术委员会归口管理，于 2020 年 2 月 5 日开始实施。该标准规定了金融分布式账本技术的安全体系，包括基础硬件、基础软件、密码算法、节点通信、账本数据、共识协议、智能合约、身份管理、隐私保护、监管支撑、运维要求和治理机制等方面。

11.2.2 国际标准

截至本书成稿之时，国际上的隐私保护计算相关标准主要涉及联邦学习、同态加密、多方安全计算和可信执行环境这 4 个领域。表 11.8中列出了部分隐私保护计算国际标准，图 11.3展示了联邦学习国际标准的内容纲要。

表 11.8 部分隐私保护计算国际标准

技术	标准组织	标准名称
联邦学习	IEEE-SA	《联邦学习基础架构与应用》（Guide for Architectural Framework and Application of Federated Machine Learning）（P3652.1）
同态加密	ISO/IEC SC27	《信息技术—安全技术—第六部分：同态加密》（Information technology—Security Techniques—Part 6: Homomorphic Encryption）（ISO/IEC 18033—6）
		《信息技术—安全技术—第八部分:全同态加密》(Information Technology—Security Techniques—Part 8: Fully Homomorphic Encryption）（ISO/IEC 18033—8）
	同态加密标准联盟	《同态加密标准》（Homomorphic Encryption Standard）
多方安全计算	ISO/IEC SC27	《信息安全—多方安全计算》（Information Security—Secure Multi-party Computation）（ISO/IEC 4922）
		《信息技术—安全技术—秘密共享》（Information Technology—Security Techniques—Secret Sharing）（ISO/IEC 19592—1）
	IEEE-SA	《多方安全计算的推荐做法》（Recommended Practice for Secure Multi-party Computation）（P2842 ）
	ITU-T	《多方安全计算技术指南》（Technical Guidelines for Secure Multi-party Computation）（X.1770）
		《共享机器学习系统技术框架》（Technical Framework for Shared Machine Learning System）（F.748.13）
可信执行环境	IEEE-SA	《基于可信执行环境的共享机器学习系统技术框架及要求》（Standard for Technical Framework and Requirements of TEE-based Shared Machine Learning）（P2830）
		《基于可信执行环境的安全计算标准》（Standard for Secure Computing based on Trusted Execution Environment）（P2952）
	ITU-T	《共享机器学习系统技术框架》（Technical Framework for Shared Machine Learning System）（F.748.13）

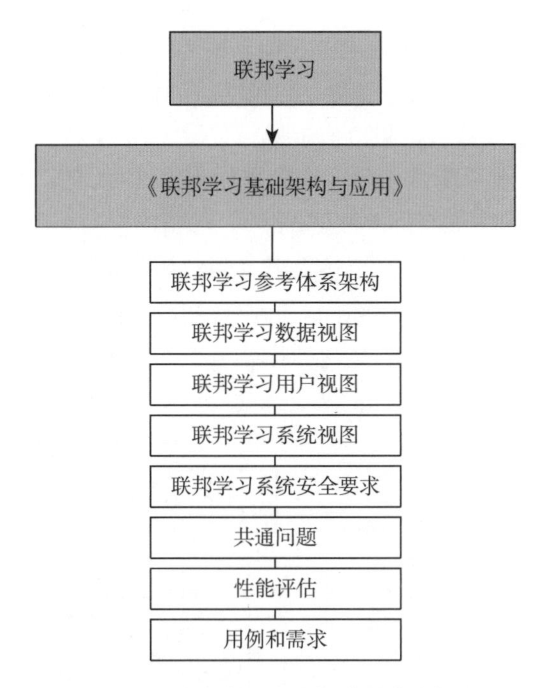

图 11.3　联邦学习国际标准的内容纲要

《联邦学习基础架构与应用》（P3652.1）由电气电子工程师学会（Institute of Electrical and Electronics Engineers，IEEE）和 IEEE 标准协会（IEEE Standards Association，IEEE SA）编制，于 2021 年 3 月 19 日发布。该标准提供了满足隐私、安全和监管要求的跨组织和设备的数据使用和模型构建蓝图，定义了联邦学习的参考体系结构框架和应用指南，包括联邦学习的描述和定义、联邦学习的类别及每个类别适用的应用场景、联邦学习的性能评价，以及相关的监管要求。标准附录中提供了联邦学习的用例和需求。

同态加密国际标准的内容纲要如图 11.4所示。

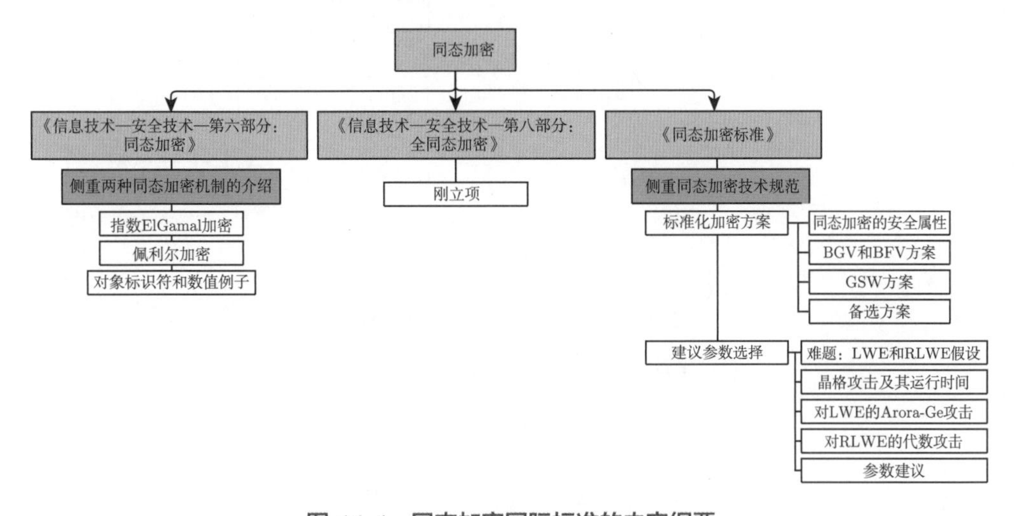

图 11.4　同态加密国际标准的内容纲要

《信息技术—安全技术—第六部分：同态加密》（ISO/IEC 18033—6）由国际化标准组织和国际电工委员会（ISO/IEC SC27）编制，于 2019 年 5 月发布。该标准提供了指数

ElGamal 加密、佩利尔加密两个同态加密机制，并为每个机制规定了相应的流程，即生成相关实体的参数和密钥、加密数据、解密加密数据、对加密数据进行同态操作。标准附录中还提供了同态加密的对象标识符和数值示例。

《信息技术—安全技术—第八部分：全同态加密》（ISO/IEC 18033—8）刚立项。

《同态加密标准》由同态加密标准联盟制定，于 2018 年 11 月 21 日发布。该标准提供了同态加密方案描述、安全属性、安全参数表、同态加密编程模型和 API 等。

多方安全计算和可信执行环境国际标准的内容纲要如图 11.5所示。

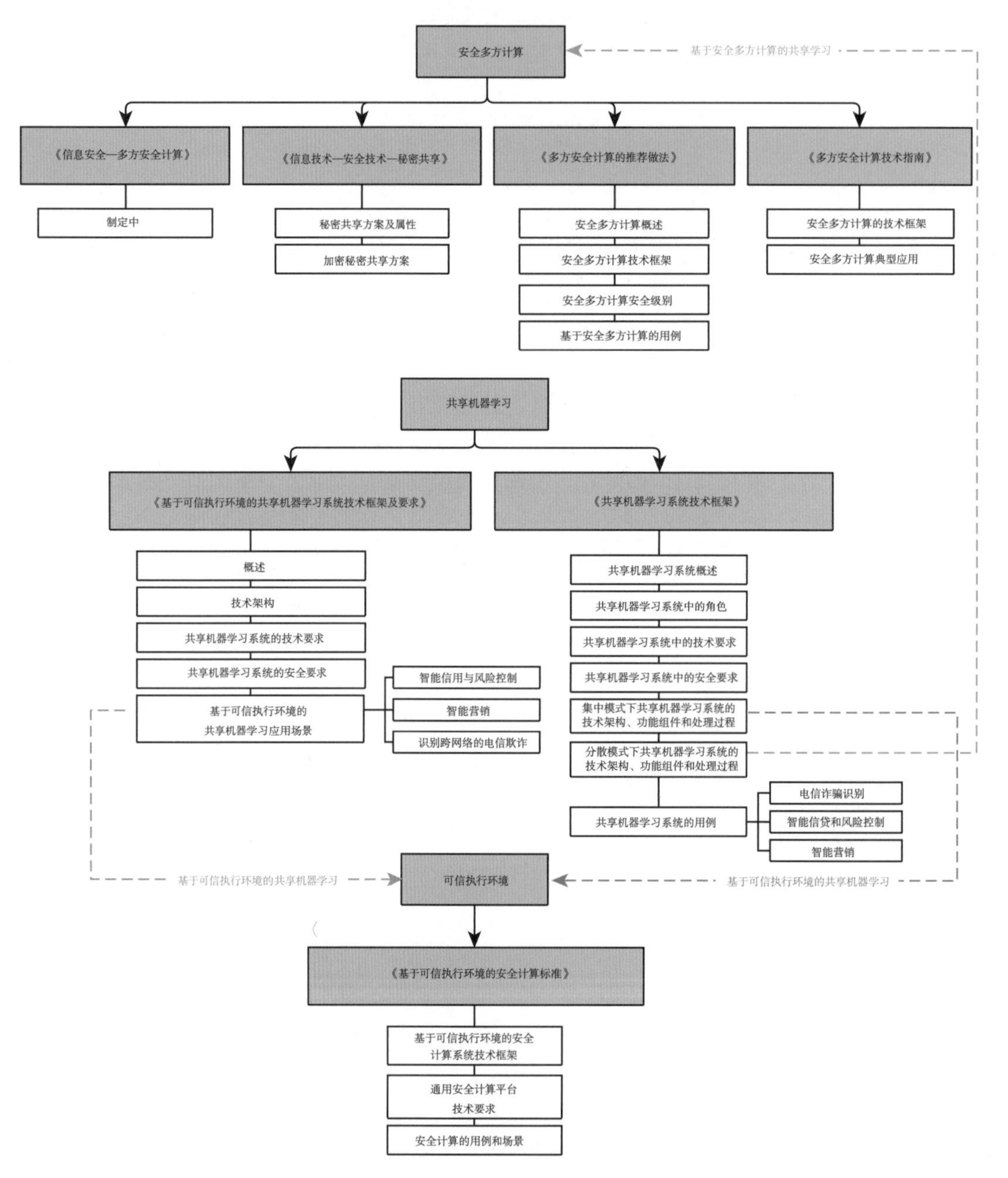

图 11.5 多方安全计算和可信执行环境国际标准的内容纲要

《共享机器学习系统技术框架》（F.748.13）由国际电联电信标准化部门（ITU-T）编制，于 2021 年 6 月 13 日开始实施。该标准定义了共享机器学习系统。共享机器学习包括集中模式和分散模式：集中模式是可信执行环境中多方数据加密共享和融合学习的解决方案；分散模式是一种基于多方安全计算的多参与者共享和学习解决方案，它的本质是只交换不泄露隐私的非原始数据。该标准还以集中模式和分散模式提供了共享机器学习系统的角色、技术要求、安全要求、技术架构、功能组件和处理过程。标准附录中提供了共享机器学习系统的用例。

《基于可信执行环境的安全计算标准》（P2952）由 IEEE 和 IEEE SA 的标准协调委员会编制，目前还在制定中。该标准制定了基于可信执行环境的安全计算系统的技术框架，适用于指导基于可信执行环境的安全计算系统的设计、开发、测试和维护。该标准概述了基于可信执行环境的安全计算系统，并从隔离性、机密性、兼容性、性能、可用性和安全性方面定义了通用安全计算平台的技术要求。标准附录中还提供了安全计算技术的用例和场景。

《信息安全—多方安全计算》（ISO/IEC 4922）由 ISO/IEC SC27 编制，正在制定中。该标准分为两个部分，分别为《Information Security —Secure Multi-party Computation —Part 1: General》（ISO/IEC DIS 4922—1）和《Information Security —Secure Multi-party Computation —Part 2: Mechanisms based on Secret Sharing》（ISO/IEC WD 4922—2.3）。

《信息技术—安全技术—秘密共享》（ISO/IEC 19592—1）由 ISO/IEC SC27 编制，已发布。该标准分为两部分，分别为《Information Technology —Security Techniques —Secret Sharing —Part 1: General》[ISO/IEC 19592—1:2016(en)] 和《Information Technology—Security Techniques —Secret Sharing —Part 2: Fundamental Mechanisms》[ISO/IEC 19592—2:2017(en)] 。其中，第一部分规定了秘密共享方案及其属性，并定义了秘密共享方案涉及的各方、秘密共享方案上下文中使用的术语，以及此类方案的参数和属性。第二部分规定了加密秘密共享方案。

《多方安全计算的推荐做法》（P2842）由 IEEE 和 IEEE SA 的标准协调委员会编制，于 2021 年 11 月 5 日发布。该标准提供了多方安全计算的技术框架，包括以下内容：多方安全计算概述、多方安全计算的技术框架、安全级别，以及基于多方安全计算的用例。

《多方安全计算技术指南》（X.1770）由 ITU-T 编制，于 2021 年 10 月 29 日开始实施。该标准规定了多方安全计算的技术框架，确定了其要素及其作用；基于该技术框架，给出了多方安全计算的典型应用。该标准还对安全模型和阈值进行了分析，为信息和通信技术利益相关者在数据协作和大数据分析场景中使用多方安全计算保护数据提供了技术标准基础。

《基于可信执行环境的共享机器学习系统技术框架及要求》（P2830）由 IEEE 和 IEEE SA 的标准协调委员会编制，于 2021 年 6 月 16 日发布。该标准定义了共享机器学习的框架和体系结构，其中使用从多个来源聚合并由可信第三方处理的加密数据对模型进行训练。该标准还规定了功能组件、工作流程、安全要求、技术要求和协议。标准附录中提供了基于可信执行环境的共享机器学习应用场景。

11.3 隐私保护计算的应用准则

虽然隐私保护计算能够在不泄露敏感数据的情况下完成，但是每种隐私保护技术在不同的维度上具有不同的特点。这使得在面对具体的应用场景时，需要根据场景需求，选择合适的隐私保护技术来实现业务。本节主要分析隐私保护计算核心技术在多个维度上的特点，并介绍如何根据具体需求选择合适的隐私保护技术方案。

11.3.1 技术特点比较

本小节主要从保密性（confidentiality）、完整性（integrity）、可用性（availability）、公平性（fairness）、可解释性（interpretability ）、准确性（accuracy）和稳健性（robustness）这 7 个维度，对联邦学习、安全多方计算、可信执行环境、差分隐私、同态加密及数据删除的技术特点进行对比。这 7 个维度构成了隐私保护计算的内涵，对其含义的详细描述参见本书第 13.1.2 小节。上述隐私保护技术在 7 个维度上的表现见表 11.9。

表 11.9 隐私保护技术在 7 个维度上的表现

隐私保护技术	保密性	完整性	可用性	公平性	可解释性	准确性	稳健性
联邦学习	中	低	中	中	中	中	低
安全多方计算	高	高	低	高	高	高	中
可信执行环境	高	高	中	—	高	高	—
差分隐私	高	—	高	—	高	中	高
同态加密	高	高	低	—	高	中	—
数据删除	中	—	中	—	高	高	—

注：—表示相应技术未涉及此维度。

在保密性方面，安全多方计算通过联合多个非互信参与方在数据保密的情况下进行协同计算，以保护输入数据和中间计算结果的隐私性。可信执行环境能够保证敏感数据在隔离和可信的环境内被处理，外部环境不能获取其内部的信息。差分隐私能保证攻击者在具有任意辅助信息和计算能力的假设下，无法根据输出差异还原出任何个人信息。同态加密以数论中的数学难题作为理论支撑，能够通过理论可证明的方式确保数据的保密性要求得到满足。同态加密在密文上进行运算的属性可以保证原始数据不被窃取。因此，安全多方计算、可信执行环境、差分隐私和同态加密具有高保密性。然而，联邦学习虽然可以通过满足隐私政策知情同意和数据最小化的隐私原则来保证保密性，但是需要结合其他的隐私保护技术进一步增强隐私保证。例如，联邦学习融合安全多方计算和同态加密可以增强计算过程的保密性，融合差分隐私可以增强结果发布的保密性。对于数据删除，在计算方执行数据删除后，模型前后的差异可能会留下数据的印记，从而导致隐私泄露。因此，联邦学习和数据删除具有中等保密性。

在完整性方面，安全多方计算和同态加密可以通过实现可验证机制来保证被保护的数据在计算全流程中不被非法篡改。可信执行环境可以端到端地保护内部代码或数据的完整性，使其免受来自常规执行环境中的攻击。因此，安全多方计算、同态加密和可信执行环境具有较高的完整性。然而，联邦学习系统容易受到后门攻击，使得全局模型的完整性受到破坏。受到后门攻击的全局模型能够对嵌入触发器的样本进行针对性误判，而其他正常的样本则正常判断，进而破坏模型的完整性。因此，联邦学习的完整性保证能力相对较弱。

在可用性方面，差分隐私的额外计算开销可忽略不计，具有与数据集中式的计算方式相近的性能。因此，差分隐私的可用性较高。联邦学习在计算过程中，服务器与客户端之间需要对中间结果进行多轮传输，随着传输轮次的增加，通信开销将逐渐增大。此外，在跨设备联邦学习中，由于客户端的计算能力和通信能力受限，其在计算过程中存在随时掉线的可能性。可信执行环境的计算性能与内存访问和系统调用时的加解密次数成反比，加解密次数越多，计算性能越低。针对不同的计算类型，数据删除可以采用不同的删除策略。对于线性回归和 K 近邻等问题，可以利用自身的结构特性定制高效的遗忘算法。而对于深度学习模型，需要在设计算法时就考虑到将训练过程模块化，或者利用算法的稳定性量化从数据集到模型的映射，以满足删除合规。因此，联邦学习、可信执行环境和数据删除具有中等可用性。安全多方计算的复杂计算过程会造成较大的计算开销，如通用协议的电路资源消耗和多方交互的通信开销。同态加密会造成较大的计算开销，存在密钥过大和密文爆炸等性能问题，在性能上与可行的工程应用还有一定的距离。因此，安全多方计算和同态加密的可用性相对较低。

在公平性方面，安全多方计算可以保证所有计算参与方都能获得期望的计算结果，因此具有较高的公平性。虽然联邦学习容易受到客户端搭便车攻击，即没有贡献的客户端获得了高质量模型，但是联邦学习可以设置奖惩机制保证各客户端之间的公平性，根据客户端的贡献大小合理分配收益。因此，联邦学习具有中等公平性。

在可解释性方面，安全多方计算能够使参与方清晰地理解隐私信息在处理过程中的流向，并且未参与计算的各方难以获得计算过程的具体细节。可信执行环境通过计算度量功能实现身份、数据、算法全流程的计算一致性证明。差分隐私建立在严格的数学理论基础之上，具备严格的数学定义和灵活的可组合性，满足理论可证明与隐私可度量的性质。同态加密是理论可证明的，密钥生成、数据加密、密文计算和数据解密等计算过程都是逻辑可推理的。数据删除具有严格的形式定义和相关的可组合性，这些属性可以为设计数据删除操作提供指导并对相关的删除操作进行评估，具有过程可解释性和结果可解释性。因此，安全多方计算、可信执行环境、差分隐私、同态加密和数据删除的计算过程具有较高的可解释性。联邦学习作为分布式机器学习范式，可实现在原始数据不离开本地的情况下保护数据隐私，其全局模型的训练过程对于客户端和服务器而言是明确的。然而，如果联邦学习采用深度学习模型，其同样存在着算法是否可解释的问题。因此，联邦学习具有中等的可解释性。

在准确性方面，安全多方计算通过严格的理论证明保证在不泄露任何隐私数据的情况下获得准确的多方协同计算结果。可信执行环境支持多层次、高复杂度的算法逻辑实现，能够保证计算结果的准确性不会受到影响。数据删除要求管护者在接收到数据提供者的删除数据请求后，不仅要删除所请求的原始数据，还应处理从原始数据中学习到的信息，并保证被删除数据的贡献或影响与该数据从未出现过相一致。因此，安全多方计算、可信执行环境和数据删除具有较高的准确性。联邦学习获得的计算结果与集中式学习得到的计算结果存在较小的差异，其计算结果的准确性有所下降。差分隐私通过添加噪声实现隐私保护，因此额外噪声带来的偏差对模型数据的准确性造成了一定程度的影响。同态加密通过严格的理论证明保证对加密数据计算的结果和对原始数据计算的结果具有一致性。然而，上述一致性仅在加法和乘法等多项式运算的情况下成立。对于机器学习中的 Sigmoid 和 ReLU 等非线性运算，如果采用多项式逼近技术进行处理，会造成一定的准确率和效率的下降。因此，联邦学习、差分隐私和同态加密具有中等准确性。

在稳健性方面，差分隐私的后处理封闭性确保了计算结果不可逆，即在不接触原始数据的情况下，任何针对差分隐私机制输出的计算都不会使隐私恶化。因此，差分隐私具有较高的稳健性。安全多方计算需要通过参与方认证和可靠激励等方式来提升协议的稳健性。例如，安全多方计算可以结合零知识证明来验证协议中每一步执行的正确性，也可以引入激励机制来促进各参与方可靠地执行协议。因此，安全多方计算具有中等稳健性。联邦学习在计算过程中容易受到恶意客户端的干扰，产生错误的计算结果。例如，在投毒攻击中，恶意客户端可将篡改后的计算中间结果发送给服务器，使得联邦学习最终得到的计算结果发生变化，影响计算结果的正确性。因此，联邦学习的稳健性较低。

11.3.2 技术选型

数据流通的迫切需要使得隐私保护计算成为未来重要的科技趋势。它从不同角度重构了数据要素的流通方式与价值释放，有望成为大数据治理体系的核心底座。目前正值隐私保护计算建设初期，面对复杂的隐私保护技术，如何结合企业自身需求展开最优技术选型，是后续高效开展数据应用实践的关键。基于此，应明确在隐私保护计算选型中含有哪些关键指标，以结合目前技术应用者的实践经验，评测各项指标的重要性。

本小节就隐私保护计算实践中的技术选型问题，从协作要素、能力要求、性能体验这 3 个维度出发，在对业务场景下涉及的关键指标进行综合分析与考量后，选取了互信程度、客户端数量、协作模式等 9 项指标，旨在最大限度地满足场景落地需求，为隐私保护技术选型提供建议，具体推荐见表 11.10。

表 11.10 隐私保护技术选型推荐

协作要素			能力支撑			性能体验			技术	
互信程度	客户端数量	协作模式	算力能力	经济能力	设备稳定性	安全要求	效用要求	隐私要求	主体技术	辅助技术
—	↓	分布式	↑	↑	↑	—	—	输入隐私	SMC	ZK、DP
↑	↓	—	↑	↑	—	—	↓	输入隐私	HE	ZK、DP、SMC
↑	—	—	—	↑	—	—	—	输入隐私	TEE	ZK、DP
—	—	分布式	—	—	↑	↓	—	输入隐私	FL	ZK、DP、SMC、HE、TEE
—	↑	—	—	—	—	↓	↓	输出隐私	DP	ZK、HE、TEE

注：↑ 表示对指标要求高或可提供的能力强；↓ 表示对指标要求低或可提供的能力弱；—表示对指标要求或可提供的能力无限制，即高低/强弱均可。

（1）协作要素。技术选型首先需要考虑的是场景的基本业务要素，即协作模式、客户端数量和客户端之间是否具备互信基础。这是因为协作要素由场景的业务流程主导，一般不会因为集成隐私保护技术而发生改变，具有“一票否决”权。

（2）能力支撑。选择的隐私保护技术是否可行还取决于企业可提供各项资源的能力，这部分主要考量算力能力、经济能力和设备稳定性这 3 个方面。其中，设备稳定性是指设备在一定时间内不出故障、可支持高频次交互的概率。

（3）性能体验。隐私保护计算的规模化落地还需要考虑业务场景对应的性能需求，其影响因素可分为安全要求、隐私要求和效用要求。三者作为业务的性能目标要求，是隐私保护技术在应用中能否成功落地的关键。一般来说，隐私要求与效用要求负相关。实际技术选型时，两者中某一方性能的提升多数会造成另一方性能的下降。

需要注意的是，除去因业务场景基本需求限定而具有不变性的协作因素，能力支撑和性能体验在技术选型上均具有一定的导向性和可变性。可简单理解如下：隐私保护计算应用者通常会从利益最大化出发，希望用最少的能力投入得到最大的收益。但是，提供的能力作为技术实现的支撑，一定程度上制约了技术的选择。此时，若最后的方案选型在性能体验上未达到最优解，隐私保护计算应用者既可以依据实际业务权衡选取这一方案（在性能体验上有所折中），也可以回滚实现对能力支撑的上调，进一步迭代技术选型以得到最优性能体验（在能力支撑上有所折中）。为此，这也要求隐私保护计算应用者能紧密结合实际需求，预设动态可调的需求模型，进而求得能合理兼顾各种因素的最佳技术选型方案。

技术选型中，辅助技术的选取主要依赖性能体验中不完备或可优化加固的方面，属于可选项。例如，安全多方计算从本质上保证了输入隐私，若隐私保护计算应用者资源充足，此时还可选择加入差分隐私辅助实现输出隐私，最大限度地满足数据全流程隐私。

11.4　延伸阅读

随着我国数据立法进程的加快，国内数据市场进入了合法合规发展的新阶段。在《网络安全法》《数据安全法》和《个人信息保护法》“三驾马车”的基础上，国内标准协会相继推出针对具体隐私保护技术的应用标准。在本章介绍的数据安全与隐私保护计算标准以外，读者还可参考以下标准。在多方安全计算方面，全国信息安全标准化技术委员会（TC260）提出了研究课题《多方数据安全交换共享技术要求》和《多方数据融合计算安全指南》，中国通信标准化协会（CCSA）提出了《隐私保护场景下安全多方计算技术指南》，CCSA 和大数据技术标准推进委员会（TC601）提出了《隐私计算　多方安全计算产品性能要求和测试方法》等标准，作为多方安全计算产品落地的应用指南。CCSA 和 TC601 还针对联邦学习的产品推出了《隐私计算　联邦学习产品性能要求和测试方法》等一系列标准，以及针对可信执行环境的《隐私计算　可信执行环境产品安全要求与测试方法》等一系列标准。更多相关标准见表 11.11，具体内容请读者自行查阅。

在满足法律法规与标准要求的前提下，各行业如何结合自身需求展开最优技术选型，是后续高效开展数据应用实践的关键。目前比较主流的选型方案是从数据是否流出、计算是否集中两个维度考量，将隐私保护计算划分为 4 个不同象限，对应 4 条技术路径，分别为:

以差分隐私、同态加密等为代表的“数据流出、集中计算”路径，以安全多方计算为代表的“数据流出、协同计算”路径，以联邦学习为代表的“数据不流出、协同计算”路径和以可信执行环境为代表的“数据不流出、集中计算”路径。

表 11.11 参考标准

技术	标准组织	标准名称
多方安全计算	TC260	研究课题《多方数据安全交换共享技术要求》
		研究课题《多方数据融合计算安全指南》
	CCSA	《隐私保护场景下安全多方计算技术指南》
	CCSA/TC601	《隐私计算　多方安全计算产品性能要求和测试方法》
		《隐私计算　多方安全计算产品安全要求和测试方法》
		《基于安全多方计算的数据流通产品技术要求与测试方法》
联邦计算	CCSA/TC601	《隐私计算　联邦学习产品性能要求和测试方法》
		《隐私计算　联邦学习产品安全要求和测试方法》
		《基于联邦学习的数据流通产品技术要求与测试方法》
可信执行环境	CCSA	《基于可信执行环境的安全计算系统技术框架》
	CCSA /TC601	《隐私计算　可信执行环境产品安全要求与测试方法》
		《隐私计算　可信执行环境产品性能要求与测试方法》
		《基于可信执行环境的数据计算平台技术要求与测试方法》
区块链	CCSA/TC601	《区块链辅助的隐私计算技术工具技术要求与测试方法》

此外，很多研究院、企业也从不同维度解析了隐私保护计算选型推荐。例如，微众银行 [2021] 以“什么角色（W）在什么业务流程中（W）需要保护什么数据（W）”为核心需求，从协作模式（C）、隐私效果（P）、性能体验（P）3 个角度出发，提出了 W3-CPP 技术选型框架。蚂蚁集团 [2021b] 从密码学、可信软硬件、信息混淆脱敏、分布式计算 4 种技术路线着手，在总结、对比各路线代表技术的基础上，解析了隐私保护技术选型推荐；并从功能涵盖范围、是否支持审计、集成交互能力、计算性能、隐私保护 5 个维度给出了隐私保护计算产品选型推荐。艾瑞咨询 [2022b] 则针对“产品与技术选型、隐私保护计算的安全性实践”等重点问题，从可扩展性等考量指标对技术实践成效的当下影响性、长远影响性展开分析，并给出了相关策略及建议。

不同应用场景往往呈现多样化的隐私保护技术需求，要获得能合理兼顾各项因素的最佳技术选型方案，还需要隐私保护计算应用者紧密结合实际需求，预设灵活可调的需求模型，以融合不同技术，从而形成优势互补。

第12章 隐私保护计算产业的发展

数据流通是释放数据价值、发展数字经济的关键，而隐私问题则是阻碍数据流通的重要因素。随着隐私规范的逐步完善和相关技术的不断成熟，隐私保护计算被视为促进数据流通的核心手段，并成为未来重要的商业风口之一。在此背景下，许多企业快速布局，力求在隐私保护计算商业版图中抢占一席之地。在这个过程中，除了涌现出的一大批隐私保护计算初创企业外，互联网、人工智能、区块链和安全等领域的许多企业也投身到隐私保护计算行业中，纷纷推出以联邦学习、安全多方计算或可信执行环境等技术为核心的开源或闭源的隐私保护计算平台，并将这些平台应用于金融、政务和医疗等不同领域，让数据价值在充分流动中得以体现。

本章介绍隐私保护计算产业发展的相关情况。第 12.1 节概述隐私保护计算产业的现状，以及代表性企业与组织的相关情况。第 12.2 节介绍行业内具有代表性的隐私保护计算开源平台框架，这些平台框架对隐私保护计算方法的实现提供了基础设施。第 12.3 节介绍交通、园区、商业、金融、医疗和政务等重点领域的隐私保护计算典型应用案例。

12.1 隐私保护计算产业的现状

在数据流通需求和法律合规性要求的双重驱动下，无论是在关键技术突破方面，还是在应用落地方面，隐私保护计算的热度都呈现递增态势，其产业规模不断壮大，产业生态也正在逐渐形成。本节从隐私保护技术的影响、商业模式、市场规模和存在的挑战等方面介绍隐私保护计算的市场发展情况，并简要介绍代表性企业和组织的相关情况。

12.1.1 市场发展

隐私保护计算作为能够平衡隐私保护和数据使用的有效方式，可在敏感信息不可见的条件下实现数据安全融合，为数据流通和价值共享提供了一条重要的技术路径。Gartner 在

2020 年和 2021 年连续两年将隐私保护计算评选为重要战略科技趋势之一。阿里巴巴达摩院在 2022 年将隐私保护计算作为未来最重大的十个科技趋势之一，并预测在未来 5~10 年中隐私保护计算将改变现有的数据处理方式。百度研究院也在 2022 年将隐私保护计算视为数据价值释放的突破口和信任构建的基础设施。因此，学术界和工业界正积极投身到隐私保护计算的关键技术突破和应用落地中来，不断地推动隐私保护技术走向成熟，为隐私保护计算产业的发展奠定了基础。

在隐私保护计算产业发展的过程中，逐渐形成了产品销售和平台分润两种商业模式 [艾瑞咨询, 2022a]。

第一，产品销售。隐私保护计算产品主要包括硬件、软件和软硬件一体机这 3 种形态。例如，蚂蚁集团的蚂蚁摩斯隐私保护计算一体机、蚂蚁摩斯多方安全计算平台和华控清交 PrivPy 多方安全计算平台等。目前，这些产品主要通过本地化部署的方式与其他系统进行连接。企业可以根据部署节点数量和功能模块等维度进行收费。如果隐私保护计算整体方案中包含硬件，还需收取与硬件相关的费用。此外，企业可以通过收取产品系统的更新维护费等相关技术服务费用来获得收益。

第二，平台分润。隐私保护计算企业可以作为优质的中间商搭建中间平台，为数据提供方和数据使用方提供服务。分润方式包括数据分润和业务分润两种模式。隐私保护计算企业可以通过为数据提供方提供数据源分发服务，以及为数据使用方提供数据源接入服务，来向数据提供方和数据使用方收取数据分润，也可以通过提供数据智能服务调用接口，向服务调用者收取业务分润 [艾瑞咨询, 2022a]。随着行业生态日趋完善，隐私保护计算服务商可以与数据使用方或数据提供方进行长期合作，进而获得稳定而持续的收益。

随着隐私保护技术瓶颈的不断突破及商业模式的不断成熟，隐私保护计算的市场规模持续扩大。根据艾瑞咨询的研究分析，2021 年我国隐私保护计算市场规模已经达到 4.9 亿元，预计 2025 年达到 145.1 亿元；此外，截至 2022 年 3 月，我国隐私保护计算行业共计发生 55 起投融资事件，累计融资金额已经超过 30 亿元 [艾瑞咨询, 2022a]。另外，《中国隐私保护计算产业发展报告（2020—2021）》[孙璐 等, 2021] 和《隐私保护计算行业研究报告》[WeBank 等, 2021] 等多份报告也从不同层面展示了隐私保护计算的发展潜力。

然而，隐私保护计算距离实现真正的革命性进步仍有一段路要走。计算性能、各机构间的隐私保护技术壁垒，以及对隐私保护计算认知度仍然不足是制约隐私保护计算产业发展的重要因素 [孙璐 等, 2021]。在计算性能方面，基于密码学的隐私保护技术和多方分布式计算技术存在计算开销和通信开销较大的问题，使得隐私保护计算的商业化落地充满挑战，并且计算性能的提升难以在短期内实现。在各机构间的隐私保护技术壁垒方面，目前各个厂商的隐私保护技术无法互联互通，在解决数据孤岛的同时又形成了技术孤岛。在对隐私保护计算的认知方面，用户可能仅了解隐私保护技术的输入和输出，难以获知技术的实现细节，导致用户对计算过程和结果的不信任，或者是过度预期技术的应用效果。这些问题需要整个行业的共同努力才能解决，在逐步解决这些问题的过程中，隐私保护计算隐藏着的巨大市场潜能有望进一步被激发。

12.1.2　代表性企业与组织

在国外，隐私保护计算企业主要专注于技术的研究，在商业实践方面的进展相对有限，并且这些企业主要开发面向个人的隐私保护计算应用 [中国移动, 2021]。苹果、谷歌、Intel 和微软是隐私保护计算领域的代表性企业。苹果在 2016 年的全球开发者大会（Worldwide Developers Conference，WWDC）上宣布采用差分隐私实现在不掌握个人用户隐私数据的情况下学习用户行为，并将其广泛应用于多项用户隐私保护方案中。谷歌在联邦学习领域取得了多项技术研究成果，研发的 Gboard 键盘可以在不侵犯用户隐私的前提下，联合多个客户端训练单词和表情推荐模型。Intel 主要专注于可信执行环境技术方案的研究，主要产品为 Intel SGX。微软大规模推进安全多方计算的研究并推出轻松安全的多方计算（Easy Secure Multi-party Computation，EzPC）项目。

与国外相比，我国隐私保护计算产业从 2016 年开始起步，2018 年进入快速启动阶段，并在 2021 年初步实现商业应用落地，此后进入快速发展阶段。随着 2021 年《数据安全法》和《个人信息保护法》等相关法律法规和政策的出台，我国隐私保护计算行业的发展进程进一步加速，使得隐私保护技术在数据采集、传输、分析、流通等方面均有所涉及。目前，我国隐私保护计算的商业应用主要集中在金融、政务和通信运营商领域。此外，部分厂商对在医疗领域广泛应用隐私保护技术也寄予厚望 [WeBank 等, 2021]。

现阶段，我国初步形成了以隐私保护计算初创企业、互联网企业、人工智能企业、区块链企业、安全厂商和金融科技企业为代表的市场格局。这些企业在政策与市场需求的推动和产学研协同发展的促进下获得了充足的发展空间。图 12.1 展示了当前国内隐私保护计算的代表性企业。这些企业纷纷面向可落地应用的实际需求，利用隐私保护技术解决交通、金融、医疗、政务等不同场景中存在的诸多行业痛点。

与此同时，各大高等院校和科研院所也投身隐私保护计算前沿技术的研究当中，通过产学研协同及开展各类示范应用，不断夯实关于联邦学习、同态加密、安全多方计算和差分隐私等基础理论的研究，推进创新成果的转化，以此提升隐私保护技术的成熟度和产业化能力。

此外，为加强隐私保护计算行业内的合作，进而有效地促进数据要素的合规、有序流动，国内外成立了许多隐私保护计算行业组织，其中具有代表性的是隐私计算联盟、开放隐私计算社区（OpenMPC）、中国隐私计算联盟（Privacy Computing in China，PCIC）和国际隐私专家协会（International Association of Privacy Professionals，IAPP）。

隐私计算联盟是由中国信息通信研究院牵头成立的隐私保护计算公益性合作组织，初创成员包括运营商、金融机构、政府机构和技术厂商等在内的 50 多家企业。目前，该组织已完成多项标准的编制，并在 3 批隐私保护计算功能测试中完成了对 29 款产品的 46 次功能评测。

OpenMPC 作为国内第一个且极具影响力的隐私保护计算开放社区，专注于隐私保护计算的研究与布道，通过媒体、活动、咨询和研究报告等形式，为专业用户传递高质量的信息与内容，为相关企业提供技术品牌传播、市场推广、专业洞见及决策辅助服务，以推动隐私保护技术的发展及落地，在推动隐私保护计算行业高质量发展及成功落地上起到了关键作用。

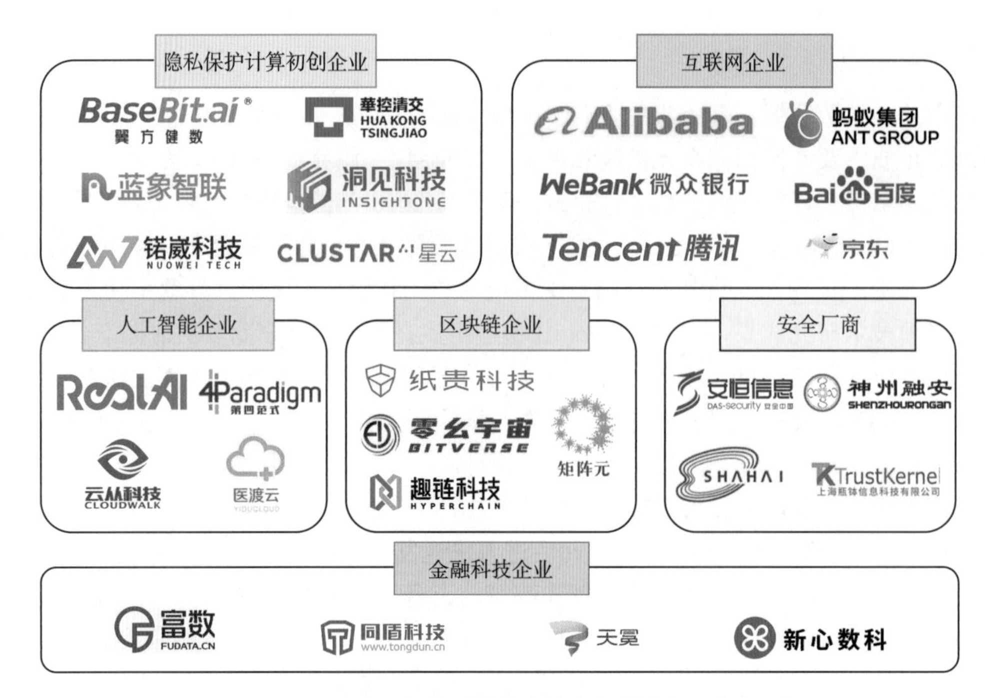

图 12.1　国内隐私保护计算代表性企业（排名不分先后）

PCIC 是国内首个区块链隐私保护计算领域去中心化治理组织，其旨在搭建一个有公信力、开放共赢的自治理组织，以联合区块链原生隐私保护计算项目资源，定期向市场传递隐私保护计算领域技术研讨及生态进展，助力国内隐私生态发展。

IAPP 成立于 2000 年，是全球最大、最全面的隐私社区，致力于为信息隐私领域的专业人士提供最新趋势跟踪，以及隐私管理与规范服务，在全球范围内帮助提升相关人士的隐私专业能力。IAPP 每年举办的会议是国际公认的探讨隐私相关政策与事件等问题的重要论坛。

12.2　隐私保护计算的平台框架

近年来, 越来越多的行业头部企业（如微众银行、Meta、谷歌、蚂蚁集团等）纷纷推出了开源的隐私保护计算平台框架，旨在保证数据隐私的前提下助推数据的流通与融合。本节重点介绍 FATE、CrypTen、Occlum、OpenDP 这 4 个分别关于联邦学习、安全多方计算、可信执行环境和差分隐私的代表性平台框架，并且对其他平台框架进行简要介绍和总结。

12.2.1　FATE

FATE 是微众银行于 2019 年发布的主打联邦学习的工业级可视化开源平台，旨在解决数据孤岛问题，促进数据的安全融合。FATE 社区已经吸引了来自上千家企业、高等院校等科研机构的开发者共同参与生态建设，成为联邦学习领域最大的开源社区。FATE 的设计框架如图 12.2 所示 [Federated AI Ecosystem，2022]。

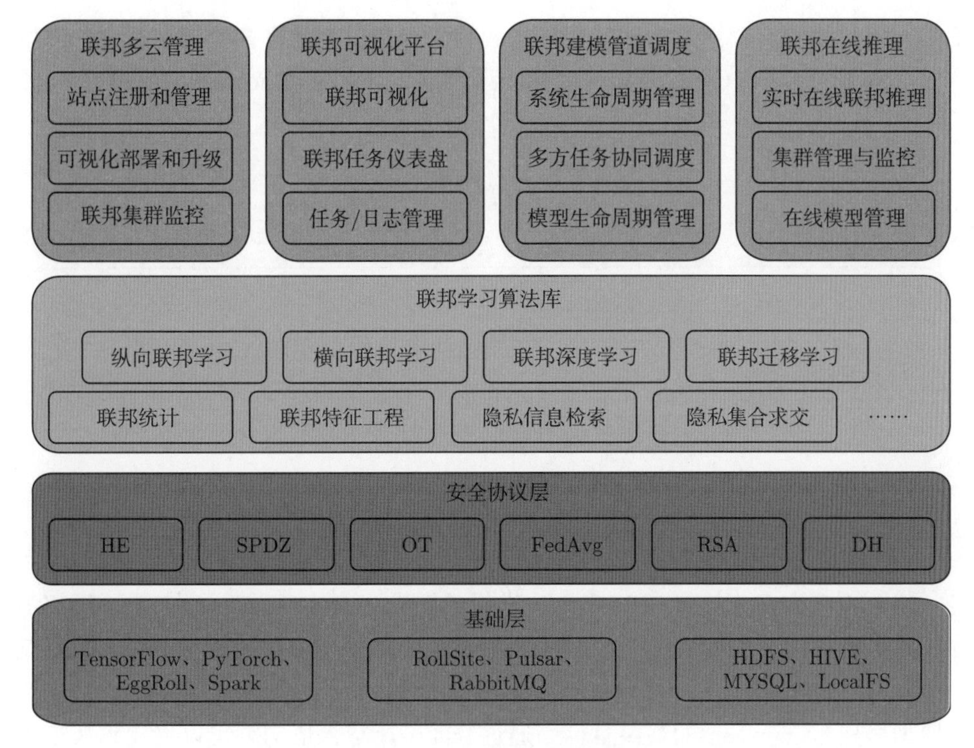

图 12.2　FATE 的设计框架

FATE 框架的基础层实现了深度学习环境提供、分布式计算、多方联邦通信和数据存储等功能。基础层的上层是安全协议层，主要使用安全多方计算及同态加密来增强联邦学习过程中的隐私保护。同时，FATE 在安全协议层的基础上构建了联邦学习算法库，库中包含了许多常见的机器学习算法，并且开发者还可以根据详细的开发文档来定义自己的算法组件。FATE 在框架的顶层构建了联邦多云管理、联邦可视化平台、联邦建模管道调度、联邦在线推理等。

FATE 中已经内置了一些常见的公开数据集，以方便开发者使用。此外，FATE 还加入了权限管理和数据追溯功能，以保护客户端的数据集资源、计算资源等本地资源和满足各维度的安全审计。在 1.7 版本中，FATE 已经对每个训练任务用到的数据集、数据集的来源等一些基础的信息进行了收集。

在安装使用方面，FATE 提供了单机版和集群版两种部署方式。单机版是部署在一台设备上模拟联邦学习，集群版则是部署在多台设备上实现真实场景下的联邦学习。对于集群版，FATE 提供了原生集群安装、Ansible 集群安装、Kubernetes 安装和 Docker Compose 安装等多种安装部署方式，开发者可以根据自己需求和实际情况选择合适的安装部署方式。

12.2.2　CrypTen

CrypTen 是 Meta 于 2019 年发布的主打安全多方计算的开源框架，旨在促进安全多方计算在机器学习中的普及，让没有密码学相关背景知识的机器学习开发者也能使用安全多方计算。

现有的安全多方计算框架在设计时主要专注于底层的安全协议，不支持张量操作和模型搭建等机器学习开发者需要的功能，直接制约了安全多方计算在机器学习中的应用和发展。因此，Meta 开发了 CrypTen，设计框架如图 12.3 所示 [Knott et al., 2021]。

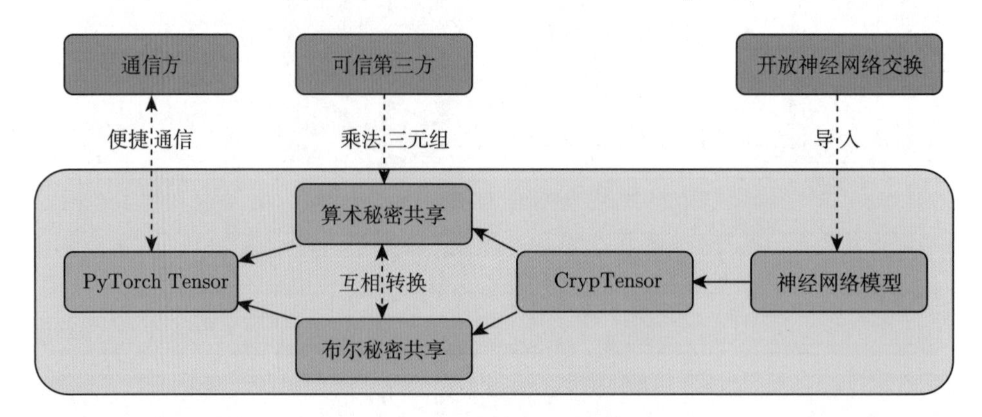

图 12.3 CrypTen 的设计框架

CrypTen 对安全多方计算和 PyTorch 进行了集成，使得 CrypTen 具有与 PyTorch 相似的 API。同时，CrypTen 在构建过程中没有过度简化安全协议的实现，保证了框架的安全性。因此，只需对 PyTorch 代码进行简单修改就可以使用安全多方计算，并且支持张量操作和模型搭建。CrypTen 的最终目标是通过修改一个导入语句就可以将代码从 PyTorch 切换到 CrypTen。

在使用 CrypTen 时，各个客户端通过 PyTorch Tensor 进行计算。安全多方计算基于算术秘密共享和布尔秘密共享实现。其中，算术秘密共享用于机器学习模型中常见的操作，如矩阵乘法和卷积；布尔秘密共享用于评估其他常见的函数，如线性 ReLU 函数和 Argmax 函数。虽然许多计算可以直接在算术秘密共享上执行，但仍有一些计算需要经过算术秘密共享和布尔秘密共享之间的互相转换才能执行。此外，部分计算在执行时还需要借助可信第三方提供的乘法三元组。

CrypTen 将所有安全计算都封装在 CrypTensor 对象中。CrypTensor 对象还提供了自动微分等功能，以此实现深度学习模型的训练。同时，为了实现与现有机器学习平台的交互，还可以使用开放神经网络交换（Open Neural Network Exchange，ONNE）将神经网络模型导入 CrypTen。

CrypTen 提供了详细的技术文档，介绍如何构建和加密神经网络，以及如何在加密状态下使用自动微分，并列出了目前 CrypTensor 实现的所有张量函数。CrypTen 还支持使用 GPU 进行运算，但需要注意的是，客户端对计算设备的选择必须统一，例如全部使用 CPU 或全部使用 GPU。

12.2.3 Occlum

Occlum 是蚂蚁集团于 2020 年发布的主打可信执行环境的开源系统，旨在解决当前使用机密计算（confidential computing）限制多的问题，以降低应用开发难度，促进机密计算的发展。

作为目前云端可信执行环境技术的主要代表，Intel SGX 让用户级代码能够创建被称为 Enclave 的私有内存区域，该内存区域内的代码和数据受到 CPU 保护。但是在使用 Intel SGX 进行应用开发时，开发者需要事先对应用的结构进行合理的分区设计，确定哪些部分需要放置在 Enclave 中。同时，由于 Enclave 缺乏操作系统的支持，无法提供系统调用，导致目前很多的软件库或工具都无法在 Enclave 中运行。设计过程烦琐、额外的功能限制和兼容性等问题阻碍了 Intel SGX 应用的开发，制约了机密计算的普及和发展。

最近的一些研究向 Intel SGX 中引入了库操作系统（Library OS，LibOS），这样只需要很少的修改，之前受限的软件库或工具就可以在 Enclave 中运行。此外，由于应用程序一般都需要多个进程，LibOS 必须支持多任务处理。然而，现有的 Intel SGX LibOS 并不支持安全、高效的多任务处理。

对此，蚂蚁集团开发了 Occlum，其设计框架如图 12.4 所示 [Occlum Team, 2022]。由于是全球首个使用 Rust 语言开发的可信执行环境系统，因此 Occlum 极大地降低了出现内存安全问题的概率。

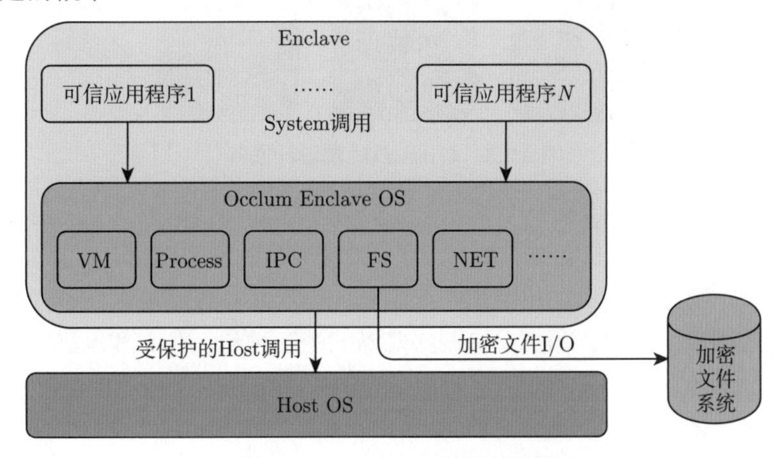

图 12.4 Occlum 的设计框架

在执行 Enclave 中的应用程序时，Occlum 向应用程序提供与 Linux 兼容的系统调用，应用程序无须修改或只需要少量修改即可在 Enclave 中运行。应用程序使用的内存空间由 Enclave 保护，文件 I/O 由 Occlum 做自动加解密，因此可以同时保护应用在内存和外存中数据的机密性和完整性。Occlum 通过对 Enclave 的单个地址空间进行安全共享，实现多进程隔离机制，从而支持高效的多任务处理。

在 API 的设计上，Occlum 的开发者认为“在云原生时代容器至关重要，而 Enclave 恰好也可以作为一种容器的实现手段”，所以 Occlum 的 API 设计与 Docker 和 OCI 标准很相似。

Occlum 也提供了详细的技术文档，介绍了如何配置和使用 Occlum 开发应用程序，以及如何调试在其上运行的应用程序。此外，开发者还可以在支持 Intel SGX 的公共云上部署由 Occlum 提供支持的 SGX 应用程序。

12.2.4 OpenDP

OpenDP 是微软与哈佛大学定量社会科学院合作于 2020 年发布的主打差分隐私的开源社区平台，旨在提供一套保障数据隐私的开源解决方案，让学术界、工业界和政府机构等可以安全地共享数据而无须担心隐私泄露问题，从而发挥数据的最大价值。

虽然学术界和工业界关于差分隐私的研究和应用已经有了一定的进展，但是这些研究工作仍存在一些问题。例如，只能在特定的数据类型或应用程序上使用，以及在使用时需要用户掌握足够的差分隐私知识等。对此，微软与哈佛大学定量社会科学院合作开发了 OpenDP，其设计框架如图 12.5 所示 [The OpenDP Team, 2020]。

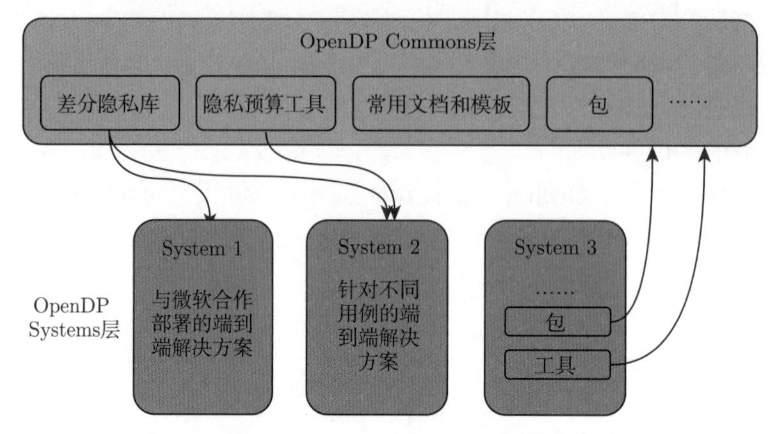

图 12.5 OpenDP 的设计框架

OpenDP Commons 层包括一个开源的差分隐私库和在该库上建立的隐私预算工具与包，用来构建端到端差分隐私系统。其中，差分隐私库是基于 Python 和 Rust 开发实现的，可以通过 Python 绑定的方式来使用该差分隐私库。同时，该库可以在不同数据类型和隐私粒度的敏感数据集上应用，如具有记录级隐私的表数据集、具有节点级隐私的图数据集及具有用户级隐私的数据流。除此之外，OpenDP Commons 层还提供了常用文档和模板，对库和工具的使用进行了指导。

OpenDP Systems 层构建在 OpenDP Commons 层的基础上。这一层通过使用 OpenDP Commons 层中的差分隐私库和隐私预算工具来完成端到端系统的开发。这些系统通常是为了解决学术界、工业界和政府机构所面临的隐私问题。

根据 OpenDP 的设计，OpenDP Systems 层使用 OpenDP Commons 层中的差分隐私库、隐私预算工具等组件来开发端到端系统。同时，这些完成开发的系统中的部分组件又可以作为社区可重用的工具或包等贡献给 OpenDP Commons 层。

OpenDP 提供了详细的差分隐私库用户指南，介绍了库的编程框架、核心结构及 API 的定义，还给出了具体的示例以方便用户理解、使用。OpenDP 为有兴趣参与项目的开发者提供了详细的开发指南。例如，如何提供错误报告，如何编写技术文档，如何添加测试样例或在社区论坛分享自己的经验等。

12.2.5 其他平台框架

隐私保护计算作为目前最引人瞩目的研究方向之一，已经涌现出很多开源平台框架。第 12.2.1 小节 ～ 第 12.2.4 小节重点介绍了微众银行、Meta、蚂蚁集团和微软等推出的开源隐私保护计算平台框架。本小节简要总结当前隐私保护计算领域常见的其他平台框架，见表 12.1。

表 12.1　其他平台框架

名称	归属	开发基础	核心技术
隐语	蚂蚁集团	TF、PyTorch	FL、HE、SMC、TEE、DP
PaddleFL	百度	PaddlePaddle	FL、SMC、DP
TFF	谷歌	TF	FL、DP
PySyft	OpenMined	TF、PyTorch	FL、HE、SMC、DP
Opacus	Meta	PyTorch	DP
鹊桥	复旦大学	—	SMC
PrivPy	华控清交	PyTorch	HE、ZK、SMC
锘崴信 ®	锘崴科技	—	FL、SMC、TEE
InsightOne	洞见科技	—	FL、HE、SMC
星云隐私保护计算平台	星云 Clustar	—	FL、HE、SMC、TEE

注：— 代表无或未知。

隐语是蚂蚁集团基于 TensorFlow（TF）和 PyTorch 开发的开源隐私保护计算平台。针对单一技术路线难以应对不同场景下隐私保护需求不同的问题，隐语支持了联邦学习、同态加密、安全多方计算、可信执行环境、差分隐私等几乎所有的主流隐私保护技术，开发者可以自由组合这些技术，以便在不同场景下使用。同时，在开发过程中，隐语具有前端原子化集成、算法传统式开发和协议插拔式接入的能力，极大地降低了开发者的使用难度。此外，在部署方面，隐语支持集群部署。

PaddleFL 是百度基于飞桨（PaddlePaddle）开发的开源隐私保护计算平台，支持横向联邦学习和纵向联邦学习，在训练模型过程中可以结合安全多方计算和差分隐私等隐私保护技术。同时，PaddleFL 还给出了在自然语言处理、计算机视觉和推荐算法等多场景领域中应用的示例，方便开发者快速在本领域进行使用。此外，在部署方面，PaddleFL 支持集群部署。

TensorFlow-Federated（TFF）是谷歌基于 TF 开发的开源隐私保护计算框架，目前主要支持横向联邦学习。TFF 支持与 TF 的隐私保护计算库进行交互，可以在使用 TFF 训练模型的过程中加入差分隐私。开发者也能够定义差分隐私算法，并将其应用到模型的训练过程。TFF 还给出了联邦学习中攻击与防御、模型聚合、个性化、通信等方面的算法示例，方便开发者进行相关研究和实现自定义算法。然而，在部署方面，TFF 不支持集群部署。

PySyft 是 OpenMined 基于 TF 和 PyTorch 开发的开源隐私保护计算框架。除联邦学习外，PySyft 还支持同态加密、安全多方计算、差分隐私等多种隐私保护技术。开发者可以根据 PySyft 提供的 API 自由组合这些隐私保护技术，保证机器学习过程的安全性和隐私性。此外，在部署方面，PySyft 支持集群部署。

Opacus 是 Meta 基于 PyTorch 开发的开源隐私保护计算库。在使用 PyTorch 进行模型训练时，开发者可以通过导入 Opacus 库来引入差分隐私。该库是通过 DPSGD 算法实现的，具体流程见算法 8.4。Opacus 还可以追踪模型训练过程中消耗的隐私预算，方便开发者使用早停等方法提升模型性能。

鹊桥是复旦大学基于 BGW（Ben-Or, Goldwasser, Wigderson）协议实现的开源隐私保护计算框架，将安全多方计算用于机器学习模型训练过程中的隐私保护。目前，SecMML支持线性回归、逻辑回归、BP 神经网络和 LSTM 网络等机器学习模型。此外，在部署方面，鹊桥支持集群部署。

除此之外，一些专精隐私保护计算的公司，如华控清交、锘崴科技、洞见科技、星云 Clustar 等也都推出了自己的闭源平台产品。以华控清交为例，其开发的 PrivPy 平台以同态加密、零知识证明、安全多方计算为核心技术，可以在不暴露明文数据的情况下完成多方数据的统计和分析。同时，PrivPy 还可以使用 NumPy 和 Pytorch 等实现绝大多数机器学习模型的训练。

12.3 隐私保护计算的业务场景

自 2021 年以来，数据安全流通的需求迅速增加，使得隐私保护计算在产业侧、技术侧备受关注。当前，国内与隐私保护计算相关的产品数量急剧增加，隐私保护计算的应用场景也越来越多。本节重点介绍交通、园区、商业、金融、医疗和政务等典型场景下的隐私保护技术应用案例。

12.3.1 交通

据公安部统计，2021 年我国汽车保有量达到了 3.02 亿辆，驾驶人员达到 4.44 亿人。随着汽车和驾驶人员数量的增长，由汽车所链接的车辆基本信息、驾驶员信息、驾驶行为信息、驾驶轨迹信息等数据所蕴含的价值也日益受到关注。由于交通领域的数据包含大量个人信息，使得原有的数据共享和处理模式面临巨大的隐私泄露风险。此外，交通领域各地区、各部门之间尚未形成统一的数据共享机制，存在数据开放共享程度不足的问题。通过安全多方计算、联邦学习、同态加密等隐私保护技术实现多方协同计算，能够在保护个人信息的同时，提升交通领域的治理能力。

隐私保护计算在交通领域的应用场景主要包括人车安全、效率优化和城市规划 3 个方面。人车安全方面的场景主要是事故预防和检测，特别是在无人驾驶的情况下，需要保证行驶的车辆不会发生碰撞。效率优化方面的场景主要包括出行规划、交通信号灯优化、拥堵预防等，需要利用车辆数据和交通管理数据协同完成决策。城市规划方面，在新建道路、充电桩、加油站等基础设施时，可以基于现有的车、路及其协同的历史数据，分析出较优的规划方案。本小节以道路异常检测、人车行驶安全和交通信号控制 3 个方面的案例，介绍隐私保护技术在交通场景下的应用。

1. 基于纵向联邦学习的视频异常检测方法

道路交通异常的发生通常很突然，且单台监控设备的观测视野往往有限，难以观测到交通异常事件的全貌，会出现异常事件没有被及时发现的情况。图 12.6 展示了一种道路交通异常检测场景。假设具有异常检测功能的黄色、绿色和蓝色监控设备归属于不同的所有方，彼此之间相互独立，且监控区域包含着同一条道路的不同区域。对于该交通事故，黄色监控设备只能观测到一辆高速行驶的汽车；绿色监控设备可以监测到一辆变向减速行驶的汽车，除了奇怪的行驶路径外，并无异常事件发生；而在蓝色监控设备的画面中只有一辆汽车缓缓停下。由于发生事故的画面在监控设备的盲区中，导致这些监控设备并不能发现异常事件的发生。不难发现，将 3 台监控设备监测到的画面内容串联起来，看到的是一辆高速行驶的汽车突然偏离行驶轨迹，速度减缓，最终长时间停在原地。然而，属于不同组织的监控设备，由于隐私保护等需求不能直接共享各自监测到的画面，致使难以检测到真实的异常事件。隐私保护技术可以在保护隐私的情况下将这些设备联合起来进行事故分析。上述场景中的事故情况十分契合纵向联邦学习的适用情况，即各台监控设备之间的数据在特征维度上互不相同。以下结合纵向联邦学习算法 SecureBoost，介绍如何构建联邦异常检测模型。

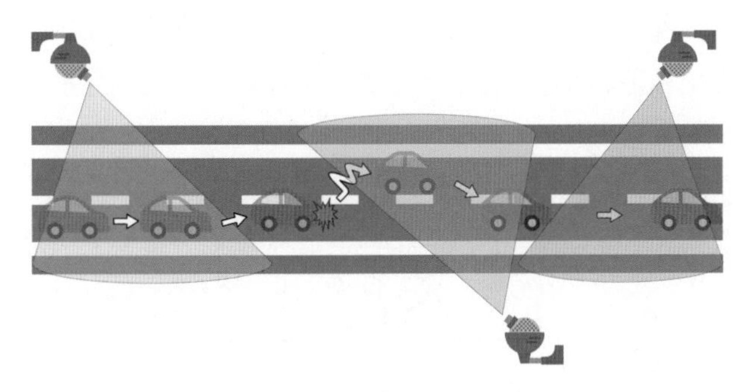

图 12.6　交通异常检测场景

首先，要对监控设备所采集的视频数据进行特征提取。视频类型的数据可看作一帧一帧的图像在时间轴上的集合。因此，既要考虑空间上图像的特征，也要考虑时间上的特征。此时，可以利用相关的机器学习算法提取时空特征。

其次，在各方设备获取到不同的视频特征后，考虑纵向联邦学习的情形。SecureBoost 算法的目标是在隐私保护的前提下使用多个客户端的数据共同构建一个树模型，并且在保证数据不出本地的情况下确保模型的性能。无论是客户端还是服务器，它们各自提取出来的特征都仅仅在本地进行训练。在训练的过程中，需要借助各方监控特征数据计算的损失，来计算树模型最优的特征分割点及最优的分割值。联邦学习与同态加密的结合，既保证了数据的可用不可见，又可以实现各方在考虑到全局数据的情况下找到各自数据特征的最优分割点和最优分割值。通过不断地迭代，各方都训练出全局模型的一部分，即全局模型中只涉及自身数据的那部分。

如图 12.7 所示，道路交通异常检测算法系统框架的步骤如下。

（1）数据准备。各方监控设备所拍摄的数据可按照时间划分为相同时间段且相同时长的视频数据，便于数据的对齐。

（2）特征提取。通过使用相关时空特征的机器学习算法，提取出各自监控视频的数据特征。

（3）模型训练。各方建立通信连接，借助部分同态加密算法，共同进行树模型的联邦训练，且各方都只保存涉及各自数据的部分模型。

值得注意的是，在准备训练所需的数据时，各方需要协商规定各方数据样本的时长，并确定训练数据的标签。其目的是对齐数据，能够将各自数据的特征正确地联合起来。另外，树模型的完整形状是公开的，但涉及的模型细节（如具体的分割特征和分割阈值）只由计算出该部分的客户端保存。在使用模型进行异常检测任务时，由于各自部分模型的细节并不公开，主导方需要引导各客户端参与其特征部分的查找，并最终广播检测结果。

假设图 12.7 所示情形为一条异常检测数据的真实场景。考虑到必要的通信，本例将拥有绿色监控设备的一方作为主导方，而拥有黄色监控设备与蓝色监控设备的作为客户端，他们协作执行交通监控异常检测的任务。首先，按照共同约定，各方将规定时间段内的监控视频特征提取出来。主导方依照树模型查询应当进行计算的设备，并对其进行通信。而收到主导方通信的设备则需要计算出接下来应该进行计算的设备，并与主导方同步该信息。如此循环，直到最终的结果被告知主导方。主导方广播该结果，即可完成异常检测。理想结果是训练出的树模型精准地捕捉到了黄色监控画面中车辆的高速行驶特征、绿色监控画面中车辆频繁变向的特征和蓝色监控画面中的惯性滑行至停下并且长时间未起动的特征，进而检测出异常事件的发生。

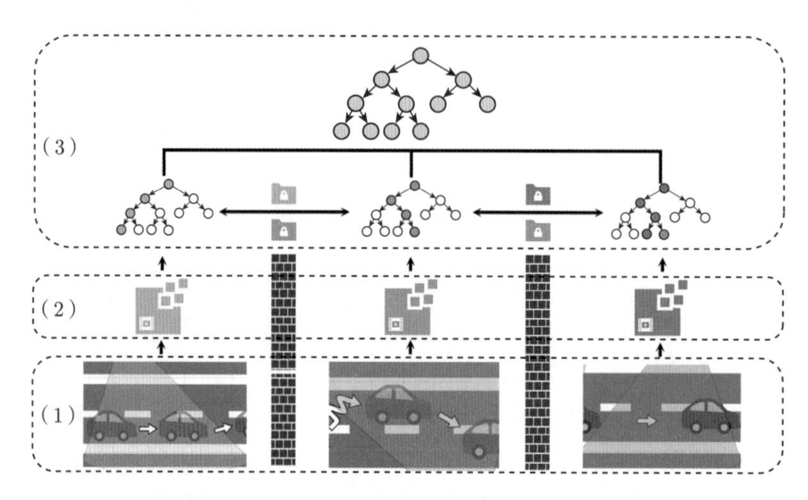

图 12.7 交通监控异常检测算法系统框架

2. 车路互联安全形势预测方法

除了上述交通事故能被及时发现的问题，车辆行驶安全问题一直都是驾驶人员和乘车人员关注的重点，汽车的安全性能也往往成为人们购车的主要考量。随着通信技术的发展，数据采集频率和传输速率迅速提高，因此产生的巨量车联网数据如果能够被合理地利用，便可以为消费者提供更好的驾驶体验。

如图 12.8 所示，车联网数据可分为驾驶人员数据、车况数据、人车交互数据和环境数据。汽车驾驶过程中产生的数据种类多，数据量大，且很多与安全行驶息息相关。而这些数据往往存在于每辆车中，包含着车主不愿分享的隐私信息。如果能够利用隐私保护技术合理地利用这些数据，便可在必要时向驾驶人员发出预警，以保障行驶安全。

将经历过事故的车辆作为客户端，可使用其事故发生时和正常行驶时的车辆行驶数据、驾驶人员信息、人车交互数据和环境数据训练出一个可以分析出当前驾驶安全系数的横向联邦学习模型。在训练过程中，客户端和服务端都只进行参数或梯度等中间结果的交换。根据使用的算法特性也可以结合差分隐私或同态加密等隐私保护技术进一步增强隐私保护。

图 12.8　安全行驶相关数据

如图 12.9 所示，预先下载过安全行驶分析预测模型的车辆行驶在智能道路上时，会接收到由道路旁的数据收集设备广播提供的天气、路况等环境数据。驾驶人员信息、车辆行驶信息等原始数据由在行驶中的车辆自身提供。根据行驶情况，模型在本地进行预测，得到一个实时的分析结果——驾驶安全系数。驾驶安全系数将当前行驶的情况分为低风险驾驶、中风险驾驶和高风险驾驶，帮助驾驶人员提高警惕，及时发现潜在的行驶危机。

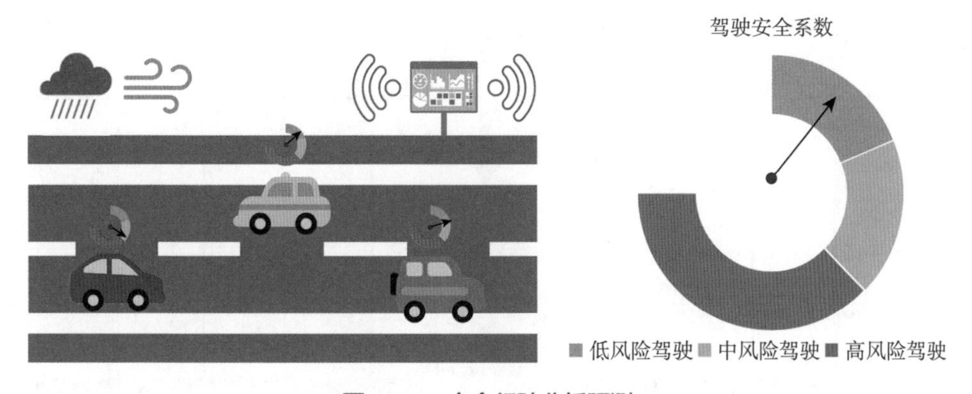

图 12.9　安全行驶分析预测

如果能分析出驾驶安全系数降低的原因，并针对驾驶人员的不当操作给予相应警示，就能在一定程度上避免事故的发生。

警示 1：“根据当前道路上行驶的车辆信息，结合天气、路况及您的行驶习惯，建议您的车速不要超过 60km/h。”

警示 2：“周遭存在频繁变道、曾恶意别车的其他车辆，建议您专心驾驶，已帮您暂时关闭音乐和通话功能。”

警示 3：“您的制动系统出现严重异常，继续行驶安全系数将会急速降低，已经根据路况为您规划了紧急停车点，建议您尽快停车，停车时会为您自动开启应急灯光。”

在通信传输的速率允许的情况下，如果在进行驾驶安全预测时，能实时地将同一路段上的人、车、路的数据结合起来，同时在本地考虑并分析多个相邻驾驶人员的驾驶习惯、车辆的运行情况、路况及天气等因素，就能综合评估车辆各自的行驶行为，实现全面的驾驶安全智能预测。这或许是未来安全交通的美好蓝图。

3. 基于隐私保护的智能交通信号灯控制方法

交通信号灯控制是优化交通网络中的车流量和等待队列长度的关键措施。交通信号灯控制的关键在于交叉路口的优化。进行交通信号灯控制时需要对路口等待时间、队列长度与信号周期、绿灯时长、分割值（一个信号灯中红绿灯时长的比例）和偏移值（相邻信号灯的绿灯时间开始之间的时长），甚至车辆的行驶速度、行驶轨迹等数据加以分析。现有的解决交通信号灯控制问题的智能优化方法主要有强化学习算法，以遗传算法为代表的进化算法（Evolutionary Algorithm，EA）和粒子群优化、蚁群优化、人工蜂群等群体智能（Swarm Intelligence，SI）算法等。平缓、正确且有效的信号灯控制效果往往涉及本地数据的传输。但出于隐私保护的考虑，并不是所有的驾驶人员都愿意为了一种可能会解决拥堵的方案贡献出自己的数据。这就导致在实现信号灯控制时，当前交叉路口的排队序列长度、队列的等待时间等关键数据的准确率无法保证，进而导致交通信号控制效果难以保证。

交通拥堵往往先出现在一个路口，然后扩散到其他路口，所以独立地研究一个交叉路口的优化就能避免这种堵塞的扩散，进而在一定程度上减缓交通拥堵的现象。

下面就独立的交通信号灯控制进行分析，如图 12.10 所示。一种可行的隐私保护的方法是构建路口等待队列长度热力图（与算法 3.2 的思想类似）。

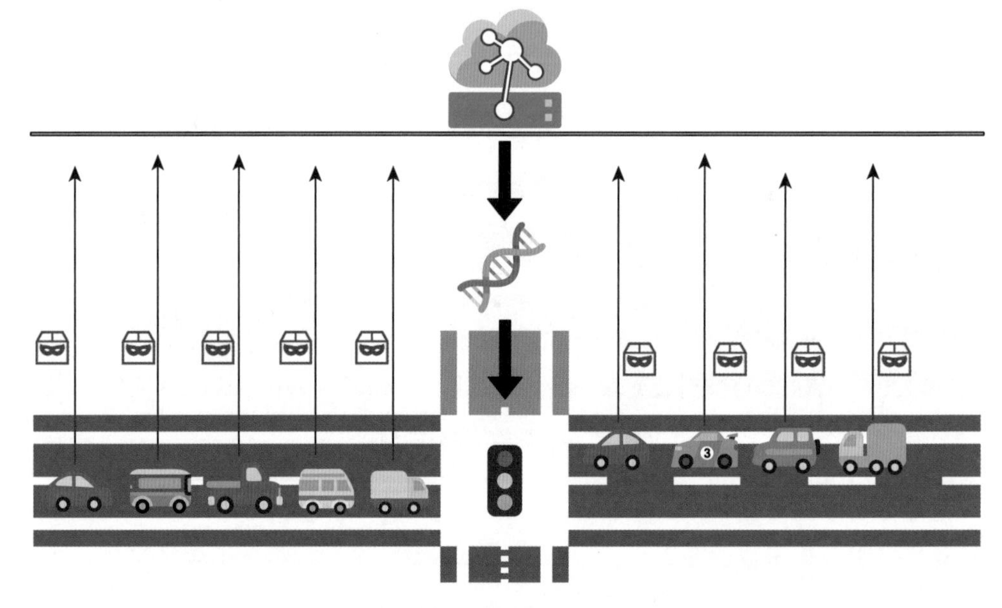

图 12.10 基于隐私保护的独立交通信号灯控制

为了保护驾驶人员的位置、驾驶路径、驾驶速度等隐私信息，可以通过差分隐私、同态加密、安全多方计算等隐私保护技术处理关键数据。在保证隐私安全的情况下，将处理后的结果上传至交通信号灯控制问题的计算云端，使进行运算的云端只能获得交叉路口的队列长度、即将抵达交叉路口的车辆数量等不涉及隐私的关键数据，进而通过强化学习、进化算法或群体智能算法等进行路口交通信号灯的优化。

12.3.2　园区

智慧园区作为智慧城市在小区域范围的缩影，在建设过程中强调融合新一代信息技术并整合各类资源，以满足园区内不同人群的需求。智慧园区在运营过程中会产生大量的数据，其中包括个人信息数据等基础数据，以及物联网终端采集的园区内全域感知数据等。通常，这些数据与园区内的入驻企业、外来访客、从业人员、商家、园区管理和服务人员等有着直接或间接的关联。充分利用这些数据，发挥其价值，有助于提高园区的工作效率，保证园区的安全运营，这对园区的进一步发展有着重要的作用。

然而，这些数据中含有大量的员工个人信息，尤其是个人身份信息和人脸数据等。因此，如何在保护员工隐私的前提下，完成数据采集、存储、分析和决策的过程，实现数据协同运算，是一个亟待解决的问题。各种隐私保护技术的出现提供了可行的解决方案，它们能在联合各类数据进行建模时，保护员工隐私数据不被泄露。本小节以园区智慧班车定制和餐厅弹性就餐两个应用场景为例，介绍隐私保护技术在园区场景下的应用。

1. 融合差分隐私或同态加密的基于联邦学习的园区智慧班车定制方法

智慧园区的发展使得许多人在一个园区内工作，但是这些人的居住区域不同。在生活中，他们面临着公交车拥挤、等待时间长和深夜打车难等问题。因此，本案例考虑面向园区工作人员的智慧出行场景，为员工定制班车并提供更好的出行建议（包括路线选择、出行时间预测等），从而为其提供安全、方便、舒适的服务。其中，定制班车服务的体系框架包括了客户端、GPS 定位系统和服务器。服务器通过收集客户端的 GPS 位置数据，为其提供相应的出行服务。

在该场景下，由于需要满足不同位置的员工出行便利，因此合理地安排班车站点位置非常关键。在定制班车 $\rightarrow$ 制定路线 $\rightarrow$ 预测出行时间的过程中，可采用基于隐私保护的聚类算法来计算具体站点位置，以实现在保护员工隐私数据不被泄露的同时联合建模。

由于班车服务面向园区内的工作人员，因此在构建完整的班车定制系统之前，需要首先对客户端进行查询和准入。在选择客户端时，由服务器对客户端发出查询，如果客户端满足以下两个条件，则被允许加入系统。

（1）客户端的历史地理位置 $r_i = (x_{\mathrm{r}}, y_{\mathrm{r}})$ 位于园区范围内，即 $r_i \in D$, $D = \{(x,y)|x_{\mathrm{w}} \leqslant x \leqslant x_{\mathrm{e}}, y_{\mathrm{s}} \leqslant y \leqslant y_{\mathrm{n}}\}$。其中，$D$ 表示园区所在范围，x_{r}、y_{r} 分别表示客户端的经纬度坐标，x_{e}、x_{w}、y_{s}、y_{n} 分别表示园区东、西、南、北的边界位置坐标。

（2）客户端在园区范围内的历史停留时间 t 超过设定时间 N，即 $t \geqslant N$。其中，N 根据实际情况设置，如一周内至少 4 天且停留的时间超过 4 小时。

然后，利用 k-means 聚类算法对员工的居住位置进行聚类，并采用同态加密、安全多方计算、差分隐私对位置数据进行保护，计算完成后，选择聚类中心点作为班车站点。

第一种方法是使用同态加密和安全多方计算进行位置隐私保护 [Fan et al., 2021]。因为数据是在加密后上传给服务器，所以在计算过程中数据对服务器不可见，达到了隐私保护的目的，如图 12.11 所示。

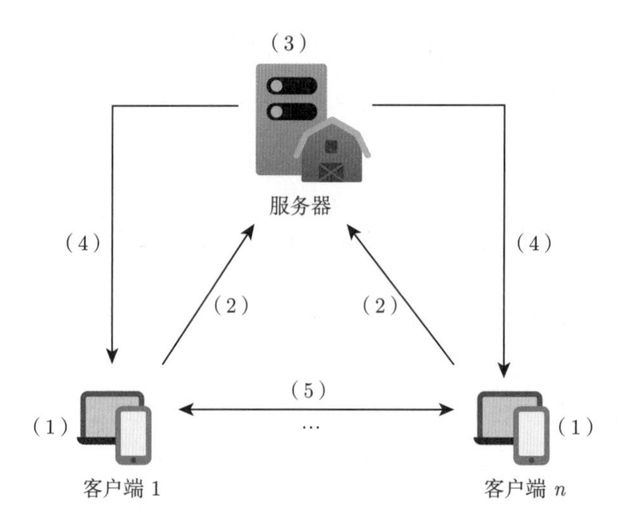

图 12.11 基于同态加密的隐私保护 k-means 聚类方法

该方法的具体过程如下。

（1）由服务器初始化 k 个聚类中心点，各客户端在本地对自己的数据进行同态加密。由于服务器在进行聚类中心点分配时会涉及密文下的数值比较问题，而同态加密不支持密文比较。这里采用基于编码树的保序加密算法，将明文转换为密文编码来比较密文的值。因此，客户端先根据明文数据构造编码树，再进行加密。

（2）客户端将密文和保序码上传到服务器。

（3）服务器接收到各客户端的加密数据之后，运行 k-means 算法计算各个密文数据到聚类中心的欧几里得距离并进行比较，将最小的聚类中心点分配给数据点。

（4）服务器计算完成后，将聚类结果返回给客户端。

（5）客户端接收到聚类结果之后，使用隐私保护加权平均协议，在不公开各自数据的情况下，对返回的结果进行平均值计算，从而更新聚类中心。

第二种方法是使用差分隐私技术进行员工居住位置隐私保护，通过向位置数据中添加噪声来达到隐私保护的目的，具体过程如下。

（1）服务器首先初始化 k 个聚类中心，各客户端在上传自己的数据之前，在本地通过差分隐私机制添加噪声，满足：

$$\Pr(x)(Z) \leqslant \mathrm{e}^{\varepsilon d(x,x')}\Pr(x')(Z) \tag{12.1}$$

其中，$\Pr(x)(Z)$ 表示将地点 x 映射成地点 Z 的概率，$d(x,x')$ 表示两个位置的距离。此时，会以较大的概率生成与实际地址相近的地方，从而保护了位置隐私。

（2）客户端将模糊位置上传到服务器。服务器计算该模糊位置与各聚类中心的距离，并把该数据点分到距离最短的聚类。之后，计算每个聚类中心所有数据点的平均值，更新聚类中心。

（3）该过程不断迭代，直到得到最优值。

通过以上两种方式，当模型收敛或达到预先设定的迭代次数之后，就可以在保护员工位置隐私的情况下得到最后的聚类中心点。服务器结合地图中实际的地理情况，检查最后生成的所有聚类中心点是否满足实际停车要求。如果某个聚类中心点位于不合理的停车范围内，则查询与其距离最近的可停靠点，并将该停靠点作为新的聚类中心点。最后，将调整后的聚类中心点作为班车站点，设置不同的班车路线以满足园区工作人员的用车需求，如图 12.12 所示。

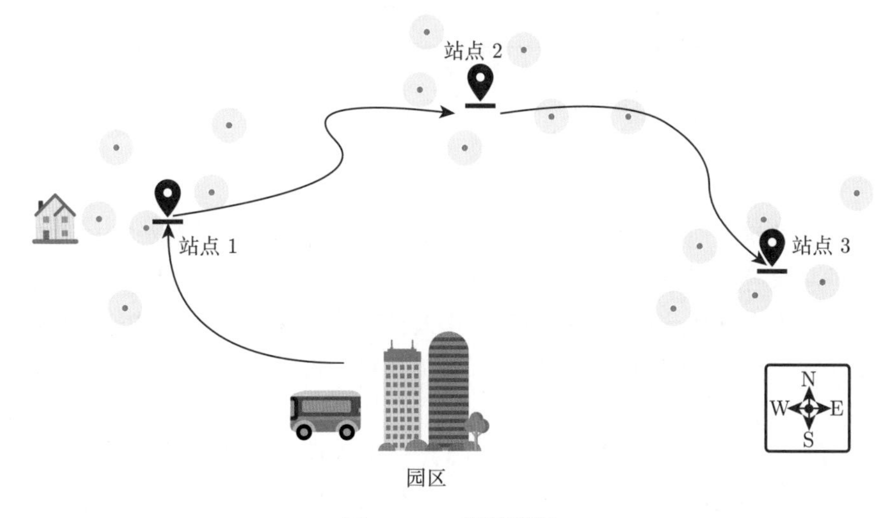

图 12.12　路线规划

整个流程中，两种隐私保护方法都可以实现在没有泄露隐私的情况下，对员工的位置信息进行分析和处理，并规划班车行进路线，为员工更好地提供安全、方便的出行体验。对比两种方法可以发现，基于同态加密的聚类方法的计算开销和存储开销大、效率较低，但是计算后得到的结果是无损的；基于差分隐私的聚类方法效率高、计算资源消耗少，然而加噪后影响了结果的准确性。因此在实际应用时，需要根据实际的隐私需求、准确性要求及算力来选择合适的隐私保护方法。

2. 基于联邦学习的园区餐厅弹性就餐方法

餐厅是智慧园区的重要组成部分之一，大部分工作人员会选择在餐厅就餐。然而，由于餐厅空间有限、午休时间较短等因素，餐厅拥堵、排队时间过长和没有座位的现象非常普遍，这会给工作人员带来糟糕的就餐体验。因此，想要避免因同时用餐而造成的人员聚集，需要在一段时间内控制餐厅内的人流量，实现“错峰就餐”。

在该场景下，本案例利用联邦学习技术，可对工作人员的历史出行就餐数据（如 GPS 位置信息、出行时间等）进行分析，在数据不出本地的情况下联合建模，从而为工作人员推荐合理的用餐时间，缓解餐厅高峰期就餐问题 [Yang et al., 2021]。

在构建出行时间预测模型时，需要通过分析工作人员的历史行为数据来预测工作人员的出行时间，但是由于工作人员就餐是一件主观的事情，具有随机性，因此得到非常准确的预测值几乎是不可能的。在实际情况中，只需要估计大致的时间段即可。因此，该方法先对就餐高峰期的时间离散化，将其划分成多个就餐时间段，再利用工作人员的历史行为数据来进行时间序列建模，从而预测出行时间段，具体过程如下。

（1）对本地工作人员的登记信息和历史出行数据进行特征提取，包括工号和就餐时间等工作人员画像信息。同时，通过滑动窗口的方式来构建时间序列特征，如图 12.13 所示。

假设目前处于第 T 天，那么可以把之前的 M 个星期构建成一个时间序列，将该序列作为模型的输入，从而得到时序行为特征。这里采用 LSTM 网络作为递归网络模块，将时序行为特征与画像特征数据进行特征拼接，接入全连接层，即可得到就餐时间的预测概率。

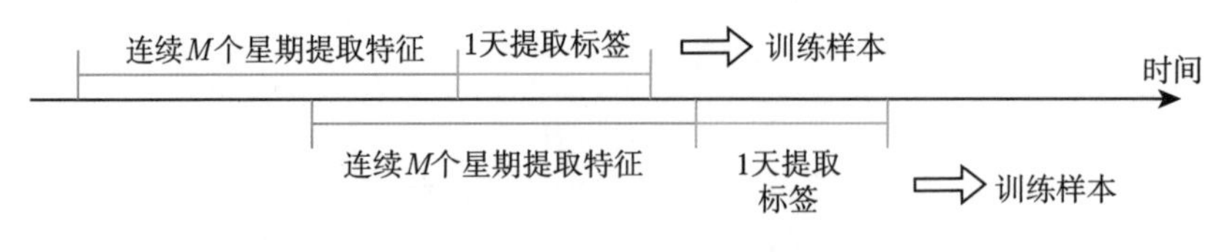

图 12.13 构建时间序列特征

（2）各客户端将本地训练结果经过加密后上传到服务器；服务器对密文状态下的数据进行聚合，并将聚合结果重新返回给各客户端。重复这个过程，直到模型收敛为止。

（3）通过以上训练和计算，可以得到工作人员出行就餐时间的预测值。如果当前时间段内的人数小于餐厅预设接待人数，则提醒员工就餐；否则不发出提醒，进一步优化就餐时间。

同时，由服务器向各客户端查询其当前 GPS 位置是否在餐厅所属范围内，进行实时人流量监控及动态调整，为工作人员提供可视的数据呈现。工作人员可以根据当前餐厅的状况，自主选择就餐时间。

该方法通过数据联合建模，可以对工作人员的用餐时间进行预测，从而可以减少人员聚集，缓解餐厅用餐高峰问题，给员工带来良好的就餐体验。

12.3.3 商业

随着电子商务的快速发展，推荐系统被广泛地应用于商业网站和移动端应用中，成为提高企业市场竞争力的有效工具。推荐系统通过分析用户对一系列项目的偏好数据，可为用户提供符合其兴趣爱好的产品。然而，这些偏好数据中包含大量的用户行为记录等敏感信息，对这些数据进行分析存在一定的隐私泄露风险。同时，受个人信息保护相关法律约束，各企业之间无法直接进行数据共享，极大地限制了推荐系统的发展。因此，如何在保护用户数据隐私的情况下进行联合建模，为用户提供基于隐私保护的个性化推荐服务，是需要关注的重点内容。

为缓解隐私保护和数据需求之间的矛盾，联邦学习作为隐私保护技术之一被应用在推荐系统中。通过联邦学习，多个数据提供者可以在不直接访问其他数据提供者数据的情况下共同训练模型，这样既保护了用户隐私，又保证了推荐的准确性。同时，基于联邦学习的推荐系统还可以融合同态加密、差分隐私等技术，进一步增强隐私保护的效果。本小节以商品推荐场景为例，介绍隐私保护计算在商业领域中的应用 [Yang et al., 2021]。

针对不同领域中跨公司联合推荐的具体场景，考虑到有个性化推荐业务需求的电子商务公司 A 和短视频平台公司 B，他们的具体业务不相同，在本地拥有不同维度的用户特征信息（如购物消费记录、视频浏览记录等），但是服务的用户群体有着很大的重合性，并且用户的购物兴趣和其观看的短视频内容可能有很大的联系。例如，喜欢观看运动类视频的用户很有可能喜欢购买相关运动装备，经常打开美食类视频的用户也可能比较喜欢买食物类商品等。然而，由于用户的浏览记录和购买记录等数据都涉及个人的隐私信息，公司之间无法共享用户数据。因此，在隐私保护的情况下利用两个公司的数据进行纵向联合建模，能提高双方的推荐准确率，从而提升各自的商业效益。

传统的矩阵分解模型可以将用户与物品之间的交互关系矩阵（称为评分矩阵）分解为用户因子矩阵 $\boldsymbol{U}$ 和物品因子矩阵 $\boldsymbol{V}$，分别进行学习。根据其原理，可以通过两者的乘积来预测用户对物品的行为。在两方的情况下，推荐系统的损失函数如式 (12.2)所示。

$$\min \sum_{i,j\in D_{\mathrm{A}}} (\boldsymbol{r}_{i,j}^{\mathrm{A}} - \boldsymbol{p}_i \cdot \boldsymbol{q}_j^{\mathrm{A}})^2 + \sum_{i,j\in D_{\mathrm{B}}} (\boldsymbol{r}_{i,j}^{\mathrm{B}} - \boldsymbol{p}_i \cdot \boldsymbol{q}_j^{\mathrm{B}})^2 + \lambda\|\boldsymbol{p}\|_2^2 + \mu(\|\boldsymbol{q}^{\mathrm{A}}\|_2^2 + \|\boldsymbol{q}^{\mathrm{B}}\|_2^2) \quad (12.2)$$

其中，$\boldsymbol{r}_{i,j}^{\mathrm{A}}$ 和 $\boldsymbol{r}_{i,j}^{\mathrm{B}}$ 分别表示公司 A 和公司 B 的评分矩阵中用户 i 对物品 j 的非 0 评分；$\boldsymbol{p}_i$ 表示用户 i 的隐向量；$\boldsymbol{q}_j^{\mathrm{A}}$ 表示 A 公司的物品 j 的隐向量，$\boldsymbol{q}_j^{\mathrm{B}}$ 代表 B 公司的物品 j 的隐向量，$\boldsymbol{p}$ 代表所有用户的隐向量，$\boldsymbol{q}^{\mathrm{A}}$、$\boldsymbol{q}^{\mathrm{B}}$ 分别代表公司 A 和公司 B 的所有物品隐向量。具体分解的情况如图 12.14 所示。

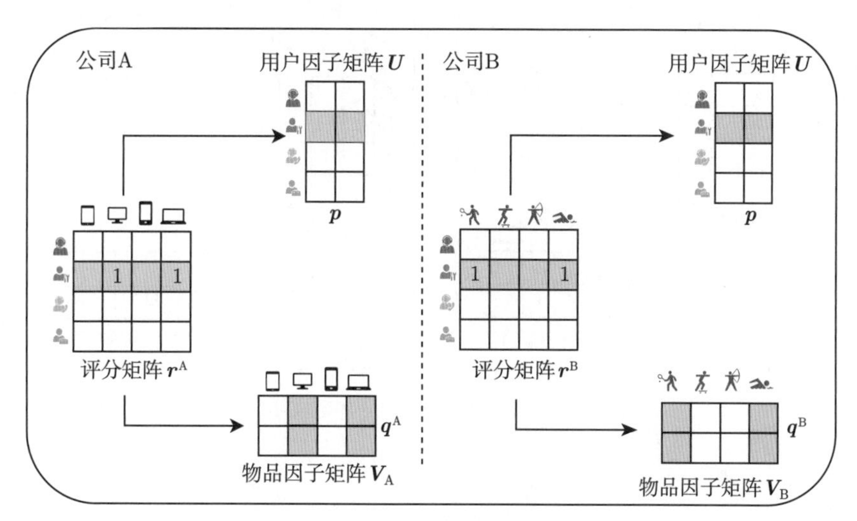

图 12.14　纵向矩阵分解

在联合推荐的场景下，两方的用户群体大致相同，因此需要共享的数据是用户因子矩阵。这里引入服务器来进行协调，构建纵向联邦矩阵分解系统。在该系统中，服务器维护用户因子矩阵，各公司拥有本地训练数据。公司利用共享的用户因子矩阵进行本地迭代，从而更新其物品因子矩阵，同时利用本地数据对用户因子矩阵进行计算，将结果返回给服务器。整个框架的具体流程如下。

（1）由服务器初始化用户因子矩阵 $\boldsymbol{U}$，并使用同态加密公钥进行加密，得到 $\mathrm{C}(\boldsymbol{U}) = \mathrm{Enc}(\boldsymbol{U}, \mathrm{pk})$。

（2）公司 A 和公司 B 分别下载加密的用户因子矩阵 $\mathrm{C}(\boldsymbol{U})$，并使用私钥进行解密，得到明文。

（3）各公司基于本地的评分数据，以及解密出的明文矩阵进行梯度计算，更新本地物品因子矩阵，并计算得到用户因子矩阵的梯度 $\boldsymbol{g}_i$。

（4）各公司将更新的用户因子矩阵梯度使用公钥加密，得到 $\mathrm{C}(\boldsymbol{g}_i)$，并将其上传到服务器。

（5）服务器在密文状态下进行更新，即 $\mathrm{C}(\boldsymbol{U}) = \mathrm{C}(\boldsymbol{U}) - \mathrm{C}(\boldsymbol{g}_i)$。

（6）重复进行以上步骤，直到迭代结束。

整个计算过程结合了同态加密，用来保护传输过程中的梯度信息，防止服务器得知用户信息。因此，在纵向联邦框架下，公司 A 和公司 B 实现了在数据不出本地的同时联合建模，建立了准确的推荐模型。基于矩阵分解的纵向联邦学习流程如图 12.15 所示。

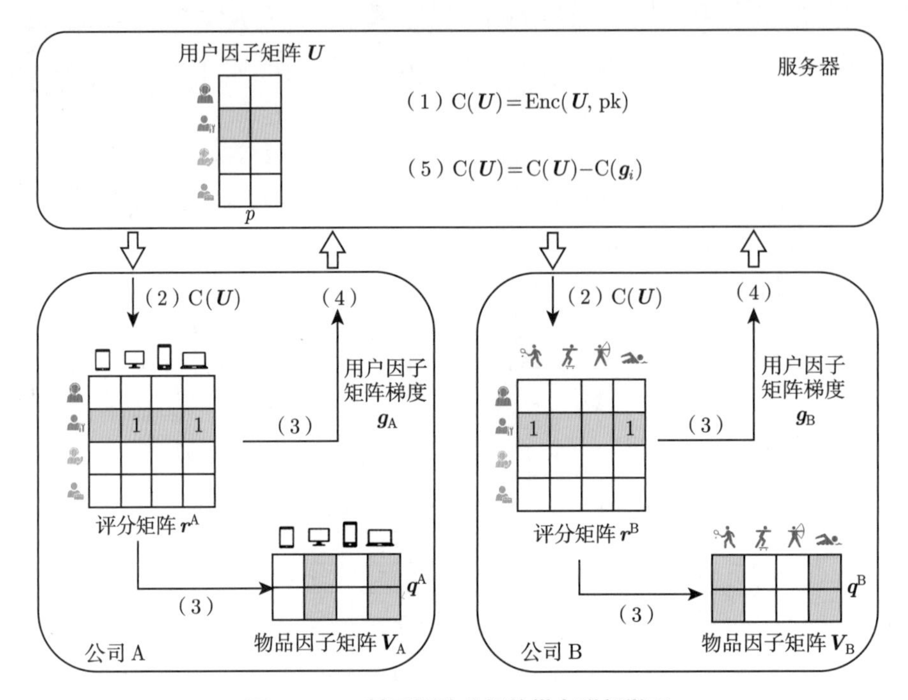

图 12.15 基于矩阵分解的纵向联邦学习

12.3.4 金融

由于具有较高的信息化和标准化程度，因此金融行业正在快速进行数字化转型。作为数据密集型行业，金融数据往往拥有多维度、高价值等特点。在实际应用中，利用这些数据可以为客户提供多种类型的个性化服务。然而，数据被使用得越多、越频繁，隐私泄露事件发生的概率也就越大。随着客户对个人隐私数据的重视，同时国家也先后推出个人信息保护的相关政策，金融数据的个人信息保护成为工业界关注的重点。隐私技术的出现为金融领域数据的合规使用提供了保障，可以为金融机构间，甚至是金融机构与其他行业间的合作带来高效、可信的数据共享。目前，金融行业存在多个可应用隐私保护计算的场景，包括智能营销、智能风控、智能管理和联合反洗钱等。此外，隐私保护计算在高价值用户共享和供应链金融服务等场景也可有较大的应用价值。本小节以金融机构联合风险评估为例，介绍隐私保护计算在金融领域的应用。

资产风控是金融领域的核心业务之一，大型金融机构之间、金融机构内部子机构之间往往由于数据隐私及商业机密性问题，不能进行直接的数据共享，使得风险评估的效果不够精确。当客户发起信贷请求时，多个金融机构之间可以基于安全多方计算协议，对该客户进行联合风险评估，以核查其在不同金融机构的存款总额。

假设有 m 个金融机构联合对某客户进行联合风险评估。该客户在第 i 个金融机构中的存款数为 x_i。联合风险评估的目标是某金融机构在无法得知该客户在其他金融机构中的存款的情况下，获得存款总数 $S=\sum_{i=1}^{m}x_i$。该方法的具体步骤如下。

（1）金融机构两两之间交换随机数，即对于金融机构 i 和 j，金融机构 i 生成一个随机数 $R_{i,j}\in[0,m]$，并将 $x_iR_{i,j}$ 发送给对应的金融机构 j。

（2）金融机构 i 将客户在该机构的存款加上自身提供给其他 $m-1$ 个金融机构的值，并减去从其他 $m-1$ 个金融机构接收到的值，以获得最终的加密结果：

$$S_i=x_i+\sum_{\substack{j\in\{1,\cdots,m\},\\ j\neq i}}x_iR_{i,j}-\sum_{\substack{j\in\{1,\cdots,m\},\\ j\neq i}}x_jR_{j,i} \tag{12.3}$$

（3）计算完成后，其他 $m-1$ 个金融机构将计算得到的加密结果发送给金融机构 i。金融机构 i 将获得的所有加密结果（包括自身）进行求和，以获得该客户在 m 个金融机构的存款总数。

如图 12.16 所示，假设有 4 个金融机构（A、B、C、D）。以金融机构 A 为例，其拥有的客户存款为 $x_{\mathrm{A}}=88$，生成的随机数分别为 $R_{\mathrm{A,B}}=1.3$、$R_{\mathrm{A,C}}=2.9$、$R_{\mathrm{A,D}}=0.7$，发送给其他方的数值分别为

$$x_{\mathrm{A}}R_{\mathrm{A,B}}=88\times1.3=114.4 \tag{12.4}$$

$$x_{\mathrm{A}}R_{\mathrm{A,C}}=88\times2.9=255.2 \tag{12.5}$$

$$x_{\mathrm{A}}R_{\mathrm{A,D}}=88\times0.7=61.6 \tag{12.6}$$

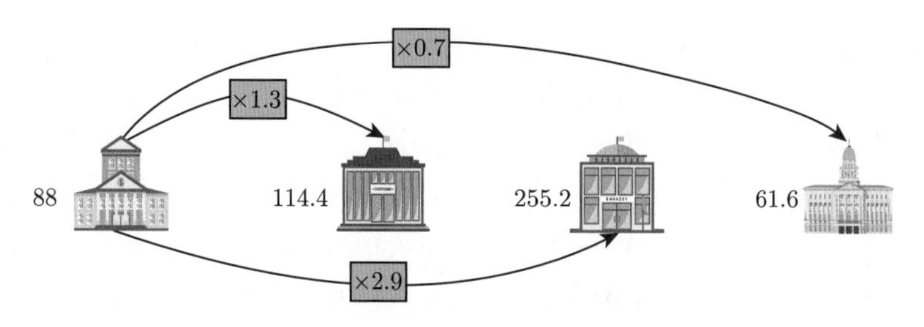

图 12.16 金融机构 A 传递的随机数值

B、C、D 执行与 A 相同的操作。假设它们生成并发送至 A 的数值为

$$x_{\mathrm{B}}R_{\mathrm{B,A}}=107\times0.1=10.7 \tag{12.7}$$

$$x_{\mathrm{C}}R_{\mathrm{C,A}}=110\times1.5=165 \tag{12.8}$$

$$x_{\mathrm{D}}R_{\mathrm{D,A}}=95\times1.2=114 \tag{12.9}$$

因此，A 可计算出 $S_{\mathrm{A}}=88+114.4+255.2+61.6-10.7-165-114=229.5$。同理可得，$S_{\mathrm{B}}=-21.2$、$S_{\mathrm{C}}=320.2$、$S_{\mathrm{D}}=-128.5$。

每个金融机构向其他金融机构发送的数值如图 12.17 所示。其中，行表示发送方；列表示接收方；× 左侧的数值表示客户存款，右侧的数值表示生成的随机数。金融机构 A 获

得其他金融机构公布的下一轮数值后，即可计算出最终结果，如式 (12.10) 所示。

$$\begin{aligned} S &= S_{\mathrm{A}} + S_{\mathrm{B}} + S_{\mathrm{C}} + S_{\mathrm{D}} \\ &= x_{\mathrm{A}} + x_{\mathrm{B}} + x_{\mathrm{C}} + x_{\mathrm{D}} \\ &= 400 \end{aligned} \tag{12.10}$$

	A	B	C	D
A		88×1.3	88×2.9	88×0.7
B	107×0.1		107×0.8	107×3.2
C	110×1.5	110×2.3		110×3.8
D	95×1.2	95×2.1	95×3	

图 12.17 每个金融机构向其他金融机构发送的数值

通过本案例的隐私保护措施，监管机构和各类金融机构可以实现密文状态下的数据上传、计算和结果的输出等操作，能够有效地保护客户的隐私，从而缓解金融行业多机构间数据流通难的问题。

12.3.5 医疗

随着数字化时代的发展，医疗数据的重要性日益凸显。首先，利用大量病历信息构建机器学习模型，可以辅助医生对患者的病情进行准确诊断，降低诊断复杂度。其次，医生通过异地调阅患者的病历信息，可以了解患者的病情病史、检查结果、用药信息等历史就医数据，在减轻患者经济负担的同时快速完成诊断并给出有效的治疗方案。

然而，不论是对疾病诊断模型的训练还是异地调阅患者的病历信息，都需要进行医疗数据的共享。但医疗数据中包含了大量详细的个人隐私数据，如果不经过严格的隐私保护处理就对医疗数据进行共享，有可能导致严重的隐私泄露事件，使患者面临被诈骗等风险。

因此，在医疗领域，可以利用隐私保护技术，如联邦学习、同态加密、智能合约等技术手段，在保护数据隐私的情况下共享医疗数据，实现疾病诊断模型的训练、患者病历信息的异地调阅、医疗数据的统计分析等目标，最终应用到临床诊断、疫情防控等实际场景。本小节以电子病历共享调阅为例，介绍同态加密和智能合约等技术在医疗领域的应用 [岳征祥, 2021]。

本案例提供的方案流程设计如图 12.18 所示，具体步骤如下。

（1）当患者首次去医院 A 就诊时，医院管理中心会为患者创建数字证书。

（2）患者在利用数字证书完成系统的注册和登录后，便可以在系统中通过智能合约授予医生 A 对自己电子病历的读写权限。

（3）在完成病情诊断和后续对病人的治疗后，医生 A 会根据整个就诊过程中的情况为患者填写本次的电子病历。

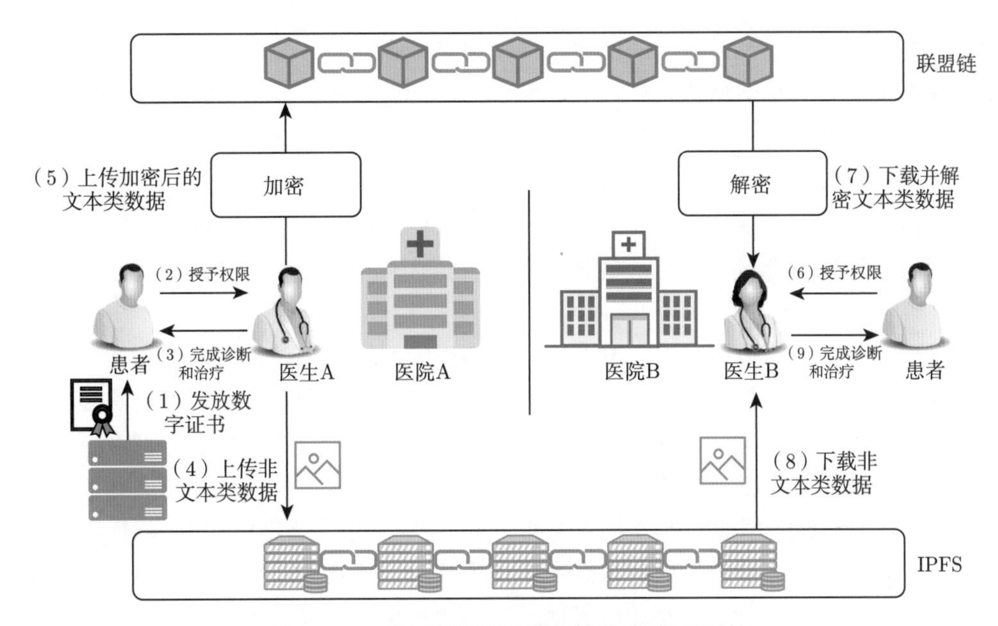

图 12.18 电子病历共享调阅的方案流程设计

（4）医生 A 会将本次诊断治疗过程中产生的相关非文本类数据（如 CT 片、X 光片等）上传至星际文件系统（InterPlanetary File System，IPFS）。

（5）医生 A 会继续将包括文本类医疗数据和步骤（4）中生成的哈希值在内的文本类数据通过患者的加密密钥进行 RSA 加密后上传至联盟链。患者出院后能够通过智能合约撤销医生 A 对自己电子病历的操作权限。其中，IPFS 和联盟链是由各医院共同参与构建和维护的。

（6）当之后去医院 B 就诊时，患者可以再次通过智能合约授予医生 B 对自己电子病历的读写权限。

（7）医生 B 凭借此授权从联盟链上获取该患者文本类历史就医数据的密文，使用患者的解密密钥进行 RSA 解密后获得原文信息。

（8）患者病历中的非文本类数据能够根据文本类原文信息中的哈希值从 IPFS 中进行索引并获取。

（9）医生 B 根据获取到的患者完整的历史就医数据，可以快速、准确地完成诊断并给出相应的治疗方案。

在本案例中，联盟链的准入机制保证了参与方都是经过授权的医院。联盟链上存储的是经过加密后的电子病历，这样即使医院被攻击导致联盟链上的数据泄露，攻击者也无法直接得到电子病历的原文，保护了患者病历信息的隐私。同时，患者可以通过使用智能合约的方式对医生进行权限管理，实现对其电子病历的细粒度访问控制，保证了患者对个人病历信息的控制权。

12.3.6 政务

近年来，国家对政务数据的关注度持续上升，陆续出台了一系列与之相关的法律政策文件，旨在加快数据流通，释放数据价值。

政务数据通常是涉及面更广的社会数据、司法数据、税务数据、公积金数据等。这些数据作为整个社会活动的重要资源，对政府部门间的业务协作和服务协同起到了重要的推动作用。但政务数据也涉及大量个人隐私数据，开放共享可能导致政务数据面临更多意外或恶意侵犯的威胁。隐私保护技术为政务数据共享提供了新的思路和途径。借助隐私保护计算，可以在保证敏感数据不被泄露的同时实现数据的高效共享，为政府部门间的服务管理或事项决策提供额外参考。本小节介绍差分隐私技术在政务数据共享中的应用 [郝玉蓉, 2021]。

智慧政府通常需要数据来进行更准确、更客观的决策。统计数据以其概括性、及时性与服务性的特点被各领域广泛应用。在实际应用场景中，一个政府部门可能需要参考另一个部门的数据进行更准确、客观的决策。例如，当住房公积金管理部门 A 制定公积金贷款政策时，需要按照群体或地域差异对个人或家庭所拥有的购房贷款数、住房套数等数据进行汇总分析，但这些数据通常由政府住建部门 B 拥有。实际应用中，这类信息不需要完全准确，只需保证部门 A 能依据这些信息准确地了解这类信息的变化趋势并做出正确决策即可。但若部门 B 在不进行隐私保护处理的情况下直接将这些统计信息发送给部门 A，容易产生因信息泄露而引发的一系列负面影响。

对照上述问题，图 12.19 和图 12.20 展示了使用本地差分隐私技术实现数据共享的过程。其中，住房公积金管理部门 A 为数据提供方，政府住建部门 B 为数据需求方。

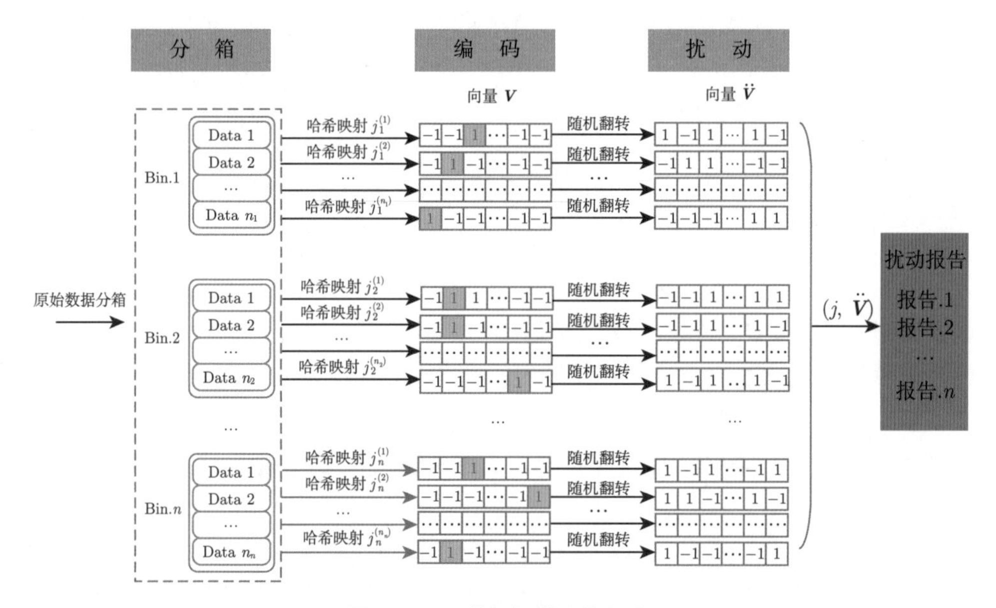

图 12.19 数据提供方的操作

就数据提供方而言，首先根据敏感属性列的值域大小对原始数据进行分箱。对于箱中的每一条数据，本地扰动器均选择一个随机哈希函数对其进行编码，从而得到一个向量，并对该向量进行扰动。随后，数据提供方将包含所选哈希函数索引和扰动向量的报告发送至数据需求方，如图 12.19 所示。由于数据提供方的算法满足本地差分隐私定义，所以即使潜在攻击者拥有相关的背景知识，也无法准确得知被攻击者的敏感信息。

在获得数据提供方的扰动报告和相关参数后，数据需求方会通过聚合器对它们进行聚合，采用的数据结构是大小为 $k \times m$ 的计数草图矩阵。数据需求方通过对矩阵中 k 个哈希函数对应的计数进行去偏并平均，得到各属性值的频数估计，如图 12.20 所示。

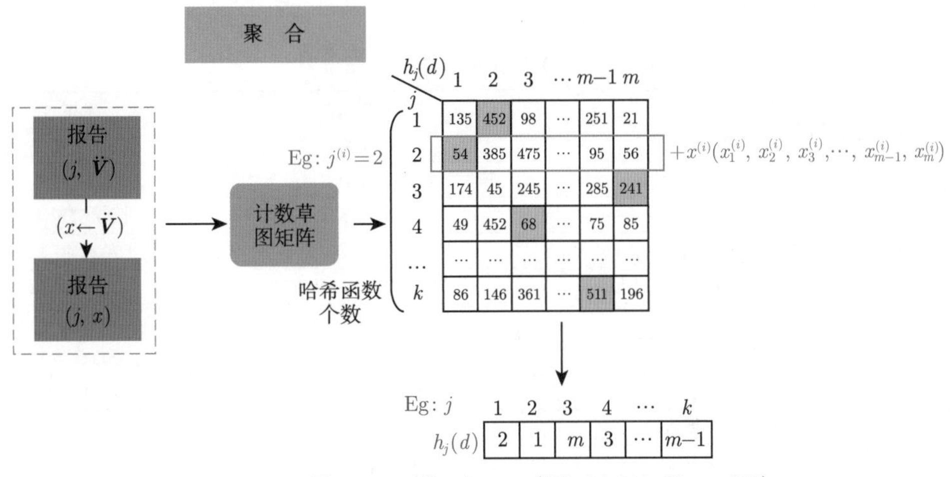

图 12.20　数据需求方的操作

一般来说，通过对比未经隐私保护处理的原始数据集与隐私保护处理后的数据集间的差异，可以评估隐私保护数据的效用。观察图 12.21 可以发现，经过本地差分隐私保护处理后的数据虽然在具体值上有所波动，但保留了原始数据的总体分布趋势，具备良好的参考意义。因此，当一个部门根据业务需求向其他部门共享某类数据记录时，可采用本地差分隐私技术进行处理，为其他部门管理或服务决策提供辅助参考依据。

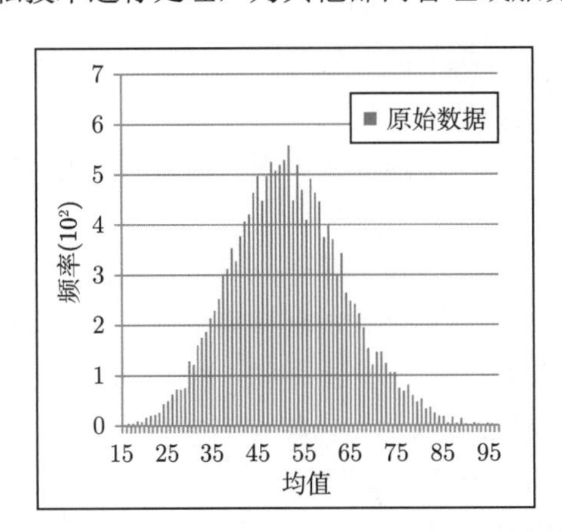

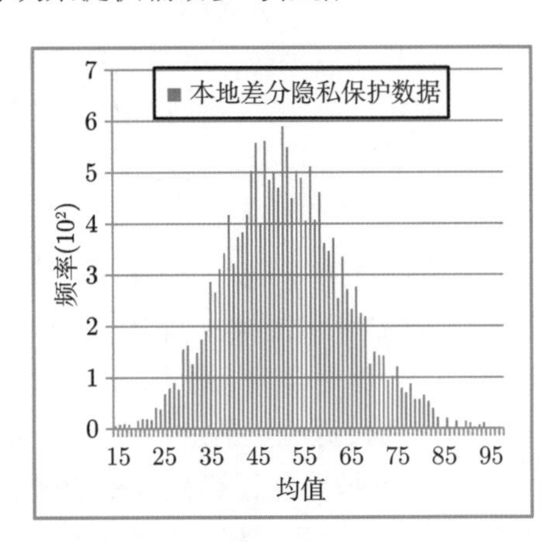

图 12.21　原始数据直方图与本地差分隐私数据直方图

12.4　延伸阅读

在数字化转型深入推进、《数据安全法》和《个人信息保护法》陆续出台，以及隐私保护技术不断突破等因素的综合作用下，隐私保护计算产业正得到空前发展。2020 年以来，行业内已经陆续发布了多个白皮书介绍我国隐私保护计算的发展现状，包括市场、技术、知识产权和应用等情况，并且提出了许多对未来发展的思考。本章介绍的隐私保护计算产业现状只是整个行业发展的冰山一角，感兴趣的读者可以查阅表 12.2 中列举的白皮书以了解更多关于隐私保护计算产业发展的相关情况。

表 12.2 隐私保护计算相关白皮书

名称	发布单位	发布时间
隐私计算行业研究报告	微众银行	2021 年 4 月
中国隐私计算产业发展报告	国家工业信息安全发展研究中心	2021 年 5 月
隐私计算白皮书	隐私计算联盟	2021 年 7 月
隐私计算在金融领域应用发展报告	零壹智库	2021 年 10 月
数据价值释放与隐私保护计算应用研究报告	中国信息通信研究院	2021 年 11 月
隐私计算推动金融业数据生态建设	工商银行金融科技研究院	2021 年 11 月
中国隐私计算市场研究报告	甲子光年	2021 年 12 月
隐私计算应用白皮书	中国移动通信集团	2021 年 12 月
中国隐私计算行业研究报告	艾瑞咨询	2022 年 3 月
隐私计算应用研究报告	隐私计算联盟	2022 年 7 月
可信隐私计算研究报告	隐私计算联盟	2022 年 7 月

隐私保护计算产业的发展离不开隐私保护计算平台的支撑。截至本书成稿之时，国内外已发布了多个隐私保护计算平台。这些平台可以分为两部分：开源平台和闭源平台。对于开源平台，隐私保护计算研究人员和应用开发者可以基于这些平台快速地构建面向不同场景需求的应用，有助于隐私保护技术的普及和去黑盒化。本章主要介绍了分别以联邦学习、安全多方计算、可信执行环境和差分隐私为核心技术的 4 个开源平台，并简要介绍了其他隐私保护计算平台，感兴趣的读者可以访问这些平台的主页获取代码结构和部署方式等详细内容。对于闭源平台，由于隐私保护技术原理的差异较大，以及平台架构设计缺乏标准，平台之间难以协同，这使得相关业务只能在特定平台上开展。因此，如何实现不同平台之间的互联互通，以避免隐私保护计算连接的数据孤岛成为计算孤岛，是亟待解决的问题。

基于隐私保护计算平台，个人和企业可以在联合查询、联合分析和联合建模等方面开展具有领域特色的应用 [蚂蚁集团 等, 2021a]。根据艾瑞咨询的新研究报告，隐私保护计算的实践领跑行业主要是金融、政务、通信和医疗等行业，航旅、能源、电力和汽车等行业由于存在不同程度的数据流通需求，在未来也有机会成为隐私保护计算实践的主要行业 [艾瑞咨询, 2022a]。开放隐私计算社区在 2021 年和 2022 年连续两年进行了“隐私计算年度最具潜力企业”和“隐私计算年度优秀应用案例 TOP10”的评选，评选出一批具备实战经验的企业和高质量的行业应用。在未来，越来越多与数据和个人信息相关的产品会集成隐私保护技术，使人们越来越深切地体会到隐私保护计算带来的生活舒适感和幸福感。

第13章 隐私保护计算回顾与展望

随着社会经济数字化转型的不断深入，数据作为一种重要的生产要素和基础性战略资源，其蕴含的价值逐步提升。隐私保护计算是在隐私保护的条件下为挖掘数据价值而进行的计算，可实现“数据可用不可见”。隐私保护计算技术的广泛应用能够加速数据流通、释放数据价值，在社会各领域形成智能化与精准化决策，进而推动智慧型城市的建设，加速数字经济的发展。

隐私保护计算技术本身并不是完美的，它面临着安全合规、潜在隐私泄露、性能低下，以及缺乏统一标准等挑战。例如，联邦学习技术存在成员推断攻击、数据重构等隐私威胁；安全多方计算虽然理论上比较完备，但实际效用往往较低，需要付出巨大的计算代价；差分隐私技术对参与方数据的保护是在牺牲一定计算效用的前提下实现的，通常难以应用于复杂且准确性要求较高的任务中；可信执行环境的系统架构较复杂，系统也可能存在一些漏洞，因此存在侧信道攻击等风险。隐私保护计算技术本身存在内生缺陷和外部攻击，可信任的隐私保护计算及其大规模应用无疑是未来重要的研究方向。此外，可信的数据流通及数据与算法治理，以及隐私保护计算与数据法治法规、技术标准的融合创新将是未来的重要发展趋势。

13.1 可信隐私保护计算

13.1.1 隐私保护计算回顾

依据实现机制的不同，隐私保护计算技术可分为 3 类：**安全可证明**、**策略可保证**和**隐私可度量**。隐私保护计算技术的分类见表 13.1。

安全可证明以密码学为支撑，从理论上将密码算法或安全协议的方法规约到一个攻击困难的问题上，并提供数学上的安全保证。安全多方计算、同态加密、零知识证明可归属于安全可证明。以安全多方计算为例，它利用密码学技术建立一个安全计算模型，使得多个参与方可使用自己的私有数据进行协作计算，同时保证自己的数据不会泄露给其他参与方，有严格的密码学数学原理上的证明。然而，它的主要问题是可用性不高。与明文计算相比，密态数据计算的性能大幅降低，时间开销大。对于安全多方计算来说，庞大的通信开销也是性能瓶颈之一。

表 13.1 隐私保护计算技术的分类

分类	联邦学习	安全多方计算	同态加密	差分隐私	可信执行环境	数据删除
安全可证明		✓	✓			
策略可保证	✓				✓	✓
隐私可度量				✓		

策略可保证的核心思想是通过原始数据不流出，提供物理可信计算环境，或强制删除个人数据等朴素策略实现隐私保护。这类技术主要包括联邦学习、可信执行环境和数据删除等。以联邦学习为例，联邦学习在保证参与方数据不出本地的条件下，只将训练得到的模型进行聚合，通过协同训练或分析，实现“数据不动模型动”。然而，联邦学习作为一种分布式机器学习范式，在训练过程中容易受到投毒攻击、成员推理攻击和模型窃取等攻击。因此，联邦学习在一定程度上无法保证较高的完整性、保密性、可解释性和准确性。此外，多个参与方利用本地私有数据参与协同计算，由于参与方数据质量的不同，它们对于模型训练的贡献也各不相同，在计算过程中需要额外注意参与方的公平性问题。

隐私可度量能够对计算过程中的隐私泄露风险进行量化。这类技术主要包括差分隐私。差分隐私建立在严格的数学理论基础之上，严格定义了与背景知识无关的隐私保护模型，实现了攻击者背景知识最大化假设，理论上能够在一定的假设条件下抵抗任何攻击，并且能够量化隐私风险。由于差分隐私通过添加噪声实现隐私保护，额外噪声带来的偏差会降低统计分析结果或模型的准确性。

13.1.2 可信隐私保护计算内涵

构建可信任的隐私保护计算理论与技术是隐私保护计算大规模应用的基础。如何度量隐私保护计算的可信性是一个重要挑战。可信性通常是指可以信赖的程度，可信表达的是行为可预期。从数据流转、处理、决策等过程出发，隐私保护计算的可信内涵应包括保密性、完整性、可用性、公平性、可解释性、准确性及稳健性等 7 个维度。其中，保密性、完整性与可用性刻画了隐私保护计算技术的安全性；公平性、可解释性、准确性和稳健性是从隐私保护计算模型的角度来刻画可信性。这些指标的含义如下。

（1）保密性。在隐私保护计算过程中，受保护的原始数据不会泄露给非授权用户，特别是无法在数据融合过程中利用推理等方式通过中间结果获得。

（2）完整性。在传统安全领域中，完整性指数据或资源的可信度，包括数据完整性和来源完整性。这里，完整性的定义扩充为来源完整性、数据完整性和结果完整性。保证数据和计算结果在计算全流程中，不被非法修改和破坏，保证一致性。

（3）可用性。在计算前、计算中、计算后等过程中，可用性可定义为可学习性、计算开销及可满足性。可学习性是指使用该技术完成特定场景下的特定任务之前所需准备知识的难易度。计算开销则是该技术完成特定场景下的特定任务时所付出的时间和空间资源的开销。可满足性则是该技术完成特定场景下特定任务后用户对该技术的主观评价。

（4）公平性。公平性包含了个体公平性和群体公平性。在计算过程中，计算的参与方都处于同等地位，任何一方都不占据优势。计算结果需根据参与方的实际贡献进行分配或共享。

（5）可解释性。可解释性包括计算结果的可解释性和计算过程的可解释性两方面。计算结果的可解释性是指该技术在数据处理过程中是否具有清晰的符号化规则表达，能否能对计算结果进行解释。而计算过程的可解释性则是指该技术在数据处理过程中是否能够对所采取的每一个步骤给出形式化依据，对计算过程可解释。

（6）准确性。准确性是指隐私保护计算技术得到的结果是否与直接处理原始数据得到的结果相同，通过隐私保护计算技术得到的结果是否精准。

（7）稳健性。稳健性是指在受到对抗攻击、外部环境突发变化等外界干扰时，隐私保护计算技术仍然能保持其计算结果一致和稳定的能力。

13.1.3　隐私保护计算可信性保障

1. 联邦学习

由于其分布式架构，联邦学习在保密性上存在内生威胁。针对信道窃听等隐私窃取攻击，可通过设计更加安全、高效的通信协议加强联邦学习传输过程中的保密性。例如，在参数传输之前，客户端及中央服务器利用加密技术对传输内容进行加密，以保证攻击者无法获得原始数据信息。而对于隐私推理攻击来说，目前常见的防御方法是基于差分隐私，对计算结果施加扰动，防止数据重构攻击。此外，安全多方计算可保证多个参与方之间的安全通信。因此，安全多方计算也被用来保护客户端上传的计算结果的安全性。

稳健性安全聚合算法和异常用户检测等方法可用来提高联邦学习的完整性与稳健性。目前，稳健的联邦学习算法主要有基于异常检测的聚合方法和基于贡献掩盖的聚合方法两类。基于异常检测的聚合方法包括切尾均值（trimmed mean）方法 [Yin et al., 2018]、中位数（median）方法 [Yin et al., 2018]、Krum 方法 [Blanchard et al., 2017]、Bulyan 方法 [Mhamdi et al., 2018] 和 Foolsgold 方法 [Fung et al., 2018] 等。对于联邦学习的可用性，需要设计提高通信效率的方法。例如，在保证模型高效的条件下，降低服务器和客户端的通信频率；增加本地模型更新的轮数，提升通信效率。此外，通过传输内容压缩、客户端选择等方法可进一步提升通信效率。

基于贡献掩盖的聚合方法是在训练过程中向计算中间结果添加随机噪声。注入的噪声扰动会使受干扰的全局模型和本地模型对恶意样本不敏感，进而削弱攻击效果。CDP 方法 [Wei et al., 2021] 和 UDP 方法 [Geyer et al., 2017] 是联邦学习中增强全局模型稳健性的两种应用差分隐私的经典方法。与 CDP 方法不同的是，UDP 方法先在每个训练迭代所提交的本地模型中添加高斯噪声，再将它们发送到服务器。然而，基于差分隐私的聚合方法对于注入高斯噪声的大小是凭经验确定的。如何设置大小合适的噪声在实践中仍然是开放的问题，噪声太大或太小都可能会损害目标模型的效用或削弱防御的能力。

联邦学习作为一种多个参与方的协作式计算模式，需要保证各参与方的公平性，而公平就意味着参与方的收益与其共享信息量正相关。因此，需要设计公平可信的联邦学习激励办法，根据参与方的贡献动态地分配收益，并惩罚未贡献的参与方，从而保证参与方之间的公平性。

未来，需要进一步保护客户端数据隐私的隐私增强联邦学习、抵御投毒攻击的稳健联邦学习、提高通信效率降低通信开销的联邦聚合方案，以及保证客户端奖惩公平的联邦学习奖励机制等。联邦学习与其他隐私保护计算技术的高效、安全融合也是一个重要问题。例如，在联邦学习中，借助同态加密、秘密共享等隐私保护计算技术对计算中间结果进行保护；利用安全多方计算混淆本地模型归属，保护客户端隐私信息等。然而，利用同态加密等隐私保护计算技术虽然能够进一步增强客户端隐私信息的保护，但是也额外增加了客户端及服务器的计算开销及通信开销。因此，如何安全、高效地融合联邦学习与其他隐私保护计算技术变得尤为重要。

目前，在大多数应用场景中，联邦学习都需要可信第三方来协调联邦学习的训练过程。例如，在横向联邦学习中，中央服务器作为可信第三方聚合各个客户端发送的本地模型更新，并将其用于更新全局模型；在纵向联邦学习中，中央服务器作为可信第三方对客户端上传的信息进行解密。然而，在现实场景中，难以保证第三方一直是可信的。不可信的第三方存在破坏全局计算结果和泄露客户端隐私信息的可能。基于以上考虑，去中心化的联邦学习可以缓解不可信第三方带来的安全和隐私问题，例如通过区块链构建去中心化联邦学习，可实现客户端之间的对等通信。因此，去中心化的联邦学习与中心化的联邦学习相比，可以摆脱对可信第三方的依赖，从而增强联邦学习的可信性。

2. 安全多方计算

从保密性角度来说，安全多方计算能够保护输入和中间计算结果的隐私，但无法保护输出隐私。例如，考虑两方计算平均工资的情况，输出结果为平均工资，但是恶意的参与方能够通过自身的输入和输出的平均值得出另一方的确切工资。因此，单独使用安全多方计算并不意味着所有隐私问题都得到了解决。为了防止输出隐私信息的泄露，可将安全多方计算和差分隐私相结合，在输出结果上增加噪声，使得敌手难以从输出结果中推测出隐私信息。

完整性主要是为了维持隐私信息在计算过程中的一致性。大多数安全多方计算协议都注重保护隐私，却忽略了计算的可验证性。由于缺乏对参与方输入数据和输出结果的验证，恶意用户可以通过对输入数据、中间计算结果和输出结果进行篡改，使协议得到错误的计算结果，从而破坏整个计算过程。因此，研究可验证的安全多方计算协议，能够为安全多方计算提供更加完备的保障。

影响安全多方计算可用性的因素主要包含以下 4 个方面：通用协议的电路资源消耗、多方交互的通信复杂性、两方计算形式难以扩展到多方计算形式，以及以牺牲效率为代价换取更安全的协议设计。第一，基于混淆电路实现的通用协议通过将计算逻辑转化为电路的计算，在理论上能实现任意计算，但对于复杂的计算函数，混淆电路的生成开销往往与逻辑门电路的数量呈线性增长关系。第二，基于秘密共享设计的安全多方计算协议具有较高的吞吐量，需要在多方之间进行秘密的共享和重构。第三，目前大多数安全多方计算侧重研究安全两方计算，通过重复迭代两方计算过程来实现多方计算，无法完全兼容多方场景，导致多方参与情况下的协议设计在性能上存在一定挑战。第四，为了增强隐私保护能力，设计复杂的安全多方计算协议往往会增加系统资源开销。因此，如何平衡资源开销，满足隐私保护需求，是亟待解决的问题。

公平性是安全多方计算的一个重要性质，它保证所有计算参与方都能获得自己的输出结果。由于在互不信任的参与方之间执行协同计算，不诚实的参与方会试图在协议的某个阶段中止协议，造成诚实的参与方难以获得自己的输出，使协议变得不公平。同时，在日常的协作中，人们更希望最终计算结果的获取对于所有参与方而言都是公平的。因此，对安全多方计算的公平性研究必不可少。

安全多方计算的稳健性是指在受到干扰时，仍能保持其技术属性的能力。其中，威胁模型主要用于度量干扰的程度。在安全多方计算中，最常用的威胁模型有两种：半诚实敌手模型和恶意敌手模型。半诚实敌手模型是较弱的威胁模型，此模型依赖的假设低估了大多数场景下实际攻击者的能力。在现实中往往存在一些恶意参与方，他们可以通过在协议还没有开始就拒绝参与协议，或者在协议执行过程中恶意终止或拒绝继续执行，或者与一定数量的参与方发起共谋攻击等方式来破坏协议的执行，甚至推测参与方的隐私信息。因此，需要考虑当有恶意参与方参与协议时，设计具有稳健性的安全多方计算协议。

3. 可信执行环境

可信执行环境的系统架构比较复杂，因此系统通常会存在一些内生漏洞。恶意攻击者能够通过一些精心设计的攻击方法破坏可信执行环境的保密性和完整性。针对可信执行环境的常见攻击手段有侧信道攻击、瞬态执行攻击和故障攻击等。针对侧信道攻击的防御方法主要有 3 类：漏洞检测、攻击检测和攻击防御。现有的侧信道攻击防御方法按照不同层次可分为软件层和硬件层。基于软件层的攻击防御方法是通过设计合理的应用程序，使其能够进行自我防御，避免泄露过多的差异信息，让攻击者难以成功。基于硬件层的攻击防御方法通过优化可信执行环境的硬件设计，从而在一定程度上避免侧信道攻击。这种方法不会因为内部应用程序的改变而失效。例如，在模式切换的过程中，清除共享内存等结构信息，避免非可信区域获得残留记录。

随着计算能力和实际应用需求的不断增长，可信执行环境也需要在保证隐私的前提下进一步提升集群化能力。可信执行环境技术的本质是为单台服务器提供安全的隔离环境。然而，在实际的应用中，若只部署一台服务器，则无法解决多参与方去中心化的大规模数据计算。因此，需要建设分布式组网的大规模可信执行环境算力集群，通过算法优化和硬件加速等协同优化方法，使任何计算任务都能够被灵活地调度到合适的可信执行环境节点中，根据不同的任务满足个性化需求，从而使可信执行环境能够成为大规模应用的技术支撑。

4. 差分隐私

可信差分隐私面临的主要问题是准确性。随着差分隐私技术的广泛应用，有关其准确性的需求日益增加。许多工作致力于推动隐私和效用的帕累托均衡，主要的研究方向包括信任模型、隐私分级和隐私放大。其中，在有关信任模型和隐私分级的方向，人们已经开展了大量研究并取得了一些成果。隐私放大作为后发方向，通过利用未被纳入度量体系的随机性，为用户提供了更好的隐私保障。目前已有的隐私放大手段包括二次抽样、收缩迭代和后处理操作。二次抽样是最早提出的隐私放大技术，其主要思想是将差分隐私机制应用于给定数据集的随机样本中（而非整个数据集上）来放大其隐私保证，即纳入随机抽样带来的随机性，实现在不影响准确性的前提下设置更小的隐私预算的目标。收缩迭代 [Sordello et al., 2021] 通过隐藏中间结果实现相近的隐私放大效果，而无须依赖样本选择的随机性和保密性，在某些情况下可以被视为抽样隐私放大的替代方案。后处理操作 [Asoodeh et al., 2020] 作为差分隐私的一项性质，不会削弱差分隐私的保护程度。反之，通过使用满足一定条件的马尔可夫算子等，可以使隐私严格增加，为用户提供更好的隐私保障。

虽然针对不同场景的差分隐私机制已被相继提出，但其在理论和应用方面还有待深入研究。就理论研究而言，现有的差分隐私方法更偏向数值数据、分类数据、键值数据等结构化数据保护，直接将其扩展至更复杂的非结构化数据还存在一定挑战。此外，就实际应用而言，现有文献已提出数百种改进差分隐私定义的尝试，但额外的假设使得改进后的模型过于复杂，尚未得到广泛的应用。因此，如何为广泛复杂的数据场景设计更加贴近实际应用的差分隐私模型是未来的重要研究方向。

5. 同态加密

同态加密在计算过程中需要较大的计算开销，存在密钥过大和密文爆炸等性能问题，因此在性能方面与可行的大规模工程应用还有一定距离，在可用性方面还存在较大的提升空间。部分同态加密仅支持单一类型的密文同态计算（加法同态或乘法同态），而不能同时支持两种，其计算开销相对较小。全同态加密能够同时支持加法同态和乘法同态的计算操作，并且两种运算不受计算次数的限制，因此其计算开销非常庞大。同态加密通过严格的理论证明保证对密文数据计算的结果和对原始数据计算的结果具有一致性。然而，上述一致性仅在加法和乘法等多项式运算的情况下成立。对于机器学习中的非线性运算（如 Sigmoid 和 ReLU 等激活函数），如果采用多项式逼近技术进行处理，会造成一定的准确率和效率下降。

为了提升同态加密的可用性，主流的方式是通过使用硬件对其计算性能进行优化或加速。例如，通过使用现场可编程门阵列（Field Programmable Gate Array，FPGA）构建计算电路以提高计算的并行度，实现针对同态加密的硬件加速。此外，由于全同态加密算法的计算和存储开销是目前难以规避的性能问题，在实际应用时，可以优先使用部分同态加密算法或将计算方式转换成只存在加法或乘法的运算。

同态加密无疑需要通过增强其可用性和完整性来进一步提升可信性。在可用性方面，同态加密需要解决密钥和密文过大导致的无法满足海量数据进行计算的问题。因此，降低同态加密算法的计算复杂度是当前和未来的研究重点。在完整性方面，可验证的同态加密算法可以使服务需求方对计算结果进行验证，以确保需求方获得质量可保证的服务。此外，现有的同态加密技术主要实现对数值型数据的同态运算，如何使用同态加密算法进行逻辑运算也是一个未来需要解决的问题。

6. 数据删除

数据删除的可信性主要包括保密性和可用性两个方面。对于数据删除中的保密性问题，可以借鉴差分隐私的思想，对数据进行一定程度的扰动以掩盖删除前后的差异，使删除前后的统计结果不发生改变 [Golatkar et al., 2020b]。当然，该思想不可避免地引入了另一个问题，即需要在模型准确率和删除效率之间进行权衡。

针对数据删除中的可用性问题，Ginart 等 [2019] 定义了在机器学习中实现高效遗忘的算法原则，并讨论了这些方法在深度学习中的潜在应用。对于线性回归、K 近邻等问题，可以利用自身的结构特性定制高效的遗忘算法。而对于深度学习模型而言，在设计深度学习算法时就应考虑到如何为将来可能的删除需求提供便捷的响应方式，如将训练过程模块化，或者通过在训练阶段缓存有用的信息，以加速重新训练的过程。此外，还可以利用算法的稳定性量化从数据集到模型的映射，以达到高效删除的目的。

随着个人隐私保护意识的增强及法律对公民数据权利的完善，针对不同类型学习算法的删除策略已相继被提出。然而，已有的删除策略通常对删除请求有一些简化的假设，如系统中只有一个模型和一个数据库，且基于用户的删除请求只对应一个数据点。理解一个多模型、多数据库系统的删除效率，以及复杂的用户–数据关系，是未来工作的一个重要方向。此外，目前关于理论可证明的数据删除研究主要集中在光滑的凸函数中。如何将现有技术和结果扩展到一般的非凸、非光滑模型，是未来数据删除发展的理论基石。

每种隐私保护计算方法在技术和场景中各有侧重，单项隐私保护计算技术并不能解决所有问题。因此，融合多种隐私保护计算技术，加强各种技术之间的协同和融合，将为隐私保护计算的发展和应用注入新思路。目前，一些公司或组织已着手构建隐私保护计算一体机，从底层架构到中间层的隐私保护计算技术和上层应用，构建完整的隐私保护计算方案。依据不同的应用场景，用户可在隐私保护计算一体机中选择符合当前场景的隐私保护计算方法，并在此基础上开发应用程序。融合多种隐私保护计算方法，开发松耦合、可插拔、可装配的隐私保护计算一体化解决方案，也是未来的一个重要发展方向。

13.2 可信数据流通与算法治理

13.2.1 可信数据流通

数据是构建数字经济的重要生产要素。可信数据流通包含 3 个层面。第一个是数据确权：数据只有明确了其归属权，才会触发激励机制，加速数据的流通。第二个是数据定价：数据只有确定了与之匹配的定价，才会明确数据资产，推动高价值数据的流通。第三个是隐私保护计算。数据确权和数据定价是隐私保护计算的前提和基础。可信隐私保护计算能够确保蕴含在数据中的隐私信息不被泄露，从而打破数据孤岛、加速数据流通、释放数据价值，最终推动数字经济的高速发展。

数据本身具有可复制性、非竞争性、权属复杂性等特点。这些特点使得数据的确权变得非常困难。近年来，国内已经建设了数家数据交易所，为数据的流通构建了基础性市场化平台。确权是拉动数据供给的基础性工作，也是数据交易的前提性条件。区块链技术具有不可篡改性和可追溯性，可通过数据的上链登记进行数据资产的确权。随着元宇宙、Web 3.0 和非同质化通证（Non-Fungible Token，NFT）的快速发展，数据资产的确权不可或缺。区块链技术作为新一代信息基础设施，将在数据资产的确权中起着越来越重要的作用。

数据资产的定价主要基于市场化的交易行为，受到成本、需求、市场结构等多个因素的影响。当前，已有一些国家或行业标准提出了数据资产价值评价指标体系。例如，国家标准《电子商务数据资产评价指标体系》（GB/T 37550—2019）明确了数据资产评价指标包括数据资产成本价值和数据资产标的价值。数据资产成本价值包括建设成本、运维成本和管理成本；数据资产标的价值包括数据形式、数据内容和数据绩效。基于国家和行业的定价标准和市场化机制，通过一定维度的评估方式构建与数据价值和市场化方式相适应的、科学的数据资产评价方式，有利于数据价值的流通和释放。

13.2.2 数据治理与算法治理

构建可信的智能系统是推动数字经济快速发展的必要条件。数据和算法是构建智能系统的核心要素。因此，数据治理和算法治理变得尤为重要。

数据治理是指在数据资产管理过程中行使权力和进行管控的行为，包括计划、监控和实施。数据治理的最终目标是提升数据的价值。数据治理是一个综合性管理体系，包括组织、制度、流程和工具等。数据治理本身也是加速数据流通、释放数据价值的一个重要环节。未来的数据治理研究主要包括 4 个方面。第一，从数据全生命周期角度（包括采集、传输、存储、处理、共享、发布、消亡等环节）研究数据质量评价和质量治理体系。第二，建立统一的数据标志和编码，构建生态良好、互信互认的数据目录体系，促进数据的流通。第三，研究面向数据质量、数据效用和数据安全三位一体、协同平衡的数据治理方法。第四，研究面向多场景的数据流通市场机制，制定数据治理相关的法制法规和技术标准。

算法治理是在确保数据合法合规使用的前提下，为公平、高效地挖掘数据价值进行监管的活动。算法治理的目标是提升数据利用的社会价值。未来的算法治理研究主要包括 4 个方面。第一，在技术层面，设计算法安全风险监测与检测方法，以及算法安全评估方法，确保算法与数据、算法与系统在交互过程中的安全性。第二，研究算法的公平性和可解释性，有效地防范算法滥用带来的风险隐患。第三，在治理层面，健全算法安全治理政策法规，明确算法的管理主体、管理范围、管理要求和法律责任等，制定算法安全治理标准和指南。第四，研究算法与社会等多领域融合创新发展。通过算法与社会、经济各领域的深度结合，依托算法治理的法制法规和技术标准，开展算法与多领域的交叉创新发展。

隐私保护计算涉及技术层面（包括数据、算法和系统）、社会层面（包括数据合规合法、个人信息保护等）和经济层面（包括数据交易、激励机制等）。未来的隐私保护计算会交叉融合多个领域的多个学科，实现跨越式发展。隐私保护计算在未来必将在繁荣数字经济、打造智慧地球的过程中起到举足轻重的作用，从深度到广度全面推动社会不断发展。

参考文献

WeBank, KPMG, 2021. 深潜数据蓝海 2021 隐私计算行业研究报告 [R]. 深圳: 微众银行.

向宏, 2019. 隐私信息保护趣谈 [M]. 重庆: 重庆大学出版社.

中国移动, 2021. 隐私计算应用白皮书 [R]. 北京: 中国移动.

单进勇, 高胜, 2018. 区块链理论研究进展 [J]. 密码学报, 5(5): 484-500.

孙璐, 杨玫, 杨捷, 等, 2021. 中国隐私计算产业发展报告（2020—2021）: DE-2021-02[R]. 北京: 国家工业信息安全发展研究中心.

岳征祥, 2021. 基于区块链和星际文件系统的电子病历共享研究 [D]. 合肥: 合肥工业大学.

徐义吉, 等, 2021. 小蚁区块链白皮书 [R]. [出版地不详]: 比特创业营.

微众银行, 2021. 隐私保护计算技术研究报告 [R]. [出版地不详]: 微众银行.

李凤华, 李晖, 贾焰, 等, 2016. 隐私计算研究范畴及发展趋势 [J]. 通信学报, 37(4): 11.

李凤华, 李晖, 牛犇, 2021. 隐私计算理论与技术 [M]. 北京: 人民邮电出版社.

邱炜炜, 李伟, 2022. 区块链技术指南 [M]. 北京: 电子工业出版社.

艾瑞咨询, 2022a. 中国隐私计算行业研究报告 [EB/OL]. (2022-3-25)[2022-8-1].

艾瑞咨询, 2022b. 隐私计算行业研究报告 [R]. [出版地不详]: 艾瑞咨询.

蔡维德, 2020. 智能合约：重构社会契约 [M]. 北京: 法律出版社.

蚂蚁链团队, 2018. 摩斯平台白皮书 [R]. 杭州: 蚂蚁集团.

蚂蚁集团, 2021b. 隐私计算最佳实践 [R]. 杭州: 蚂蚁集团.

蚂蚁集团, GARTNER, 2021a. 隐私计算最佳实践 [R]. 杭州: 蚂蚁集团.

郝玉蓉, 2021. 基于区块链的隐私保护政务数据共享研究 [D]. 石家庄: 石家庄铁道大学.

ABADI M, CHU A, GOODFELLOW I, et al., 2016. Deep learning with differential privacy[C]// Proceedings of the 2016 ACM SIGSAC Conference on Computer and Communications Security. [S.l.: s.n.]: 308-318.

ABITEBOUL S, HULL R, VIANU V, 1995. Foundations of databases: Volume 8[M]. [S.l.]: Addison-Wesley Reading.

ABREU Z, PEREIRA L, 2022. Privacy protection in smart meters using homomorphic encryption: An overview[J]. Wiley Interdisciplinary Reviews: Data Mining and Knowledge Discovery: e1469.

AJTAI M, 1996. Generating hard instances of lattice problems[C]//Proceedings of the Twenty-eighth Annual ACM Symposium on Theory of Computing. [S.l.: s.n.]: 99-108.

ALY A, CONG K, COZZO D, et al., 2021. Scale-mamba v1. 12: Documentation[M]. [S.l.]: Accessed: May.

AMD, 2021. Sev[EB/OL]. [2022-8-1].

AMOS FIAT A S, 1986. How to prove yourself: Practical solutions to identification and signature problems[C]//Cryptology (CRYPTO 86). [S.l.]: Springer: 186-194.

APPLE DIFFERENTIAL PRIVACY TEAM, 2017. Learning with privacy at scale[Z]. [S.l.: s.n.]: 1-25.

ARIVAZHAGAN M G, AGGARWAL V, SINGH A K, et al., 2019. Federated learning with personalization layers[J/OL]. CoRR, abs/1912.00818.

ARM, 2015. Trustzone[EB/OL]. [2022-8-1].

ASOODEH S, DIAZ M, CALMON F P, 2020. Privacy amplification of iterative algorithms via contraction coefficients[C]//2020 IEEE International Symposium on Information Theory (ISIT). [S.l.]: IEEE: 896-901.

AYOADE G, KARANDE V, KHAN L, et al., 2018. Decentralized IoT data management using blockchain and trusted execution environment[C]//2018 IEEE International Conference on Information Reuse and Integration (IRI). [S.l.]: IEEE: 15-22.

BUNZ B, BOOTLE J B D, POELSTRA A W P, et al., 2018. Bulletproofs: Short proofs for confidential transactions and more[C]//IEEE Symposium on Security and Privacy. [S.l.]: IEEE: 315-334.

SCHNEIER B, 1995. Applied cryptography: Protocols, algorithms, and source code in C[C]//[S.l.]: Wiley.

BAASE S, HENRY T, 2017. A gift of fire: Social, legal, and ethical issues for computing technology[M]. [S.l.]: Pearson.

BAGDASARYAN E, KAIROUZ P, MELLEM S, et al., 2021. Towards sparse federated analytics: Location heatmaps under distributed differential privacy with secure aggregation[J/OL]. CoRR, abs/2111.02356.

BARAN P, 1960. Reliable digital communications systems using unreliable network repeater nodes[R]. [S.l.]: RAND Corporation.

BARNETT M, CHANG B Y E, DELINE R, et al., 2005. Boogie: A modular reusable verifier for object-oriented programs[C]//International Symposium on Formal Methods for Components and Objects. [S.l.]: Springer: 364-387.

BARNI M, ORLANDI C, PIVA A, 2006. A privacy-preserving protocol for neural-networkbased computation[C]//Proceedings of the 8th workshop on Multimedia and Security. [S.l.: s.n.]: 146-151.

BASSIT A, HAHN F, VELDHUIS R, et al., 2022. Hybrid biometric template protection: Resolving the agony of choice between bloom filters and homomorphic encryption[J]. IET Biometrics.

BEAVER D, 1991. Efficient multiparty protocols using circuit randomization[C]//Annual International Cryptology Conference. [S.l.]: Springer: 420-432.

BEAVER D, 1995. Precomputing oblivious transfer[C]//Annual International Cryptology Conference. [S.l.]: Springer: 97-109.

BEAVER D, MICALI S, ROGAWAY P, 1990. The round complexity of secure protocols[C]// Proceedings of the Twenty-second Annual ACM Symposium on Theory of Computing. [S.l.: s.n.]: 503-513.

BELL J H, BONAWITZ K A, GASCÓN A, et al., 2020. Secure single-server aggregation with (poly) logarithmic overhead[C]//Proceedings of the 2020 ACM SIGSAC Conference on Computer and Communications Security. [S.l.: s.n.]: 1253-1269.

BEN-DAVID A, NISAN N, PINKAS B, 2008. Fairplaymp: A system for secure multi-party computation[C]//Proceedings of the 15th ACM Conference on Computer and Communications Security. [S.l.: s.n.]: 257-266.

BEN-OR M, GOLDWASSER S, WIGDERSON A, 2019. Completeness theorems for noncryptographic fault-tolerant distributed computation[M]//Providing Sound Foundations for Cryptography: On the Work of Shafi Goldwasser and Silvio Micali. [S.l.: s.n.]: 351-371.

BEN-SASSON E, BENTOV I, HORESH Y, et al., 2018. Scalable, transparent, and postquantum secure computational integrity[J]. Cryptology ePrint Archive.

BEN-SASSON E, BENTOV I, HORESH Y, et al, 2019. Scalable zero knowledge with no trusted setup[C]// Cryptology (CRYPTO 19). [S.l.]: Springer.

BEN-SASSON E, CHIESA A, TROMER E, 2016. Scalable zero knowledge via cycles of elliptic curves[J]. Algorithmica, 79(4): 1-59.

BENALOH J, 1994. Dense probabilistic encryption[C]//Proceedings of the workshop on selected areas of cryptography. [S.l.: s.n.]: 120-128.

BENIICHE A, 2020. A study of blockchain oracles[J]. arXiv Preprint. arXiv:2004.07140.

BERTANI T, 2022. Oraclize[EB/OL].

BITANSKY N, CANETTI R, CHIESA A, et al., 2012. From extractable collision resistance to succinct non-interactive arguments of knowledge, and back again[C]//Proceedings of the 3rd Innovations in Theoretical Computer Science Conference. [S.l.]: ACM: 326-349.

BLAIR G, IMAI K, ZHOU Y Y, 2015. Design and analysis of the randomized response technique[J]. Journal of the American Statistical Association, 110(511): 1304-1319.

BLAKLEY G R, 1979. Safeguarding cryptographic keys[C]//Managing Requirements Knowledge, International Workshop on. [S.l.]: IEEE Computer Society: 313-313.

BLANCHARD P, MHAMDI E M E, GUERRAOUI R, et al., 2017. Machine learning with adversaries: Byzantine tolerant gradient descent[C]//Advances in Neural Information Processing Systems 30: Annual Conference on Neural Information Processing Systems. [S.l.: s.n.]: 119-129.

BLUM A, DWORK C, MCSHERRY F, et al., 2005. Practical privacy: The sulq framework[C]// Proceedings of the Twenty-fourth ACM SIGMOD-SIGACT-SIGART Symposium on Principles of Database Systems. [S.l.: s.n.]: 128-138.

BLUM M, FELDMAN P, MICALI S, 1988. Non-interactive zero-knowledge and applications[C]// Annual ACM Symposium on Theory of Computing. [S.l.]: ACM: 103-112.

BODKHE U, TANWAR S, PAREKH K, et al., 2020. Blockchain for industry 4.0: A comprehensive review[J]. IEEE Access, 8: 79764-79800.

BOGDANOV D, LAUR S, WILLEMSON J, 2008. Sharemind: A framework for fast privacy-preserving computations[C]//European Symposium on Research in Computer Security. [S.l.]: Springer: 192-206.

BONAWITZ K, IVANOV V, KREUTER B, et al., 2017. Practical secure aggregation for privacy-preserving machine learning[C]//Proceedings of the 2017 ACM SIGSAC Conference on Computer and Communications Security. [S.l.: s.n.]: 1175-1191.

BONAWITZ K, SALEHI F, KONEČNỲ J, et al., 2019. Federated learning with autotuned communication-efficient secure aggregation[C]//2019 53rd Asilomar Conference on Signals, Systems, and Computers. [S.l.]: IEEE: 1222-1226.

BONEH D, CRESCENZO G D, OSTROVSKY R, et al., 2004. Public key encryption with keyword search[C]//International Conference on the Theory and Applications of Cryptographic Techniques. [S.l.]: Springer: 506-522.

BONEH D, GOH E J, NISSIM K, 2005. Evaluating 2-DNF formulas on ciphertexts[C]// Theory of Cryptography Conference. [S.l.]: Springer: 325-341.

BONTEMPI G, BERSINI H, BIRATTARI M, 2001. The local paradigm for modeling and control: From neuro-fuzzy to lazy learning[J]. Fuzzy Sets and Systems, 121(1): 59-72.

BOOTLE J, CERULLI A, CHAIDOS P, 2016. Efficient zero-knowledge arguments for arithmetic circuits in the discrete log setting[C]//Annual International Conference on the Theory and Applications of Cryptographic Techniques. [S.l.]: Springer.

BOURTOULE L, CHANDRASEKARAN V, CHOQUETTE-CHOO C A, et al., 2021. Machine unlearning[C]//2021 IEEE Symposium on Security and Privacy (SP). [S.l.]: IEEE: 141-159.

BOWE S, GABIZON A, 2018. Making groth's zk-SNARK simulation extractable in the random oracle model[J]. IACR Cryptol: 187.

BRAKERSKI Z, VAIKUNTANATHAN V, 2011a. Fully homomorphic encryption from ring-LWE and security for key dependent messages[C]//Annual Cryptology Conference. [S.l.]: Springer: 505-524.

BRAKERSKI Z, VAIKUNTANATHAN V, 2014. Efficient fully homomorphic encryption from (standard) LWE[J]. SIAM Journal on Computing, 43(2): 831-871.

BRAKERSKI Z, GENTRY C, VAIKUNTANATHAN V, 2011b. Fully homomorphic encryption without bootstrapping[J]. Electron. Colloquium Comput. Complex., 18: 111.

BREIDENBACH L, CACHIN C, CHAN B, et al., 2021. Chainlink 2.0: Next steps in the evolution of decentralized oracle networks[Z]. [S.l.: s.n.].

BROOKS S, GARCIA M, et al., 2017. NISTIR 8062: An introduction to privacy engineering and risk management in federal systems[M]. [S.l.]: US Department of Commerce, National Institute of Standards and Technology.

BROPHY J, LOWD D, 2020. DART: Data addition and removal trees[J]. arXiv Preprint.arXiv: 2009.05567.

BUNN P, OSTROVSKY R, 2007. Secure two-party k-means clustering[C]//Proceedings of the 14th ACM Conference on Computer and Communications Security. [S.l.: s.n.]: 486-497.

BUTERIN V, 2016. Chain interoperability[J]. R3 Research Paper, 9.

BUTERIN V, et al., 2014. A next-generation smart contract and decentralized application platform[J]. White Paper, 3(37): 2-1.

CALDARELLI G, 2020. Understanding the blockchain oracle problem: A call for action[J]. Information, 11(11): 509.

CALDARELLI G, ELLUL J, 2021. The blockchain oracle problem in decentralized finance —A multivocal approach[J]. Applied Sciences, 11(16): 7572.

CANONNE C L, KAMATH G, STEINKE T, 2020. The discrete gaussian for differential privacy[J]. Advances in Neural Information Processing Systems, 33: 15676-15688.

CAO X, FANG M, LIU J, et al., 2021. Fltrust: Byzantine-robust federated learning via trust bootstrapping[C]//28th Annual Network and Distributed System Security Symposium, NDSS 2021. [S.l.]: The Internet Society.

CAO Y, YANG J, 2015. Towards making systems forget with machine unlearning[C]// 2015 IEEE Symposium on Security and Privacy. [S.l.]: IEEE: 463-480.

CAUWENBERGHS G, POGGIO T, 2001. Incremental and decremental support vector machine learning[J]. Advances in neural information processing systems, 13(5): 409-412.

CAVADA R, CIMATTI A, DORIGATTI M, et al., 2014. The nuxmv symbolic model checker[C]// International Conference on Computer Aided Verification. [S.l.]: Springer: 334-342.

CAVOUKIAN A, et al., 2009. Privacy by design: The 7 foundational principles[J]. Information and Privacy Commissioner of Ontario, Canada, 5: 2009.

CHANDRAN N, GUPTA D, RASTOGI A, et al., 2019. EzPC: Programmable and efficient secure two-party computation for machine learning[C]//2019 IEEE European Symposium on Security and Privacy (EuroS&P). [S.l.]: IEEE: 496-511.

CHATTERJEE A, AUNG K M M, 2019. Fully homomorphic encryption in real world applications[M]. [S.l.]: Springer.

CHAULWAR A, HUTH M, 2021. Secure bayesian federated analytics for privacypreserving trend detection[J/OL]. CoRR, abs/2107.13640.

CHAUM D, 1984. Blind signature system[C]//Advances in Cryptology. [S.l.]: Springer: 153-153.

CHEN D, WANG D, ZHU Y, et al., 2021a. Digital twin for federated analytics using a bayesian approach[J]. IEEE Internet Things J., 8(22): 16301-16312.

CHEN H, CHILLOTTI I, SONG Y, 2019a. Multi-key homomorphic encryption from TFHE[C]// International Conference on the Theory and Application of Cryptology and Information Security. [S.l.]: Springer: 446-472.

CHEN H, DAI W, KIM M, et al., 2019b. Efficient multi-key homomorphic encryption with packed ciphertexts with application to oblivious neural network inference[C]// Proceedings of the 2019 ACM SIGSAC Conference on Computer and Communications Security. [S.l.: s.n.]: 395-412.

CHEN Y, QIN X, WANG J, et al., 2020. Fedhealth: A federated transfer learning framework for wearable healthcare[J]. IEEE Intell. Syst., 35(4): 83-93.

CHENG R, ZHANG F, KOS J, et al., 2019. Ekiden: A platform for confidentialitypreserving, trustworthy, and performant smart contracts[C]//2019 IEEE European Symposium on Security and Privacy (EuroS&P). [S.l.]: IEEE: 185-200.

CHEON J H, KIM A, KIM M, et al., 2017. Homomorphic encryption for arithmetic of approximate numbers[C]//TAKAGI T, PEYRIN T. Advances in Cryptology -ASIACRYPT 2017. Cham: Springer International Publishing: 409-437.

CHIESA A, TROMER E,VIRZA M, 2015. Cluster computing in zero knowledge[C]//Cryptology EUROCRYPT. [S.l.]: Springer: 371-403.

CHOR B, GOLDREICH O, KUSHILEVITZ E, et al., 1995. Private information retrieval[C]// Proceedings of IEEE 36th Annual Foundations of Computer Science. [S.l.]: IEEE: 41-50.

CIMATTI A, CLARKE E, GIUNCHIGLIA F, et al., 1999. Nusmv: A new symbolic model verifier[C]//International Conference on Computer aided Verification. [S.l.]: Springer: 495-499.

CRISTOFARO E D, TSUDIK G, 2012. On the performance of certain private set intersection protocols[Z]. [S.l.: s.n.].

DAMGÅRD I, PASTRO V, SMART N, et al., 2012. Multiparty computation from somewhat homomorphic encryption[C]//Annual Cryptology Conference. [S.l.]: Springer: 643-662.

DAVIDOFF S, 2019. Data breaches: Crisis and opportunity[M]. [S.l.]: Addison-Wesley Professional.

DE CRISTOFARO E, TSUDIK G, 2009. Practical private set intersection protocols with linear computational and bandwidth complexity[J]. IACR Cryptology ePrint Archive, 2009: 491.

DEMMLER D, SCHNEIDER T, ZOHNER M, 2015. ABY—A framework for efficient mixedprotocol secure two-party computation.[C]//NDSS. [S.l.: s.n.].

DESFONTAINES D, PEJÓ B, 2020. Sok: Differential privacies[J]. Proceedings on Privacy Enhancing Technologies, 2020(2): 288-313.

DIFFIE W, HELLMAN M E, 2019. New directions in cryptography[M]//Secure communications and asymmetric cryptosystems. [S.l.]: Routledge: 143-180.

DIJK M V, GENTRY C, HALEVI S, et al., 2010. Fully homomorphic encryption over the integers[C]//Annual International Conference on the Theory and Applications of Cryptographic Techniques. [S.l.]: Springer: 24-43.

DING Z, WANG Y, XIAO Y, et al., 2022. Free gap estimates from the exponential mechanism, sparse vector, noisy max and related algorithms[J]. The VLDB Journal: 1-26.

DINUR I, NISSIM K, 2003. Revealing information while preserving privacy[C]// Proceedings of the Twenty-second ACM SIGMOD-SIGACT-SIGART Symposium on Principles of Database Systems. [S.l.: s.n.]: 202-210.

DOGANAY M C, PEDERSEN T B, SAYGIN Y, et al., 2008. Distributed privacy preserving k-means clustering with additive secret sharing[C]//Proceedings of the 2008 International Workshop on Privacy and Anonymity in Information Society. [S.l.: s.n.]: 3-11.

DONG J, DURFEE D, ROGERS R, 2020. Optimal differential privacy composition for exponential mechanisms[C]//International Conference on Machine Learning. [S.l.]: PMLR: 2597-2606.

DURFEE D, ROGERS R M, 2019. Practical differentially private top-k selection with pay-what-you-get composition[J]. Advances in Neural Information Processing Systems, 32.

DWORK C, 2006. Differential privacy[C]//BUGLIESI M, PRENEEL B, SASSONE V, et al. Automata, Languages and Programming. [S.l.: s.n.]: 1-12.

DWORK C, NISSIM K, 2004. Privacy-preserving datamining on vertically partitioned databases[C]// Annual International Cryptology Conference. [S.l.]: Springer: 528-544.

DWORK C, ROTH A, 2014. The algorithmic foundations of differential privacy[J]. Foundations and Trends® in Theoretical Computer Science, 9(3-4): 211-407.

DWORK C, KENTHAPADI K, MCSHERRY F, et al., 2006a. Our data, ourselves: Privacy via distributed noise generation[C]//Advances in Cryptology - EUROCRYPT 2006. [S.l.: s.n.]: 486-503.

DWORK C, MCSHERRY F, NISSIM K, et al., 2006b. Calibrating noise to sensitivity in private data analysis[C]//HALEVI S, RABIN T. Theory of Cryptography. [S.l.: s.n.]: 265-284.

EDPS, 2018. Preliminary opinion on privacy by design[R]. [S.l.]: European Data Protection Supervisor.

EL-YAHYAOUI A, ECH-CHERIF EL KETTANI M D, 2019. A verifiable fully homomorphic encryption scheme for cloud computing security[J]. Technologies, 7(1): 21.

ELGAMAL T, 1985. A public key cryptosystem and a signature scheme based on discrete logarithms[J]. IEEE Transactions on Information Theory, 31(4): 469-472.

ERLINGSSON Ú, PIHUR V, KOROLOVA A, 2014. RAPPOR: Randomized aggregatable privacy-preserving ordinal response[C]//Proceedings of the 2014 ACM SIGSAC Conference on Computer and Communications Security. [S.l.: s.n.]: 1054-1067.

EVANS D, KOLESNIKOV V, ROSULEK M, et al., 2018. A pragmatic introduction to secure multiparty computation[J]. Foundations and Trends® in Privacy and Security, 2(2-3): 70-246.

EVEN S, GOLDREICH O, LEMPEL A, 1985. A randomized protocol for signing contracts[J]. Communications of the ACM, 28(6): 637-647.

FALLAH A, MOKHTARI A, OZDAGLAR A E, 2020. Personalized federated learning with theoretical guarantees: A model-agnostic meta-learning approach[C]// LAROCHELLE H, RANZATO M, HADSELL R, et al. Advances in Neural Information Processing Systems 33: Annual Conference on Neural Information Processing Systems 2020. [S.l.: s.n.].

FAN J, VERCAUTEREN F, 2012. Somewhat practical fully homomorphic encryption[Z/OL]. Cryptology ePrint Archive.

FAN Y, BAI J, LEI X, et al., 2021. PPMCK: Privacy-preserving multi-party computing for k-means clustering[J]. Journal of Parallel and Distributed Computing, 154: 54-63.

FANTI G, PIHUR V, ERLINGSSON Ú, 2016. Building a rappor with the unknown: Privacy-preserving learning of associations and data dictionaries[J]. Proceedings on Privacy Enhancing Technologies, 3: 41-61.

Federated AI Ecosystem, 2022. Fate architecture[EB/OL]. [2022-8-1].

FUNG C, YOON C J M, BESCHASTNIKH I, 2018. Mitigating sybils in federated learning poisoning[J/OL]. CoRR, abs/1808.04866.

GAHI Y, GUENNOUN M, EL-KHATIB K, 2015. A secure database system using homomorphic encryption schemes[J]. arXiv Preprint. arXiv:1512.03498.

GARFINKEL T, PFAFF B, CHOW J, et al., 2003. Terra: A virtual machine-based platform for trusted computing[C]//Proceedings of the Nineteenth ACM Symposium on Operating Systems Principles. [S.l.: s.n.]: 193-206.

GARG S, GOLDWASSER S, VASUDEVAN P N, 2020. Formalizing data deletion in the context of the right to be forgotten[C]//Annual International Conference on the Theory and Applications of Cryptographic Techniques. [S.l.]: Springer: 373-402.

GARRIDO G M, SEDLMEIR J, ULUDAĞ Ö, et al., 2021. Revealing the landscape of privacy-enhancing technologies in the context of data markets for the IoT: A systematic literature review[J]. arXiv Preprint. arXiv:2107.11905.

GENTRY C, 2009. Fully homomorphic encryption using ideal lattices[C]//Proceedings of the Forty-first Annual ACM Symposium on Theory of Computing. [S.l.: s.n.]: 169-178.

GENTRY C, SAHAI A, WATERS B, 2013. Homomorphic encryption from learning with errors: Conceptually-simpler, asymptotically-faster, attribute-based[C]//Annual Cryptology Conference. [S.l.]: Springer: 75-92.

GEYER R C, KLEIN T, NABI M, 2017. Differentially private federated learning: A client level perspective[J/OL]. CoRR, abs/1712.07557.

GHOSH A, ROUGHGARDEN T, SUNDARARAJAN M, 2009. Universally utilitymaximizing privacy mechanisms[C]//Proceedings of the Forty-first Annual ACM Symposium on Theory of Computing. [S.l.]: Association for Computing Machinery: 351-360.

GHOSH B C, BHARTIA T, ADDYA S K, et al., 2021. Leveraging public-private blockchain interoperability for closed consortium interfacing[C]//IEEE INFOCOM 2021-IEEE Conference on Computer Communications. [S.l.]: IEEE: 1-10.

GIACOMELLI I, ORLANDI C, MADSEN J, 2016. ZKBoo: Faster zero-knowledge for boolean circuits[C]// [S.l.: s.n.].

GIANCASPRO M, 2017. Is a 'smart contract' really a smart idea? Insights from a legal perspective[J]. Computer Law & Security Review, 33(6): 825-835.

GILAD-BACHRACH R, DOWLIN N, LAINE K, et al., 2016. Cryptonets: Applying neural networks to encrypted data with high throughput and accuracy[C]//International Conference on Machine Learning. [S.l.]: PMLR: 201-210.

GINART A, GUAN M Y, VALIANT G, et al., 2019. Making AI forget you: Data deletion in machine learning[J]. arXiv Preprint. arXiv:1907.05012.

GOLATKAR A, ACHILLE A, SOATTO S, 2020a. Eternal sunshine of the spotless net: Selective forgetting in deep networks[C]//2020 IEEE/CVF Conference on Computer Vision and Pattern Recognition (CVPR). [S.l.: s.n.].

GOLATKAR A, ACHILLE A, SOATTO S, 2020b. Eternal sunshine of the spotless net: Selective forgetting in deep networks[C]//Proceedings of the IEEE/CVF Conference on Computer Vision and Pattern Recognition. [S.l.: s.n.]: 9304-9312.

Google, 2020. Trusty[EB/OL]. [2022-8-1].

GP, 2011. Tee system architecture[Z/OL]. [2022-8-1].

GRIGG I, 2004. The ricardian contract[C]//Proceedings of the First IEEE International Workshop on Electronic Contracting, 2004. [S.l.]: IEEE: 25-31.

GROTH J, 2009. Linear algebra with sub-linear zero-knowledge arguments[C]//Annual International Cryptology Conference. [S.l.: s.n.].

GROTH J M M, 2017. Snarky signatures: Minimal signatures of knowledge from simulation-extractable snarks[C]//Cryptology (CRYPTO 17). [S.l.]: Springer.

HARTLINE J D, HONG E S, MOHR A E, et al., 2005. Characterizing history independent data structures[J]. Algorithmica, 42: 57-74.

HASTINGS M, HEMENWAY B, NOBLE D, et al., 2019. Sok: General purpose compilers for secure multi-party computation[C]//2019 IEEE symposium on security and privacy (SP). [S.l.]: IEEE: 1220-1237.

HESAMIFARD E, TAKABI H, GHASEMI M, 2017. Cryptodl: Deep neural networks over encrypted data[J]. arXiv preprint. arXiv:1711.05189.

HOWGRAVE-GRAHAM N, 2001. Approximate integer common divisors[C]// International Cryptography and Lattices Conference. [S.l.]: Springer: 51-66.

HU K, ZHU J, DING Y, et al., 2020. Smart contract engineering[J]. Electronics, 9(12): 2042.

HU Y, NIU D, YANG J, et al., 2019. FDML: A collaborative machine learning framework for distributed features[C]//TEREDESAI A, KUMAR V, LI Y, et al. Proceedings of the 25th ACM SIGKDD International Conference on Knowledge Discovery & Data Mining. [S.l.]: ACM: 2232-2240.

ILVENTO C, 2020. Implementing the exponential mechanism with base-2 differential privacy[C]// Proceedings of the 2020 ACM SIGSAC Conference on Computer and Communications Security. [S.l.: s.n.]: 717-742.

INTEL, 2019. SGX research[EB/OL]. [2022-8-1].

IZZO Z, SMART M A, CHAUDHURI K, et al., 2020. Approximate data deletion from machine learning models: Algorithms and evaluations[C]//International Conference on Machine Learning. [S.l.: s.n.].

GROTH J, 2016. On the size of pairing-based non-interactive arguments[C]//Annual International Conference on the Theory and Applications of Cryptographic Techniques. [S.l.]: Springer.

GROTH J, OSTROVSKY R, SAHAI A, 2006. Non-interactive zaps and new techniques for NIZK[C]// Cryptology (CRYPTO 06). [S.l.]: Springer: 97-111.

JIANG Z, WANG W, LIU Y, 2021. Flashe: Additively symmetric homomorphic encryption for cross-silo federated learning[J]. arXiv Preprint. arXiv:2109.00675.

JOUAULT F, ALLILAIRE F, BÉZIVIN J, et al., 2008. ATL: A model transformation tool[J]. Science of Computer Programming, 72(1-2): 31-39.

KADHE S, RAJARAMAN N, KOYLUOGLU O O, et al., 2020. FastSecAgg: Scalable secure aggregation for privacy-preserving federated learning[J]. arXiv Preprint. arXiv:2009.11248.

KAIROUZ P, MCMAHAN H B, AVENT B, et al., 2021. Advances and open problems in federated learning[J]. Found. Trends Mach. Learn., 14(1-2): 1-210.

KAMARA S, MOHASSEL P, RIVA B, 2012. Salus: A system for server-aided secure function evaluation[J]. Proceedings of the 2012 ACM Conference on Computer and Communications Security.

KAMATH G, ULLMAN J, 2020. A primer on private statistics[J]. arXiv Preprint. arXiv:2005.00010.

KAPLAN D, 2017. Protecting VM register state with SEV-ES[R]. White paper.

KAPLAN D, POWELL J, WOLLER T, 2016. AMD memory encryption[R]. White paper.

KARIMIREDDY S P, KALE S, MOHRI M, et al., 2019. SCAFFOLD: Stochastic controlled averaging for on-device federated learning[J/OL]. CoRR, abs/1910.06378.

KATZ J, LINDELL Y, 2020. Introduction to modern cryptography[M]. 3rd ed. [S.l.]: Chapman and Hall/CRC.

KELLER M, 2020. MP-SPDZ: A versatile framework for multi-party computation[C]// Proceedings of the 2020 ACM SIGSAC Conference on Computer and Communications Security. [S.l.: s.n.]: 1575-1590.

KIM H, PARK J, BENNIS M, et al., 2020. Blockchained on-device federated learning[J]. IEEE Commun. Lett., 24(6): 1279-1283.

KNOTT B, VENKATARAMAN S, HANNUN A, et al., 2021. Crypten: Secure multi-party computation meets machine learning[J]. Advances in Neural Information Processing Systems, 34: 4961-4973.

KOÇ Ç K, ÖZDEMIR F, ÖZGER Z Ö, 2021. Partially homomorphic encryption[M]. [S.l.]: Springer.

KOLESNIKOV V, SCHNEIDER T, 2008. Improved garbled circuit: Free XOR gates and applications[C]//International Colloquium on Automata, Languages, and Programming. [S.l.]: Springer: 486-498.

KOLESNIKOV V, KUMARESAN R, ROSULEK M, et al., 2016. Efficient batched oblivious prf with applications to private set intersection[C]//Proceedings of the 2016 ACM SIGSAC Conference on Computer and Communications Security. [S.l.: s.n.]: 818-829.

KOLESNIKOV V, MATANIA N, PINKAS B, et al., 2017. Practical multi-party private set intersection from symmetric-key techniques[C]//Proceedings of the 2017 ACM SIGSAC Conference on Computer and Communications Security. [S.l.: s.n.]: 1257-1272.

KONEČNÝ J, MCMAHAN B, RAMAGE D, 2015. Federated optimization: Distributed optimization beyond the datacenter[J]. arXiv Preprint. arXiv:1511.03575.

KONEČNÝ J, MCMAHAN H B, YU F X, et al., 2016. Federated learning: Strategies for improving communication efficiency[J]. arXiv Preprint. arXiv:1610.05492.

KULKARNI V, KULKARNI M, PANT A, 2020. Survey of personalization techniques for federated learning[J/OL]. CoRR, abs/2003.08673.

LATTNER C, ADVE V, 2004. LLVM: A compilation framework for lifelong program analysis & transformation[C]//International Symposium on Code Generation and Optimization, 2004. CGO 2004. [S.l.]: IEEE: 75-86.

LI D, WANG J, 2019. FedMD: Heterogenous federated learning via model distillation[J/OL]. CoRR, abs/1910.03581.

LI T, SAHU A K, ZAHEER M, et al., 2020a. Federated optimization in heterogeneous networks[C]// DHILLON I S, PAPAILIOPOULOS D S, SZE V. Proceedings of Machine Learning and Systems 2020. [S.l.]: mlsys.org.

LI Y, CHEN C, LIU N, et al., 2020b. A blockchain-based decentralized federated learning framework with committee consensus[J]. IEEE Network, 35(1): 234-241.

LIN S, KONG Y, NIE S, 2021. Overview of block chain cross chain technology[C]//2021 13th International Conference on Measuring Technology and Mechatronics Automation (ICMTMA). [S.l.]: IEEE: 357-360.

LINDELL Y, PINKAS B, 2007. An efficient protocol for secure two-party computation in the presence of malicious adversaries[C]//Annual International Conference on the Theory and Applications of Cryptographic Techniques. [S.l.]: Springer: 52-78.

LIU C, WANG X S, NAYAK K, et al., 2015. Oblivm: A programming framework for secure computation[C]//2015 IEEE Symposium on Security and Privacy. [S.l.]: IEEE: 359-376.

LIU G, MA X, YANG Y, et al., 2020. Federated unlearning[J]. arXiv Preprint. arXiv:2012.13891.

LIU P, XU X, WANG W, 2022. Threats, attacks and defenses to federated learning: Issues, taxonomy and perspectives[J]. Cybersecur., 5(1): 4.

LIU Y, WEN R, HE X, et al., 2021. ML-doctor: Holistic risk assessment of inference attacks against machine learning models[J/OL]. CoRR, abs/2102.02551.

LUO F, WANG K, 2018. Verifiable decryption for fully homomorphic encryption[C]// International Conference on Information Security. [S.l.]: Springer: 347-365.

LUU L, CHU D H, OLICKEL H, et al., 2016. Making smart contracts smarter[C]// Proceedings of the 2016 ACM SIGSAC Conference on Computer and Communications Security. [S.l.: s.n.]: 254-269.

LYU L, YU H, MA X, et al., 2020. Privacy and robustness in federated learning: Attacks and defenses[J/OL]. CoRR, abs/2012.06337.

LYU X, HAN Y, WANG W, et al., 2023. Poisoning with cerberus: Stealthy and colluded backdoor attack against federated learning[C]//Thirty-seventh AAAI Conference on Artificial Intelligence, AAAI 2023. [S.l.]: AAAI Press.

LYUBASHEVSKY V, PEIKERT C, REGEV O, 2010. On ideal lattices and learning with errors over rings[C]//Annual International Conference on the Theory and Applications of Cryptographic Techniques. [S.l.]: Springer: 1-23.

MA J, NAAS S A, SIGG S, et al., 2022. Privacy-preserving federated learning based on multi-key homomorphic encryption[J]. International Journal of Intelligent Systems, 37(9): 5880-5901.

MADI A, STAN O, MAYOUE A, et al., 2021. A secure federated learning framework using homomorphic encryption and verifiable computing[C]//2021 Reconciling Data Analytics, Automation, Privacy, and Security: A Big Data Challenge (RDAAPS). [S.l.]: IEEE: 1-8.

MALKHI D, NISAN N, PINKAS B, et al., 2004. Fairplay-secure two-party computation system.[C]// USENIX Security Symposium: Volume 4. [S.l.: s.n.]: 9.

MANDAL K, GONG G, LIU C, 2018. Nike-based fast privacy-preserving highdimensional data aggregation for mobile devices[J]. IEEE T Depend Secure: 142-149.

MCGILLION B, DETTENBORN T, NYMAN T, et al., 2015. Open-tee - an open virtual trusted execution environment[C]//2015 IEEE Trustcom/BigDataSE/ISPA: Volume 1. [S.l.]: IEEE: 400-407.

MCMAHAN B, MOORE E, RAMAGE D, et al., 2017. Communication-efficient learning of deep networks from decentralized data[C]//SINGH A, ZHU X J. Proceedings of the 20th International Conference on Artificial Intelligence and Statistics. [S.l.]: PMLR: 1273-1282.

MCSHERRY F, TALWAR K, 2007. Mechanism design via differential privacy[C]//48th Annual IEEE Symposium on Foundations of Computer Science. [S.l.]: IEEE: 94-103.

MEADOWS C, 1986. A more efficient cryptographic matchmaking protocol for use in the absence of a continuously available third party[C]//1986 IEEE Symposium on Security and Privacy. [S.l.]: IEEE: 134-134.

MHAMDI E M E, GUERRAOUI R, ROUAULT S, 2018. The hidden vulnerability of distributed learning in byzantium[C]//Proceedings of the 35th International Conference on Machine Learning. [S.l.]: PMLR: 3518-3527.

MICALI S, GOLDREICH O, WIGDERSON A, 1987. How to play any mental game[C]// Proceedings of the Nineteenth ACM Symp. on Theory of Computing, STOC. [S.l.]: ACM: 218-229.

MIRONOV I, 2012. On significance of the least significant bits for differential privacy[C]// Proceedings of the 2012 ACM Conference on Computer and Communications Security. [S.l.: s.n.]: 650-661.

MOHASSEL P, RINDAL P, 2018. ABY3: A mixed protocol framework for machine learning[C]// Proceedings of the 2018 ACM SIGSAC Conference on Computer and Communications Security. [S.l.: s.n.]: 35-52.

MONDAL A, MORE Y, ROOPARAGHUNATH R H, et al., 2021. Flatee: Federated learning across trusted execution environments[J]. arXiv Preprint. arXiv:2111.06867.

MONI NAOR V T, 2001. Anti-persistence: History independent data structures[C]// The Thirty-third Annual ACM Symposium on Theory of Computing. [S.l.: s.n.].

MORAIS E K T, 2019. A survey on zero knowledge range proofs and applications[J]. SN Applied Sciences, 1(8): 4-17.

MUELLER B, 2018. Smashing ethereum smart contracts for fun and real profit[J]. HITB SECCONF Amsterdam, 9: 54.

MUNJAL K, BHATIA R, 2022. A systematic review of homomorphic encryption and its contributions in healthcare industry[J]. Complex & Intelligent Systems: 1-28.

NAKAMOTO S, 2008. Bitcoin: A peer-to-peer electronic cash system[J]. Decentralized Business Review: 21260.

NAOR M, PINKAS B, SUMNER R, 1999. Privacy preserving auctions and mechanism design[C]// Proceedings of the 1st ACM Conference on Electronic Commerce. [S.l.: s.n.]: 129-139.

NEAR J P, ABUAH C, 2021a. Programming differential privacy: Volume 1[M]. [S.l.: s.n.].

NEAR J P, HE X, 2021b. Differential privacy for databases[J]. Foundations and Trends® in Databases, 11(2): 109-225.

NISHIO T, YONETANI R, 2019. Client selection for federated learning with heterogeneous resources in mobile edge[C]//2019 IEEE International Conference on Communications. [S.l.]: IEEE: 1-7.

NISSENBAUM H, 2009. Privacy in context[M]//Privacy in Context. [S.l.]: Stanford University Press.

NVIDIA, 2015. TLK[EB/OL]. [2022-8-1].

OCCLUM TEAM, 2022. Occlum architecture[EB/OL]. [2022-8-1].

OMTP, 2009. OMTP advancedtrusted environment: OMTP tr1[R].

PAILLIER P, 1999. Public-key cryptosystems based on composite degree residuosity classes[C]//International Conference on the Theory and Applications of Cryptographic Techniques. [S.l.]: Springer: 223-238.

PALAMAKUMBURA S, USEFI H, 2016. Homomorphic evaluation of database queries[J]. arXiv Preprint. arXiv:1606.03304.

PAPERNOT N, ABADI M, ERLINGSSON U, et al., 2017. Semi-supervised knowledge transfer for deep learning from private training data[C]//International Conference on Learning Representations. [S.l.: s.n.].

PATRA A, SCHNEIDER T, SURESH A, et al., 2021. ABY2.0: Improved mixed-protocol secure two-party computation[C]//30th USENIX Security Symposium (USENIX Security 21). [S.l.: s.n.]: 2165-2182.

PAYTON T, CLAYPOOLE T, 2014. Privacy in the age of big data: Recognizing threats, defending your rights, and protecting your family[M]. [S.l.]: Rowman & Littlefield.

PERMENEV A, DIMITROV D, TSANKOV P, et al., 2020. VerX: Safety verification of smart contracts[C]//2020 IEEE Symposium on Security and Privacy (SP). [S.l.]: IEEE: 1661-1677.

PINKAS B, SCHNEIDER T, SMART N P, et al., 2009. Secure two-party computation is practical[C]//International Conference on the Theory and Application of Cryptology and Information Security. [S.l.]: Springer: 250-267.

PINTO S, GOMES T, PEREIRA J, et al., 2017. IIoTEED: An enhanced, trusted execution environment for industrial iot edge devices[J]. IEEE Internet Computing, 21(1): 40-47.

PULIDO-GAYTAN B, TCHERNYKH A, CORTÉS-MENDOZA J M, et al., 2021. Privacypreserving neural networks with homomorphic encryption: Challenges and opportunities[J]. Peer-to-Peer Networking and Applications, 14(3): 1666-1691.

WAHBY R S, et al, 2018. Doubly-efficient zkSNARKs without trusted setup[C]//Proceedings of the 2018 IEEE Symposium on Security and Privacy. [S.l.]: IEEE: 926-43.

RABIN M O, 2005. How to exchange secrets with oblivious transfer[J]. Cryptology ePrint Archive.

RASTOGI A, HAMMER M A, HICKS M, 2014. Wysteria: A programming language for generic, mixed-mode multiparty computations[C]//2014 IEEE Symposium on Security and Privacy. [S.l.]: IEEE: 655-670.

REGEV O, 2009. On lattices, learning with errors, random linear codes, and cryptography[J]. Journal of the ACM (JACM), 56(6): 1-40.

RIAZI M S, WEINERT C, TKACHENKO O, et al., 2018. Chameleon: A hybrid secure computation framework for machine learning applications[C]//Proceedings of the 2018 on ASIA Conference on Computer and Communications Security. [S.l.: s.n.]: 707-721.

RIAZI M S, SAMRAGH M, CHEN H, et al., 2019. XONN:XNOR-based oblivious deep neural network inference[C]//28th USENIX Security Symposium (USENIX Security 19). [S.l.: s.n.]: 1501-1518.

RIVEST R L, ADLEMAN L, DERTOUZOS M L, et al., 1978. On data banks and privacy homomorphisms[J]. Foundations of Secure Computation, 4(11): 169-180.

RIVEST R L, SHAMIR A, ADLEMAN L, 1983. A method for obtaining digital signatures and public-key cryptosystems[J]. Communications of the ACM, 26(1): 96-99.

ROUHANI B D, RIAZI M S, KOUSHANFAR F, 2018. Deepsecure: Scalable provablysecure deep learning[C]//Proceedings of the 55th Annual Design Automation Conference. [S.l.: s.n.]: 1-6.

RUANGWISES S, TOSHIYA I, 2021. Physical zero-knowledge proof for numberlink puzzle and k vertex-disjoint paths problem[J]. New Generation Computing, 39(1): 3-17.

SABT M, ACHEMLAL M, BOUABDALLAH A, 2015. Trusted execution environment: What it is, and what it is not[C]//2015 IEEE Trustcom/BigDataSE/ISPA: Volume 1. [S.l.]: IEEE: 57-64.

SAMSUNG, 2020. Samsung teegris[EB/OL]. [2022-8-1].

SANKAR L, 2020. Fact: Federated analytics based contact tracing for covid-19[EB/OL]. [2022-8-1].

SCHELTER S, 2019. Amnesia - towards machine learning models that can forget user data very fast[C]//1st International Workshop on Applied AI for Database Systems and Applications (AIDB19). [S.l.: s.n.].

SCHNORR C P, 1989. Efficient identification and signatures for smart cards[C]// Cryptology (CRYPTO 89). [S.l.]: Springer: 239-252.

SEV-SNP A, 2020. Strengthening VM isolation with integrity protection and more[R]. White Paper.

SHAFI GOLDWASSER S M, RACKOFF C, 1985. The knowledge complexity of interactive proof-systems[C]//17th Annual ACM Symposium on Theory of Computing. [S.l.]: ACM: 291-304.

SHAMIR A, 1979. How to share a secret[J]. Communications of the ACM, 22(11): 612-613.

SHANNON C E, 1949. Communication theory of secrecy systems[J]. The Bell System Technical Journal, 28(4): 656-715.

SHANNON C E, 1948. A mathematical theory of communication[J]. The Bell System Technical Journal, 27(3): 379-423.

SHEN C H, et al., 2011. Two-output secure computation with malicious adversaries[C]// Annual International Conference on the Theory and Applications of Cryptographic Techniques. [S.l.]: Springer: 386-405.

SHI S, HU C, WANG D, et al., 2022. Federated anomaly analytics for local model poisoning attack[J]. IEEE J. Sel. Areas Commun., 40(2): 596-610.

SINGH P, MASUD M, HOSSAIN M S, et al., 2021. Blockchain and homomorphic encryption-based privacy-preserving data aggregation model in smart grid[J]. Computers & Electrical Engineering, 93: 107209.

SMITH V, CHIANG C, SANJABI M, et al., 2017. Federated multi-task learning[C]// GUYON I, VON LUXBURG U, BENGIO S, et al. Advances in Neural Information Processing Systems 30: Annual Conference on Neural Information Processing Systems. [S.l.: s.n.]: 4424-4434.

SO J, GÜLER B, AVESTIMEHR A S, 2021. Turbo-aggregate: Breaking the quadratic aggregation barrier in secure federated learning[J]. IEEE Journal on Selected Areas in Information Theory, 2(1): 479-489.

SOLOVE D J, 2008. Understanding privacy[M]. [S.l.]: Harvard University Press.

SONG L, WU H, RUAN W, et al., 2020. SoK: Training machine learning models over multiple sources with privacy preservation[J/OL]. CoRR. abs/2012.03386.

SORDELLO M, BU Z, DONG J, 2021. Privacy amplification via iteration for shuffled and online pnsgd[C]//Joint European Conference on Machine Learning and Knowledge Discovery in Databases. [S.l.]: Springer: 796-813.

STMICROELECTRONICS, 2015. Op-TEE[EB/OL]. [2022-8-1].

SZABO N, 1997. Formalizing and securing relationships on public networks[J]. First Monday.

TAN A Z, YU H, CUI L, et al., 2021. Towards personalized federated learning[J/OL]. CoRR. abs/2103.00710.

THE OPENDP TEAM, 2020. The openDP white paper[R]. One Microsoft Way, Redmond, WA 98052-6399, USA: Microsoft and Harvard University.

TOLMACH P, LI Y, LIN S W, et al., 2021. A survey of smart contract formal specification and verification[J]. ACM Computing Surveys (CSUR), 54(7): 1-38.

TRUEX S, LIU L, CHOW K H, et al., 2020. LDP-FED: federated learning with local differential privacy[C]//DING A Y, MORTIER R. Proceedings of the 3rd International Workshop on Edge Systems, Analytics and Networking. [S.l.]: ACM: 61-66.

TURING A M, et al., 1936. On computable numbers, with an application to the entscheidungsproblem[J]. J. of Math, 58(345-363): 5.

ULLAH E, MAI T, RAO A, et al. Machine unlearning via algorithmic stability[C]//Conference on Learning Theory. [S.l.]: PMLR, 2021: 4126-4142.

VADHAN S, 2017. The complexity of differential privacy[M]//LINDELL Y. Tutorials on the Foundations of Cryptography: Dedicated to Oded Goldreich. [S.l.: s.n.]: 347-450.

VALADARES D C G, WILL N C, SPOHN M A, et al., 2022. Confidential computing in cloud/fog-based internet of things scenarios[J]. Internet of Things: 100543.

VINCENT D, 2016. Privacy: A short history[M]. [S.l.]: John Wiley & Sons.

WACKS R, 2015. Privacy: A very short introduction[M]. [S.l.]: OUP Oxford.

WANG B, ZHAN Y, ZHANG Z, 2018. Cryptanalysis of a symmetric fully homomorphic encryption scheme[J]. IEEE Transactions on Information Forensics and Security, 13(6): 1460-1467.

WANG D, ZHAO J, WANG Y, 2020a. A survey on privacy protection of blockchain: The technology and application[J]. IEEE Access, 8: 108766-108781.

WANG D, SHI S, ZHU Y, et al., 2022. Federated analytics: Opportunities and challenges[J]. IEEE Netw., 36(1): 151-158.

WANG H, YUROCHKIN M, SUN Y, et al., 2020b. Federated learning with matched averaging[C]//8th International Conference on Learning Representations. [S.l.]: OpenReview.net.

WANG J, CHARLES Z, XU Z, et al., 2021a. A field guide to federated optimization[J/OL]. CoRR. abs/2107.06917.

WANG X, MALOZEMOFF A J, KATZ J, 2016. Emp-toolkit: Efficient multiparty computation toolkit[Z]. [S.l.: s.n.].

WANG Z, ZHU Y, WANG D, et al., 2021b. FedACS: Federated skewness analytics in heterogeneous decentralized data environments[C]//29th IEEE/ACM International Symposium on Quality of Service. [S.l.]: IEEE: 1-10.

WARNER S L, 1965. Randomized response: A survey technique for eliminating evasive answer BIAS[J]. Journal of the American Statistical Association, 60(309): 63-69.

WEI K, LI J, DING M, et al., 2021. User-level privacy-preserving federated learning: Analysis and performance optimization[J]. IEEE Transactions on Mobile Computing, 21(9): 3388-3401.

WOOD A, ALTMAN M, NISSIM K, et al., 2021. Designing access with differential privacy[M]//COLE S, DHALIWAL I, SAUTMANN A, et al. Handbook on Using Administrative Data for Research and Evidence-based Policy. [S.l.: s.n.]: 173-239.

WU Q, HE K, CHEN X, 2020. Personalized federated learning for intelligent iot applications: A cloud-edge based framework[J]. IEEE Open J. Comput. Soc., 1: 35-44.

XIAN X, WANG X, DING J, et al., 2020. Assisted learning: A framework for multiorganization learning[C]//Advances in Neural Information Processing Systems 33: Annual Conference on Neural Information Processing Systems 2020. [S.l.: s.n.].

XIAOQIANG S, YU F R, ZHANG PENG S Z, et al., 2021. A survey on zero-knowledge proof in blockchain[J]. IEEE Network, 35(4): 198-205.

XIONG H, CHEN M, WU C, et al., 2022. Research on progress of blockchain consensus algorithm: A review on recent progress of blockchain consensus algorithms[J]. Future Internet, 14(2): 47.

XU X, LIU P, WANG W, et al., 2022. CGIR: Conditional generative instance reconstruction attacks against federated learning[J/OL]. IEEE Transactions on Dependable and Secure Computing: 1-13. DOI: 10.1109/TDSC.2022.3228302.

XUE Y, HERLIHY M, 2021. Hedging against sore loser attacks in cross-chain transactions[C]//Proceedings of the 2021 ACM Symposium on Principles of Distributed Computing. [S.l.: s.n.]: 155-164.

YANG Q, LIU Y, CHEN T, et al., 2019. Federated machine learning: Concept and applications[J]. ACM Trans. Intell. Syst. Technol., 10(2): 12:1-12:19.

YANG Q, LIU Y, CHENG Y, et al., 2020. Federated learning[M]. Beijing: Publishing House of Electronics Industry.

YANG Q, HUANG A, LIU Y, et al., 2021. Practicing federated learning[M]. Beijing: Publishing House of Electronics Industry.

YAO A C, 1982. Protocols for secure computations[C]//23rd Annual Symposium on Foundations of Computer Science (SFCS 1982). [S.l.]: IEEE: 160-164.

YAO A C, 1986. How to generate and exchange secrets[C]//27th Annual Symposium on Foundations of Computer Science (SFCS 1986). [S.l.]: IEEE: 162-167.

YI X, PAULET R, BERTINO E, 2014. Homomorphic encryption[M]//Homomorphic Encryption and Applications. [S.l.]: Springer: 27-46.

YIN D, CHEN Y, RAMCHANDRAN K, et al., 2018. Byzantine-robust distributed learning: Towards optimal statistical rates[C]//DY J G, KRAUSE A. Proceedings of the 35th International Conference on Machine Learning. [S.l.]: PMLR: 5636-5645.

YU H, LIU Z, LIU Y, et al., 2020. A fairness-aware incentive scheme for federated learning[C]//AIES'20: AAAI/ACM Conference on AI, Ethics, and Society. [S.l.]: ACM: 393-399.

YUROCHKIN M, AGARWAL M, GHOSH S, et al., 2019. Bayesian nonparametric federated learning of neural networks[C]//CHAUDHURI K, SALAKHUTDINOV R. Proceedings of the 36th International Conference on Machine Learning. [S.l.]: PMLR: 7252-7261.

ZAHUR S, EVANS D, 2015a. Obliv-C: A language for extensible data-oblivious computation[J]. Cryptology ePrint Archive.

ZAHUR S, ROSULEK M, EVANS D, 2015b. Two halves make a whole[C]//Annual International Conference on the Theory and Applications of Cryptographic Techniques. [S.l.]: Springer: 220-250.

ZHANG X, HONG M, DHOPLE S V, et al., 2020. FedPD: A federated learning framework with optimal rates and adaptivity to non-IID data[J/OL]. CoRR. abs/2005.11418.

ZHANG Y, STEELE A, BLANTON M, 2013. Picco: A general-purpose compiler for private distributed computation[C]//Proceedings of the 2013 ACM SIGSAC Conference on Computer & Communications Security. [S.l.: s.n.]: 813-826.

ZHENG Z, XIE S, DAI H N, et al., 2018. Blockchain challenges and opportunities: A survey[J]. International Journal of Web and Grid Services, 14(4): 352-375.

ZHENG Z, XIE S, DAI H N, et al., 2020. An overview on smart contracts: Challenges, advances and platforms[J]. Future Generation Computer Systems, 105: 475-491.

ZHU W, KAIROUZ P, MCMAHAN B, et al., 2020. Federated heavy hitters discovery with differential privacy[C]//CHIAPPA S, CALANDRA R. The 23rd International Conference on Artificial Intelligence and Statistics. [S.l.]: PMLR: 3837-3847.